nfeld 5 Fertigen von Einzelteilen mit Werkzeugmaschinen

nfeld 6 Installieren und Inbetriebnehmen steuerungstechnischer Systeme

nfeld 7 Montieren von technischen Teilsystemen

nfeld 8 Fertigen auf numerisch gesteuerten Werkzeugmaschinen

nfeld 9 Instandsetzen von technischen Systemen

Diese Handlungs- oder Lernsituationen befinden sich auf der CD „Unterrichtsbegleitmaterial für den Lehrer".

Lernfeld 10 Herstellen und Inbetriebnehmen von technischen Systemen

Lernfeld 11 Überwachen der Produkt- und Prozessqualität

Lernfeld 12 Instandhalten von technischen Systemen

Lernfeld 13 Sicherstellen der Betriebsfähigkeit automatisierter Systeme

Lernfeld 14 Planen und Realisieren technischer Systeme

Lernfeld 15 Optimieren von technischen Systemen

Aufgaben

Prüftechnik, Qualitätsmanagement PT-1 bis PT-37

Fertigungstechnik FT-1 bis FT-160

Grundlagen der CNC-Technik CT-1 bis CT-34

Werkstofftechnik WT-1 bis WT-83

Maschinen- und Gerätetechnik MT-1 bis MT-93

Vorrichtungstechnik VT-1 bis VT-30

Steuerungs- und Regelungstechnik ST-1 bis ST-155

Haben Sie Anregungen oder Kritikpunkte zu diesem Buch?
Dann senden Sie eine E-Mail an BV55060@bv-1.de.
Autoren und Verlag freuen sich auf Ihre Rückmeldung.

www.bildungsverlag1.de

Gehlen, Kieser und Stam sind unter dem Dach des Bildungsverlags EINS zusammengeführt.

Bildungsverlag EINS
Sieglarer Straße 2, 53842 Troisdorf

ISBN 3-427-**55060**-5

5.1 Handlungssituation
Planen eines Fertigungsablaufs

Der Fachmann in der Fertigungsplanung ist bestrebt, für ein Produkt mit bestimmter Form und festgelegten Qualitätsmerkmalen den Fertigungsprozess so zu gestalten, dass alle Vorgaben unter wirtschaftlich vertretbaren Bedingungen erreicht werden.
Die Planung eines Fertigungsprozesses für ein Produkt ist wesentlich von der Auftragsstückzahl abhängig. Man berücksichtigt daher, ob es sich um Einzelfertigung, Klein- und Mittelserienfertigung oder um Massenfertigung handelt.
Weiterhin bestimmen auch die Rohteilformen und die eingesetzten Werkstoffe den Arbeitsablauf.

Der Fachmann gestaltet die Fertigungsplanung, indem er in folgenden Schritten vorgeht:

Auftrag →

Analyse der Vorgaben
Rohteilform
Rohteilart
Werkstoff
Stückzahl
Termin

→

Fertigung vorplanen
Formelementen Fertigungsverfahren zuordnen
Vorauswahl von:
- Maschinen
- Werkzeugen
- Spannmitteln
- Prüfmitteln

→

Fertigung festlegen
Arbeitsfolge
Fertigungsmittel
Einstelldaten

→

Arbeitsplan
Arbeitsgänge
Werkzeuge
Einstelldaten
Bemerkungen

- Er beachtet dabei alle Informationen über das Werkstück.
- Er berücksichtigt, welche Werkzeugmaschinen und Werkzeuge in der Werkstatt vorhanden sind.
- Er bringt Produktionserfahrungen mit ähnlichen Werkstücken ein.

Jeder Arbeitsplan ist einer abschließenden Kontrolle und einer Bewertung hinsichtlich möglicher Vereinfachungen oder Verbesserungen zu unterziehen.

Beispiel: Planen des Fertigungsablaufs für einen Lagerbock

In einer pneumatisch gesteuerten Betätigung für eine Klappe ist ein Zylinder schwenkbar zu lagern. Der Zylinder besitzt an einem Kopfende einen Flansch mit einer gabelförmigen Aufnahme für einen Lagerbock. Für den Lagerbock ist ein geschweißtes Rohteil aus Stahl hergestellt worden. Die spanende Bearbeitung ist zu planen.

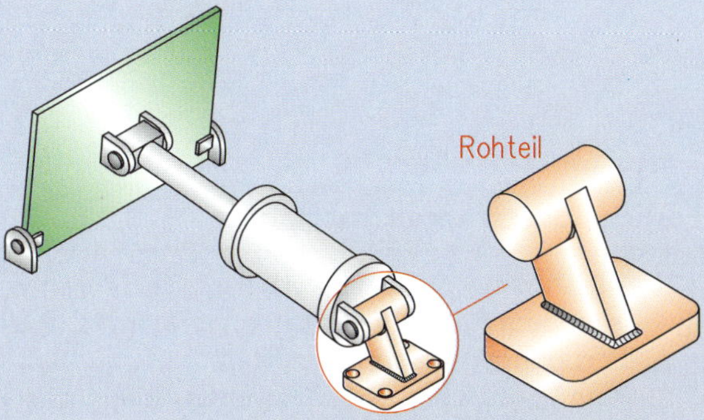

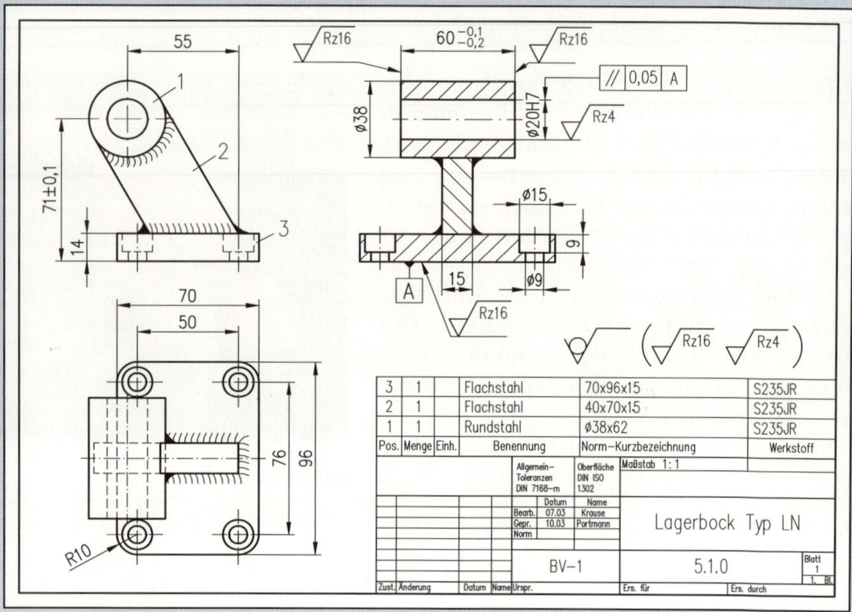

1. Vorgaben analysieren

Der Fachmann sichtet die Vorgaben, indem er

- vorgegebene Rohteile überprüft,
- Fertigteilkontur und Qualitätsanforderungen aus der Zeichnung entnimmt,
- Stückzahlen und Terminvorgaben laut Auftrag feststellt.

Zeichnung analysieren

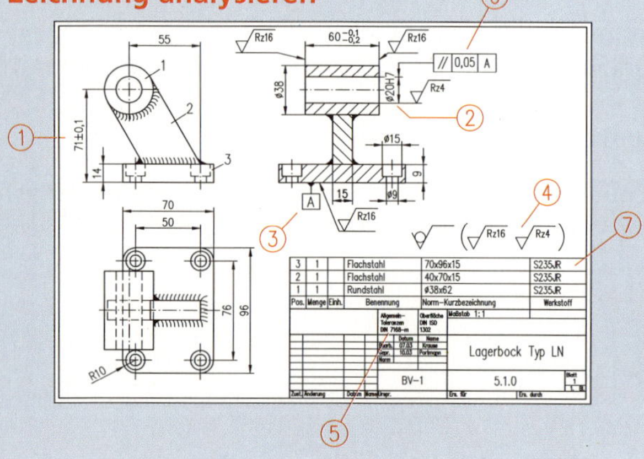

Angaben aus der Zeichnung

- Maße mit Abmaßen (1)
- Passungsangaben (2)
- Bezugsflächen (3)
- Oberflächengüte (4)
- Allgemeintoleranzen (5)
- Lagetoleranzen (6)
- Werkstoff (7)

Angaben im Auftrag

- Stückzahl
- Termin

2. Fertigungsverfahren vorplanen

Der Fachmann plant die Fertigungsverfahren vor, indem er

- zu jedem Formelement des Werkstücks, welches bearbeitet werden muss, mögliche Fertigungsverfahren ermittelt,
- eine Vorauswahl von Maschinen, Spannmitteln und Werkzeugen trifft, mit denen sich die Bearbeitungen verwirklichen lassen.

Den Formelementen Fertigungsverfahren zuordnen

Nr.	Formelement	mögliche Fertigungsverfahren	Werkzeugmaschine
1	ebene Fläche	Stirnfräsen oder Umfangsfräsen	Universalfräsmaschine, senkrechte Spindel
2	Bohrungen mit Senkungen	Bohren und Senken	Ständerbohrmaschine
3	ebene Flächen	Umfangsfräsen	Universalfräsmaschine, senkrechte Spindel
4	Passbohrung	Zentrieren, Bohren und Reiben	Universalfräsmaschine, waagerechte Spindel

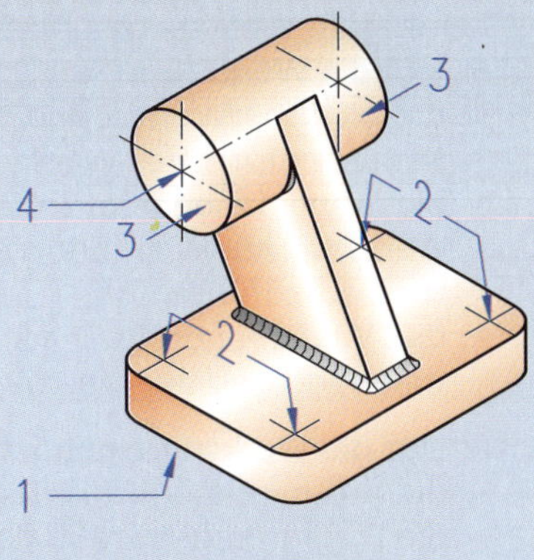

Formelemente am Rohteil

3. Fertigung festlegen

1. Schritt: Fertigungsverfahren und Arbeitsfolge festlegen

Gemäß den Vorüberlegungen legt der Fachmann die Fertigungsverfahren endgültig fest, indem er

- zunächst die Bearbeitung der Maßbezugsflächen vorsieht; dabei beachtet er, dass die von den Bezugsflächen abhängigen Maße eingehalten werden;
- die Fertigungsverfahren gemäß der geforderten Oberflächengüte auswählt;
- die Arbeitsfolge nach der angestrebten Lagegenauigkeit einzelner Formelemente zueinander bestimmt.

Fertigungsverfahren und Arbeitsfolge festlegen

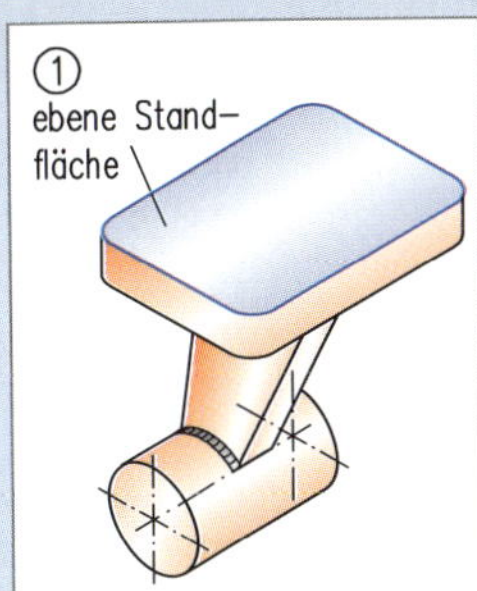

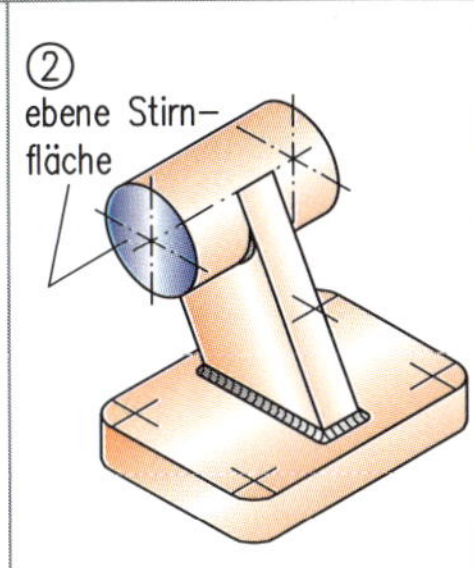

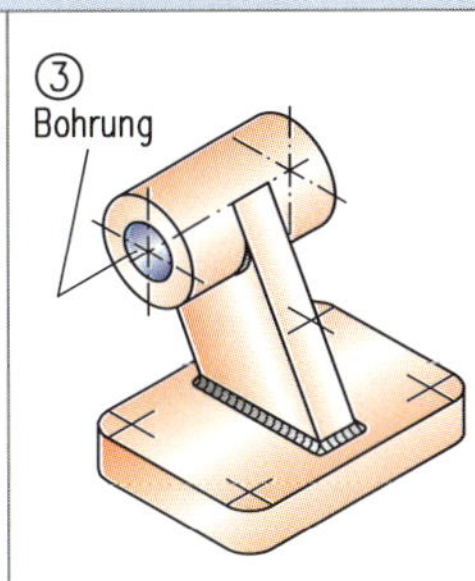

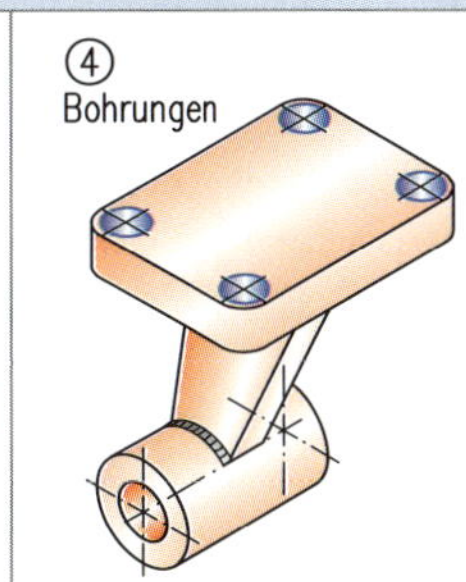

Die Standfläche muss als Bezugsfläche zuerst bearbeitet werden. Bei der Bearbeitung ist der Abstand zur Mitte des Aufnahmeauges einzuhalten.	Die ebenen Stirnflächen des Lagerauges müssen beidseitig in einer Aufspannung parallel auf Maß gefräst werden.	In der gleichen Aufspannung wird die Passbohrung des Lagers gefertigt. Dadurch ist die winkelige Lage von Bohrungsachse und Stirnflächen leicht einzuhalten.	Die Mitten für die Bohrungen im Flansch können von der fertigen Passbohrung ausgehend angerissen und gekörnt werden.

2. Schritt: Fertigungsmittel festlegen

Der Fachmann wählt nach der Festlegung von Arbeitsverfahren und Arbeitsfolge die benötigten Werkzeuge und Spannmittel aus.
Er legt die **Werkzeuge** fest, indem er

- die Werkstückkontur und mögliche Maschinenbewegung beachtet und daraufhin die Schneidenform des Werkzeugs abstimmt;
- die Schneidengeometrie und den Schneidstoff in Hinblick auf den zu bearbeitenden Werkstoff auswählt und dabei berücksichtigt, ob eine Schrupp- oder Schlichtbearbeitung auszuführen ist;
- die Werkzeuggröße nach der Werkstückgröße, nach der Art der Werkzeugeinspannung und der Maschinenleistung auswählt.

Er legt die **Werkstückspannmittel** fest, indem er

- die Aufspannmöglichkeiten auf der gewählten Maschine berücksichtigt,
- die Form und die Größe des Werkstücks an der Einspannstelle beachtet,
- darauf achtet, dass eine Kollision des Werkzeugs mit dem Werkstück oder der Maschine bei der Bearbeitung ausgeschlossen ist.

Fertigungsmittel für die Herstellung eines Lagerbocks festlegen

Fertigungsschritt	Werkzeug	Spannmittel
Standfläche fräsen 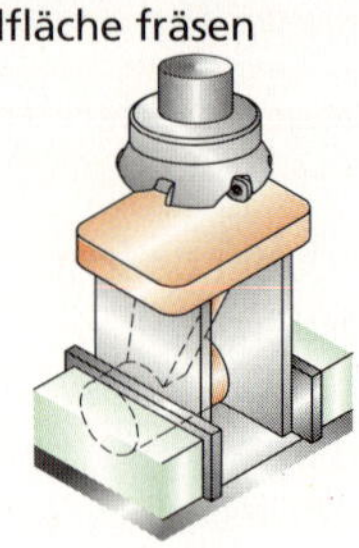	Messerkopf ⌀ 80 mm, 7 Hartmetallschneiden, P 10	Maschinenschraubstock, zur Unterstützung der Standfläche während der Fräsbearbeitung werden rechtwinklige Flachprofile mit eingespannt.
Stirnflächen fräsen sowie Passlager bohren und reiben 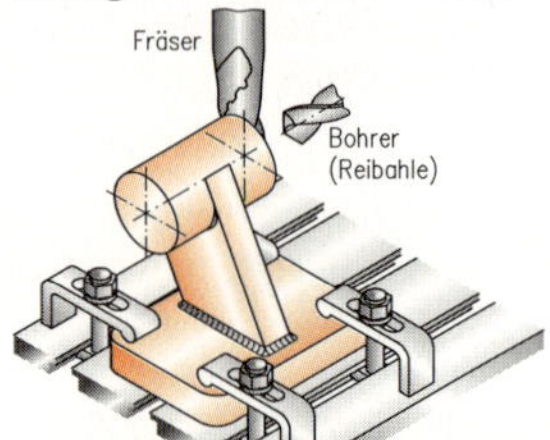	HSS-Schaftfräser ⌀ 40 mm, Typ N, Schneidenzahl 8 HSS-Zentrierbohrer Form A, DIN 332 HSS-Bohrer ⌀ 5 mm zum Vorbohren HSS-Bohrer ⌀ 19,7 mm zum Aufbohren HSS-Entgrater 90° zum Entgraten HSS-Maschinenreibahle ⌀ 20 H7 zum Aufreiben	Spannpratzen auf dem Maschinentisch
Befestigungslöcher bohren und senken 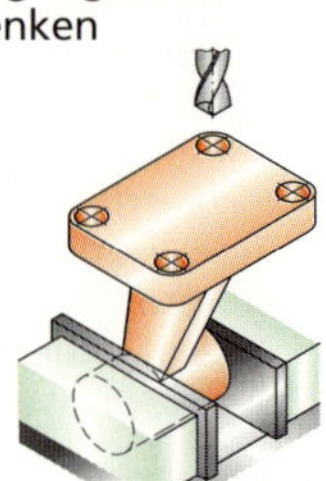	HSS-Spiralbohrer mit ⌀ 9 mm HSS-Flachsenker ⌀ 15 mm mit Führungszapfen ⌀ 9 mm	Maschinenschraubstock, Standfläche parallel zum Tisch ausrichten Werkstück für die Ansenkung umspannen

3. Schritt: Einstelldaten bestimmen

Der Fachmann ermittelt zu den ausgewählten Werkzeugen die Einstelldaten für die Maschinen, indem er die entsprechenden Informationen der Werkzeughersteller verwendet. Dabei berücksichtigt er, ob eine Schrupp- oder Schlichtbearbeitung vorgenommen und ob mit oder ohne Kühlschmiermittel gearbeitet wird.

Bestimmen der Schnittwerte laut Tabelle

Fräsen mit Messerkopf:	v_c = 240 m/min,	z = 7,	f_z = 0,075 mm,	a_e = 1 mm
Fräsen mit Schaftfräser:	v_c = 30 m/min,	z = 8,	f_z = 0,10 mm,	a_e = 1 mm
Bohren	v_c = 30 m/min			
	bei Zentrierbohrer		f von Hand	
	bei Bohrer ø 5 mm:		f = 0,10 mm	
	bei Bohrer ø 9 mm:		f = 0,15 mm	
	bei Flachsenker ø 15 mm:		f = 0,15 mm	
	bei Bohrer ø 19,7 mm:		f = 0,20 mm	
Reiben	v_c = 10 m/min,	f = 0,30 mm		

Bestimmen der Einstelldaten

Aus der Schnittgeschwindigkeit wird für den jeweiligen Werkzeugdurchmesser die Umdrehungsfrequenz (n) berechnet oder aus einem Diagramm abgelesen.

$$n = \frac{v_c}{d \cdot \pi}$$
$$f = f_z \cdot z$$
$$v_f = f \cdot n$$

Beim Fräsen wird der Vorschub (f) aus den Vorschüben pro Zahn mal der Schneidenzahl des Fräsers errechnet.

Die Vorschubgeschwindigkeit (v_f) erhält man aus Vorschub mal Umdrehungsfrequenz.

Fräsen mit Messerkopf:	n = 950 min^{-1},	v_f = 500 mm/min
Fräsen mit Schaftfräser:	n = 240 min^{-1},	v_f = 190 mm/min
Zentrierbohrern:	n = 1 900 min^{-1}	
Bohren mit Bohrer ø 19,7 mm:	n = 485 min^{-1}	
Bohren mit Bohrer ø 5 mm:	n = 1 900 min^{-1}	
Bohren mit Bohrer ø 9 mm:	n = 1 060 min^{-1}	
Bohren mit Flachsenker ø15 mm:	n = 630 min^{-1}	
Reiben:	n = 160 min^{-1}	

4. Schritt: Prüfplan festlegen

Der Fachmann legt in einem Prüfplan fest, welche Maße in welchem Fertigungszustand zu prüfen sind. Er bestimmt auch, mit welchem Prüfgerät gearbeitet wird. Dazu wählt er die geeigneten Messmittel aus, indem er die Messgrößen und die Abmaße berücksichtigt.

Die Prüfungen unterteilt er nach dem Fertigungsvorgang in Prüfungen für

- Rohteilmaße mit Bearbeitungszugaben vor der Fertigung,
- Einzelmaße während der Fertigung,
- Funktionsmaße bei der Endkontrolle nach der Fertigung.

Lernfeld 5

Prüfplan zur Endkontrolle erstellen

Die Bohrung Ø 20 H7 wird mit einem Grenzlehrdorn geprüft. Das Maß 60 wird mit einem Messschieber gemessen.

Der Abstand 71 der Bohrungsmitte Ø 20 zur Bodenfläche wird mithilfe eines Präzisions-Höhenmessgerätes indirekt geprüft. Der Lagerbock wird mit der Bodenfläche auf eine Anreißplatte gestellt, in die Passbohrung wird ein Zylinderstift Ø 20 m6 eingeschoben. Mit dem Höhenmessgerät wird das **Kontrollmaß 81 mm** von der Bodenfläche bis zur Oberkante des Zylinderstifts an dem vorderen und hinteren Ende gemessen.

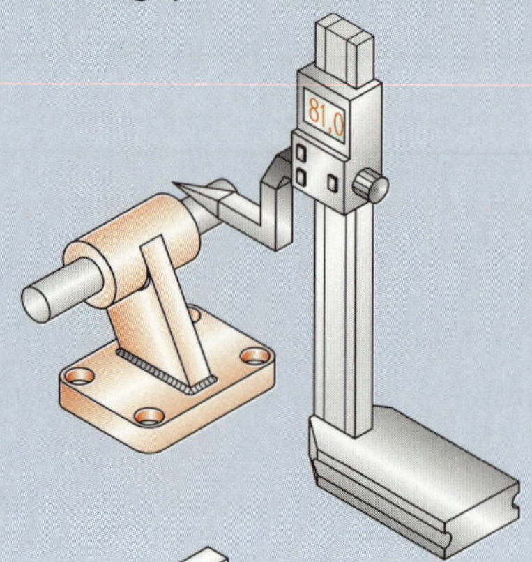

Der Abstand 55 von der Bohrungsmitte Ø 20 zu den Befestigungsbohrungen wird ebenfalls indirekt überprüft. Der Lagerbock wird mit der Bezugsfläche gegen einen Stützwinkel gelegt und in die Bohrung wird der Zylinderstift eingeschoben. Über diesen Stift wird der Lagerbock ausgerichtet. Der Außendurchmesser der Ansenkungen von Ø 15 wird jeweils abgetastet. Das **Kontrollmaß muss 37,5 mm** betragen.

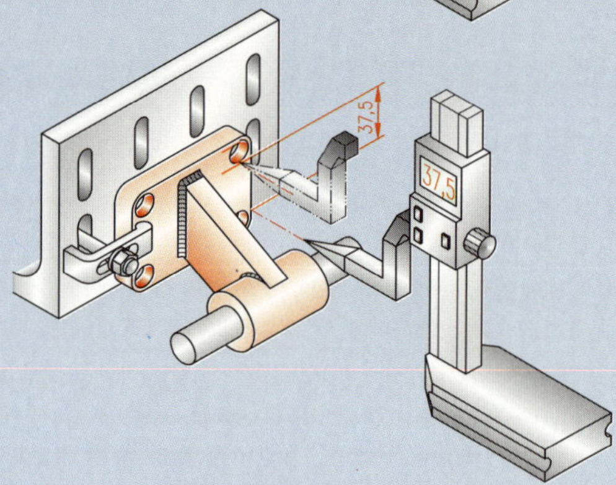

Die Abstände der Befestigungsbohrungen untereinander und von den Außenkanten der Bodenplatte werden mit einem Messschieber gemessen.

5. Schritt: Arbeitsplan erstellen

Der Fachmann fasst alle vorgenannten Überlegungen und Festlegungen in Tabellenform zu einem Arbeitsplan übersichtlich zusammen.

Arbeitsplan für die Fertigung eines Lagerbocks

Teil: Lagerbock **Zeichnung-Nr.** 5.1.01 **Datum:** 26. 08. 2004
Rohteil – aus drei vorgefertigten Teilen geschweißt

Nr.	Arbeitsgang	Werkzeug	Einstelldaten	Bemerkungen
1	Spannen des Lagerbocks	Maschinenschraubstock, Parallelstücke		Universalfräsmaschine mit senkrechter Spindel
2	Planfräsen der Standfläche	Messerkopf Ø 80 mm, 7 Schneiden	Schlichten $n = 950\ min^{-1}$, $v_f = 500\ mm/min$	Kühlschmiermittel einsetzen
3	Spannen des Lagerbocks	Spannpratzen		Universalfräsmaschine

4	Stirnflächen des Auges fräsen	HSS-Schaftfräser Ø 40 mm, 8 Schneiden	Schlichten $n = 240\ min^{-1}$ $v_f = 190\ mm/min$	Universalfräsmaschine mit senkrechter Spindel Kühlschmiermittel einsetzen
5	Bohrung Ø 20 mm Zentrierbohren	HSS-Zentrierbohrer Form A, Ø 2,5 mm	$n = 1900\ min^{-1}$ Vorschub von Hand	Universalfräsmaschine mit waagerechter Spindel Kühlschmiermittel einsetzen
6	Vor- und Aufbohren	HSS-Bohrer Ø 5 mm HSS-Bohrer Ø 19,7 mm	$n = 1900\ min^{-1}$ $f = 0{,}1\ mm$ $n = 485\ min^{-1}$ $f = 0{,}2\ mm$	Kühlschmiermittel einsetzen
7	Senken bzw. Entgraten der Bohrung	HSS-Kegelsenker	$n = 485\ min^{-1}$ Vorschub von Hand	trocken bearbeiten
8	Reiben	HSS-Maschinenreibahle Ø 20 H7 mm	$n = 160\ min^{-1}$ $f = 0{,}3\ mm$	Schneidöl einsetzen
9	Anreißen aller Bohrungsmitten Ø 9 mm	Körner, Hammer, Passstift Ø 20 mm		Anreißplatte mit Parallelweißer, Stützbock
10	Bohren der Befestigungsbohrungen des Lagerbocks	HSS-Bohrer Ø 9 mm, Flachsenker Ø 15 mm mit Führungszapfen	$n = 1060\ min^{-1}$ $f = 0{,}15\ mm$ $n = 630\ min^{-1}$ $f = 0{,}15\ mm$	Ständerbohrmaschine mit Maschinenschraubstock Kühlschmiermittel einsetzen
11	Prüfungen gemäß Prüfplan			

4. Arbeitsplan kontrollieren und auf Verbesserungen hin bewerten

Jeder Arbeitsplan stellt eine Summe von Einzelentscheidungen dar, welche Fehler bzw. ungünstige Abläufe enthalten können. Daher sind diese Auswahl und dieser Entscheidungsprozess einer abschließenden Kontrolle und einer Bewertung hinsichtlich Vereinfachungen oder Verbesserungen zu unterziehen.
Der Fachmann kontrolliert einen Arbeitsplan unter folgenden Fragestellungen:

- Ist die Auswahl der Verfahren und der Maschinen sinnvoll?
- Erzielt man mit der festgelegten Fertigungsfolge die Werkstückform in der verlangten Qualität?
- Ist die Schnittaufteilung günstig gewählt?
- Lässt sich das Ein- und Umspannen von Werkzeugen und Werkstücken vereinfachen?
- Kann man aufwändiges Ausrichten von Werkstücken vereinfachen oder einsparen?
- Ist der Werkstoff bei der Werkzeugauswahl und bei den Schnittdaten hinreichend berücksichtigt?
- Ist der festgelegte Fertigungsablauf insgesamt wirtschaftlich?

Die Überprüfung des Arbeitsplans ist abgeschlossen, wenn man bei allen Einzelabfragen zu positiven Ergebnissen gelangt ist. Andernfalls muss an entsprechenden Stellen nachgebessert werden.

Lernsituation

5.1.1 Lernsituation
Planen der Fertigung eines Aufnahmebolzens

Situation:
Für eine Produktionsmaschine ist ein Aufnahmebolzen aus X38CrMo16 zu fertigen. Dieser wird mit dem Spannzapfen in die Maschinenspindel eingesetzt. In dem gabelförmigen Aufnahmeteil können unterschiedliche Werkzeuge eingespannt werden.
Der Aufnahmebolzen soll vergütet werden. Die Herstellung ist zu planen, die Ergebnisse sind in einem Arbeitsplan zu dokumentieren.

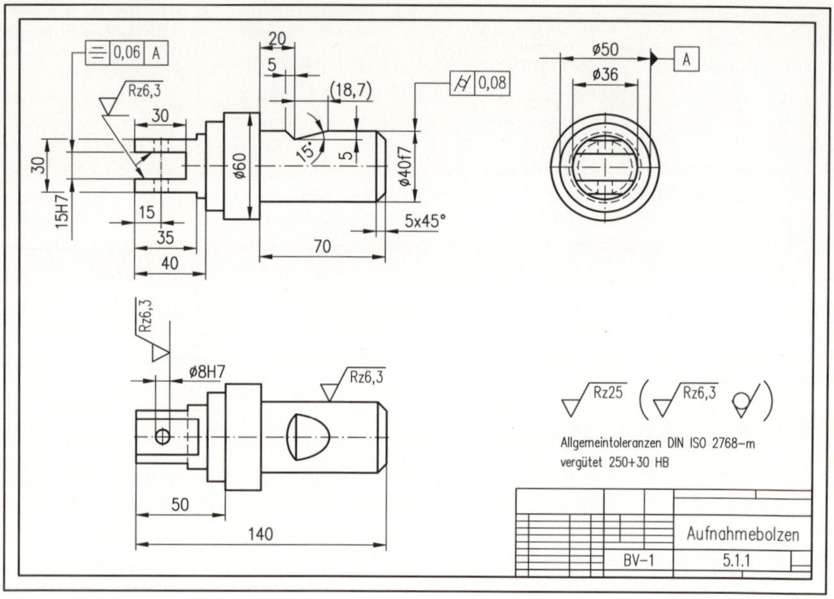

1. Vorgaben analysieren

1.1 Legen Sie die Rohteilabmessungen fest. Es wird blank gezogenes Rundmaterial mit dem größten Durchmesser des Fertigteils verwendet. Der Rohling wird durch saubere Sägeschnitte abgetrennt.

2. Fertigungsverfahren vorplanen

2.1 Skizzieren oder kopieren Sie die Fertigteilzeichnung und ordnen Sie den Bearbeitungsstellen mögliche Fertigungsverfahren zu.
2.2 Geben Sie die Maschinen und Werkzeuge an, mit denen die Fertigung möglich ist.

3. Fertigung festlegen

3.1 Bestimmen Sie die Reihenfolge der Bearbeitung.
3.2 Wählen Sie Werkzeuge und Spannmittel aus.
3.3 Bestimmen Sie die Schnitt- und Einstelldaten.
3.4 Erstellen Sie den Arbeitsplan.

4. Arbeitsplan kontrollieren

4.1 Vergleichen Sie Ihren Arbeitsplan mit dem Arbeitsplan von Mitschülern.

5.1.2 Lernsituation
Planen der Fertigung einer Backenführung

Situation:
Die Rohteile von Backenführungen für Maschinenschraubstöcke sind aus Gusseisen mit Kugelgrafit (EN-GJS-500-7) gefertigt worden. Die Endbearbeitung der Backenführung für fünf Stück ist zu planen.
Sie haben die Aufgabe, die Fertigung zu planen und in einem Arbeitsplan festzuhalten.

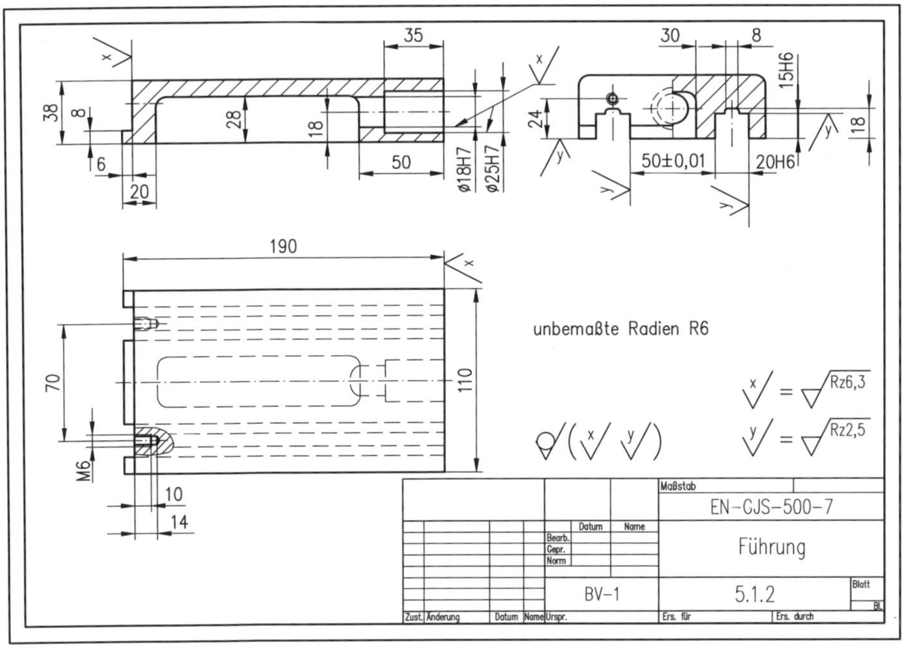

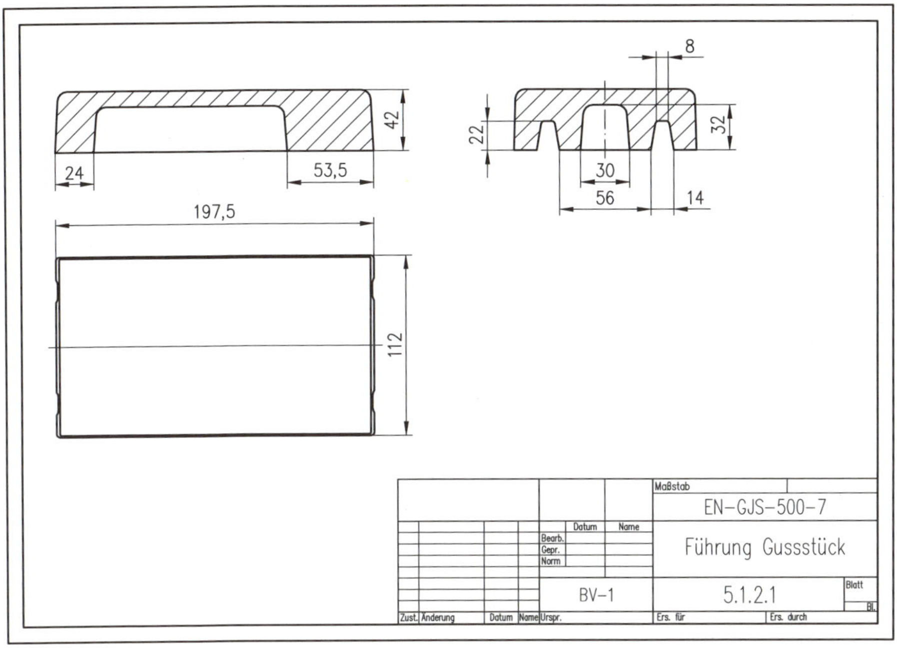

Lernfeld 5
Lernsituation

1. Auftrag analysieren

1.1 Untersuchen Sie die Zeichnung des Rohteils auf Bearbeitungszugaben. Skizzieren oder kopieren Sie die Rohteilzeichnung und kennzeichnen Sie farbig die Bearbeitungsbereiche.
1.2 Überlegen Sie, ob nach der Bearbeitung verbleibende Formschrägen Einfluss auf die Funktion der Backe haben können.

2. Fertigungsverfahren vorplanen

2.1 Skizzieren oder kopieren Sie die Fertigteilzeichnung und ordnen Sie den Bearbeitungsstellen mögliche Fertigungsverfahren zu.
2.2 Geben Sie die Maschinen und Werkzeuge an, mit denen die Fertigung möglich ist.

3. Fertigung festlegen

3.1 Bestimmen Sie die Reihenfolge der Bearbeitung.
3.2 Wählen Sie Werkzeuge und Spannmittel aus.
3.3 Bestimmen Sie die Schnitt- und Einstelldaten.
3.4 Legen Sie Zwischenkontrollen während der Bearbeitung fest.
3.5 Erstellen Sie den Arbeitsplan.

4. Arbeitsplan kontrollieren

4.1 Vergleichen Sie Ihren Arbeitsplan mit dem Arbeitsplan von Mitschülern.
4.2 Überprüfen Sie, ob der gewählte Arbeitsplan auch bei einer Fertigung von 200 Stück angemessen wäre.

5.1.3 Lernsituation
Planen der Fertigung einer Klauenkupplung

Lernsituation

Situation:
Zur Verbindung einer Maschine mit einem Antriebsmotor ist eine aus zwei Teilen bestehende Klauenkupplung zu fertigen. Die Kupplungsteile werden aus blank gezogenem Rundmaterial hergestellt.

Erstellen Sie den Arbeitsplan.

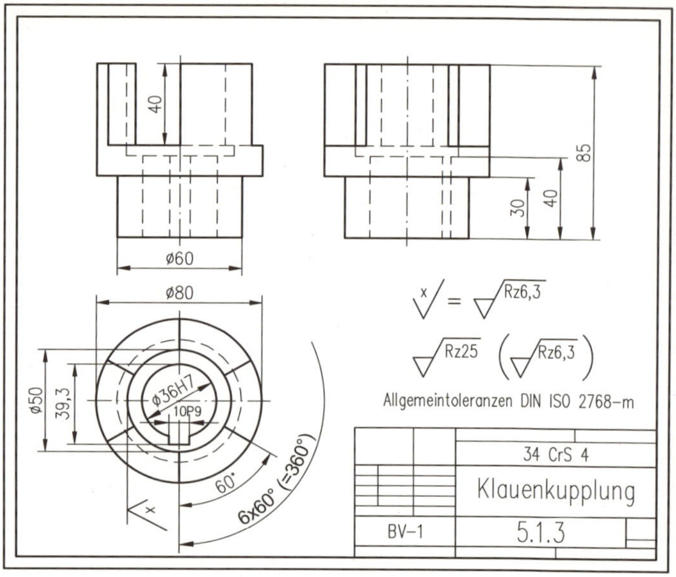

5.2 Handlungssituation
Erstellen eines Prüfungsplans

Bei der Fertigung von Werkstücken müssen alle festgelegten Qualitätsmerkmale erreicht werden. Dazu sind viele verschiedenartige Prüfvorgänge erforderlich.

Das Prüfen beginnt mit einer Rohteilprüfung vor der Fertigung, setzt sich fort mit den Einzelprüfungen bei den Arbeitsgängen während der Fertigung und schließt mit einer umfassenden Endkontrolle des fertigen Werkstücks ab.

Prüfungen innerhalb der Fertigung beschränken sich meist auf wichtige Maße. Umfangreichere Prüfungen, wie z. B. Form- und Lagegenauigkeiten, werden meist nur bei der Endkontrolle durchgeführt.

Die Prüfplanung einer vollständigen Endkontrolle erstreckt sich auf alle einzuhaltenden Qualitätsmerkmale.

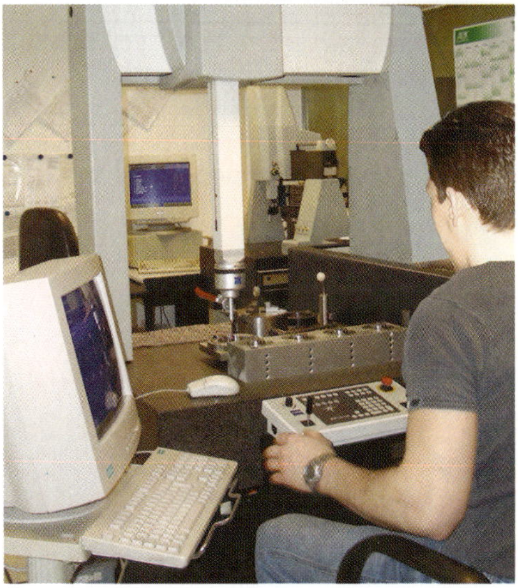

Beispiel: Erstellen des Prüfplans für einen Winkelhebel

Für eine Verriegelungseinrichtung sind Winkelhebel nach Zeichnung gefertigt worden. Am Gussteil wurden Mittenabstände, Winkligkeit der Tragarme und die Bearbeitungszugaben überprüft. Alle Maße lagen innerhalb der Grenzen, die für Werkstücke aus in Formsand gegossenem Gusseisen zulässig sind. Am bearbeiteten Fertigteil sind nun alle Maße, die in der Endfertigung beachtet werden mussten, zu überprüfen. Die Endprüfung ist zu planen.

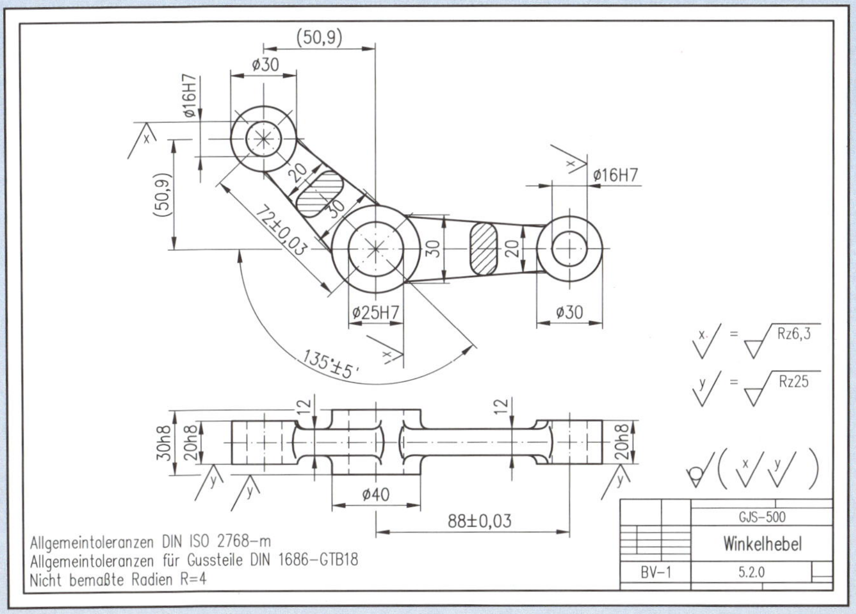

1. Prüfauftrag analysieren

Der Fachmann

- ermittelt aus der Zeichnung die Lage des Bezugssystems, von dem der Konstrukteur ausging;
- bestimmt die im augenblicklichen Fertigungszustand zu prüfenden Maße und Eigenschaften aus der Zeichnung;
- ermittelt Sonderanforderungen, indem er für die Funktion wichtige Eigenschaften aus der Zeichnung herausfindet.

Analyse des Auftrags

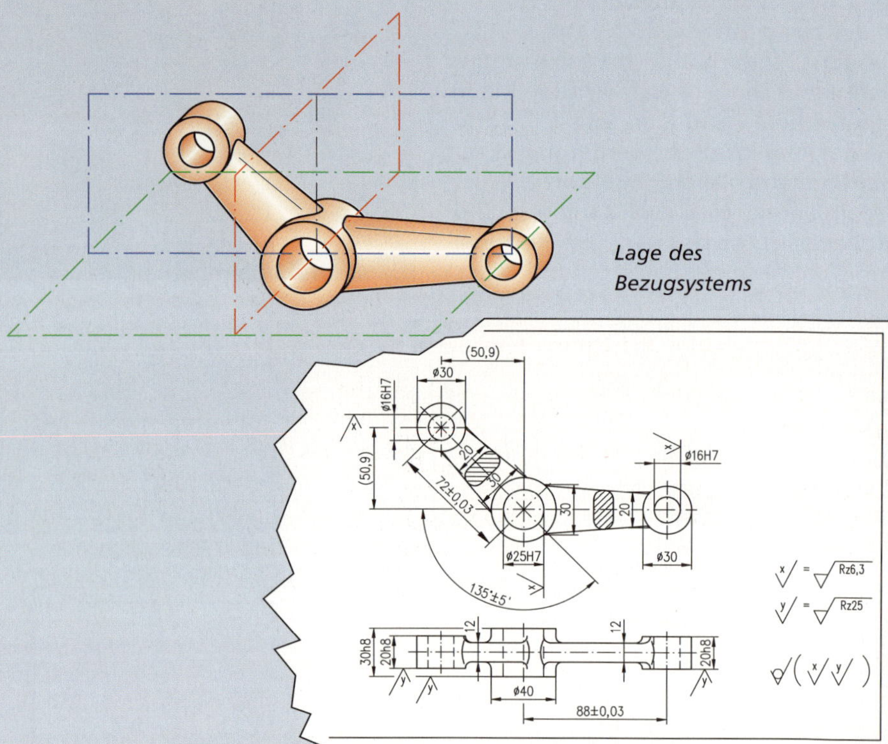

2. Prüfung planen

Der Fachmann

- legt Bezugsebenen zum Positionieren fest;
- bestimmt Prüfmittel und deren Messbereiche, indem er die Maße und die jeweilige Größe der zulässigen Abweichungen beachtet;
- bestimmt Hilfsmittel zum Positionieren und ggf. zum Spannen, die mit wenig Aufwand eine schnelle Prüfung ermöglichen;
- legt die Reihenfolge der Prüfungen fest, indem er eine günstige Strategie wählt, z. B.
  - zunächst die Maße zu prüfen, deren Nichteinhaltung bei ähnlichen Werkstücken besonders häufig zu Ausschuss führte,
  - zunächst alle Maße zu prüfen, die kein Positionieren und Aufspannen erfordern;
- bestimmt Grenzabmaße und Kriterien für eine Nachbearbeitung bzw. für Ausschuss;
- fasst alle Überlegungen im Prüfplan zusammen.

Prüfauftrag für einen Winkelhebel planen

Positionieren des Winkelhebels

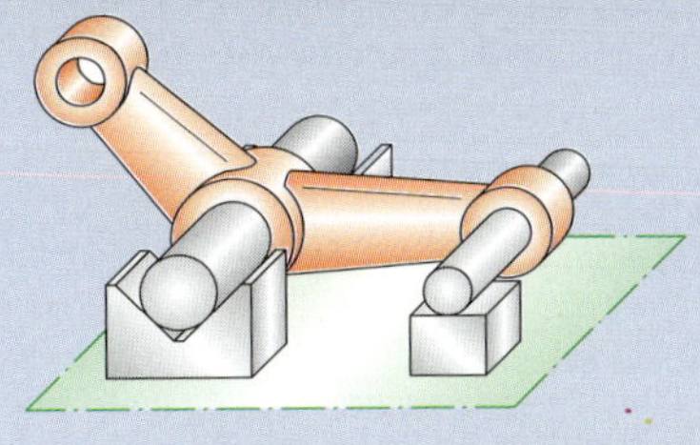

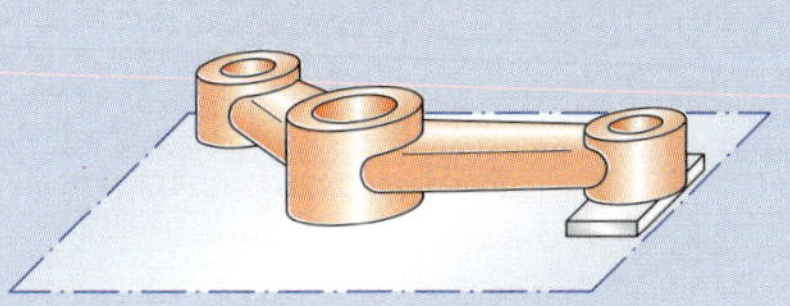

Bestimmung der Prüfmittel (Auswahl)

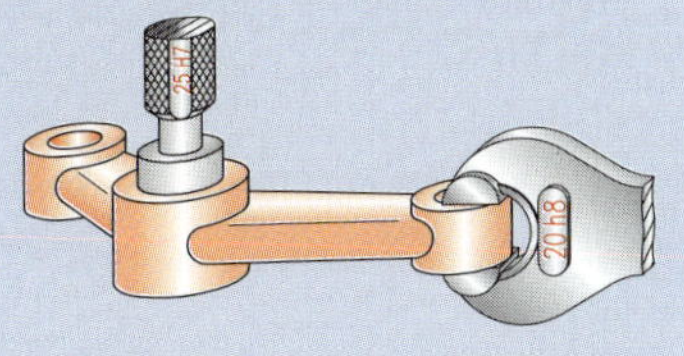

Lehrdorne für Bohrungen Ø16H7 und Ø25H7

Grenzrachenlehren für Höhenmaße 20h6 und 30h6

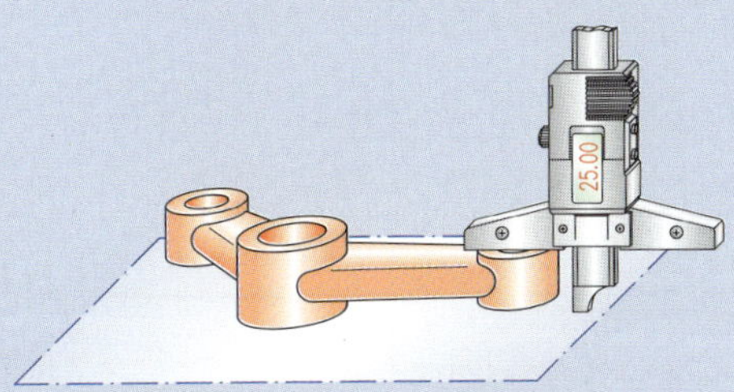

Digitaler Tiefenmesser

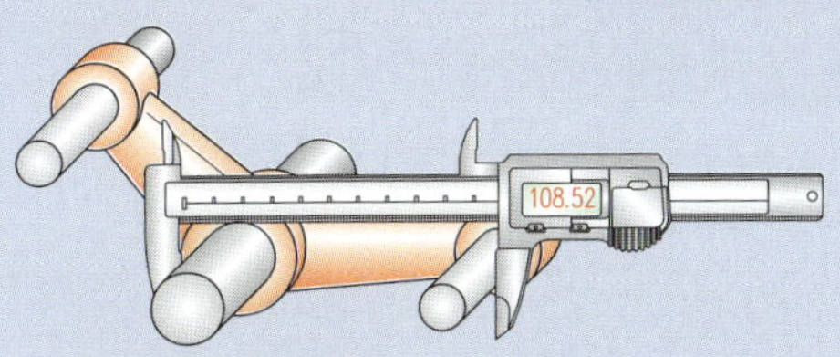

Digitaler Messschieber

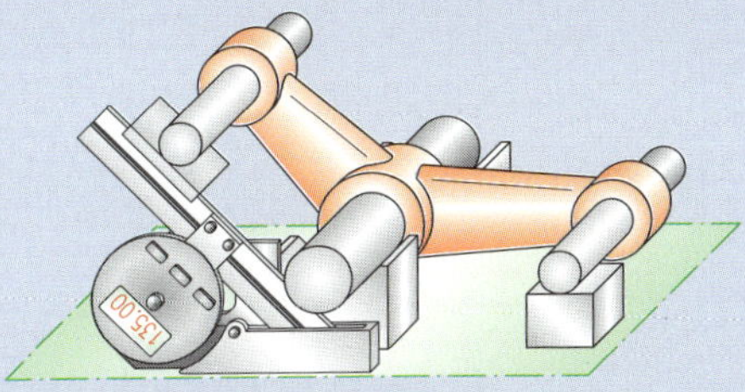

Digitaler Winkelmesser
Hilfsmittel: 3 Prüfbolzen
Endmaß 4,5 mm

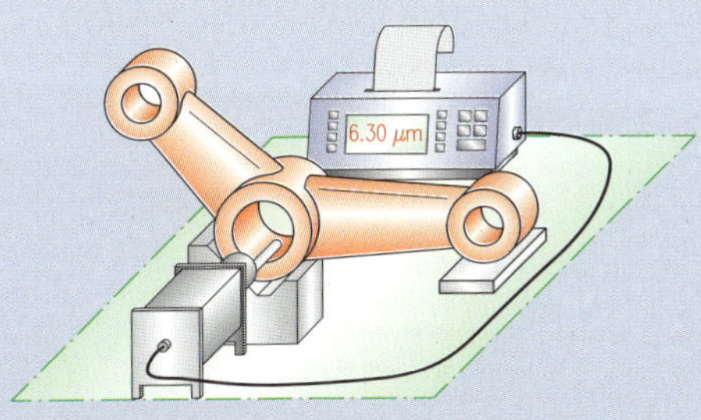

Tastschnittgerät zur Bestimmung der Rauheit

3. Prüfplan erstellen

Der Fachmann erstellt nach der Vorplanung einen Prüfplan in Tabellenform, in welchem er in einer sinnvollen Reihenfolge die Nennmaße auflistet, zulässige Maßabweichungen ermittelt, die Art des Prüfvorgangs zuordnet und Freiräume für die ermittelten Prüfergebnisse vorsieht.

Prüfplan

Prüfauftrag: C-450							Seite 1
Teil: 1580				Winkelhebel			
Zeichnungs-Nr. 5.2.0				**Lieferant:** Fräserei			
Nr.	**Nennmaß in mm**	**Zulässige Maßabweichung in mm**	**Prüfmittel – Nr. zum Lehren**	**Prüfmittel – Nr. zum Messen**	**Istmaß**	**Auswertung** Gut Nacharbeit Ausschuss	**Bemerkungen**
1	∅ 25 H7	+0,025 0	243 Grenzlehrdorn				
2	∅ 16 H7	+0,018 0	234 Grenzlehrdorn				
3	30 h6	0 −0,013	365 Grenzrachenlehre				
4 a	5	± 0,1		101 Endmaß-Satz			
4 b	5	± 0,1		101 Endmaß-Satz			
5 a	20 h6	0 −0,013	355 Grenzrachenlehre				
5 b	Symmetrie	± 0,2	202 digitaler Tiefenmesser				
6 a	88	± 0,03		201 Digitaler Messschieber			
6 b	72	± 0,03		201 Digitaler Messschieber			
7	45°	± 5'		230 Digitaler Universalwinkelmesser			
8	∅ 25 ∅ 16 30 20 20	Rz6,3 Rz25		295 Oberflächen-Tastschnittgerät			

Prüfplan/Prüfanordnung

Prüfauftrag: C-450 Seite 1

Teil: 1580 Winkelhebel

Zeichnungs-Nr. 5.2.0 **Lieferant:** Fräserei

Nr.	Prüfanordnung	Hilfsmittel	Bemerkungen
5b	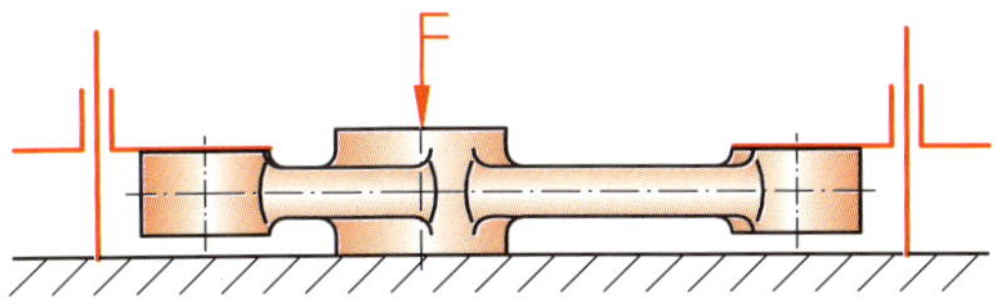	Spannelement	Gegenseite durch Umschlag prüfen
6a 6b	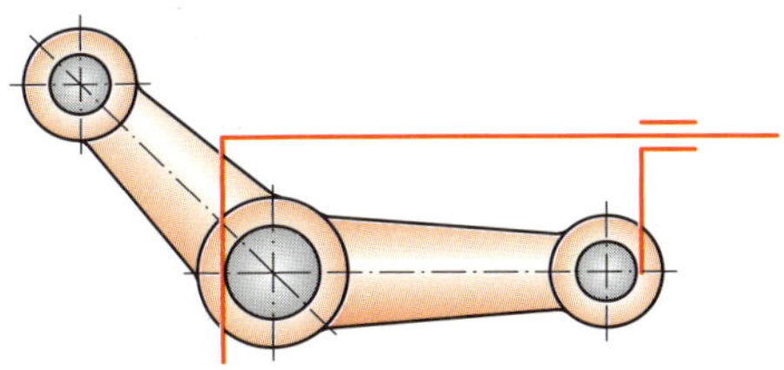	Messbolzen für B 16 H7 B 25 H7	
7	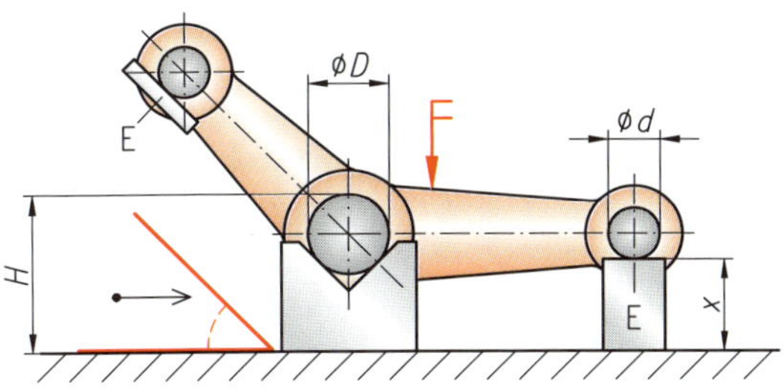	Spannelement Prismenpaar Messbolzen Endmaß 4,5 mm Endmaß x Messbolzen für B 16 H7 B 25 H7	$x = H - \frac{D}{2} - \frac{d}{2}$

Prüfdatum: **Prüfer:** **Unterschrift:**

Lernsituation

5.2.1 Lernsituation
Erstellen eines Prüfplans für einen Zahnradrohling

Situation:
In einem Getriebe ist ein beschädigtes Zahnrad zu ersetzen. Es wurde ein Zahnradrohling nach Zeichnung aus dem Automatenstahl 44SMnPb28 angefertigt.
Vor dem Fräsen und Schleifen der Verzahnung hat das Drehteil eine Endkontrolle zu durchlaufen, bei der alle einzuhaltenden Qualitätsmerkmale überprüft werden.

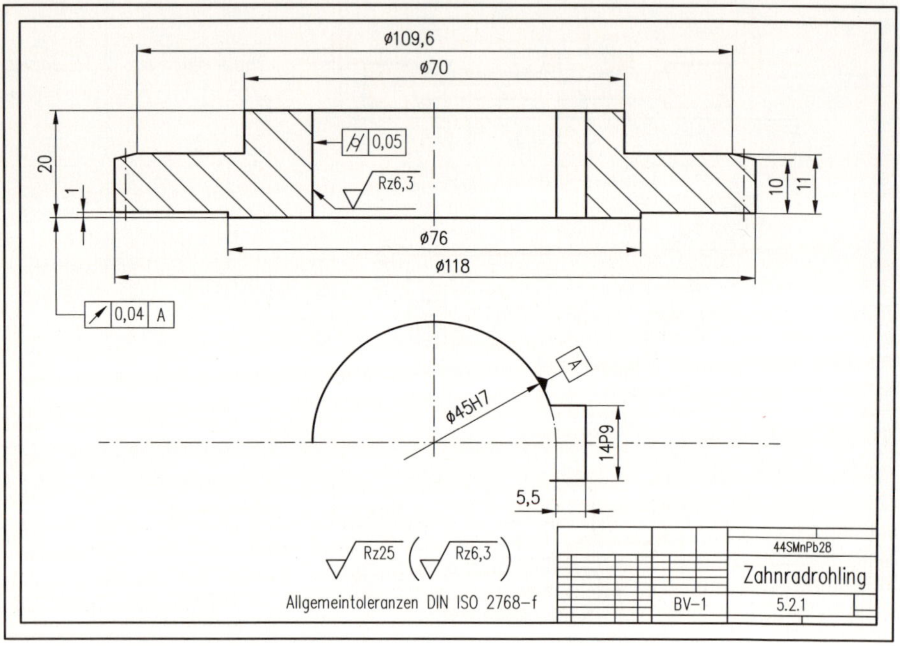

1. Auftrag analysieren

1.1 Beschreiben Sie die Lage der Bezugsflächen bzw. der Bezugslinien für den Zahnradrohling.

1.2 Geben Sie die Maße an, die im augenblicklichen Stadium der Fertigung zu prüfen sind.

2. Endkontrolle planen

2.1 Bestimmen Sie die Prüfungen, bei denen eine Positionierung des Werkstücks notwendig ist. Legen Sie die Positionierung fest.

2.2 Stellen Sie eine Liste der zu verwendenden Prüfmittel auf.

2.3 Geben Sie die Reihenfolge der Prüfungen an.

3. Prüfplan erstellen

3.1 Erstellen Sie einen Prüfplan entsprechend dem vorgegebenen Schema.

3.2 Stellen Sie die Prüfanordnung mit Bildzeichen dar.

5.2.2 Lernsituation
Erstellen eines Prüfplans für ein Gegenlager

Situation:
Sie haben die Aufgabe, die Prüfplanung zur Endkontrolle des Gegenlagers zu erarbeiten.

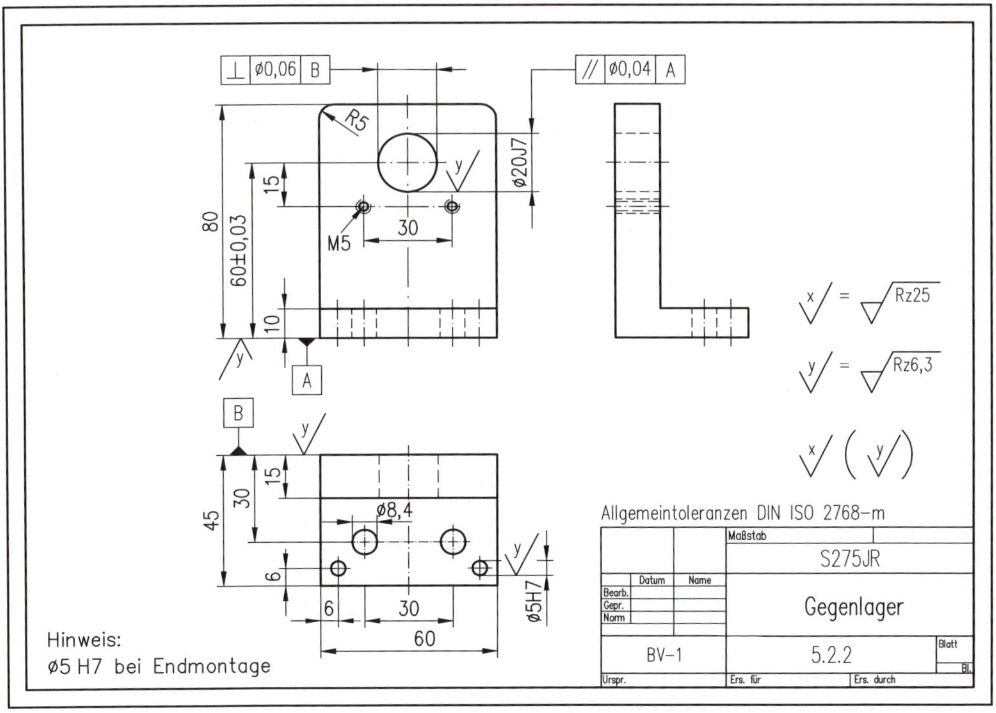

1. Auftrag analysieren

Beschreiben Sie die Lage der Bezugsflächen bzw. der Bezugslinien für das Gegenlager.

2. Endkontrolle planen

2.1 Bestimmen Sie die Prüfungen, bei denen eine Positionierung des Werkstücks notwendig ist. Legen Sie die Positionierung fest.
2.2 Stellen Sie eine Liste der zu verwendenden Prüfmittel auf.
2.3 Geben Sie die Reihenfolge der Prüfungen an.

3. Prüfplan erstellen

3.1 Erstellen Sie einen Prüfplan entsprechend dem vorgegebenen Schema.
3.2 Stellen Sie die Prüfanordnung mit Bildzeichen dar.

Handlungssituation

6.1 Handlungssituation
Installieren und Inbetriebnehmen elektropneumatischer Steuerungen

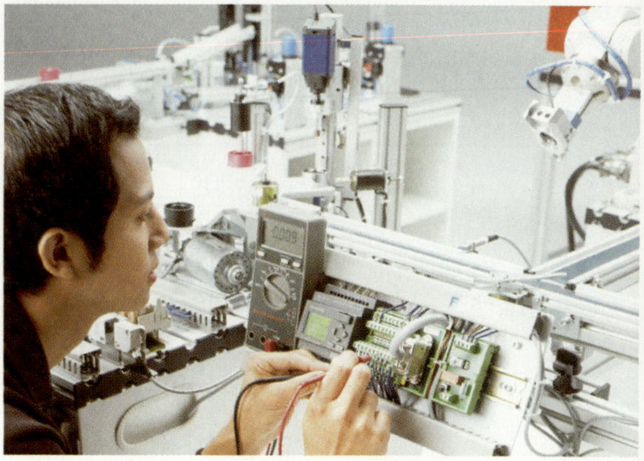

Die Installation und die Inbetriebnahme von Steuerungen führt der Fachmann nach vorliegenden Schaltplänen und anderen Dokumentationen durch.

Aus den Unterlagen, die entweder die Zulieferfirma oder die Konstruktionsabteilung erstellt hat, kann er die Aufgabenstellung und den Funktionsablauf der Steuerung erkennen.

Übersichtlichkeit ist eine zentrale Forderung, die an die Installation elektropneumatischer Anlagen gestellt wird.

Er selbst nimmt daher die Installation der Anlage systematisch vor, damit eine spätere Fehlersuche in der Anlage möglich ist und eine Ergänzung oder Optimierung der Steuerung vorgenommen werden kann.

Beispiel: Installieren und Inbetriebnehmen der Steuerung für eine Hubbühne

Über einen Rollengang erreichen schwere Werkstücke eine Hebebühne. Diese Hebebühne soll auf Tastendruck das Werkstück anheben; weiterhin soll danach das Werkstück automatisch auf einen zweiten Rollengang verschoben werden.

Der Fachmann soll nach den vom Konstruktionsbüro gelieferten Unterlagen (Schaltplan und Stromlaufplan) die Installation der Steuerung vorbereiten und durchführen sowie die Inbetriebnahme vornehmen.

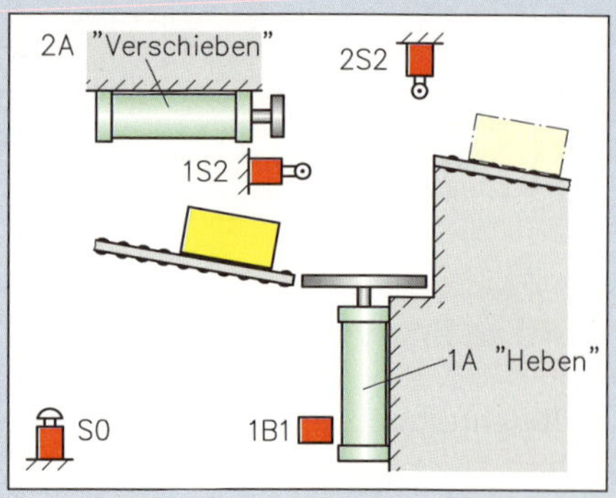

1. Auftrag analysieren

Der Fachmann informiert sich über den Ablauf der Steuerung, indem er den Pneumatikschaltplan und Stromlaufplan zusammenhängend untersucht.

- Im Pneumatikschaltplan liest er ab, welche Arbeitsglieder vorhanden sind und wie ihre Ausgangsstellung ist.
- Die Lage vorgesehener Signalglieder, die direkt durch die Arbeitsglieder betätigt werden, erkennt er im Pneumatikschaltplan an den Zuordnungsstrichen über den jeweiligen Arbeitsgliedern.
- Die Bezeichnungen der Signalglieder und der Spulen aus dem Pneumatikschaltplan findet er im Stromlaufplan wieder, indem er Strompfad für Strompfad absucht.
- Den Beginn des Ablaufs der Steuerung stellt er sich vor, indem er gedanklich zunächst im Pneumatikschaltplan das Hauptventil öffnet und dann im Stromlaufplan den Starttaster drückt.

- Den Ablauf der Steuerung vollzieht er nach, indem er schrittweise die Kontaktänderungen in den Strompfaden beobachtet, bis ein Magnetventil anspricht und dadurch im Pneumatikplan ein Stellglied umgeschaltet wird.
- Den weiteren Ablauf der Steuerung erschließt er dadurch, dass er die geänderte Stellung von Arbeitsgliedern daraufhin untersucht, welche neue Signaleingabe jeweils erfolgt und welche Kontaktänderungen dadurch in den Strompfaden entstehen.

Auftrag analysieren: Pneumatikschaltplan und Stromlaufplan untersuchen

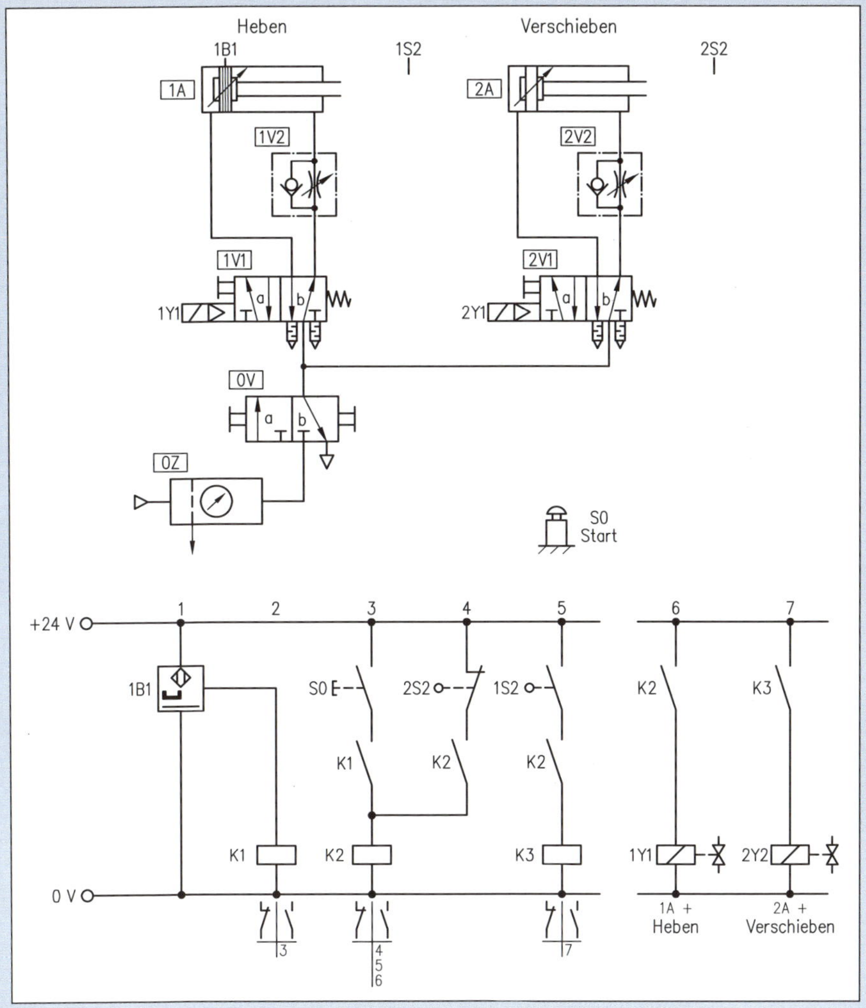

- In der Steuerung sind zwei doppeltwirkende Zylinder eingebaut, die in der Ausgangsstellung eingefahren sind.
- Die eingefahrene Stellung des Zylinders 1A (Heben) wird durch einen Sensor 1B1 abgefragt, die ausgefahrene Stellung dieses Zylinders wird durch den Sensor 1S2 festgestellt.
- Die eingefahrene Stellung des Zylinders 2A (Verschieben) wird nicht abgefragt, die ausgefahrene Stellung dieses Zylinders wird durch den Sensor 2S2 festgestellt.
- Zur Vorbereitung des Starts wird das Hauptventil 0V geöffnet. Dadurch erhalten beide Zylinder Druck auf der Kolbenstangenseite.

- Nach dem Einschalten der Stromversorgung spricht im Strompfad 2 das Schütz K1 an, dadurch wird im Strompfad 3 der Kontakt K1 geschlossen.
- Wird nun der Starttaster S0 betätigt, so schließen sich alle Kontakte K2 in den Strompfaden 4, 5 und 6. Über die Selbsthaltung des Schützes K2 im Strompfad 4 bleibt das Schütz K2 auch dann betätigt, wenn der Starttaster losgelassen wird.
- Der Schließerkontakt K2 im Strompfad 6 bewirkt, dass die Spule 1Y1 Spannung bekommt und somit das Ventil 1V1 umgeschaltet wird. Die Folge davon ist, dass die Kolbenstange des Zylinders 1A (Heben) ausfährt. In der Endlage wird der Sensor 1S2 betätigt.
- Über den geschlossenen Kontakt 1S2 im Strompfad 5 zieht das Schütz K3 an, im Strompfad 7 schließt sich der Kontakt K3, dadurch bekommt die Spule 2Y1 Spannung. Das Ventil 2V1 schaltet um und der Zylinder 2A (Verschieben) fährt aus.
- In der Endlage betätigt die Kolbenstange von 2A den Sensor 2S2. Dieser Sensor öffnet im Strompfad 4 den Kontakt, dadurch löst sich die Selbsthaltung von Schütz K2.
- Dadurch öffnen sich alle Kontakte K2, dadurch fällt auch Schütz K3 im Strompfad 5 ab. Da nun in den Strompfaden 6 und 7 die Schützkontakte wieder offen sind, haben die Spulen 1Y1 und 1Y2 keine Spannung mehr.
- Als Folge sind die Ventile 1V1 und 2V1 nicht mehr über die Spulen betätigt, dadurch werden sie über die Federn zurückgestellt. Die Kolben beider Zylinder fahren wieder ein.

Der Fachmann hält den Funktionsablauf der Steuerung fest, indem er aus der Analyse des Pneumatikschaltplans und des Stromlaufplans eine Übersicht erstellt.

- Den schrittweisen Ablauf der Steuerung hält er fest, indem er die Abfolge der Zylinderbewegungen in Tabellenform beschreibt.
- Den Zusammenhang zwischen den Signalen und Zylinderbewegungen stellt er in einem Funktionsdiagramm als Zustands-Schritt-Diagramm mit Signalelementen dar.

Zusammenfassende Darstellung des Steuerungsablaufs

Beschreibung der Steuerung in Tabellenform

Schritt	Beschreibung des Ablaufes
1	1A fährt aus: Heben
2	2A fährt aus: Verschieben
3	Einfahren 1A und 2A
4	Ende, neuer Start möglich

Funktionsdiagramm mit Signalelementen

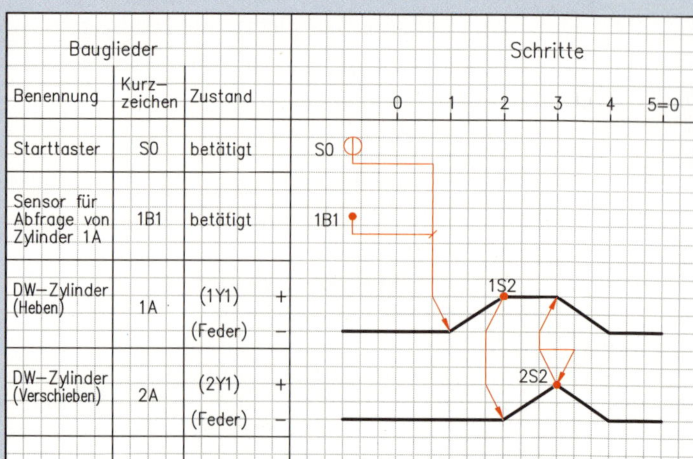

2. Installation der Steuerung planen

Der Fachmann plant anhand der Unterlagen die Installation der Steuerung, indem er:

- den Pneumatikschaltplan um die Anschlussbezeichnungen ergänzt,
- den Stromlaufplan um die Anschlussbezeichnungen ergänzt,
- die Vergabe der Klemmennummern vornimmt.

1. Schritt: Pneumatikschaltplan um Anschlussbezeichnungen ergänzen

Der Fachmann trägt in den Pneumatikschaltplan die Anschlusskennzeichnungen der Ventile ein, die er entsprechend dem Schaltplan verschlauchen muss.

Zur Information: **Anschlusskennzeichen nach DIN**

Anschlüsse an Ventilen werden durch Zahlenkombinationen gekennzeichnet:

1	Druckanschluss
2 oder 4	Arbeitsanschluss
3 oder 5	Abluftanschluss
12	Steueranschluss, verbindet bei Betätigung Anschluss 1 mit Anschluss 2
14	Steueranschluss, verbindet mit Betätigung Anschluss 1 mit Anschluss 4

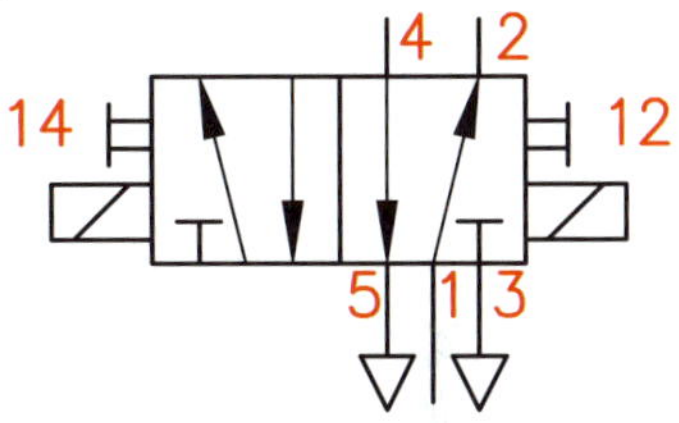

Pneumatikschaltplan um Anschlussbezeichnungen ergänzen

Der Fachmann liest am Ventil 1V1, das er entsprechend der Stückliste einzubauen hat, die Anschlusskennzeichnungen ab.

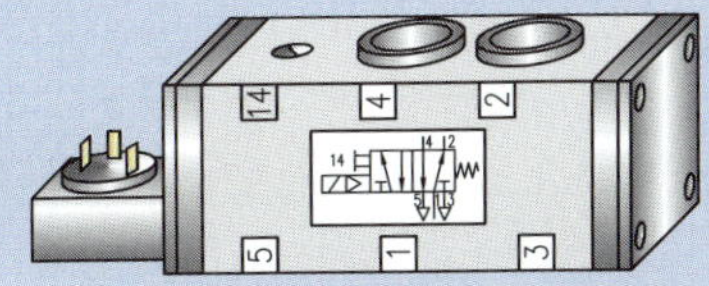

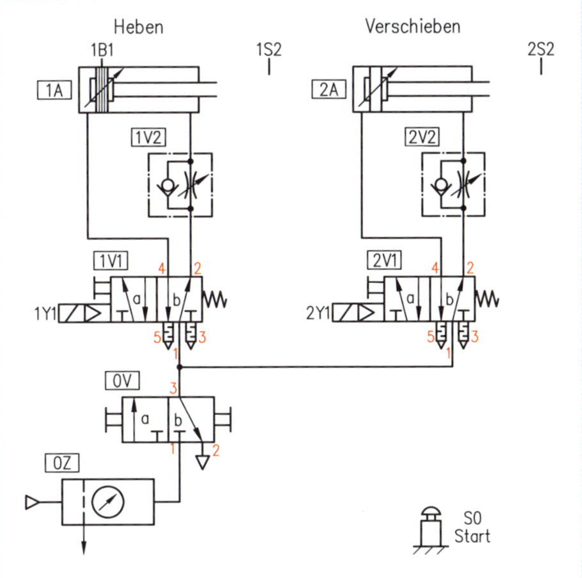

Er sieht im Schaltplan, dass er den Arbeitsanschluss des Ventils 1V1 mit dem Zylinder 1A so verbinden muss, dass der Zylinder im Ausgangszustand auf der Kolbenstangenseite mit Druck beaufschlagt und darum eingefahren ist. Entsprechend trägt er am Ventilsymbol an den Anschluss zur Kolbenstangenseite die Kennzeichnung 2 in den Schaltplan ein.

Anschluss 4 wird mit der anderen Zylinderseite verbunden, Die Versorgungsleitung wird auf 1 gelegt und die Abluft entsprechend auf 3 und 5.

Entsprechend verfährt er mit den übrigen Ventilen.

2. Schritt: Stromlaufplan um Anschlussbezeichnungen ergänzen

Der Fachmann ergänzt den Stromlaufplan um die Kennzeichen der Anschlüsse, die er bei der Verdrahtung der Relais bzw. Schütze verwenden wird.
Im Stromlaufplan kennzeichnet der Fachmann zunächst alle Schützspulen jeweils mit den Bezeichnungen A1 (Plus-Seite) und A2 (Minus-Seite). Danach erhalten die Hilfsschaltglieder in den Strompfaden die Positionsnummern mit den Ziffern für Schließer oder Öffnerkontakte.
Die Anschlusskennzeichnungen für Sensoren und Schalter werden gemäß den Schaltbildern, welche die einzelnen Bauteile tragen, ebenfalls in den Stromlaufplan übernommen.

Zur Information: **Anschlusskennzeichen an Relais**

Anschlüsse an Relais in Steuerungen werden durch zweistellige Zahlenkombinationen gekennzeichnet:

1. Stelle: Nummer der Kontaktbahn
2. Stelle: Kennzeichnung der Schalterart

1 2	Öffner	3 4	Schließer

A1 Plusseite der Relaisspule
A2 Minusseite der Relaisspule

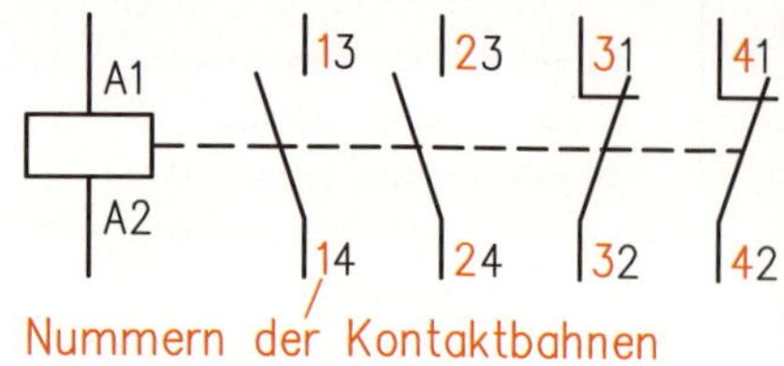

Relais mit 2 Schließern und 2 Öffnern

Pneumatikschaltplan um Anschlussbezeichnungen ergänzen

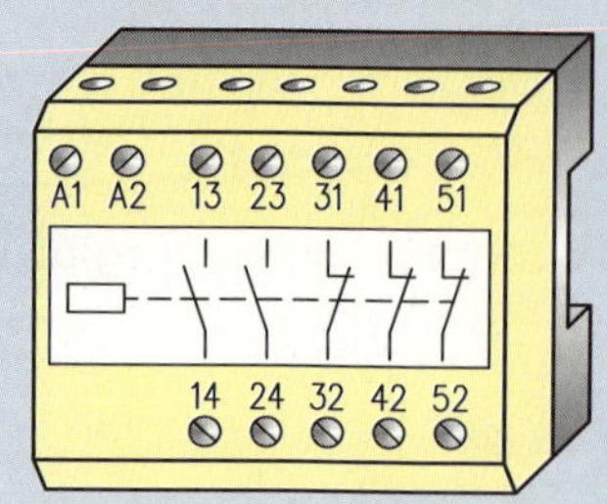

Der Fachmann liest am Relais K1, das er entsprechend der Stückliste einzubauen hat, die Anschlussbezeichnungen ab und entscheidet, welche Relaiskontakte er belegen wird. Er entscheidet z. B. im Strompfad 3 des Stromlaufplans die Relaiskontakte 13/14 zu belegen. Entsprechend kennzeichnet er im Strompfad 3 die Kontakte.

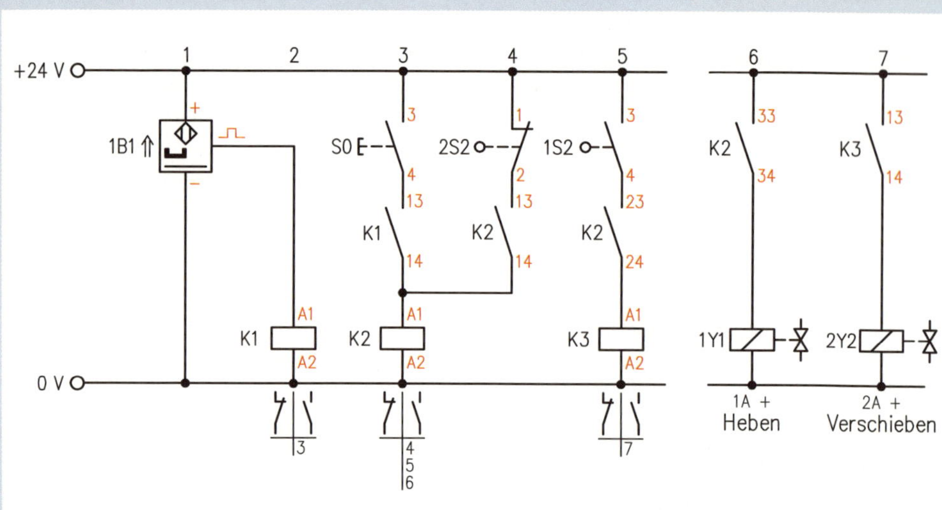

3. Schritt: Klemmennummern im Stromlaufplan eintragen

Die Verdrahtung einer elektropneumatischen Steuerung mithilfe einer Klemmenleiste führt zu niedrigen Verdrahtungskosten, erlaubt eine einfache Fehlersuche und eine schnelle Reparatur.

Zur Information: **Klemmleisten und Klemmenbezeichnungen**

Die Klemmleiste ist mit Schaltschrank untergebracht. Die Leitungen von den Sensoren, den Magnetspulen und der Stromversorgung werden von außen an die Klemmleiste geführt. Die Leitungen von Bauteilen für die Signalverarbeitung, die meist im Schaltschrank untergebracht sind werden von innen an die Klemmenleiste geführt. Jede Klemme der Klemmleiste hat zwei untereinander verbundene Aufnahmen für Leitungen.

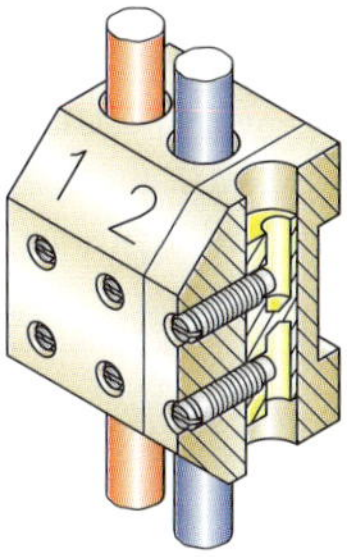

Kennzeichnungen im Stromlaufplan

X	Kennzeichnen für Klemmleiste	○	Symbol für Klemmstelle
1–; 2– …	Nummer der Klemmleiste	1; 2; …	Nummer der Klemme

Abfolge der Vergabe der Klemmen in der Reihenfolge der Strompfade
- Klemmenbelegung für die Spannungsversorgung,
- Klemmenbelegung für den Masseanschluss,
- Bauelemente außerhalb des Schaltschrankes in der Strompfade von oben nach unten,
- Bei elektronischen Bauelemente in folgender Reihenfolge:
  - Versorgungsspannung
  - Signalanschluss
  - Masseanschluss.

Klemmennummern im Stromlaufplan eintragen

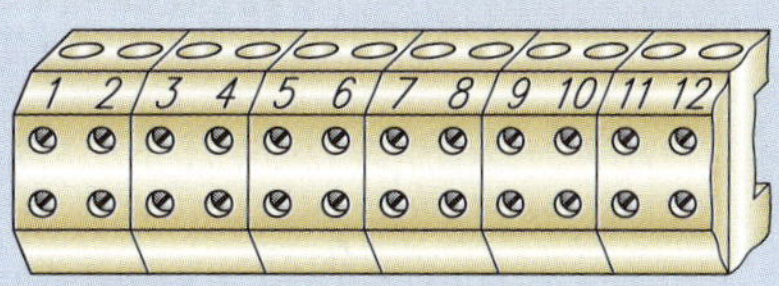

Der Fachmann vergibt die Klemmen X1–1 bis X1–6 für die Spannungsversorgung.
Auf die Klemmen X1–7 bis X1–12 kommen Masseanschlüsse, die Übrigen vergibt er entsprechend der vereinbarten Abfolge.

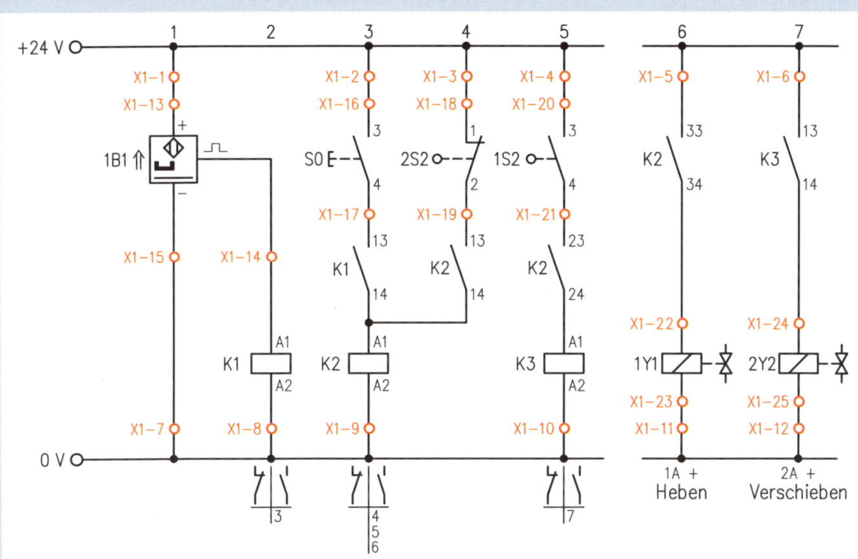

Klemmenbelegungsliste

Mithilfe einer Klemmenbelegungsliste wird die Installation einer zu verdrahtenden Steuerung vorbereitet. Die Liste ist entsprechend der Klemmenleiste gestaltet und als Vordruck bereitzulegen.

Jede Klemme wird durch ein Rechteck mit einer Klemmennummer und einem Anschluss für eine mögliche Verbindungsbrücke dargestellt.

Auf der linken Seite der Liste werden jeweils die Bauteilbezeichnungen und die zugehörigen Anschlussbezeichnungen der Bauelemente außerhalb des Schaltschranks erfasst.

Auf der rechen Seite der Liste werden jeweils die Bauteilbezeichnungen und die zugehörigen Anschlussbezeichnungen der Bauelemente innerhalb des Schaltschranks erfasst.

Klemmenbelegungsliste ausfüllen

Die Klemmenbelegungsliste wird nach folgendem Schema vom Fachmann ausgefüllt:

- Auf der linken Seite der Liste werden Bauteilbezeichnungen und die Anschlussbezeichnungen der Bauelemente eingetragen, die außerhalb des Schaltschranks eingebaut sind. Hier z. B. die Bauteilbezeichnung für den Starttaster S0 mit den Anschlussbezeichnungen 3 und 4, die an die Klemme 16 bzw. 17 geführt werden.
- Auf der rechten Seite der Liste werden Bauteilbezeichnungen und die Anschlussbezeichnungen der Bauelemente eingetragen, die innerhalb des Schaltschranks eingebaut sind. Hier z. B. das Schütz K1 mit dem Anschluss A1 an der Klemme 14.
- Verbindungen für die erforderlichen Brücken werden eingezeichnet. Hier z. B. die Brücken zwischen den Klemmen X1–1 bis X1–6 mit der Versorgungsspannung und X1–7 bis X1–8 mit der Versorgungsmasse.
- Eintragen der Verbindungen von Klemme zu Klemme, die nicht als Brücke realisiert werden können (im Beispiel nicht vorhanden).

Ziel		Verbindungsbrücke	Klemmen-Nr. X1-	Ziel	
Bauteil-Bezeichnung	Anschluss-Bezeichnung			Bauteil-Bezeichnung	Anschluss-Bezeichnung
	+24V	○	1	X1	13
		○	2	X1	16
		○	3	X1	18
		○	4	X1	20
		○	5	K2	33
		○	6	K3	13
	0V	○	7	X1	15
		○	8	K1	A2
		○	9	K2	A2
		○	10	K3	A2
		○	11	X1	23
		○	12	X1	25
1B1	+	○	13	X1	1
1B1	⎍	○	14	K1	A1
1B1	–	○	15	X1	7
S0	3	○	16	X1	2
S0	4	○	17	K1	13
2S2	1	○	18	X1	3
2S2	2	○	19	K2	13
1S2	3	○	20	X1	4
1S2	4	○	21	K2	23
1Y1		○	22	K2	34
1Y1		○	23	X1	11
2Y1		○	24	K3	14
2Y1		○	25	X1	12
		○	26		
		○	27		
		○	28		
		○	29		
		○	30		

3. Installation der Steuerung ausführen

Der Fachmann führt die Installation durch, indem er

- die pneumatischen Bauteile fest montiert, sie gemäß den Planungsunterlagen kennzeichnet und anschließend die Verschlauchung vornimmt;
- die Sensoren, Schalter, Relais, Hilfsschütze und Spulen montiert und kennzeichnet, die Kabel auf die richtige Länge kürzt und Aderendhülsen aufklemmt;
- die Verdrahtung mit der Klemmenleiste durchführt.

Hinweis: der Industriemechaniker ist nur befugt, in Niedervoltbereich Montagearbeiten durchzuführen. Den Anschluss der Netzspannung und den NOT-AUS Bereich muss der autorisierte Fachmann ausführen.

Verdrahten der Steuerung über die Klemmenleiste

Am Beispiel von Strompfad 1 und Strompfad 2 wird die Verdrahtung über die Klemmenleiste erläutert:

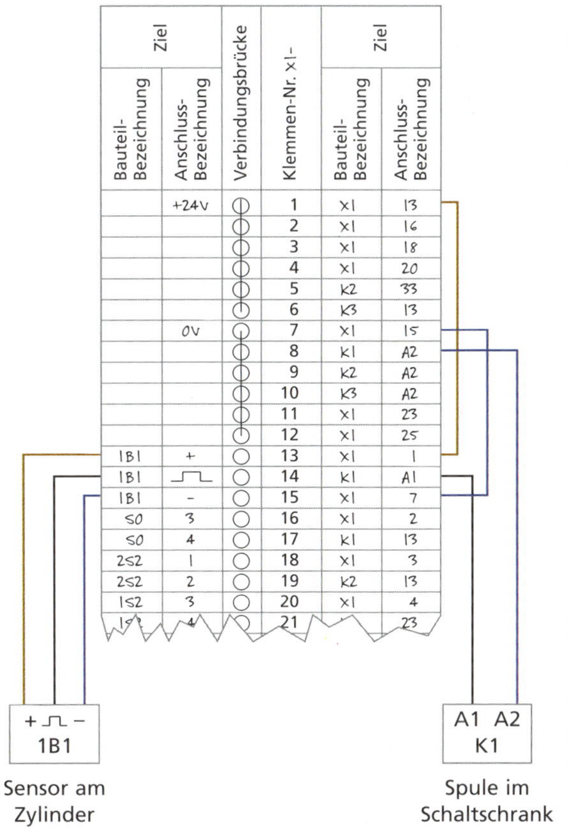

Ziel: Bauteil-Bezeichnung	Ziel: Anschluss-Bezeichnung	Verbindungsbrücke	Klemmen-Nr. X1-	Ziel: Bauteil-Bezeichnung	Ziel: Anschluss-Bezeichnung
	+24V		1	X1	13
			2	X1	16
			3	X1	18
			4	X1	20
			5	K2	33
			6	K3	13
	0V		7	X1	15
			8	K1	A2
			9	K2	A2
			10	K3	A2
			11	X1	23
			12	X1	25
1B1	+		13	X1	1
1B1	⎍		14	K1	A1
1B1	−		15	X1	7
S0	3		16	X1	2
S0	4		17	K1	13
2S2	1		18	X1	3
2S2	2		19	K2	13
1S2	3		20	X1	4
1S[illegible]	4		21	[illegible]	23

- Laut **Strompfad 1** soll die Spannung von 24 V an den positiven Eingang des Sensors 1B1 gelegt werden.
- Die Stromversorgung, die an der Klemme X1–1 anliegt, wird im Schaltschrank an die Klemme X1–13 gelegt, indem beide Klemmen mit einem Draht verbunden werden.
- An diese Klemme X1–13 wird von der Maschinenseite her die Leitung für die Versorgungsspannung des Sensors 1B1 geführt.
- Die Leitung für den Masseanschluss dieses Sensors wird an die Klemme X1–15 geführt. Die Klemme X1–15 wird im Schaltschrank mit der Klemme X1–7 verdrahtet. Dadurch ist der Strompfad 1 realisiert.
- Laut **Strompfad 2** wird der Signalanschluss des Sensors 1B1 von der Maschinenseite her auf die Klemme X1–14 gelegt. An diese Klemme 14 wird von der Schaltschrankseite her der Anschluss A1 von der Schützspule K1 geklemmt.
- Der Anschluss A2 von diesem Schütz K1 wird mit der Klemme X1–8 verdrahtet. Dadurch ist der Strompfad 2 realisiert.

4. Inbetriebnahme der Steuerung durchführen und dokumentieren

Die Inbetriebnahme einer Steuerung nimmt der Fachmann in Schritten vor. Als Hilfe dient dabei eine Liste, die auch als Inbetriebnahmeprotokoll ausgeführt sein kann. Er führt die Inbetriebnahme durch, indem er in folgenden Schritten vorgeht:

- die Energieversorgung vorbereitet,
- den pneumatischen Anlagenteil überprüft und einstellt,
- die elektrischen Anlagenteile überprüft und einstellt,
- die Steuerung in Betrieb nimmt, Funktionstests unter Belastung mit zunehmender Geschwindigkeit ausführt; bei größeren Anlagen nimmt er zunächst Teilsysteme in Betrieb.

Steuerungstechnische Anlage in Betrieb nehmen

Inbetriebnahmeprotokoll: Hubvorrichtung	Vorrichtung Nr.	Datum:
Nr.	**Inbetriebnahme-Schritt**	**erledigt**
	Vorbereitung der Energieversorgung	
1	Netzspannung kontrollieren	
2	Druckbereitstellung kontrollieren	
3	Ventil 0V und Taster S0 in Ausgangsstellung setzen	
4	NOT-AUS-Schalter einrasten	
	Inbetriebnahme pneumatischer Steuerketten (ohne elektrische Versorgung)	
5	Zylinder in Ausgangsstellung bringen – beide müssen eingefahren sein	
6	Druckluft zuschalten und mit Druckregelventil den Betriebsdruck einstellen	
7	Hauptventil 0V auf Durchgangsstellung umschalten	
8	Anlage nach Leckagen prüfen und diese gegebenenfalls sofort beseitigen	
9	Zylinder jeweils über die Handhilfsbetätigung ausfahren lassen, dabei kontrollieren, ob die Sensoren 1S2 und 2S2 betätigt werden	
10	Vorschubgeschwindigkeiten der Zylinder über die Drosselventile einstellen	
11	Druckversorgung abschalten	
	Inbetriebnahme elektrischer Betriebsmittel (ohne Druckversorgung)	
12	NOT-AUS-Schalter entriegeln	
13	Spannungsversorgung zuschalten	
14	Funktion der Sensoren 1B1, 1S2 und 2S2 überprüfen (Zylinder von Hand verschieben)	
15	Funktion der Spulen 1Y1 und 1Y2 prüfen (Taster S0 drücken; Sensor 1S2 von Hand schließen)	
16	Elektrische Versorgung abschalten	
	Inbetriebnahme der gesamten Steuerung	
17	Druckluftversorgung und Netzspannung einschalten	
18	Drosselventile 1V2 und 2V2 wieder fast schließen	
19	Hauptventil 0V auf Durchgangsstellung umschalten	
20	Starttaster S0 drücken, Funktion der Anlage bei gedrosselten Vorschubgeschwindigkeiten und ohne Werkstücke testen	
21	Vorschubgeschwindigkeiten der Zylinder über die Drosseln erhöhen	
22	Werkstück auflegen; Steuerung unter Last laufen lassen und die Geschwindigkeit über die Drosseln optimieren	

Übergabeprotokoll erstellen

Nachdem der Fachmann die Funktion der Anlage überprüft hat und keine Mängel aufgetreten sind bzw. behoben wurden, übergibt er die Anlage dem Kunden bzw. der Fertigungsabteilung.
Die Übergabe führt der Fachmann durch, indem er die Anlage dem Auftraggeber vorführt und folgende Dokumente und Informationen weiterleitet:

- Bedienungsanleitung,
- Schaltpläne mit Konstruktionsunterlagen,
- Wartungsanweisungen,
- Bauteilliste,
- Ersatzteilliste.

Die ordnungsgemäße Installation, Inbetriebnahme und Übergabe wird er sich in einem Übergabeprotokoll bestätigen lassen.

Übergabeprotokoll	
Anlage: Hubvorrichtung Die Funktion der Anlage wurde heute unter Teilnahme verantwortlicher Mitarbeiter des Auftragsgebers nachgewiesen.	
Konstruktionsunterlagen: Folgende Konstruktionsunterlagen wurden übergeben: Pneumatikschaltplan, Stromlaufplan, Klemmenbelegungsliste.	
Wartungsanweisungen: Zur Wartung der Anlage wird auch auf die Datenblätter der Bauteilhersteller verwiesen. Zu achten ist insbesondere auf die regelmäßige Kontrolle der pneumatischen Wartungseinheit.	
Bauteilliste und Ersatzteilliste: – – – – – –	
Beauftragter des Auftraggebers: Datum: Name: Unterschrift:	**Beauftragter des Auftragnehmers:** Datum: Name: Unterschrift:

Informationen zu diesem Bereich siehe Handlungssituation „Auswahl von Komponenten für elektropneumatische Steuerungen" auf beiliegender DVD „Zusatzmaterialien".

6.1.1 Lernsituation
Installieren und Inbetriebnehmen einer Rüttelvorrichtung

Lernsituation

Situation:
In einem Werkstoffprüflabor sollen Proben gerüttelt werden.

Vom Konstruktionsbüro ist eine Rüttelvorrichtung mit pneumatischem Antrieb und Schützsteuerung vorgesehen. Vorgelegt werden der Pneumatikschaltplan und der Stromlaufplan. Die Schaltung ist noch nicht ausgetestet.
Der Rüttelvorgang soll nach dem Betätigen des Starttasters (S0) beginnen und eine einstellbare Zeit andauern.
Drückt man auf die Taste „Halt" (S1), so soll der Rüttelvorgang abgebrochen werden.

Die Installation und Inbetriebnahme der Steuerung soll vorbereitet und durchgeführt werden.

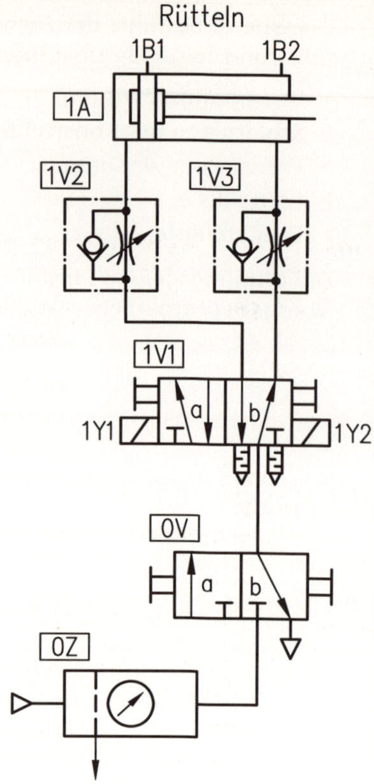

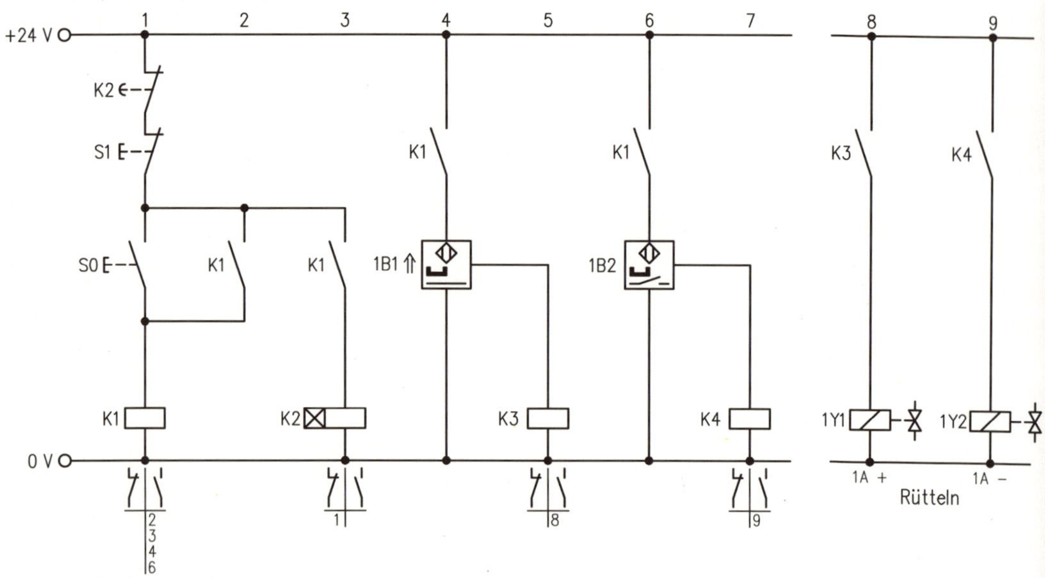

1. Auftrag analysieren

1.1 Testen Sie die vorgelegte Steuerung mithilfe eines Simulationsprogramms auf ihrer DV-Anlage.

1.2 Beschreiben Sie den Ablauf der Steuerung.

1.3 Untersuchen Sie, welche Stellung der Zylinder einnimmt, wenn das „Halt"-Signal gegeben wird.

1.4 Geben Sie eine zusammenfassende Darstellung des Steuerungsablaufs in Tabellenform und in einem Funktionsdiagramm mit Signalelementen.

2. Installation der Steuerung planen

2.1 Ergänzen Sie den Pneumatikschaltplan um die Anschlussbezeichnungen.

2.2 Ergänzen Sie den Stromlaufplan um die Anschlussbezeichnungen.

2.3 Nehmen Sie im Stromlaufplan die Vergabe der Klemmennummern vor.

2.4 Füllen Sie eine entsprechende Klemmenbelegungsliste aus.

Hinweis: Zur Bearbeitung der obigen Aufgaben ist es sinnvoll, die vorgegebenen Pläne vergrößert zu kopieren.

3. Installation der Steuerung ausführen

3.1 Führen Sie die Installation der Steuerung durch, indem Sie den pneumatischen Teil der Anlage, die Sensoren und die Taster auf einer Labortafel montieren.

3.2 Bereiten Sie die Verdrahtung vor, indem Sie dazu beispielhaft in der Klemmenbelegungsliste die Verdrahtung der Strompfade 1, 2 und 3 durch farbige Linien simulieren.

3.3 Verdrahten Sie die Anlage über eine Klemmenleiste.

Hinweis: Zur Bearbeitung der obigen Aufgaben kann ein im Lehrmittelhandel angebotenes System eingesetzt werden.

4. Inbetriebnahme der Steuerung durchführen und dokumentieren

4.1 Führen Sie die Inbetriebnahme der Steuerung in Schritten durch. Als Hilfe dazu entwickeln Sie ein Inbetriebnahmeprotokoll.

4.2 Erstellen Sie ein Übergabeprotokoll mit den notwendigen Dokumenten und Informationen.

6.1.2 Lernsituation
Installieren und Inbetriebnehmen einer Klebepresse

Situation:

In einer Klebepresse werden aus Platten mithilfe von drei Pneumatikzylindern Werkstücke gebogen und anschließend aufeinander gepresst. Der Pressvorgang soll eine einstellbare Zeit andauern. Die Anlage ist durch ein Schutzgitter abzusichern.

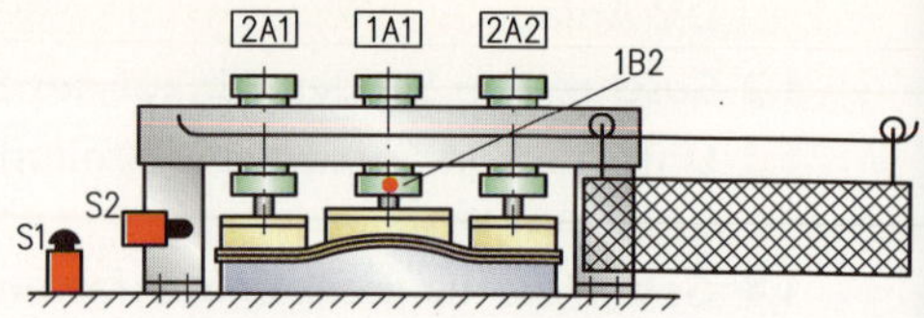

Vom Konstruktionsbüro ist eine elektropneumatische Steuerung ausgearbeitet, jedoch noch nicht ausgetestet worden.

Der Start soll über einen Taster (S1) erfolgen, wenn das Schutzgitter (S2) geschlossen ist. Mithilfe des „Reset"-Tasters (S3) kann die Anlage in Ausgangsstellung gebracht werden. Die Installation und Inbetriebnahme der Steuerung soll vorbereitet und durchgeführt werden.

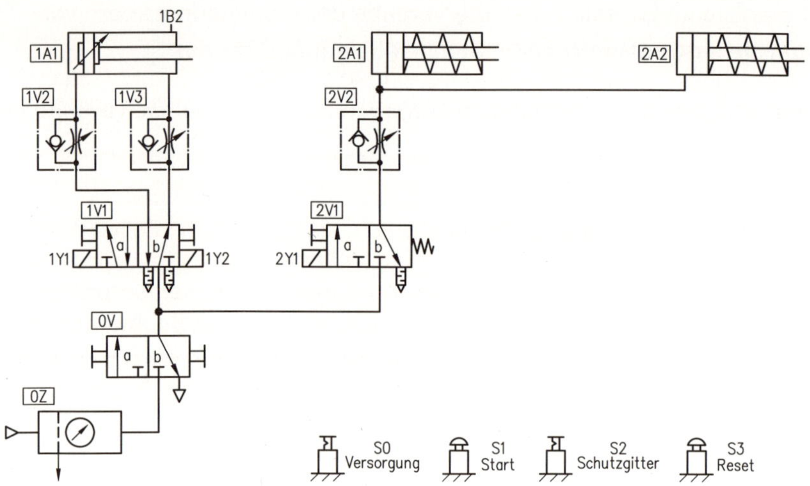

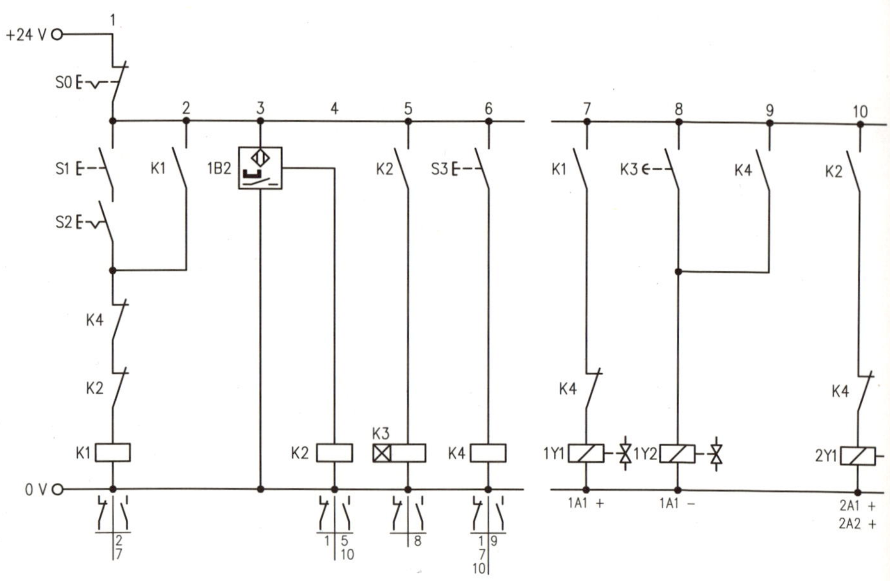

1. Auftrag analysieren

1.1 Testen Sie die vorgelegte Steuerung mithilfe eines Simulationsprogramms auf ihrer DV-Anlage.

1.2 Untersuchen Sie, welche Stellung die Zylinder einnehmen, wenn das „Reset"-Signal gegeben wird.

1.3 Geben Sie eine zusammenfassende Darstellung des Steuerungsablaufs in Tabellenform und in einem Funktionsdiagramm mit Signalelementen.

2. Installation der Steuerung planen

2.1 Ergänzen Sie den Pneumatikschaltplan um die Anschlussbezeichnungen.

2.2 Ergänzen Sie den Stromlaufplan um die Anschlussbezeichnungen.

2.3 Nehmen Sie im Stromlaufplan die Vergabe der Klemmennummern vor.

2.4 Füllen Sie eine entsprechende Klemmenbelegungsliste aus.

Hinweis: Zur Bearbeitung der obigen Aufgaben ist es sinnvoll, die vorgegebenen Pläne vergrößert zu kopieren.

3. Installation der Steuerung ausführen

3.1 Führen Sie die Installation der Steuerung durch, indem Sie den pneumatischen Teil der Anlage, die Sensoren und die Taster auf einer Labortafel montieren.

3.2 Bereiten Sie die Verdrahtung vor, indem Sie dazu beispielhaft in der Klemmenbelegungsliste die Verdrahtung der Strompfade 1 und 2 durch farbige Linien simulieren.

3.3 Verdrahten Sie die Anlage über eine Klemmenleiste.

Hinweis: Zur Bearbeitung der obigen Aufgaben kann ein im Lehrmittelhandel angebotenes System eingesetzt werden.

4. Inbetriebnahme der Steuerung durchführen und dokumentieren

4.1 Führen Sie die Inbetriebnahme der Steuerung in Schritten durch. Als Hilfe dazu entwickeln Sie ein Inbetriebnahmeprotokoll.

4.2 Erstellen Sie ein Übergabeprotokoll mit den notwendigen Dokumenten und Informationen.

Handlungssituation

6.2 Handlungssituation
Fehler an elektrohydraulischen Systemen suchen und Störungen beheben

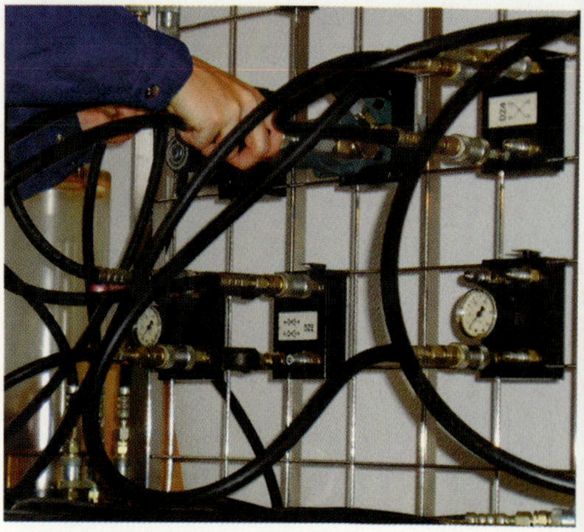

Instandsetzung einer Hydraulikanlage

Die Instandsetzung von hydraulischen Anlagen besteht aus der Feststellung und Beseitigung von Störungen und Schäden. Neben umfangreichen Kenntnissen über den Aufbau und die Wirkungsweise einer Hydraulikanlage und deren Komponenten ist die Strategie der Fehlersuche für eine erfolgreiche und effektive Störungsbeseitigung maßgeblich.

Die Aufgabe des Fachmanns ist es, Fehlersuchstrategien zu entwickeln oder ihm bekannte Fehlersuchstrategien anzuwenden. Um eine erfolgreiche Störungsbehebung durchführen zu können, muss der Fachmann Kenntnis von verschiedenen Fehlersuchstrategien besitzen und in der Lage sein, diese auf das instandzusetzende System anwenden zu können. Dazu muss er den Aufbau und die Wirkungsweise des Systems verstehen. Neben der strategisch vorgehenden Fehlersuche ist vielfach auch Intuition und Erfahrung des Mechanikers für eine erfolgreiche Störungsbeseitigung hilfreich.

Beispiel: Störung an einem hydraulischem Hubtisch beseitigen

Mit einer hydraulischen Hubvorrichtung sollen Paletten auf eine Rampe gehoben werden. Dazu ist ein zielgenaues Anhalten auf einer bestimmten Höhe erforderlich.

Es tritt folgende Störung auf:

> Der Hubtisch senkt sich nach dem Anhalten ab und kann seine angefahrene Position nicht halten.

An die Instandsetzungsabteilung geht der Auftrag, diese Störung zu beseitigen.

1. Auftrag analysieren

Bevor der Fachmann die Störungsbehebung planen und durchführen kann, muss er sich ein Bild von der Störung machen. Der Fachmann

- erfragt im Gespräch mit dem Bediener, unter welchen Betriebsbedingungen die Störung auftritt z. B. beim Erstbetrieb, nach Wartungsarbeiten oder bei bestimmten Belastungsfällen;
- stellt die Systemstörung fest, indem er Soll- und Ist-Funktion miteinander vergleicht;

- sucht nach Anzeichen, die auf Störungen hinweisen, indem er durch Sehen, Hören, Fühlen oder Riechen seine Sinne einsetzt;
- setzt sich über Funktion und Aufbau des Systems in Kenntnis, indem er Informationsmaterial, z. B. Betriebs- u. Wartungsanleitungen, nutzt;
- durchsucht die Betriebs- und Wartungsanleitungen nach Fehlersuchstrategien, welche in Form von
  - Tabellen zur Fehlererkennung und Beseitigung (Mustererkennung) oder
  - Ablaufplänen zur Fehlersuche, z. B. Fehlerbäume, vorliegen können;
- entwickelt bei nicht vorhandenen Hilfsmitteln zur Fehlersuche eine eigene Fehlersuchstrategie, indem er z. B. das System und seine Flüsse analysiert.

Störung	Mögliche Ursache	Beseitigung der Störung

Mustererkennung mit Tabellen

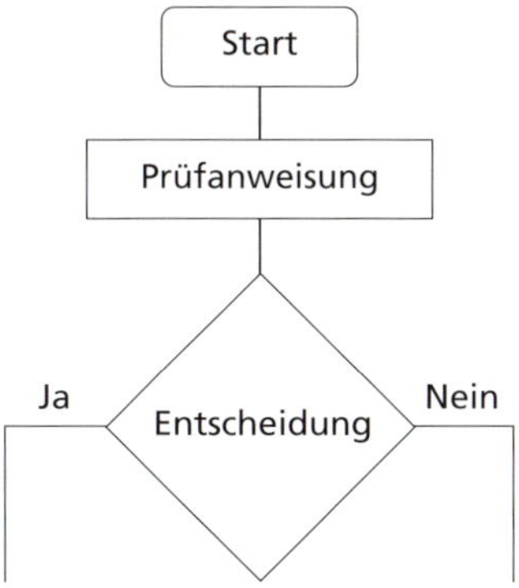

Fehlersuche mit Fehlerbäumen

Auftrag „Hubtisch" analysieren

Nach einem Gespräch mit dem Bediener und der Funktionsprüfung der Anlage stellt der Fachmann fest, dass die Störungsursachen nicht nach einer Neuinstallation oder nach Wartungsarbeiten, sondern nach längerer Betriebszeit aufgetreten sind.
Er sichtet die Bedienungsanleitung des Hubtischs:

Inhalte der Bedienungs- u. Wartungsanleitung:

- Funktionsbeschreibung der Anlage
- Inbetriebnahme
- Schaltpläne
- Stücklisten
- Sicherheitshinweise
- Wartungs- u. Inspektionspläne
- Tabelle für Betriebsprobleme
- Ersatzteillisten

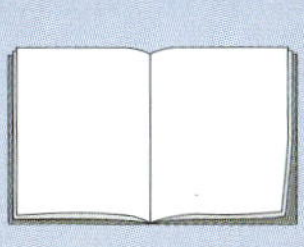

*Hinweis: siehe dazu DVD „Zusatzmaterialien" **Hubtisch***

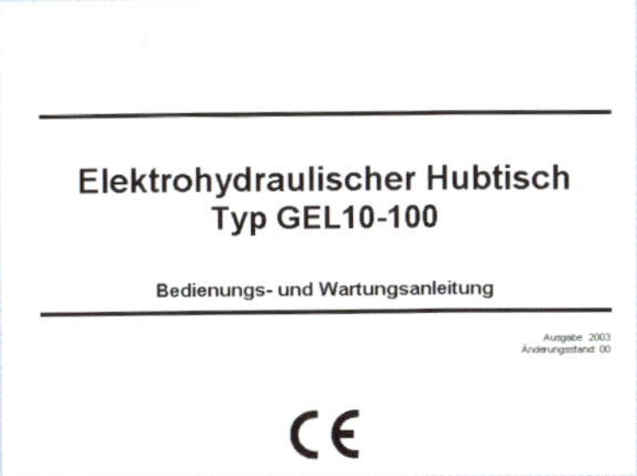

Elektrohydraulischer Hubtisch
Typ GEL10-100

Bedienungs- und Wartungsanleitung

Ausgabe 2003
Änderungsstand 00

CE

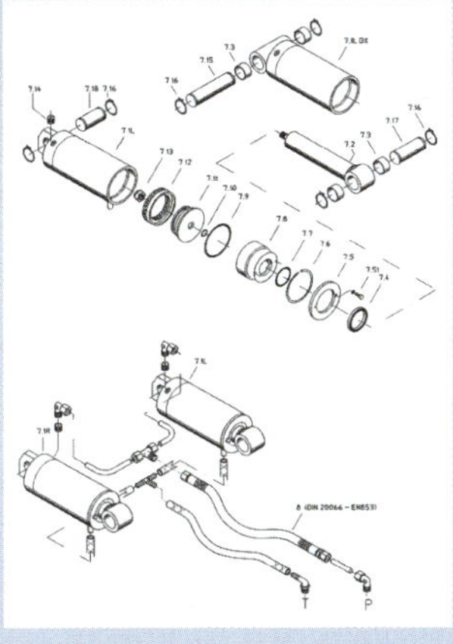

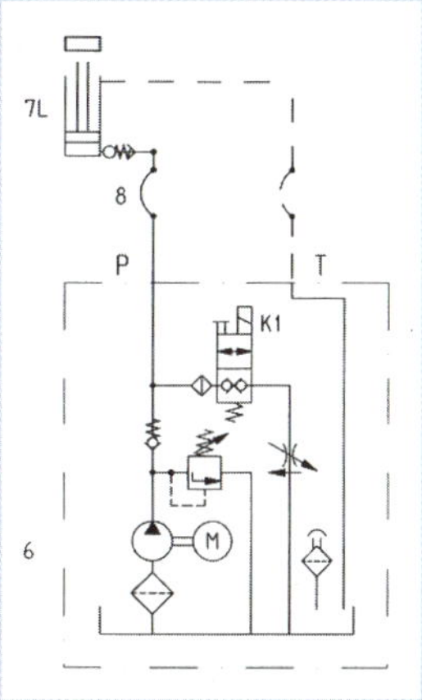

In der Bedienungsanleitung ist neben Anordnungsplänen und Schaltplänen auch eine Tabelle zur Fehlererkennung und Beseitigung für Betriebsprobleme aufgeführt. Er entscheidet sich zuerst für die Fehlersuche nach der Mustererkennung.

2. Fehlersuche planen und durchführen

Fehlersuche mit gegebenen Hilfsmitteln

Sind geeignete Hilfsmittel zur Fehlersuche vorhanden, so führt der Fachmann die Fehlersuche anhand der festgestellten Systemstörung durch, indem er

- in der Tabelle zur Fehlererkennung und Fehlerbeseitigung nach der Störungsbeschreibung sucht, die der festgestellten Störung entspricht oder
- einen Fehlerbaum systematisch durchläuft, bis er die Störungsursache lokalisiert hat.

Der Fachmann bestätigt den gefundenen Fehler, indem er die vorgesehenen Prüfanweisungen zur Fehlerortung in der Reihenfolge des geringsten Aufwands abarbeitet (Prinzip des minimalen Aufwands).

Ist der Fachmann sich sicher, die Störungsursache gefunden zu haben, wird diese von ihm beseitigt und das System wieder in Betrieb genommen, andernfalls muss er weiter nach möglichen Störungsursachen suchen.

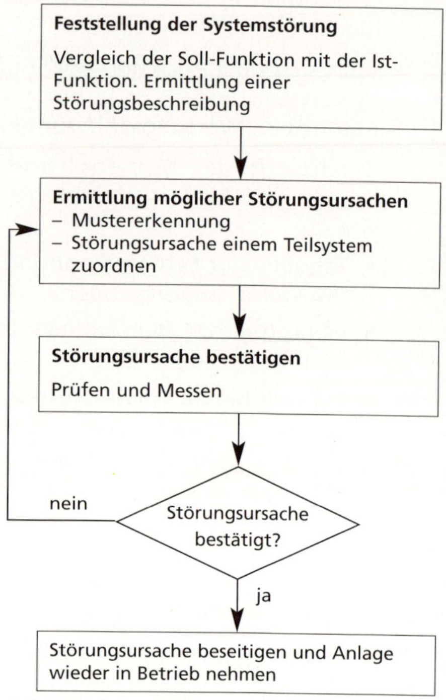

Fehlersuchstrategie

Fehlersuche ohne Vorgabe von Hilfsmitteln

Sind keine Hilfsmittel vorhanden, plant der Fachmann die Fehlersuche selbst. Zu diesem Zweck gliedert er die Gesamtfunktion des Systems in Teilsysteme, die einzelne Prüfbereiche darstellen, indem er

- die Flüsse (Stoff, Energie, Information) durch das System verfolgt,
- dabei Schnittstellen festlegt, an denen er durch Beobachten oder Messen auf Teilsysteme zugreifen kann.

Er grenzt die Störungsursache ein, indem er

- das Teilsystem mit der wahrscheinlichsten Fehlerquelle untersucht und dabei das Prinzip des minimalen Aufwands anwendet;
- die eingehenden und ausgehenden Flüsse dieses Teilsystems durch Messen untersucht;
- über das Ausschlussprinzip die Störungsursache in einem Teilsystem lokalisiert;
- mit weiterer Suche in dem lokalisiertem Teilsystem den Fehler ortet.

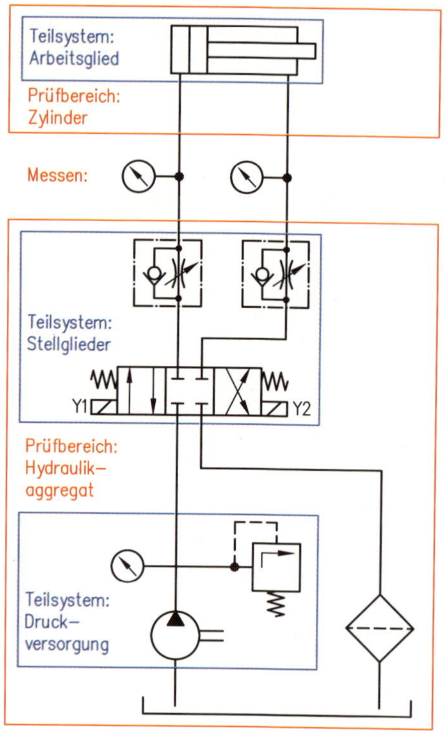

Bildung von Prüfbereichen in Teilsystemen

Fehlersuche für den Hubtisch planen und durchführen

Mithilfe der Fehler-Ursachen-Tabelle in der Betriebsanleitung grenzt der Fachmann den Fehler ein. Mögliche Ursachen der Störung können dieser Tabelle entnommen werden. Diese werden vom Fachmann an der Anlage kontrolliert, indem er die Arbeitsanweisungen der Spalte „Abhilfe" befolgt.

Auszug aus der Fehler-Ursachen-Tabelle der Betriebsanleitung

(Hinweis: siehe dazu DVD „Zusatzmaterialien" Hubtisch)

Fehler	Mögliche Ursache	Abhilfe
Tisch senkt ab	Manuelle Absenkung ist aktiviert Verschmutzung im Senkventil	Kontrollieren, ob der Druckknopf für das Senkventil (Pos. 6.5) klemmt. Dazu den Tisch bis in die unterste Stellung absenken. Den Tisch mit ca. 20% Nutzlast beladen, dann mit dem Druckknopf (Pos. 6.5) das Senkventil öffnen. Durch gleichzeitiges Betätigen des Knopfs „AUF" für eine Zeit von 1 bis 2 Minuten lässt die Pumpe das Öl durch das Ventil zirkulieren. (Bei diesem Prozess darf sich der Tisch nicht heben). Danach das manuelle Senkventil schließen. Wenn noch keine Besserung erfolgt ist, das Ventil auswechseln, evtl. verschmutztes Öl austauschen.
	Verschleiß der Dichtungen	Durch Entfernen des Drainageschlauchs zur Aufnahme von Lecköl kann Verschleiß festgestellt werden. Wird der Tisch bis an den oberen mechanischen Endanschlag gefahren und tritt deutlich sichtbar Lecköl in größeren Mengen aus, müssen die Dichtpackungen wie folgt gewechselt werden: Die Kolbenstange/-n ca. 50 mm aus dem Zylinder ziehen, die 2 Schrauben am Deckel Pos. 7.5 demontieren und den Deckel wegnehmen. Die Kolbenführung Pos. 7.8 ca. 30 mm in den Zylinder schieben, bis der Arretierungsring sichtbar wird. Diesen aus der Nut nehmen und dann die Kolbenstange aus dem Zylinder ziehen. Die Dichtungen können jetzt ausgewechselt werden. Die Montage erfolgt in umgekehrter Reihenfolge.

Ergebnis: In dem gestelltem Beispiel ist die Verschmutzung des Senkventils die Ursache für die Störung.

3. Störungsbehebung planen und durchführen

Der Fachmann plant die Behebung der Störung, indem er
- die technischen Unterlagen nach Instandsetzungsanleitungen, Montageplänen, Anordnungsplänen und Ersatzteillisten sichtet;
- einschätzt, ob aufgrund der Schwierigkeit und des Reparaturumfangs die Instandsetzung selbst ausgeführt werden kann oder durch eine Fachfirma vorgenommen werden muss;
- die benötigten Ersatzteile sowie Werkzeuge zusammenstellt und
- gedanklich oder schriftlich einen Arbeitsplan zur Störungsbehebung erstellt.

Anschließend führt er die Störungsbehebung nach seiner Planung durch.

Störung am Hydraulikaggregat für den Hubtisch beheben

Nach den Arbeitsanweisungen der Fehler-Ursachen-Tabelle muss das defekte Ventil ausgetauscht und das Hydrauliköl gewechselt werden.
Der Fachmann sichtet die Anordnungszeichnung des Hydraulik-Aggregats, an dem das Senkventil angeschlossen ist.

Neben der eigentlichen Demontage/Montage des Senkventils beachtet er Sicherheitsvorschriften für Wartungsarbeiten an der Anlage. Weiterhin führt er folgende vorbereitende Tätigkeiten aus:

- die Anlage spannungsfrei schalten,
- den Hydraulikkreislauf drucklos machen
- das Öl ablassen und entsorgungsgerecht auffangen.

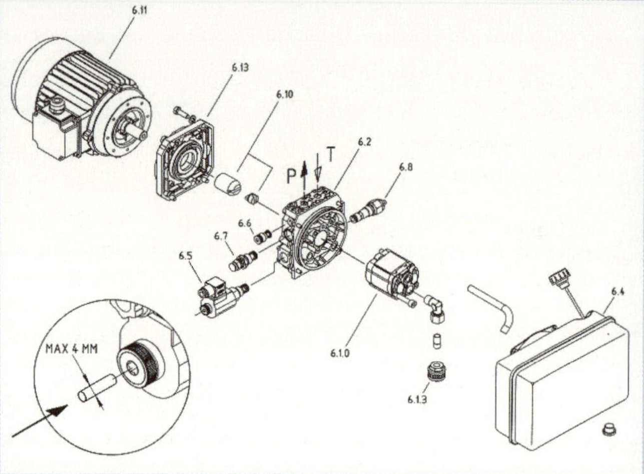

Anordnungsplan des Hydraulikaggregats

7. Wartung
Es wird unbedingt empfohlen, Reparatur- und Wartungsarbeiten nur von autorisierten Fachwerkstätten durchführen zu lassen.

WICHTIG, GEFAHR: Bevor Wartungsarbeiten jeglicher Art vorgenommen werden, müssen zuerst alle Wartungsstützen ausgeklappt werden, danach den Tisch auf die Wartungsstützen absenken. In dieser Stellung darf der Hubtisch nicht mit Fördergut belastet sein, Personen dürfen sich nicht auf der Plattform aufhalten. Danach die Stromzufuhr unterbrechen und gegen versehentliche Aktivierung absichern. (Vorzugsweise abschließbarer Stromzufuhrschalter)

9. Ölwechsel
Soll normalerweise einmal pro Jahr oder nach 500 Betriebsstunden vorgenommen werden. Einen kleinen Saugschlauch bis zum Tankboden einführen, den Hubtisch absenken und das Öl absaugen. Neues Hydrauliköl gemäß Hauptspezifikation einfüllen. Es wird empfohlen, gleichzeitig die Druck- und Luftfilter (siehe Aggregat Pos. 6.5 und 6.4) zu reinigen.

Der Fachmann erstellt den Arbeitsplan zum Austausch des Senkventils:

Arbeitsplan: Austausch des Senkventils + Ölwechsel		
Nr.	Arbeitsschritt	Werkzeuge/Hilfsmittel
1.	Wartungsstützen ausklappen	
2.	Senken, bis Tisch auf Wartungsstützen aufliegt	
3.	Stromzufuhr unterbrechen	Stromzufuhrschalter abschließen
4.	Hydrauliköl absaugen und entsorgen	Saugschlauch, Saugpumpe
5.	Luftfilter 6.4 wechseln	
6.	Senkventil 6.5 auswechseln (Druckfilter 6.5 wechseln)	Innensechskantschlüssel
7.	Neues Hydrauliköl einfüllen	2,5 l Hydrauliköl ISO VG22

4. Anlage wieder in Betrieb nehmen

Der Fachmann
- plant die Inbetriebnahme der Anlage, indem er sich in der Betriebs- u. Wartungsanleitung über die fachgerechte Inbetriebnahme der Anlage informiert,
- führt die Inbetriebnahme der Anlage nach diesen Anweisungen durch,
- testet die einwandfreie Funktion der Anlage, indem er die Ist-Funktion mit der Soll-Funktion vergleicht.

Hubtisch wieder in Betrieb nehmen

Bevor der Fachmann die Anlage in Betrieb setzt, informiert er sich in der Betriebsanleitung über die fachgerechte Inbetriebnahme:

5. Elektrischer Anschluss/Inbetriebnahme
Der elektrische Anschluss ist entsprechend der Hauptspezifikation für 3-Phasen Drehstrom ausgelegt. Der Hubtisch darf nur von einem Fachmann an das Stromnetz angeschlossen werden. Vor dem Hauptschalter muss ein abschließbarer Schalter gegen unbefugte Benutzung montiert werden. Mit einem kurzen Druck auf den Druckknopf „AUF" ist die Drehrichtung des Motors zu überprüfen. Vom Ventilator-Ende des Motors aus gesehen, soll sie linksherum laufen. Die Entlüftung des hydraulischen Systems ist wie folgt vorzunehmen: Den Hubtisch ca. 1/3 des Nutzhubs heben, danach ganz absenken und den „AB"-Knopf noch ca. 10 Sek. gedrückt halten. Eine Minute warten, damit die Luft entweichen kann. Diesen Prozess 2–3-mal wiederholen, bis der Hubtisch stoßfrei hebt. Standard Hydrauliköl ISO VG22 ist für Umgebungstemperatur 0–30 °C geeignet. Für andere Temperaturbereiche siehe Diagramm Seite 7. Die Funktion der Sicherheitsleiste wird kontrolliert, indem man sie während der Senkbewegung aktiviert. Die Senkbewegung muss sofort stoppen. Nach einem kurzen Druck des „AUF"-Knopfes und Drücken des „AB"-Knopfs kann die Senkbewegung fortgesetzt werden.

Nach diesen Arbeitsanweisungen vollzieht der Fachmann die Inbetriebnahme. Danach testet er die Funktion der Anlage erst ohne, dann mit Last. Dabei kontrolliert er durch Sichtprüfung, ob irgendwelche Leckagen oder Störungen auftreten. Wenn diese Prüfung positiv verläuft, gibt er die Anlage für den weiteren Gebrauch frei und setzt die Bediener davon in Kenntnis.

Der Fachmann übergibt die instandgesetzte Anlage. Je nach Störungsumfang und Störungshäufigkeit dokumentiert er die Instandsetzung und Freigabe der Anlage, indem er
- die Störung in einer Fehlerliste festhält,
- bauliche Änderungen erfasst,
- den Bediener in die Handhabung der reparierten Anlage einweist,
- dem Bediener Unterlagen für die Fehlererfassung zur Verfügung stellt,
- ein Übergabeprotokoll ausfüllt.

Störung und Störungsursache für den Hubtisch dokumentieren

Masch.-Nr.	Datum Uhrzeit	Störung	Ursache	Fehlerindex	Behoben durch
GEL10-100	23.08.04 8:15	Hubtisch senkt ab. (Hält seine Position nicht)	Verschmutztes Senkventil 6.5	W	Schmidt

Fehlerindex: M = mechanischer Fehler E = elektrischer Fehler S = Steuerungsfehler
L = Leckagefehler B = Bedienerfehler W = Wartungsfehler

6.2.1 Lernsituation
Fehler an einem Hubtisch suchen und Störungen beheben

Situation:
Der Hubtisch wird in einer Versandhalle zum Heben von Paletten verwendet. Der Bediener stellt fest, dass der Tisch nur noch sehr langsam hebt und beim Heben schwerer Paletten sogar völlig versagt.
An die Instandsetzungsabteilung geht der Auftrag telefonisch ein:
„Der Hubtisch ist defekt. Er hebt nur langsam oder gar nicht mehr. Kümmert euch darum, es eilt."

1. Auftrag analysieren

1.1 Erstellen Sie einen Fragebogen bzw. eine Checkliste, mit dessen Hilfe Sie sich im Gespräch mit dem Bediener und bei einer Besichtigung vor Ort ein genaueres Bild von der Störung machen können.

1.2 Formulieren Sie für das Instandsetzungsprotokoll, die Art der Systemstörung.

1.3 Beschaffen und sichten Sie die Bedienungs- und Wartungsanleitung des Hubtischs und entscheiden Sie sich für eine Fehlersuchstrategie.
Hinweis: siehe dazu CD-ROM „Zusatzmaterialien": Hubtisch

2. Fehlersuche planen und durchführen

2.1 Grenzen Sie den Fehler ein, indem sie schlussfolgern, welche der möglichen Ursachen zutreffen kann.

2.2 Ermitteln Sie, wie Sie die mögliche Fehlerursache überprüfen können.
- a) Drucken Sie dazu den hydraulischen Schaltplan des Hubtischs aus.
- b) Benennen Sie die Schaltzeichen des Schaltplans und erläutern Sie die Teilfunktionen der einzelnen hydraulischen Bauteile in dem hydraulischen System.
- c) Markieren Sie farbig den Ölfluss für Heben und Senken.
- d) Erklären Sie die Funktion der Steuerung für Heben, Halten und Senken.
- e) Zeichnen Sie an einer geeigneten Stelle den Messanschluss des Druckmessgeräts ein.
- f) Beschreiben Sie den Prüfvorgang.

3. Störungsbehebung planen und durchführen

Planen Sie die Störungsbehebung, indem Sie einen Arbeitsplan zum Austausch des defekten Teils erstellen.

4. Anlage wieder in Betrieb nehmen

4.1 Listen Sie die Schritte auf, um den Hubtisch wieder in Betrieb zu nehmen und seine Funktion zu prüfen.

4.2 Dokumentieren Sie den Fehler in der Fehlerliste aus Handlungssituation 6.2 und diskutieren Sie mögliche Ursachen für die Entstehung des Fehlers.

6.2.2 Lernsituation
Fehler an einer Spannvorrichtung suchen und Störungen beheben

Situation:
An der dargestellten hydraulischen Spannvorrichtung für den Einbau von Werkzeugen in Spritzgießmaschinen tritt folgende Störung auf:
Nach dem Spannvorgang kann die Spannkraft nicht aufrecht gehalten werden. Das Werkzeug bleibt nicht fest eingespannt. Die Maschine schaltet auf Störung und zeigt durch eine Warnlampe die Störungsquelle in der Hydraulik der Schließseite an. Leckagen sind nicht festzustellen.
Hinweise:

- Die Keilspannelemente sind doppelt wirkende Zylinder.
- Aus Sicherheitsgründen wird der Druck in jedem Spannkreis über zwei elektrische Druckschalter abgefragt.
- Außer dem hier dargestelltem Schaltplan sind keine Unterlagen vorhanden.

Auftrag: Ermitteln Sie die Fehlerursache, planen Sie die Störungsbehebung und die Wiederinbetriebnahme.

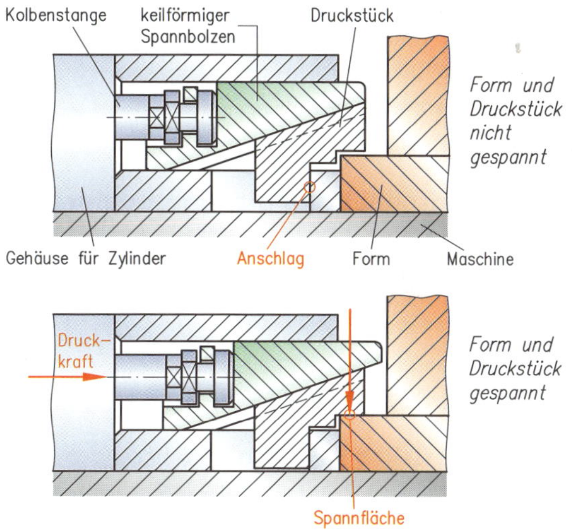

Hydraulisches Keilspannelement

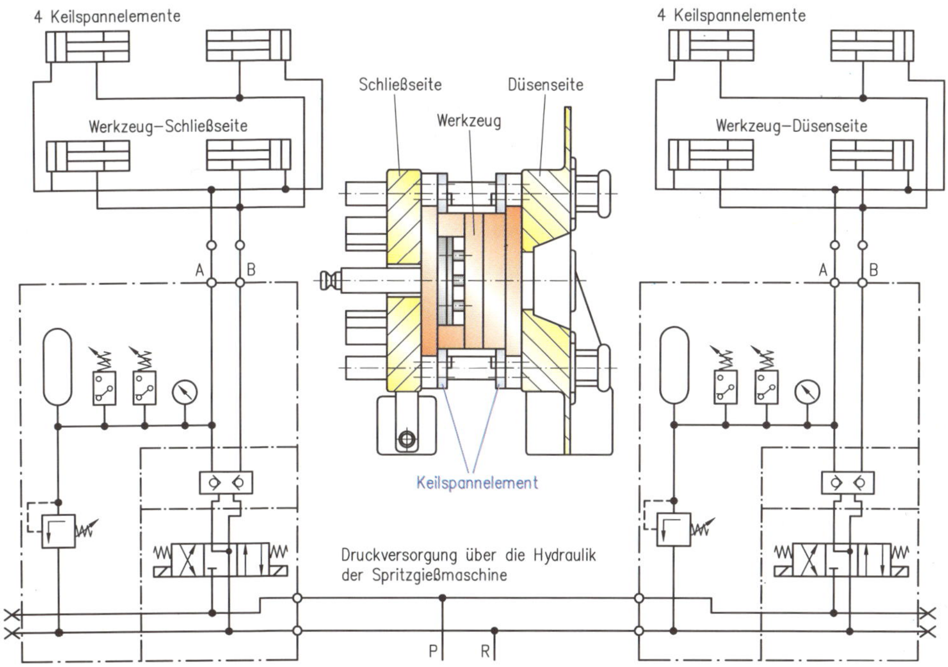

Hydraulischer Schaltplan der Werkzeug-Spannvorrichtung

1. Auftrag analysieren

1.1 Beschreiben Sie den Spannvorgang.
1.2 Deuten Sie die Anzeige der Warnlampe, indem Sie ermitteln, welcher Sensor die Warnlampe ausgelöst hat. Markieren Sie ihn im Schaltplan.
1.3 Entscheiden Sie sich nach den Ihnen zur Verfügung stehenden Unterlagen für eine Fehlersuchstrategie und begründen Sie Ihre Entscheidung.

2. Fehlersuche planen und durchführen

2.1 Planen Sie die Fehlersuche und geben Sie dabei Hinweise zur Überprüfung der möglichen Fehlerursache.
2.2 Erstellen Sie einen Fehlerbaum zur Lokalisierung der Störung.

3. Störungsbehebung planen und durchführen

3.1 Planen Sie den groben Ablauf der Beseitigung des Fehlers. Erläutern Sie die dabei nötigen Sicherheitsmaßnahmen.

4. Anlage wieder in Betrieb nehmen

4.1 Erstellen Sie einen Arbeitsplan zur schrittweisen Inbetriebnahme der Spannvorrichtung.
4.2 Dokumentieren Sie in einer Störungsliste den Fehler.

Masch.-Nr.	Datum/ Uhrzeit	Störung	Ursache	Fehler-index*	Behoben durch

M = Mechanischer Fehler;
H = Hydraulischer Fehler;
E = Elektrischer Fehler;
S = Steuerungsfehler;
L = Leckagefehler; B=Bedienfehler;
W = Wartungsfehler

7.1 Handlungssituation
Montieren einer Getriebebaugruppe

Die Funktionsfähigkeit und die Lebensdauer von Getrieben wird nicht allein von der Qualität der einzelnen Bauelemente, sondern auch durch die Sorgfalt des Fachmanns bei der Montage bestimmt.
Für den Fachmann besteht die Montage sowohl aus dem Fügen der Bauelemente als auch aus dem Einstellen und Prüfen der Baugruppe. Besonders die zuletzt genannten Tätigkeiten erfordern von ihm gründliche Kenntnisse der Gesamtfunktion des Getriebes und der Funktion der einzelnen Bauelemente.

Beispiel: Montieren einer Antriebswelle

Die Firma produziert Kegelradgetriebe in unterschiedlichen Bauformen nach Kundenwünschen. Aufgrund mehrfach aufgetretener Defekte an Lagern wurde die Konstruktion auf der Antriebsseite geändert.
Aus bereits lieferfertigen Getrieben wurde darum jeweils die Antriebsseite ausgebaut und zerlegt. Das Ritzel soll nun in der veränderten Lagerung, wie sie in der folgenden Zeichnung dargestellt ist, eingebaut werden.
Ein Fachmann erhält den Auftrag, die Montage und den Einbau der veränderten Antriebsbaugruppe durchzuführen und in geeigneter Weise zu dokumentieren.
Es stehen an technischen Unterlagen die Gesamtzeichnung des Getriebes, die Stückliste und Hinweise des Kegelradherstellers zur Verfügung. Für die Qualitätssicherung soll von den ersten fünf Getrieben das Tragbild aufgenommen werden.

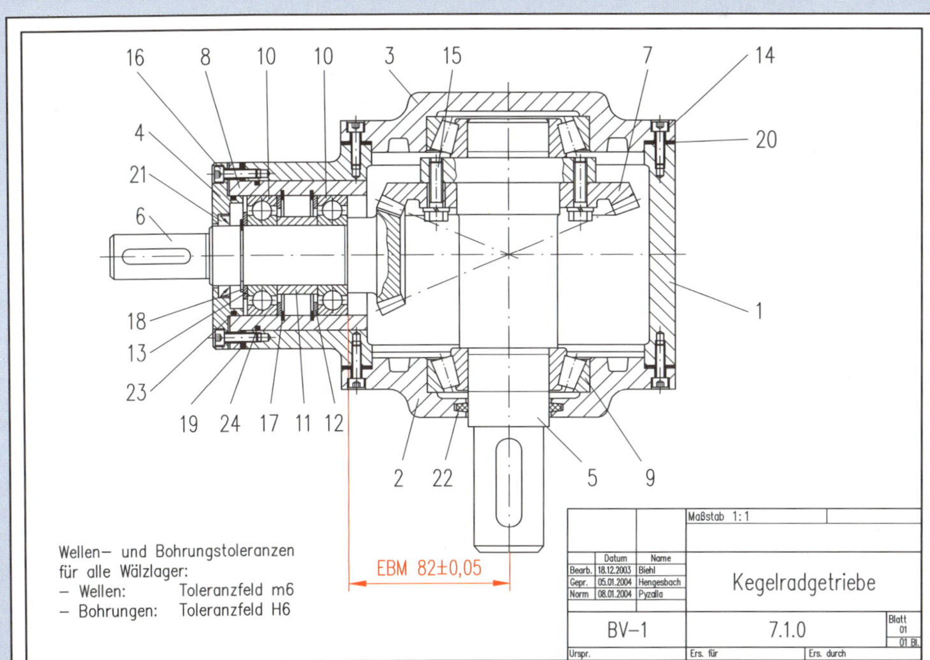

1	O-Ring 78 x 2	DIN 3771		24
1	O-Ring 62 x 2	DIN 3771		23
1	Filzring 40	DIN 5419	F2	22
1	Radial-Wellendichtring	DIN 3760	NBR	21
n	Passscheibe	DIN 988	St 2 K 50	20
n	Passscheibe	DIN 988	St 2 K 50	19
1	Sicherungsring 30 x 1,5	DIN 471		18
2	Sicherungsring 62 x 2	DIN 472		17
6	Zylinderschraube M6 x 20	DIN 912	8.8	16
4	Sechskantschraube M6 x 25	ISO 4017	8.8	15
12	Zylinderschraube M6 x 20	DIN 912	8.8	14
1	Stützscheibe 42 x 1		S275 JR	13
2	Stützscheibe 62 x 3		S275 JR	12
1	Distanzhülse		S275 JR	11
2	Rillenkugellager 6206	DIN 625		10
1	Kegelrollenlager 30208	DIN 720		9
1	Buchse		E295	8
1	Tellerrad		16 MnCr 5	7
1	Ritzelwelle		16 MnCr 5	6
1	Abtriebswelle		16 MnCr 5	5
1	Deckel 3		EN-GJL-200	4
1	Deckel 2		EN-GJL-200	3
1	Deckel 1		EN-GJL-200	2
1	Gehäuse		EN-GJL-200	1
Stück	Benennung	Normblatt	Werkstoff	Pos.-Nr.

			Blatt: 2
	Maßstab:	Stückliste zum	Name:
		Kegelradgetriebe	

1. Montage analysieren

1. Schritt: Zeichnung analysieren

Der Fachmann

- schließt aus der Benennung des Getriebes auf die Hauptfunktion und auf zu erwartende typische Bauteile;
- bestimmt den Verlauf des Energieflusses im Getriebe mithilfe der Gesamtzeichnung, indem er den Fluss über die leitenden Bauelemente verfolgt;
- verringert die Komplexität der Zeichnung, indem er das für ihn wichtige Teilsystem vom Gesamtsystem abgrenzt;
- bestimmt die Funktion des von ihm zu montierenden Teilsystems in der Gesamtzeichnung, indem er anhand der Gesamtzeichnung deren Einfluss auf die Weiterleitung der Bewegung untersucht;
- identifiziert in dem abgegrenzten Zeichnungsbereich die aufgrund seiner Erfahrung zu erwartenden Bauelemente;
- identifiziert nun diejenigen Bauelementen, die er noch nicht erkannt hat, indem er Konturen sucht, die bisher zu keinem bekannten Bauteil gehören, oder Positionsnummern verfolgt, die er bisher nicht zuordnen konnte.

Zeichnung „Kegelradgetriebe" analysieren

Der Begriff „Kegelradgetriebe" weist den Fachmann darauf hin, dass die Hauptaufgabe des Getriebes die Umlenkung der Drehbewegung in einem Winkel ist. Je nach Aufbau sind Änderungen von Drehzahl, Drehmoment und Drehrichtung weitere Aufgaben eines Kegelradgetriebes.

Der Energiefluss ist über die energieleitenden Bauelemente zu verfolgen.

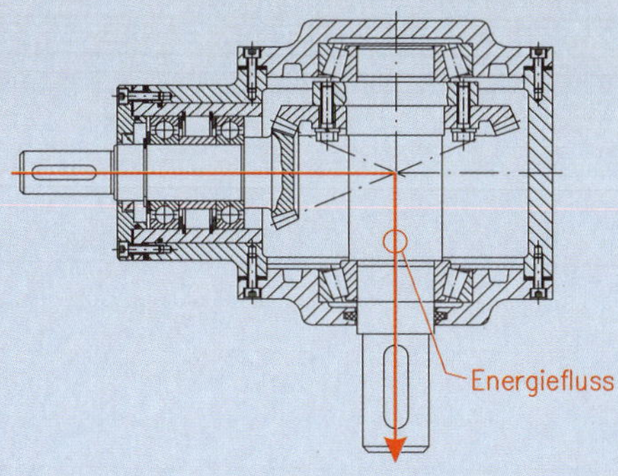

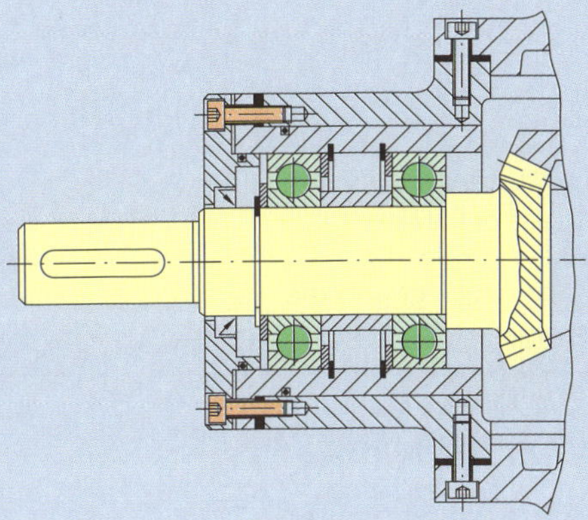

Identifizieren der Bauteile des Teilsystems
Der Fachmann identifiziert folgende ihm bekannte Bauelemente an der Gestalt und der Symbolik:

- die Ritzelwelle,
- die Wälzlager,
- die Zylinderschrauben,
- den Wellendichtring,
- die O-Ringe.

Mithilfe der Stückliste und aufgrund der Kontur identifiziert der Fachmann die weiteren Bauelemente:

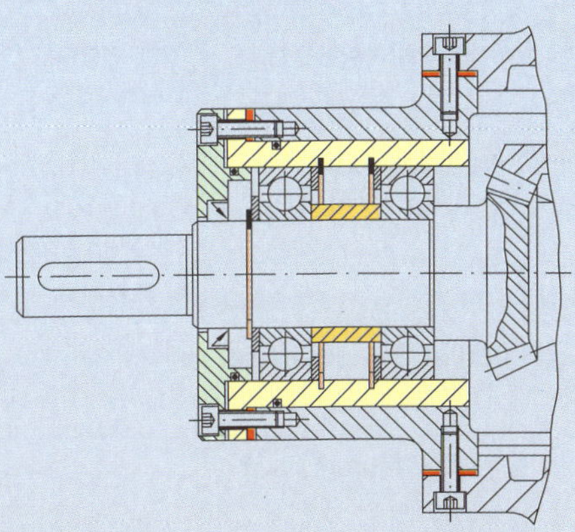

- die Buchse,
- den Gehäusedeckel,
- das Gehäuse,
- die Sicherungsringe,
- die Distanzhülse,
- die Stützringe,
- die Passscheibe.

2. Schritt: Analyse der Funktion der einzelnen Bauelemente des Teilsystems

Der Fachmann analysiert die Funktion der einzelnen Bauelemente innerhalb des Teilsystems. Über diejenigen Elemente, deren Funktion er aus seiner Erfahrung noch nicht kennt, informiert er sich in der Fachliteratur, im Internet oder in anderen Informationsquellen.

Stück	Benennung	Pos.-Nr.:	Hauptfunktion innerhalb des Teilsystems	Bemerkungen
1	Ritzelwelle	6	Welle mit Ritzel. Übertragung von Drehmomenten und Drehzahlen auf das Tellerrad	
2	Rillen-Kugellager	10	Lagern der Welle. Aufnahme von hohen radialen Kräften und kleinen axialen Kräften	Die Lager haben am Innenring Umfangslast und am Außenring Punktlast
1	Distanzhülse	11	Fixieren des Abstands zwischen den Lagern auf der Welle	
2	Stützscheiben	12/13	Abstützen der Lager gegen die Sicherungsringe	
1	Deckel	4	Abdecken der Gehäusebohrungen und Aufnahme des Dichtrings	
1	Gehäuse	1	Tragen und Stützen der Bauteile. Abschirmen gegen äußere Einflüsse	
1	Buchse	8	Aufnehmen von Lagern und Sicherungsring	
1	Wellen-dichtring	21	Abdichten gegen das Austreten von Schmierstoffen	Zur Innenseite dichtend
4	Innensechs-kantschraube	14	Fixieren des Gehäusedeckels und der Buchse	Anzugsmoment 10 Nm
n	Passscheibe	19	Genaues Einstellen des Axialabstands zwischen Ritzel und Tellerrad	Ausgleichsmaß wird nach Zusammenbau ermittelt
2	Sicherungs-ring	17	Fixieren der Rillenkugellager in der Buchse	
1	Sicherungs-ring	18	Fixieren des Rillenkugellagers auf der Welle	

2. Montage planen

1. Schritt: Bestimmen der Fügeverfahren, Werkzeuge u. a. für die Montage

Der Fachmann bestimmt die Fügeverfahren, Werkzeuge, Hilfsmittel u. a., indem er jede einzelne Fügestelle untersucht.

Bestimmen der Fügeverfahren u. a. für die Montage von Bauelementen mit der Welle

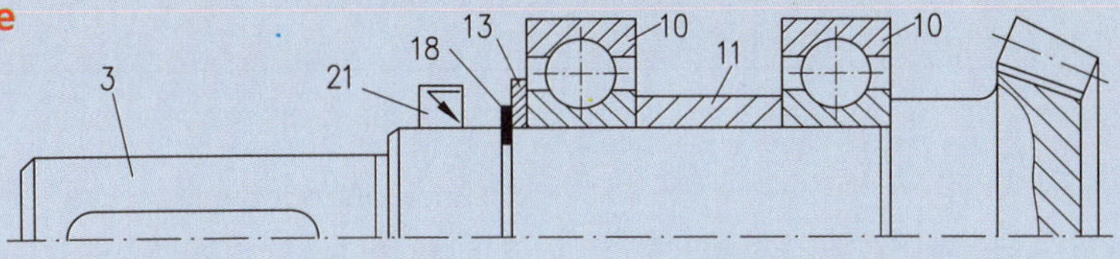

Fügestelle	Bedeutung für die Montage
Ritzelwelle (6) – Lager (10) Innenring der Lager trägt Umfangslast, darum Übermaßtoleranz Passung H7/m6 (siehe Teilzeichnung)	Fügen durch Einpressen Lager mit Presse und mithilfe einer Montagehülse auf die Welle pressen
Ritzelwelle (6) – Sicherungsring (18) Sicherungsring lose in der Wellennut	Fügen durch Einlegen Sicherungsringzange einsetzen
Ritzelwelle (6) – Distanzhülse (11) Der Distanzhülse kann lose auf die Welle geschoben werden.	Fügen durch Aufschieben Kein besonderes Werkzeug erforderlich
Ritzelwelle (6) – Stützscheibe (13) Scheibe sitzt lose auf der Welle.	Fügen durch Aufschieben Kein besonderes Werkzeug erforderlich
Ritzelwelle (6) – Radial-Wellen-dichtring (21)	Fügen durch Aufschieben Dichtring ggf. mit Montagefett aufschieben

Bestimmen der Fügeverfahren u. a. für die Montage von Bauelementen mit der Buchse

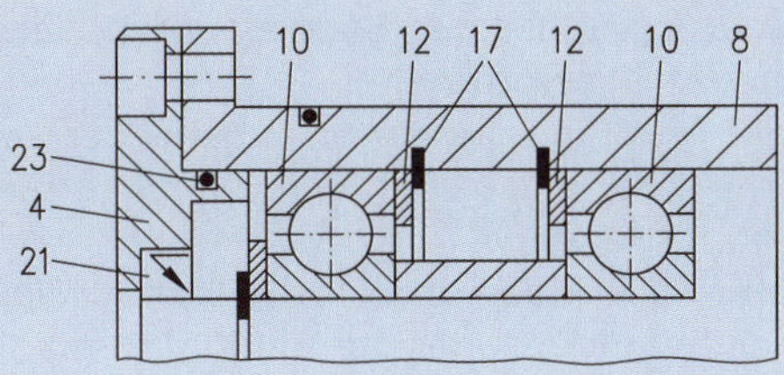

Fügestelle	Bedeutung für die Montage
Buchse (8) – Lager (10) Außenring der Lager hat Punktlast, darum Übergangstoleranz	Fügen durch Einschieben Buchse kann mit geringem Kraftaufwand über Lager geschoben werden.
Buchse (8) – Deckel (4) Deckel hat Spielpassung	Fügen durch Einschieben Kein besonderes Werkzeug erforderlich
Buchse (8) mit Stützscheiben (12)	Fügen durch Einlegen
Buchse (8) – Sicherungsringe (17) Sicherungsringe liegen lose in der Nut.	Fügen durch Einlegen Sicherungsringzange einsetzen
Buchse (8) – O-Ring (23)	Fügen durch Einlegen
Deckel (4) – Radial-Wellendichtring (21) Zwischen Dichtring-Außen und Deckelbohrung besteht Übermaß.	Fügen durch Einpressen Wellendichtring erst mit Deckel fügen

Bestimmen der Fügeverfahren u. a. für die Montage von Bauelementen mit dem Gehäuse

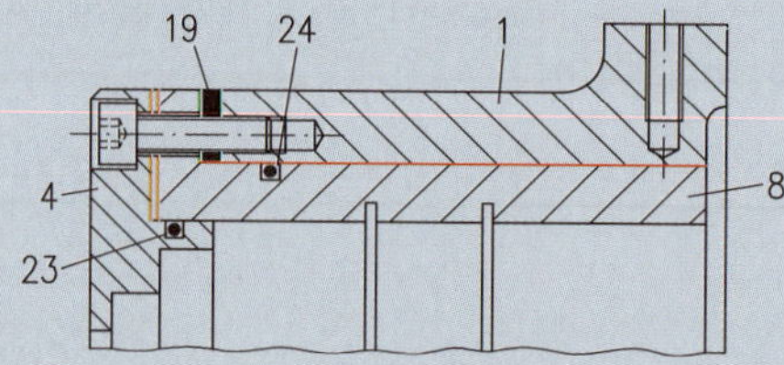

Fügestelle	Bedeutung für die Montage
Buchse (8) – Gehäuse (1) – O-Ring (24) Toleranzangabe 78H7/h6 ergibt Spielpassung Spiel: 0 bis 19µm	Fügen durch Einschieben Evtl. Gummihammer/Öl
Buchse(8) – Gehäuse (1) – Passscheibe (19) Mithilfe der Passscheibe wird der Abstand zwischen Buchse und Gehäuse genau eingestellt. Die Zusammenhaltekraft wird durch die Zylinderschrauben aufgebracht.	Fügen durch Zusammenlegen Genaue Stärke der Scheiben bei Endmontage ermitteln Fühlerlehren (3 x) Innensechskant für M6
Buchse (8) – Deckel (4) Spielpassung	Fügen durch Einschieben Kein zusätzliches Werkzeug erforderlich
Deckel (4) – O-Ring (23)	Fügen durch Einlegen

2. Schritt: Montageablauf festlegen

Ausgangspunkt für den Zusammenbau jeder einzelnen Baugruppe eines Getriebes ist das in der jeweiligen Baugruppe energieleitende Element.

Zum Zusammenbau der einzelnen Baugruppe bestimmt der Fachmann

- mögliche Unterbaugruppen aus den Bauelementen; dabei beachtet er die Handhabbarkeit im Rahmen der Fügevorgänge;
- die Reihenfolge der Montage, indem er anhand der Zeichnung untersucht, welche Fügevorgänge Vorrang vor anderen haben. Dabei geht er so vor:
  - Reihenfolge grob festlegen;
  - gedanklich prüfen, ob in der grob festgelegten Folge ein Montageschritt einen darauf folgenden behindert oder gar unmöglich macht,
  - Montagschritt festlegen bzw. verbessern und optimieren.

Zur Vereinfachung der Darstellung seiner Überlegungen eignet sich besonders das Strukturnetz.

Festlegen der Montageelemente und Montageabfolge

Im vorliegenden Fall lässt sich neben der Buchse lediglich aus dem Gehäusedeckel und der Radial-Wellendichtung eine Unterbaugruppe bilden.

Aufstellung der zu fügenden Elemente

1	Gehäuse
4	Deckel
6	Ritzelwelle
8	Buchse
10	Rillenkugellager
11	Distanzhülse

12	Stützscheiben
14	Zylinderschraube
17	Sicherungsring (Bohrung)
18	Sicherungsringe (Welle)
21	Radial-Wellendichtring
23/24	O-Ringe

Der Fachmann geht zur Festlegung der Abfolge der einzelnen Fügevorgänge so vor, dass er gedanklich den Ablauf Schritt für Schritt durchgeht und dabei immer wieder prüft, ob die anzuwenden Fügeverfahren geeignet sind und ob nachfolgende Fügeschritte nicht behindert werden.
Die Reihenfolge der einzelnen Fügevorgänge kann sich der Fachmann am einfachsten in einem Stukturnetz veranschaulichen.

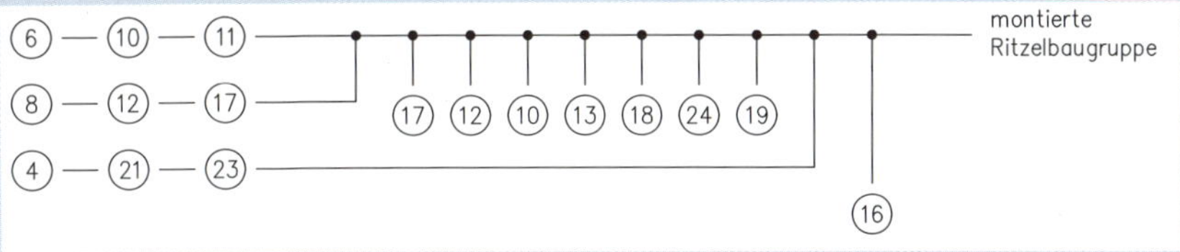

3. Schritt: Montagemaße berechnen

Jedes Bauteil des Getriebes ist mit gewissen Toleranzen gefertigt worden. Diese addieren sich bei einem Aneinanderfügen zu einer nicht vorher bestimmbaren Größe. Der Fachmann muss die so entstehenden Abweichungen vom Sollmaß durch Zufügen von Ausgleichselementen (z. B. Passscheiben) oder durch Abtrennen ausgleichen, wenn nicht besondere Ausgleichseinrichtungen (z. B. Ausgleichsgewinde) vorliegen.

(Bei einfachen Montagen, bei denen sich nur wenige Toleranzen addieren oder die Toleranz für die gesamte Baugruppe sehr groß ist, entfällt dieser Schritt.)

Ausgleichsmaße für das Kegelradgetriebe berechnen

Damit Ritzel und Tellerrad wie geplant in Eingriff kommen, muss das Einbaumaß 82 ± 0,05 mm eingehalten werden. Das Maß kann nicht unmittelbar bei der Montage gemessen werden. Abweichungen werden durch Zulegen von Passscheiben ausgeglichen.
Der Fachmann bestimmt darum die Stärke der Passscheiben, indem er das Gehäusemaß mit dem entsprechenden Maß des montierten Ritzels vergleicht. Die Differenz ist die Stärke der zwischen Buchse und Gehäuse einzubringenden Passscheiben.

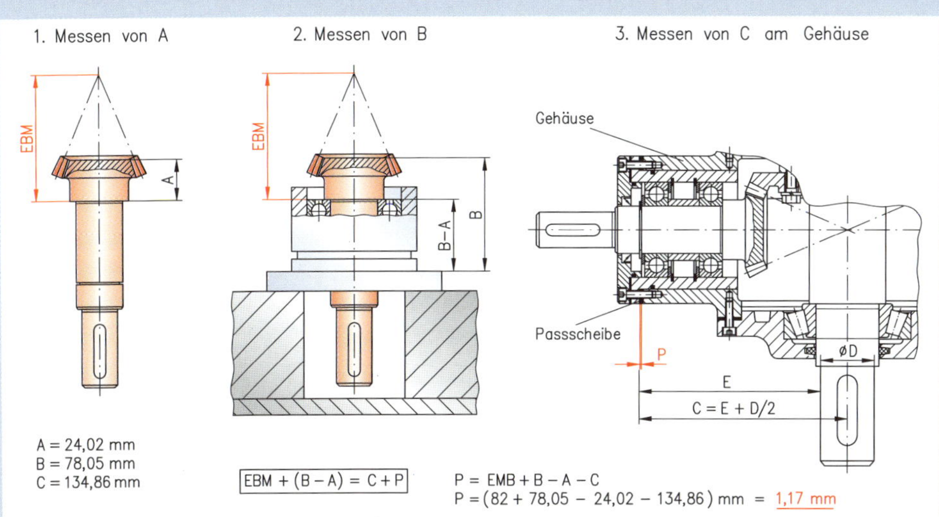

4. Schritt: Montageplan erstellen

Der Fachmann schreibt nun einen ausführlichen tabellarischen Montageplan, indem er darin die festgelegte Reihenfolge der Montage und alle weiteren Ergebnisse seiner Analysen einträgt.

Dazu kann er eine Tabelle nach folgendem Muster benutzen:

Gruppe	Nr.	Teil (...) mit Teil (...)	Tätigkeit	Werkzeug	Bemerkung
1					
2					
3					

Montageplan erstellen

Gruppe	Nr.	Teil (...) mit Teil (...)	Tätigkeit	Werkzeug	Bemerkung
1	1	Ritzelwelle (6) mit Rillenkugellager (10)	einpressen	Presse Montage-buchse	Gleitlack Molykote 3402 C aufstreichen
	2	Ritzelwelle (6) mit Distanzhülse (11)	aufschieben		
2	3	Buchse (8) mit Stützscheibe (12)	einsetzen		
	4	Buchse (8) mit Sicherungsring (17)	einlegen	Sicherungs-ringzange	
3	5	Gruppe 1 mit Gruppe 2	einschieben		Buchse erwärmen auf ca. 70 °C
	6	Buchse (8) mit Sicherungsring (17)	einsetzen	Sicherungs-ringzange	
	7	Buchse (8) mit Stützscheibe (12)	einlegen		
	8	Ritzelwelle (6) mit Rillenkugellager (10)	einpressen	Presse	Gleitlack Molykote 3402 C aufstreichen
	9	Ritzelwelle (6) mit Stützscheibe (13)	aufschieben		
	10	Ritzelwelle (6) mit Sicherungsring (18)	einsetzen	Sicherungs-ringzange	
Messen der Maße B und C, Berechnen des Passscheibenmaßes P Ölstand im Getriebegehäuse kontrollieren, ggf. nachfüllen					
	11	Gruppe 3 mit O-Ring (24)	einlegen		einfetten
	12	Gruppe 3 mit Passscheiben (19)	aufschieben		
4	13	Deckel (4) mit Wellendichtung (21)	eindrücken	Kunststoff-hammer, Buchse	
	14	Deckel (4) mit O-Ring (23)	einlegen		einfetten
	15	Gruppe 4 mit Gehäuse (1) und Zylinderschrauben (16)	verschrauben	Innensechs-kantschlüssel	Anzugsmoment 10 Nm

3. Montage durchführen

Der Fachmann führt die Montage gemäß seiner Montageplanung unter Beachtung der Grundregeln des Arbeits- und Umweltschutzes sowie allgemeiner Montageregeln durch. Allgemeine Montageregeln sind z. B.

- Bauteile sauber halten,
- Konservierungen und Schutzschichten von neuen Bauteilen entfernen,
- Passungen vorher kontrollieren,
- Einbaukräfte und Drehmomente nicht überhöhen,
- geeignete Werkzeuge verwenden, um Spuren der Werkzeuge auf Oberflächen zu vermeiden,
- bei Wälzlagern keine Montagekräfte über die Wälzkörper einleiten.

4. Montierte Baugruppe prüfen

Die Qualität eines Getriebes wird neben der Verteilung der Traglast auf den einzelnen Zahn (s. Tragbild) wesentlich durch das Spiel zwischen den Zahnflanken und dem Spiel in Achsrichtung der Wellen bestimmt. Die dort auftretenden Abweichungen beeinflussen die Lebensdauer von Zahnrädern und Lagern und bestimmen die Geräuschentwicklung.

Durch Reibung der Bauteile, Verwirbelung des Schmierstoffs u. a. erwärmen sich die Getriebe. Für den Anwender ist es aus diesem Grund wichtig, die Temperatur zu kennen, die sich in normaler Umgebung unter Volllast bei Dauerbetrieb oder bei unterbrochenem Betrieb (z. B. 60% Einschaltdauer – 60% ED) einstellt.

Abhängig von späterem Einsatzbereich prüft der Fachmann die entsprechenden Eigenschaften des Getriebes:

- Flankenspiel,
- Schallpegel,
- Rundlauf,
- Planlauf,
- Koaxialität,
- Axialspiel (Antrieb),
- Axialspiel (Abtrieb),
- Temperatur,
- Tragbild.

Kegelradgetriebe prüfen

Am montierten Getriebe sollen das Flankenspiel, der Rundlauf der Wellen und das Tragbild überprüft und dokumentiert werden.

1. Prüfung des Flankenspiels

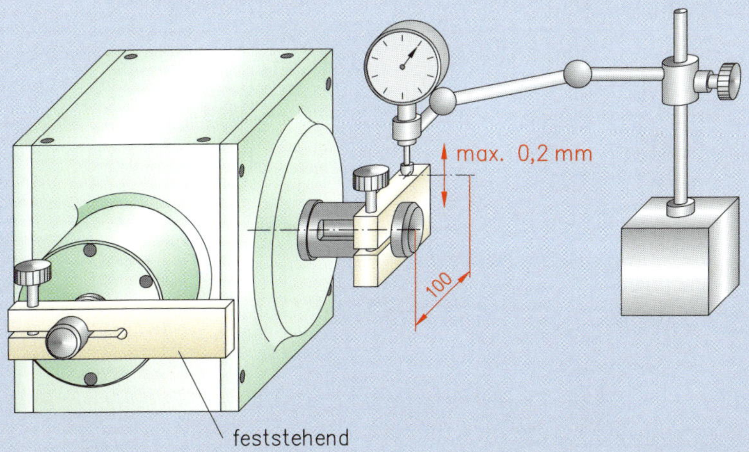

2. Prüfung des Rundlaufs

3. Ermittlung des Tragbilds
Herstellerangaben

Tragbilder der Zyklo-Palloidverzahnung

- Idealbilder des treibenden Kegelrads

unbelasteter Zustand im Einbau

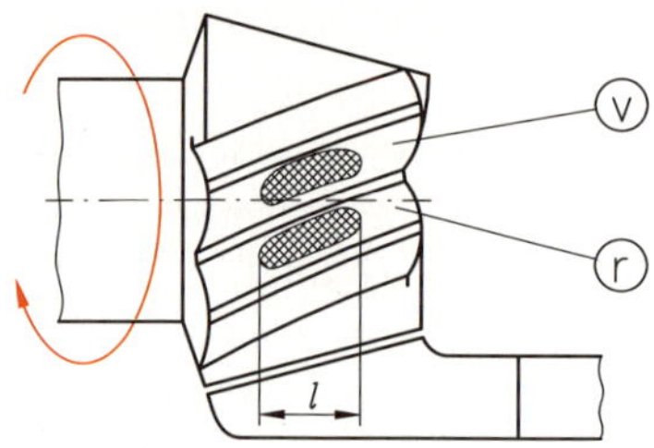

$l_{min} = \frac{1}{2} l_{zahn}$

bei Belastung im Betrieb

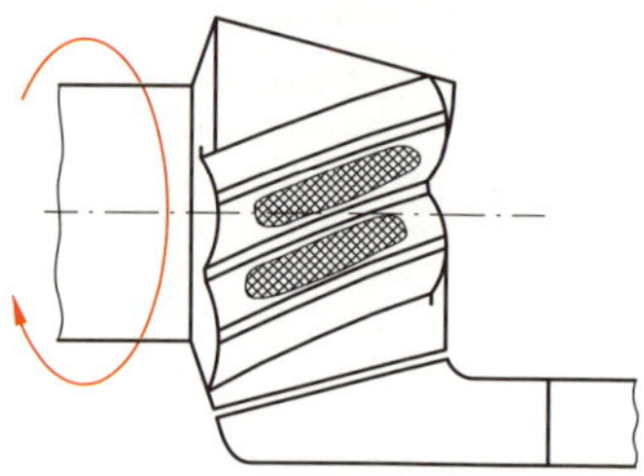

- Korrekturanweisung

Höhenverlagerung des Tragbilds	Längsverlagerung des Tragbilds
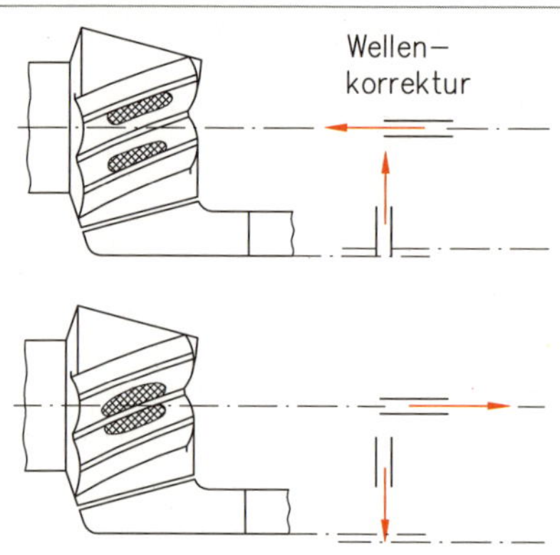	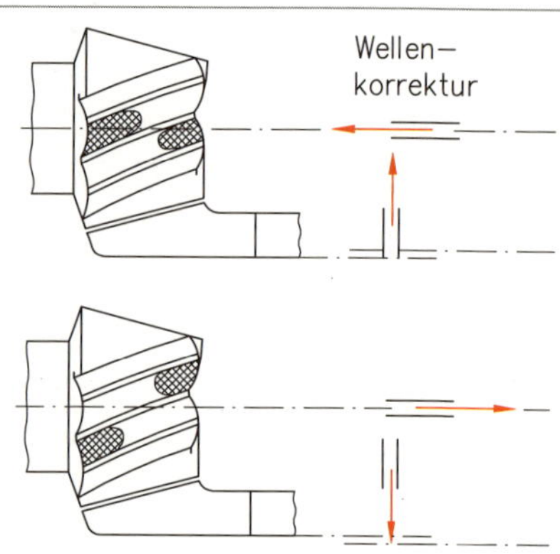

Arbeitsgänge zur Ermittlung des Tragbilds (die Antriebsbaugruppe ist ausgebaut)

- Bestreichen der Zähne des Ritzels mit Tuschierfarbe
- Einbau der Ritzelbaugruppe
- Getriebe – einige Umdrehungen drehen
- Ausbau des Ritzels
- Vergleich des Tragbilds des Ritzels mit dem Muster
- Ggf. Korrekturen beim An- und Abtrieb entsprechend der Herstellerangaben

Aufgenommenes Tragbild

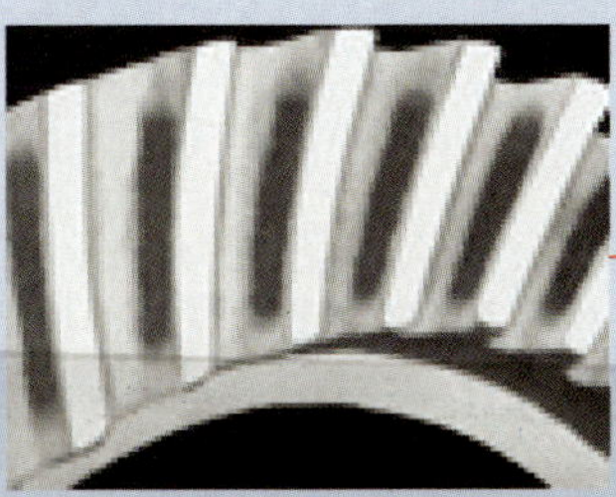

Tragbild ist in Ordnung

Prüfprotokoll 2
Testing Report 2

ANTRIEBSTECHNIK

Auftrags-Nr.
Order-Nr.
36-46-05

Produktions-Nr.
Production-Nr.
38-6043

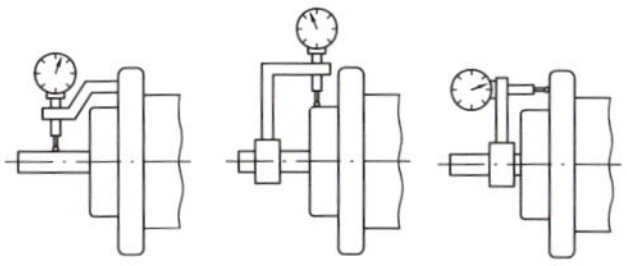

Messung Nr. *Measurement-No.*	1		2		3	4		5		6		Axialspiel	Axialspiel
	Flanken-spiel *Back-lash* mm/100 mm		Schall-pegel *Sound level* dBA auf 1 m dBA to 1 m		Tempe-ratur *Tempe-rature* grd °C	Rund-lauf *Circu-lar* mm	mm	Koaxia-lität *Concen-tricity* mm	mm	Plan-lauf *Plain Runout* mm	mm	Antr.-welle mm	Antr.-welle mm
Serien-Nr. *Serial-No.*	max.	min	links *left*	rechts *right*									
K-30-346	0,20	–	–	–	–	0,015	0,01	–	–	–	–	–	–

7.1.1 Lernsituation
Montieren einer Antriebstrommel

Situation:

In Ihrer Firma soll die abgebildete Antriebstrommel für ein Förderband montiert werden. Das Auflegen des Förderbandes und der Anschluss des Elektromotors erfolgt zu einem späteren Zeitpunkt. Die Stützen für die Lager sind bereits aufgestellt und im Hallenboden einbetoniert.
Die Montage soll von Ihnen selbstständig geplant und durchgeführt werden.

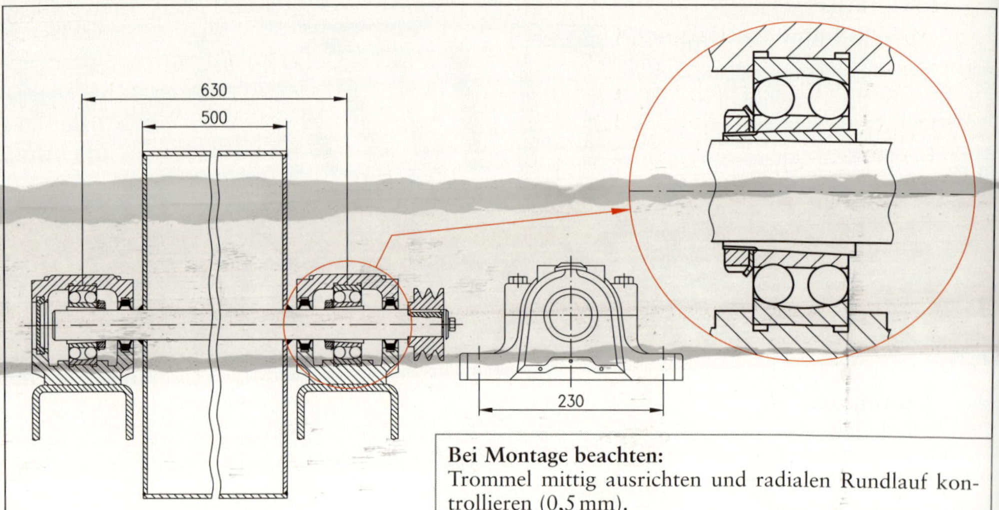

Montagezeichnung Antriebstrommel

Bei Montage beachten:
Trommel mittig ausrichten und radialen Rundlauf kontrollieren (0,5 mm).
Radiale Lagerluft: 27–47 µm
Versatz der Stehlagergehäuse: ± 0,5°

Verwendete Bauelemente:

Gehäuse SNL 513-611	Enddeckel ASNH 513-611
Dichtungen TSN 611 G	Lager 2311 K
Hülse H2311	Festringe FRB 4/120

1. Montage analysieren

1.2 Erstellen Sie eine Stückliste mit Positionsnummern.
1.2 Bestimmen Sie die Hauptfunktionen der Bauelemente.

2. Montage planen

Erstellen Sie einen tabellarischen Montageplan.
Berücksichtigen Sie darin auch das notwendige Ausrichten von Bauteilen und geben Sie die Anzugsmomente.

3. Montage durchführen

Beschreiben Sie die Einstellung und Kontrolle der radialen Lagerluft der Lager.

4. Montage bewerten

Erstellen Sie einen Prüfplan mit allen für die Funktion wichtigen Prüfmaßen.

7.1.2 Lernsituation
Montieren eines Harmonic Drive Getriebes

Situation:

In Ihrer Firma werden Getriebe mit sehr hoher Untersetzung hergestellt. In diesen Getrieben werden Harmonic-Drive-Einbausätze (Typ HFUC-2A-GR, Baugröße 25) verwendet.

Die Einbausätze bestehen aus den Einsatzteilen (Pos.Nr.: 17 bis 22) und werden vormontiert geliefert.

Das Getriebe ist bis auf den Einbausatz bereits vollständig montiert und liegt in zwei Baugruppen vor.

Es ist Ihre Aufgabe, die Montage des Einbausatzes und den Zusammenbau des Getriebes in einer Montageanleitung zu dokumentieren. Die Getriebe sollen mit Öl geschmiert und waagerecht in Maschinen eingebaut werden. Wichtige Montagehinweise der Firma Harmonicdrive finden Sie auf der beiliegenden DVD.

Harmonic-Drive-Einbausatz

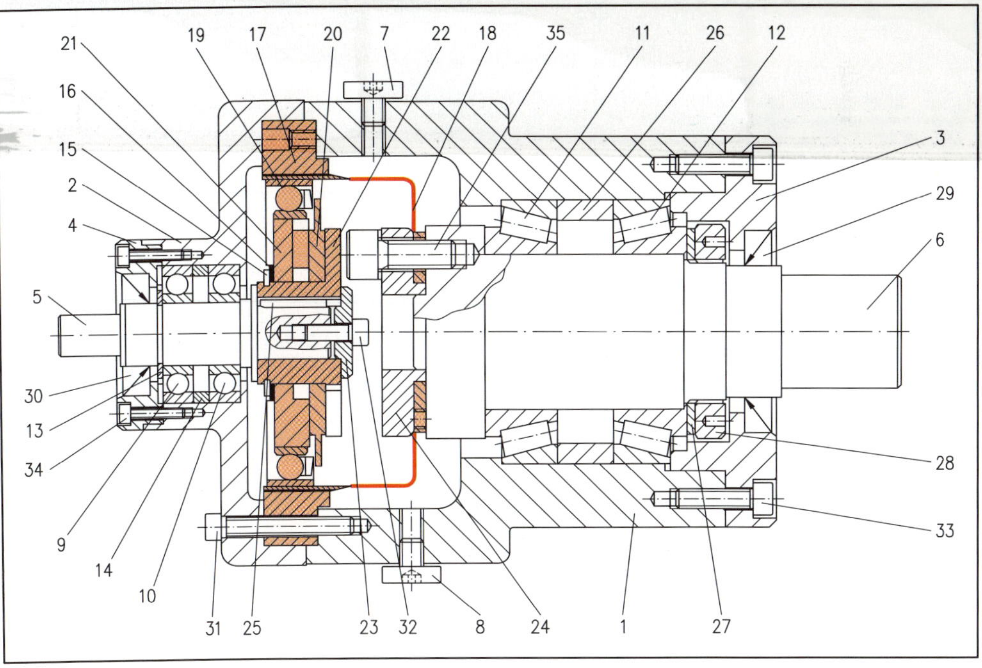

Pos.	Menge	Benennung
1	1	Getriebegehäuse
2	1	Lagergehäuse
3	1	Lagerdeckel
4	1	Lagerdeckel
5	1	Antriebswelle
6	1	Antriebswelle
7	1	Öleinlassschraube
8	1	Ölablassschraube
9	1	Rillenkugellager
10	1	Rillenkugellager
11	1	Kegelrollenlager
12	1	Kegelrollenlager

Pos.	Menge	Benennung
13	1	Sicherungsring
14	1	Abstandhülse
15	1	Sicherungsring
16	1	Passschraube
17	1	Circular Spline
18	1	Flexspline
19	1	Lager
20	1	Oldham-Kupplung
21	1	Wave Generator
22	1	Hub
23	1	Scheibe
24	1	Klemmring

Pos.	Menge	Benennung
25	1	Passfeder
26	1	Abstandhülse
27	1	Passscheibe
28	1	Zweilochmutter
29	1	Radialwellendichtring
30	1	Radialwellendichtring
31	8	Zylinderschraube
32	1	Zylinderschraube
33	6	Zylinderschraube
34	6	Zylinderschraube
35	6	Zylinderschraube

Handlungssituation

8.1 Handlungssituation
Fertigen auf CNC-Maschinen mit DIN- und Zyklenprogrammierung

Bei der CNC-Fertigung muss der Fachmann auch für einfachste Arbeiten die Bewegungen von Werkzeug und Werkstück und alle sonstigen Arbeiten der Maschine genauestens vorherbestimmen und in einem Programm beschreiben.
Der Fachmann, der eine CNC-Maschine programmiert, muss darum sehr viel abstrakter denken als bei der Fertigung mit handbedienten Werkzeugmaschinen. Zudem muss er seine Planungen präzise nach einem vorgegebenen System strukturiert beschreiben können.
Während bei der herkömmlichen Werkzeugmaschine der Schwerpunkt der Arbeit des Fachmanns auf der eigentlichen Fertigung liegt, sind aus diesen Gründen bei der CNC-Fertigung die Programmerstellung und das Einrichten der Maschine die Arbeitsschwerpunkte.

Bei der **DIN- und Zyklenprogrammierung** erstellt der Fachmann ein Programm für die spezielle Maschine. ***Er beschreibt im Programm die Wege der Werkzeuge.*** Die nach DIN erstellten Programme werden mit steigender Komplexität der Werkstücke darum sehr aufwändig, oft unübersichtlich und erfordern größte Sorgfalt bei Änderungen.

Beispiel: Achse auf einer CNC-Drehmaschine fertigen

Es sind Achsen aus 34Cr4 aus geschmiedeten Rohlingen zu drehen. Für diese Arbeit steht eine CNC-Maschine zur Verfügung, die nach DIN programmiert wird.

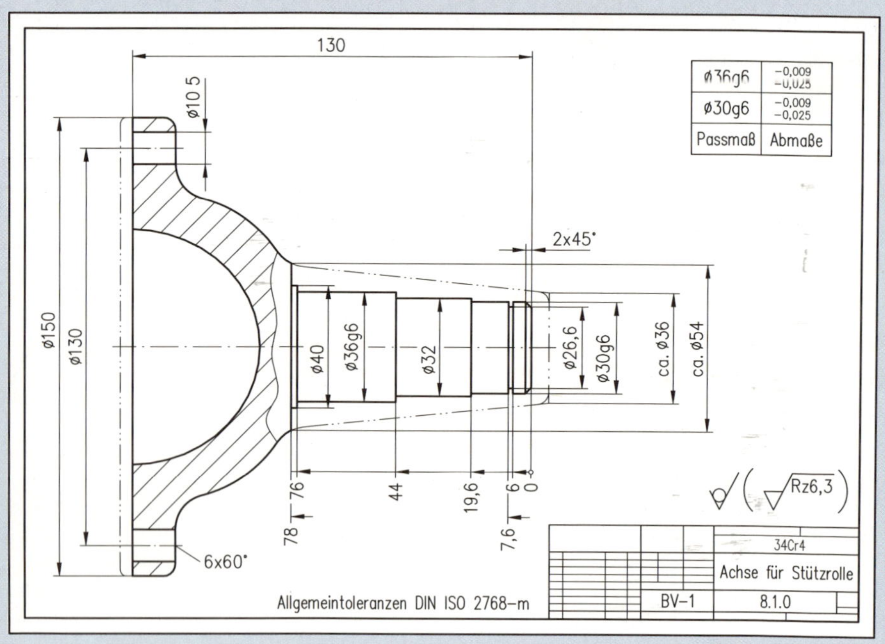

1. Auftrag analysieren

Der Fachmann verschafft sich nach Festlegung des Fertigungsverfahrens einen Überblick über

- Maße, Werkstoff, Oberflächengüte, Toleranzen u. a., indem er die Zeichnung und die Rohteilabmessungen heranzieht;
- die notwendige Fertigungsmaschine aufgrund der Werkstückmaße, Spannmöglichkeiten u. a.;
- die Programmiermöglichkeit der Maschine, indem er das Programmierhandbuch bzw. die Programmieranleitung sowie die Liste bereits gespeicherter Unterprogramme der Maschine bereitlegt;
- die bereitstehenden Werkzeuge, indem er die Werkzeugkartei der Maschinen bereithält.

Analyse des Auftrags „Achse"

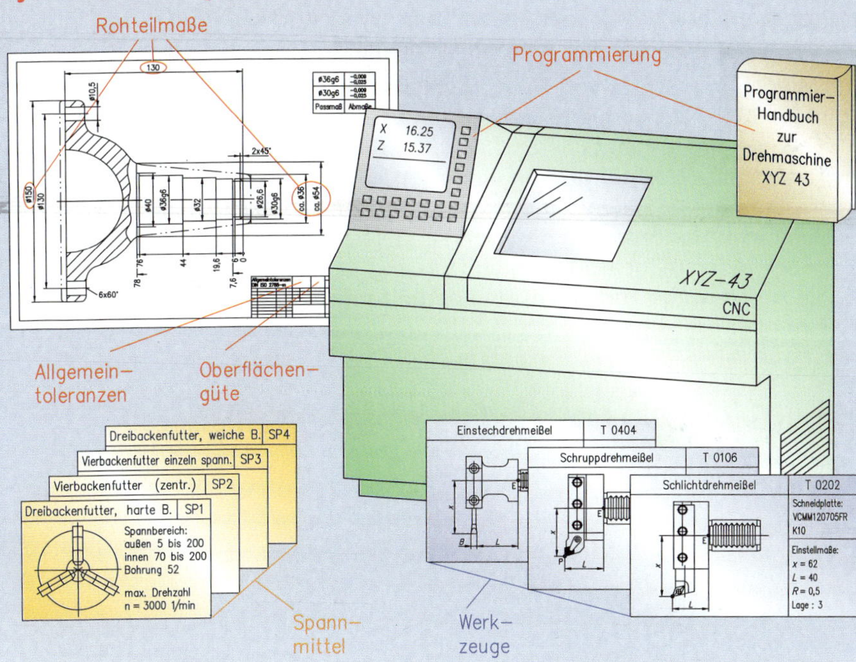

2. Programmierung planen

Die Planungsarbeit des Fachmanns vor der eigentlichen Programmierung besteht im Wesentlichen aus der Planung der Fertigungsschritte und ihrer Abfolge. Die dabei anfallenden Detailplanungen erfolgen mehr oder weniger nebeneinander. Der Einfachheit wegen werden sie im folgenden Text nacheinander dargestellt. Der Fachmann berücksichtigt bei seiner Planung folgende Kriterien:

- Festlegung wichtiger Punkte (Werkstücknullpunkt, Programmanfangspunkt, Werkzeugwechselpunkt),
- Festlegung der Einspannung,
- Planung der Arbeitsfolge,
- Auswahl der Werkzeuge,
- Ermittlung der Einstelldaten.

1. Schritt: Werkstücknullpunkt und Werkzeugwechselpunkt festlegen

In vielen Fällen hat der Konstrukteur in der technischen Zeichnung die Bauteile so bemaßt, dass alle Maße auf einen festen Punkt des Werkstücks bezogen sind. Der Fachmann in der CNC-Fertigung wird meist diesen Punkt als Werkstücknullpunkt wählen, sich so Rechenarbeit ersparen und damit eine Fehlerquelle ausschalten.

Wenn ein solcher Punkt nicht gegeben ist, wählt der CNC-Programmierer einen **Werkstücknullpunkt**:

- Für **Dreharbeiten** legt er den Werkstücknullpunkt stets auf die Z-Achse und dort bevorzugt auf den am weitesten in den Arbeitsraum hineinragenden Teil des bearbeiteten Werkstücks. Seltener wird er die Anlagefläche am Futter der Maschine als Nullpunkt wählen.
- Für **Frästeile** legt er den Werkstücknullpunkt auf einen markanten Punkt, den er auch beim Umspannen leicht wiederfinden kann. Geeignete Punkte sind meist Eckpunkte an kantigen Werkstücken oder Schnittpunkte von Symmetrieachsen bei symmetrischen Werkstücken.

Der Programmierer trägt den gewählten Werkstücknullpunkt und ggf. Nullpunktverschiebungen mit dem Normsymbol in die Zeichnung ein.

Wenn Werkzeugwechsel von Hand oder maschinell zur Konturerzeugung erforderlich sind, muss der Programmierer einen **Werkzeugwechselpunkt** festlegen. Er entscheidet sich dabei für einen Punkt,

- der bei einem Wechsel des am weitesten in den Arbeitsraum reichenden Werkzeugs noch einen genügenden Sicherheitsabstand zum Werkstück gibt,
- der einfache Handhabung des Werkzeugwechsels ermöglicht,
- der nach jeder Teilbearbeitung einfach angefahren werden kann und
- kurze Anfahrwege zum nächsten Bearbeitungsschritt ermöglicht.

Der Planer kennzeichnet Werkstücknullpunkt und Werkzeugwechselpunkt in der Zeichnung.

Werkstücknullpunkt und Werkzeugwechselpunkt festlegen

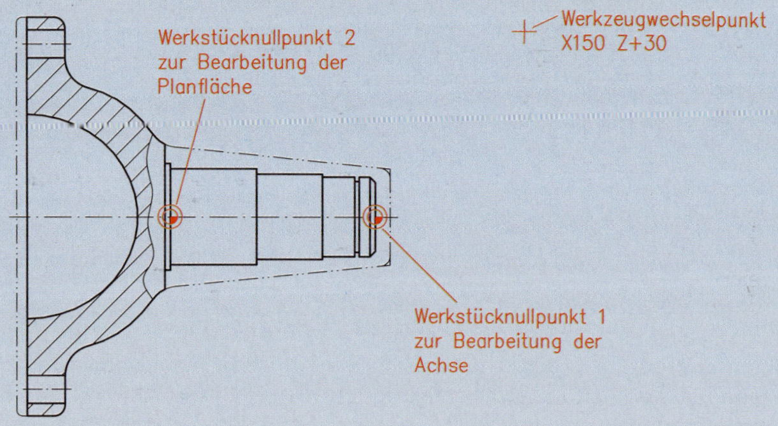

In diesem Zusammenhang entscheidet der Programmierer auch meist über die Art der Eingabe der Wegkoordinaten. Er kann sie im **Absolutmaß** oder als **Inkrementalmaße** eingeben. Seine Entscheidung richtet sich meist nach der Angabe in der Zeichnung. Bei der Fertigung von Probestücken, deren Maße später unter Umständen noch geändert werden, wird er für alle Abstandmaße, die bei einer Änderung erhalten bleiben müssen, die Inkrementalbemaßung vorziehen, damit die Programmänderungen nicht unnötig erschwert werden.

2. Schritt: Einspannung planen

Hinsichtlich der Einspannung beachtet der Fachmann, dass

- sicher gespannt werden kann, d. h. hohe Spannkräfte eingesetzt werden können, große Spannflächen vorliegen und geringe Unwuchten auftreten;
- den Anforderungen entsprechend genau gespannt wird, ggf. sind Sondereinspannungen, wie ausgedrehte weiche Backen, notwendig;
- die Spannmittel eine weit gehende Bearbeitung gestatten, indem sie den Weg des Werkzeugs wenig behindern;
- wenig Ausrichtarbeit beim Positionieren, beim Spannen und Umspannen erforderlich ist, indem er Positioniervorrichtungen und Positionierhilfen einsetzt.

Die Ergebnisse der Planung trägt der Fachmann in den zum Arbeitsplan gehörenden Spannplan ein.

Einspannung planen

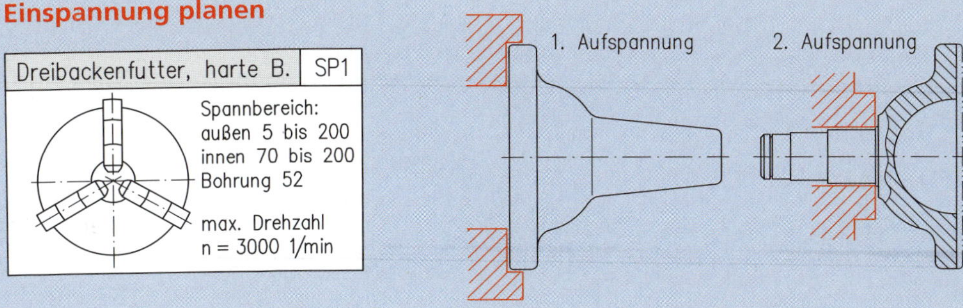

3. Schritt: Arbeitsfolge planen

Die Arbeitsabfolge bestimmt der Programmierer, indem er sich die Bearbeitung vorstellt und die einzelnen Schritte ggf. mit Skizzen notiert. Bei der Wahl der Arbeitsfolge achtet er darauf, dass

- möglichst wenig Umspannungen notwendig sind,
- alle Teile, die in einer festen Beziehung zueinander stehen müssen (z. B. fluchten oder in einer Ebene liegen müssen), in einer Aufspannung bearbeitet werden,
- zunächst die am weitesten von der Einspannung entfernten Teile bearbeitet werden und so das Bauteil zur Einspannung hin stabil bleibt.

Zur Vorbereitung der anschließenden Programmierung untersucht der Programmierer die zu bearbeitende Kontur auf Bereiche, die in Zyklen oder Unterprogrammen zu bearbeiten sind. Er kennzeichnet ggf. diese Bereiche in der Zeichnung. Ferner legt er die Startpunkte für einzelne komplexe Programmteile (Zyklen, Unterprogramme) fest.

Arbeitsfolge für das Drehen festlegen

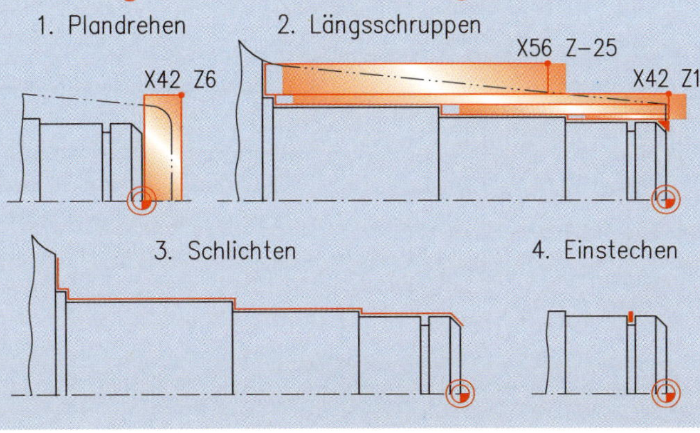

4. Schritt: Planen des Werkzeugeinsatzes und der Kühlschmierung

Der Fachmann wählt die Werkzeuge aus, indem er die Art der Bearbeitung und die zu erstellende Form mit den vorhandenen Werkzeugen in Einklang bringt. Dabei beachtet er,

- unterschiedliche Werkzeuge für Schrupp- und Schlichtbearbeitung einzusetzen;
- spezielle Formwerkzeuge wegen ihres hohen Preises nur dort einzusetzen, wo der Einsatz von Standardwerkzeugen nicht möglich ist;
- mit speziellen Formwerkzeugen zu bearbeitende Flächen möglichst weit mit Standardwerkzeugen vorzuarbeiten, damit mit dem teuren Formwerkzeug nur noch geschlichtet werden muss.

Der Planer legt ferner den Einsatz und das Abschalten der Kühlschmiermittelzufuhr fest.

Planen des Werkzeugeinsatzes

ausgewählte Werkzeuge mit Schneidewerkstoff K10 und K30

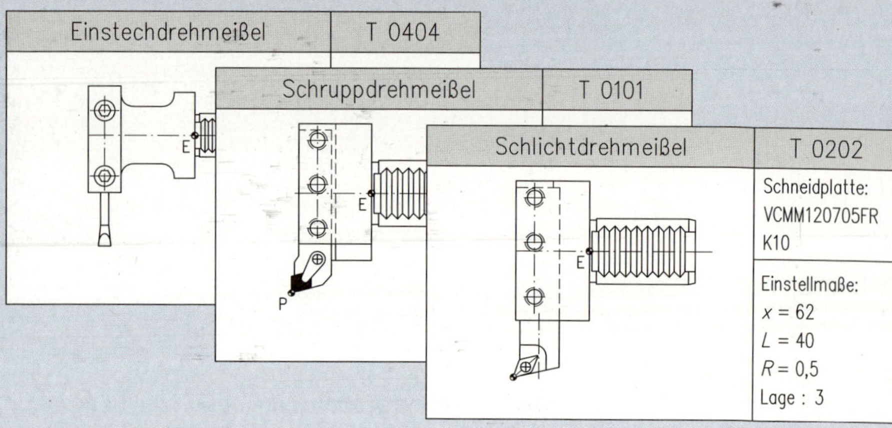

5. Schritt: Schnittdaten ermitteln

Der Fachmann ermittelt mithilfe von Tabellen der Schneidstoffhersteller die empfohlenen Schnittgeschwindigkeiten, Vorschübe und Zustellungen. Er berechnet daraus die für die Bearbeitung der einzelnen Werkstückbereiche notwendigen Schnittdaten.

Schnittdaten ermitteln

Richtwerte für das Drehen mit Hartmetallen

Werkstoff Zerspanungsgruppe	HM-Sorte v_{cmax}	a_p in mm	f in mm	v_c in m/min
Stahl und Stahlguss unlegiert und legiert				
Gruppe 1:	P10		0,1	420
Gruppe 4:	P10	1	0,1	335
R_m ~ 600–700 N/mm²			0,25	255
E 295			0,5	210
C35, C45W	v_{cmax}	3	0,1	300
100Cr6 (200 HB)	= 335		0,25	230
10CrMo910 (160 HB)	m/min		0,5	185
13CrMo4 (170 HB)		5	0,1	280
14NiCr10 (170 HB)			0,25	215
34Cr4 (200 HB)			0,5	175
34CrMo4 (200 HB)				

Reduzierungen:
Innendrehen: –10 % für v_c unterbrochener Schnitt: –30 % für v_c
Schmiederhaut: –20 % für v_c Einstechen: –50 % für f und v_c

gewählte Schnittdaten:

Schruppen:

$a_p = 3\,\text{mm}$ $f = 0{,}25\,\text{mm}$ $v_c = 0{,}8 \cdot 230\,\frac{\text{m}}{\text{min}}$

$v_c = 184\,\frac{\text{m}}{\text{min}}$

Schlichten:

$a_p = 0{,}5\,\text{mm}$ $f = 0{,}05\,\text{mm}$ $v_c = 335\,\frac{\text{m}}{\text{min}}$

Einstechen:

$f \approx 0{,}5 \cdot 0{,}5\,\text{mm}$ $v_c = 0{,}5 \cdot 230\,\frac{\text{m}}{\text{min}}$

$f = 0{,}03\,\text{mm}$ $v_c = 115\,\frac{\text{m}}{\text{min}}$

6. Schritt: Arbeitsplan erstellen

Der Fachmann trägt folgende Daten der Vorplanung in einen Arbeitsplan ein:

- Einspannung,
- Werkzeuge,
- Arbeitsfolge,
- Schnittdaten.

Arbeitsplan: Drehen

Werkstück: Achse für Stützrolle **Rohteilabmessungen:** ∅ 150 mm x 136 mm
Werkstoff: 34 Cr 4
Zeichnungs-Nr.: 30-256-04 **Spannmittel:** Dreibackenfutter SP 1
Planer: Numeri **Datum:** 01.04.05

Nr.	Arbeitsgang	Werkzeug	Einstelldaten	Bemerkungen
1	Plandrehen	Schruppdrehmeißel T 0101	a_p = 1,5 mm f = 0,25 mm v_c = 184 1/min	Kühlschmiermittel
2	Längsdrehen Schruppen	Schruppdrehmeißel T 0106	a_p = 3 mm f = 0,25 mm v_c = 184 1/min	Kühlschmiermittel
3	Schlichten	Schlichtdrehmeißel T 0202	a_p = 0,5 mm f = 0,05 mm v_c = 335 1/min	Kühlschmiermittel
4	Einstechdrehen	Einstechdrehmeißel T 0404	f = 0,3 mm v_c = 115 mm	Kühlschmiermittel

3. Programm erstellen

Der Programmierer erstellt das Programm mit den Befehlen nach DIN und den Anweisungen, die im Programmierhandbuch der Maschine vorgegeben sind.
Zunächst legt er die Programmbezeichnung fest, indem er die Bauteilbezeichnung, Zeichnungsnummer oder andere vorgegebene Merkmale heranzieht.
Anschließend bestimmt der Programmierer die Nummerierung der Programmschritte. Zweckmäßig ist eine Nummerierung in Zehnerschritten, damit ggf. noch Programmzeilen bei Änderungen in das Programm eingefügt werden können.

Vom Programmanfangspunkt bzw. vom Werkzeugwechselpunkt ausgehend, beginnt der Programmierer satzweise das Programm, indem er entsprechend dem Arbeitsplan

- die Art der Maßangabe (absolut oder inkremental) festlegt,
- die Daten für das jeweilige Werkzeug **T**, die Umdrehungsfrequenz **S** bzw. die konstante Schnittgeschwindigkeit, die Drehrichtung **M** und den Vorschub **F** eingibt,
- das Anfahren an die Kontur programmiert,
- die Wege für die Schruppbearbeitung eingibt (bei mehrfacher Spanabnahme Zyklen),
- die Rückzüge zum Werkzeugwechselpunkt programmiert,
- den Werkzeugwechsel, z. B. zum Schlichten mit neuen Werkzeugen und veränderten Schnittdaten, im Programm festlegt; dabei achtet er auf Kollisionsgefahr der Werkzeuge mit dem Werkstück,
- an entsprechenden Stellen den Kühlmitteleinsatz bestimmt,
- Zeichen für das Programmende setzt.

Bei Passmaßen wählt der Programmierer ein mittleres Maß innerhalb der Passtoleranzen.

Programm für den Auftrag „Achse"

```
        CNC-Programm 1
        Achse für Stützrolle (Aufspannung 1)
% 01103
N10     G90  G95   G96     S184  F0.25  T0101    M03
N20     G00  X40   Z3      M08
N30     G01  X-0.5
N40     G01  Z4
N50     G00  X40
N60     G01  Z0.5
N70     G01  X-0.5
N80     G00  Z2
N90     G00  X56
N100    G00  Z-25
N110    G81  X40   Z-78    H-78   R56  D1.5 P0.5 Q0.2
N120    G00  X42   Z1
N130    G81  X36   Z-76    H-76   R42  D1.5 P0.5 Q0.2
N140    G00  X38   Z1
N150    G81  X32   Z-44    H-44   R38  D1.5 P0.5 Q0.2
N160    G00  X34   Z1
N170    G81  X30   Z-19.6  H-19.6 R34  D1.5 P0.5 Q0.2
N180    G00  X28   Z1
N190    G01  X31   Z-2
N200    G00  X150  Z30
```

```
N210 M06
N220 G95  S335  F0.05          T0202
N230 G00  X31   Z0
N240 G01  X-0.5
N250 G00  X24   Z1
N260 G01  X29.984      Z-2
N270 G01  Z-19.6
N280 G01  X32
N290 G01  Z-44
N300 G01  X35,984
N310 G01  Z-76
N320 G01  X40
N330 G01  Z-78
N340 G01  X60
N350 G00  X150 Z30    M09
N360 M06
N370 G95  G96  S115 F0.03 T404 M08
N380 G00  X31   7-7,6
N390 G01  X26,6
N400      X31                  M09
N410 G00  X150 Z30
N420                           M30
```

Wenn die Möglichkeit zur Simulation des Programmablaufs besteht, prüft der Programmierer das Programm durch Simulation am Bildschirm und korrigiert aufgetretene Programmfehler.

4. Maschine einrichten

Maschinen mit DIN- und Zyklenprogrammierung erfordern häufig die satzweise Eingabe des Programms unmittelbar an der Maschine.
Der Fachmann

- gibt das Programm über die Zahlen- und die Adressbuchstabentastatur in die Steuerung der Maschine ein;
- speichert die Daten der zu verwendenden Werkzeuge im Werkzeugspeicher der Maschine;
- fährt den Referenzpunkt der Maschine an und setzt das Messsystem der Maschine auf Null;
- spannt das Rohteil entsprechend dem Spannplan auf;
- fährt in den einzelnen Achsen mit einem Taster das Werkstück an oder bearbeitet mit dem Nullwerkzeug das Werkstück geringfügig; durch Berechnung des Abstands der Berührungskanten von Taster oder Nullwerkzeug vom Werkstücknullpunkt ermittelt er dessen Lage und gibt die Daten entsprechend in die Maschine ein.

(Falls der Programmablauf bisher noch nicht überprüft wurde, kann der Maschinenbediener unmittelbar nach Eingabe von Programm und Werkzeugdaten und der Wahl eines scheinbaren Werkstücknullpunkts, der etwa im Bereich des späteren Werkstücknullpunkts bei aufgespanntem Rohling liegen sollte, das Programm ablaufen lassen. Durch die Beobachtung der „Luftschnitte" kann der Fachmann grobe Programmfehler erkennen.)

Werkstücknullpunkt setzen

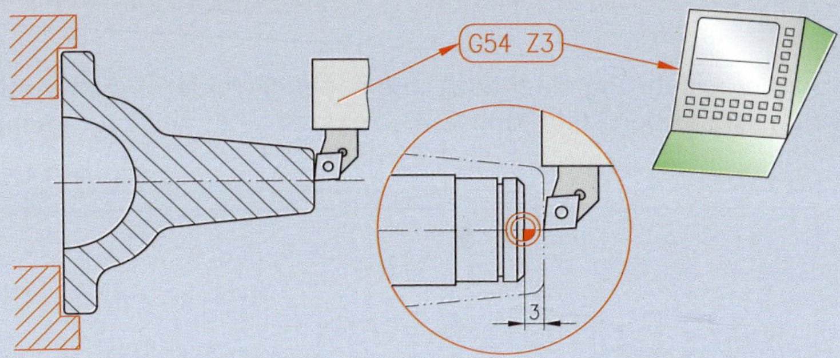

5. Fertigen

Durch Eingabe der Programmkennung (z. B. Programmnummer) ruft der Maschinenbediener das abzuarbeitende Programm auf und startet es.
Wenn der Maschinenbediener nicht ganz sicher ist, ob das Programm einwandfrei läuft, senkt er mithilfe des Vorschubgeschwindigkeitsschalters die programmierte Vorschubgeschwindigkeit, startet dann den automatischen Programmablauf und beobachtet – zum sofortigen Eingriff bereit – die Bearbeitung.
Er kann auch für Teile des Programms oder auch das gesamte Programm das Abarbeiten im Einzelsatz wählen. In diesem Fall muss jeweils nach Abarbeiten einer Programmzeile die nächste per Knopfdruck gestartet werden.

6. Prüfen, bewerten und dokumentieren

Nach der Bearbeitung kontrolliert der Fachmann die Maße des Werkstücks. Bei Verwendung nur eines Werkzeugs untersucht er die Maße auf gleichartige Abweichungen vom Sollwert. Falls solche gleichartigen Abweichungen auftreten, z. B. alle Durchmesser an einem Drehteil um 5/100 mm zu groß sind, korrigiert er das Werkzeugmaß im Werkzeugkorrekturspeicher.
Bei Verwendung mehrerer Werkzeuge kontrolliert der Maschinenbediener die mit dem Nullwerkzeug erreichten Maße in gleicher Weise und verbessert evtl. die Korrekturwerte im Werkzeugskorrekturspeicher.
Nach diesen Maßnahmen können mit den korrigierten Werkzeugdaten weitere Werkstücke mit höherer Maßgenauigkeit als das zuerst gefertigte erzeugt werden.

Maße kontrollieren

Werkzeug	Nenn-/ Passmaß	Sollmaß	Istmaß	Abweichung
T0203	32	32	31,98	– 0,020
	30g6	29,984	29,97	– 0,014
	36g6	35,984	35,97	– 0,014
	40	40	39,99	– 0,010
	60	60	59,98	– 0,020

→ Korrektur im Werkzeugspeicher

T02<u>03</u> X + 0,01 mm

8.1.1 Lernsituation
Fertigen eines Kupplungsflansches auf einer CNC-Drehmaschine

Situation:
Für eine Sonderausführung einer Maschine haben Sie einen Kupplungsflansch anzufertigen. Für die Dreharbeit steht eine CNC-Drehmaschine mit Programmierung nach DIN zur Verfügung.

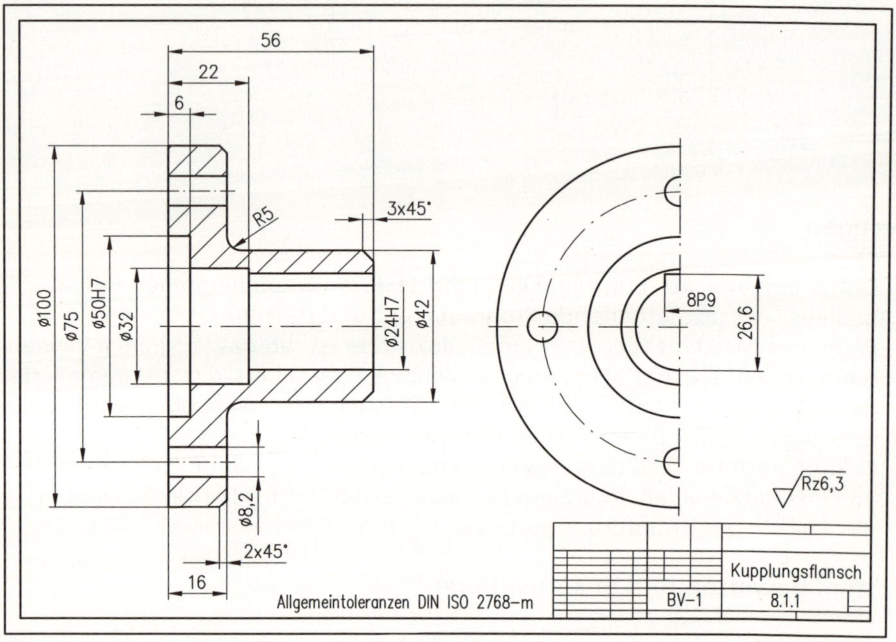

1. Auftrag analysieren

1.1 Nennen Sie die einzelnen Fertigungsverfahren, die zur Herstellung des Kupplungsflanschs notwendig sind.

1.2 Bestimmen Sie die Rohteilabmessungen. Es steht Stangenmaterial zur Verfügung.

2. Programmierung der Drehbearbeitung planen

2.1 Skizzieren Sie das Werkstück und tragen Sie den (die) Werkstücknullpunkt(e) ein.

2.2 Bestimmen Sie die Arbeitsabfolge beim Drehen. Skizzieren Sie dazu das Werkstück in den verschiedenen Einspannungen und geben Sie die Schnittfolgen an. Begründen Sie kurz die Abfolge.

2.3 Geben Sie die genauen Bezeichnungen der einzelnen einzusetzenden Drehmeißel sowie des ausgewählten Schneidstoffs an.

2.4 Ermitteln Sie die Schnittdaten.

2.5 Stellen Sie einen Arbeitsplan auf.

3. Programm erstellen

Schreiben Sie das Programm für die Drehbearbeitung in der ersten Aufspannung.

4. Maschine einrichten

Nach dem Umspannen müssen Sie den Nullpunkt in Z-Richtung wieder neu bestimmen. Wie gehen Sie vor?

8.1.2 Lernsituation
Fertigen eines Exzenterhebels auf einer CNC-Fräsmaschine

Situation:
Für einen Exzenterspanner ist der Spannhebel herzustellen. Für die Fräsarbeit steht Ihnen eine CNC-Fräsmaschine mit Programmierung nach DIN zur Verfügung.

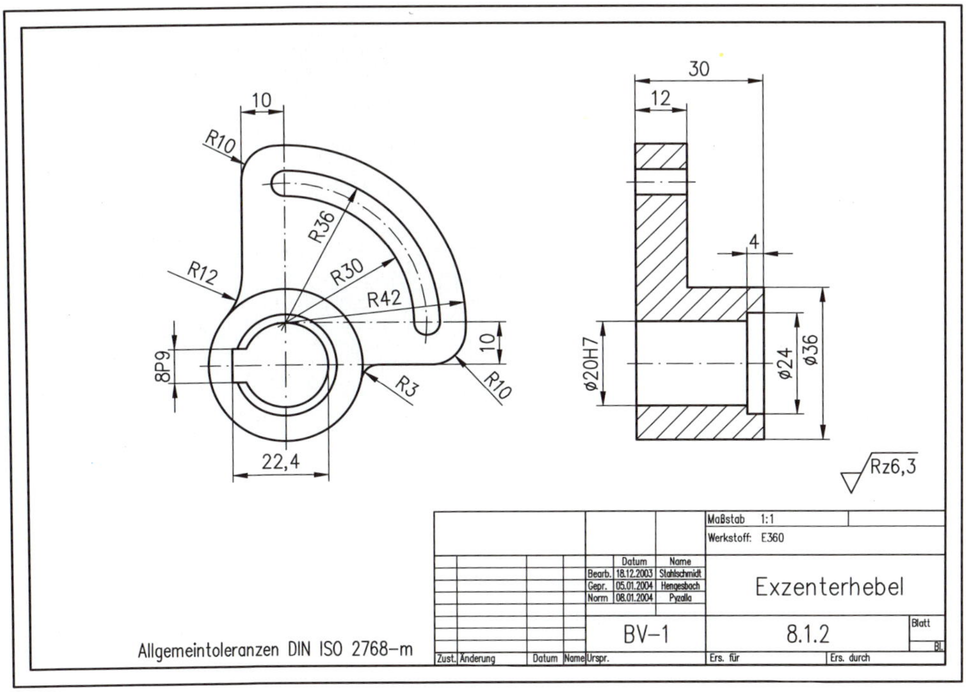

1. Auftrag analysieren

Geben Sie die zur Herstellung notwendigen Fertigungsverfahren an.

2. Programmierung planen

Begründen Sie Ihre Entscheidungen hinsichtlich Arbeitsfolge, Werkzeugauswahl, Spannmittel u. a.

3. Programm erstellen

Schreiben Sie das Programm für die Fräsbearbeitung.

4. Maschine einrichten

Beschreiben Sie das Einrichten.

5. Kontrollieren und bewerten

Die 6 mm breite Nut ist von Ihnen auf Einhaltung der Exzentrizität zu prüfen. Erläutern Sie ihr Vorgehen.

8.2 Handlungssituation
CNC-Fertigung unter Einsatz eines Programmiersystems

Grafikunterstützte Programmiersysteme ermöglichen dem Fachmann die Erstellung und Erprobung von CNC-Programmen unter größtmöglicher Unterstützung durch einen Computer. Das bedeutet:

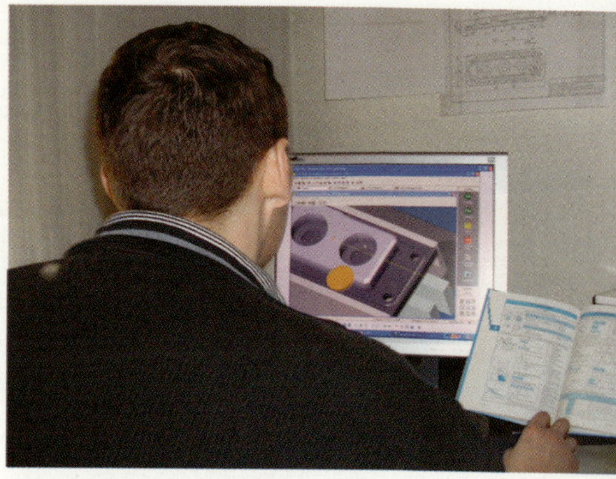

- Der Programmierer erstellt das Programm nicht mehr an der Maschine sondern an einem unabhängigen Rechner.
- Er programmiert nicht mehr den Weg des Werkzeugs sondern ***die zu erzeugende Werkstückkontur des Werkstücks***.
- Das erzeugte Programm ist nicht auf eine spezielle Maschine bezogen.
- Durch Postprozessorprogramme kann der Programmierer das erzeugte Programm an die Steuerung jeder Maschine anpassen.
- Durch Simulation des Programms mit den Daten der ausgewählten Maschine kann der Fachmann das Programm erproben und auch die Fertigungszeit ermitteln.

Beispiel: Herstellen eines Lagerdeckels

Es ist ein Lagerdeckel aus AlMn5 zu fräsen. Zur Programmierung steht das Programmiersystem EXSL-WIN der Firma SL-Automatisierungstechnik zur Verfügung.

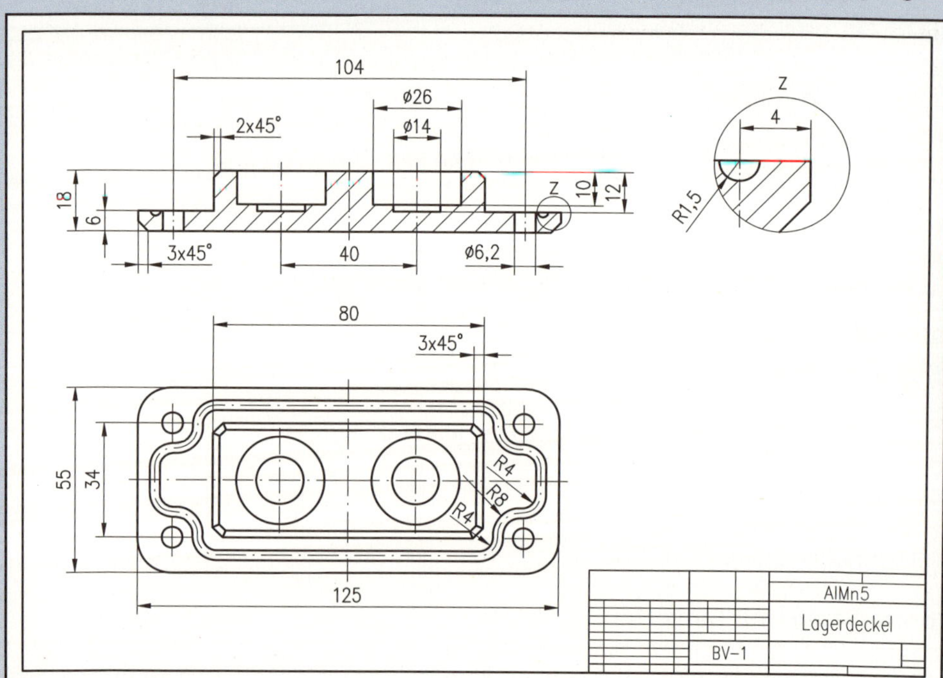

1. Auftrag analysieren

Der Fachmann verschafft sich nach der Festlegung des Fertigungsverfahrens einen Überblick über

- Maße, Werkstoff, Oberflächengüte, Toleranzen u. a., indem er die Zeichnung und die Rohteilabmessungen heranzieht;
- die ungefähre Größe und die Ausrüstung einer notwendigen Fertigungsmaschine aufgrund der Werkstückmaße, der Spanabnahme und der Spannmöglichkeiten;
- die bereits vorliegenden, zum Auftrag gehörenden Daten (z. B. CAD-Daten, Arbeitsplan).

Alle weiteren Informationen zur Programmierung gewinnt er im Dialog mit dem Programmiersystem.

Auftrag analysieren

Als Rohteil soll ein vorgearbeiteter Abschnitt von Walzmaterial 125 mm x 55 mm x 18 mm aus AlMn5 verwendet werden, denn an die Ober- und die Unterseite des Deckels werden keine besonderen Anforderungen gestellt.
Das Rohteil kann auf der Fräsmaschine im Maschinenschraubstock gespannt werden.
Zur Herstellung genügen außer dem Radiusfräser Standardwerkzeuge.
Es liegt eine im DXF-Format abgespeicherte Zeichnung vor. Der Layer der Zeichnung mit der Bemaßung kann ausgeblendet werden.[1]

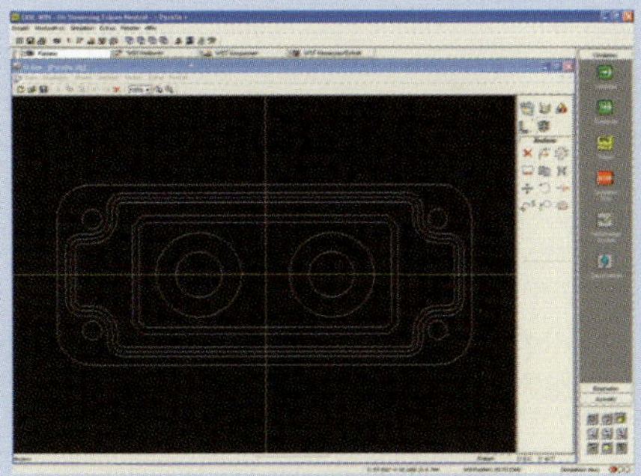

2. Arbeitsplan erstellen

1. Schritt: Planen der Arbeitsfolge

Die Planungsarbeit des Fachmanns vor der eigentlichen Programmerstellung beginnt mit einer Planung der Arbeitsfolge im herkömmlichen Sinn.
Die Grundsätze zur Auswahl der Fertigungsschritte und ihrer Abfolge entsprechen denen, die in der Handlungssituation 8.1 dargestellt sind.

Abfolge der Fertigung

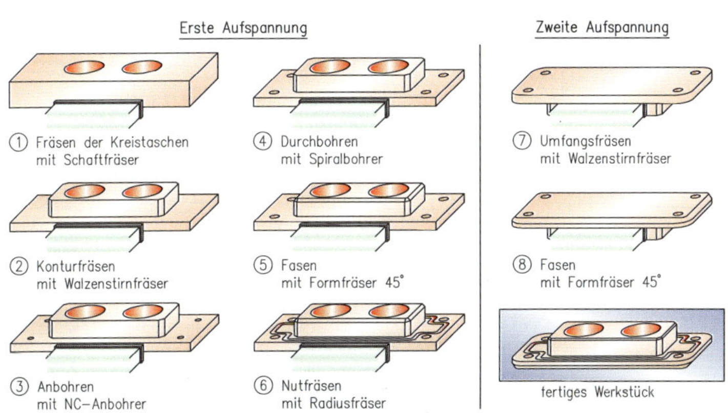

1 Zeichnung kann auch im SL-eigenen System erzeugt werden.

2. Schritt: Werkzeugliste mit Schnittdaten aufstellen

Beim erstmaligen Spanen eines neuen Werkstoffs muss der Fachmann die technologischen Daten zu den einzelnen Werkzeugen in den Werkzeugspeicher eingeben. Zweckmäßig erstellt er dazu einen Arbeitsplan für das zu bearbeitende Werkstück und trägt darin die Werkzeuge und die technologischen Daten ein. Falls der Maschinenbediener an der später eingesetzten Maschine die entsprechenden Werkzeuge nicht vorrätig hat, kann er diese Daten entsprechend ändern.

Arbeitsplan

Platz	Benennung	Einstellmaße		Schneidenzahl	Vorschubgeschwindigkeit m/min	Drehzahl 1/min
		Länge Z	Radius R			
1	NC-Anbohrer HM	82	5	2	160	500
2	Eckmesserkopf HM	87	31,5	4	400	2000
3	Schaftfräser HSS	101	5	4	120	3000
4	Bohrer HSS	190	3	2	160	850
5	Winkelfräser HSS	86,3	3,1	8	120	3000
6	Kugelkopffräser HSS	63,5	1,5	4	80	3500

Alle Daten zur Abfolge der Fertigung, die Werkzeugliste mit Schnittdaten und die Aufstellung der Spannmittel fasst der Fachmann im Arbeitsplan zusammen (siehe 5.1).

3. Programm erstellen

1. Schritt: Werkzeugwechsler bestücken

Der Fachmann wählt das Programmiersystem im Computer an und gibt den Namen des neu zu erstellenden Programms ein.

Im Anschluss daran bestückt er entsprechend dem Arbeitsplan den virtuellen Werkzeugspeicher im Programmiersystem mit den ausgewählten Werkzeugen. Er kann dazu aus dem System vorgegebene Werkzeuge auswählen oder neue virtuelle Werkzeuge aus Werkzeugaufnahmen, Schneidplattenträgern, Schneidplatten und Schneidstoffen schaffen. Unterlagen dazu findet er u. a. in den Katalogen der Werkzeughersteller.

Werkzeugwechsler bestücken

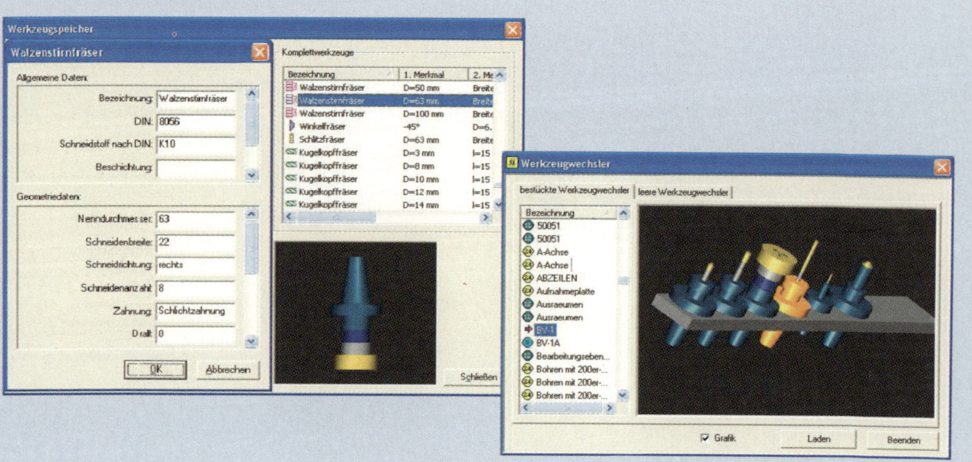

2. Schritt: Rohteil wählen

Der Fachmann wählt aus den im Programmiersystem vorgegebenen Rohteilkonturen (Flachmaterial, Rundmaterial u. ä.) die entsprechende Kontur aus. Er gibt in das System die für seine Aufgabe günstigen Maße ein und erhält ein Bild des Rohteils.

Rohteil wählen

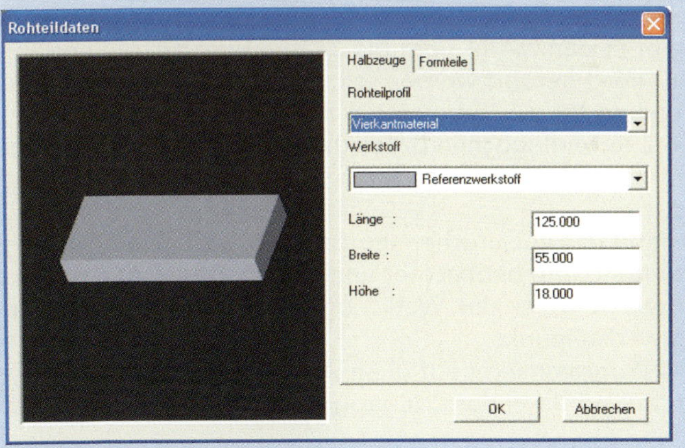

3. Schritt: Spannmittel und Spannposition auswählen

Der Fachmann

- lädt in das Programmiersystem diejenige Zeichnungsansicht ein, mit der er die erste Aufspannung am Bildschirm darstellen kann. Bei Frästeilen ist dies die Ansicht senkrecht zur Werkzeugachse des Fräsers bei der Erstbearbeitung. Bei Drehteilen ist es der Schnitt entlang der Drehachse.
- legt den Werkstücknullpunkt fest (siehe auch Handlungssituation 8.1).
- bringt die Ansicht der Kontur mit dem Rohteil zur Deckung.
- wählt aus dem Spannmittelkatalog des Programmiersystems geeignete Spannmittel aus und führt sie an die entsprechende Position des Werkstücks.

Bei der weiteren Bearbeitung kann der Programmierer zur Verbesserung der Übersicht das Spannsystem ausblenden.

Spannmittel auswählen

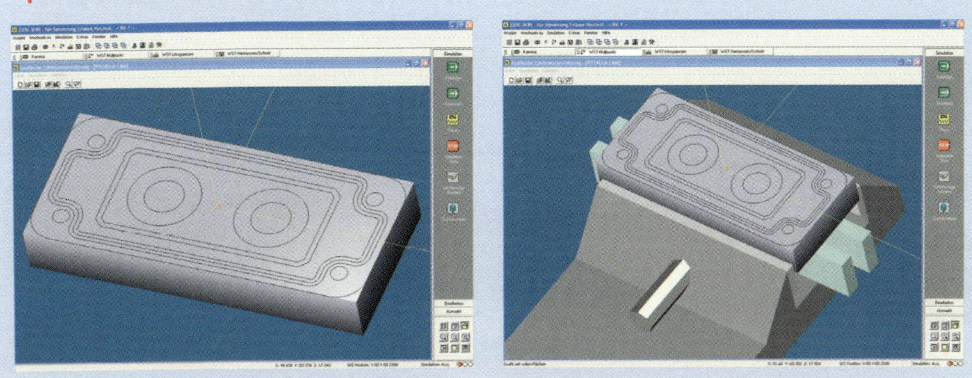

4. Programm erstellen

Der Fachmann geht zur eigentlichen Programmierung entsprechend dem Arbeitsplan in folgenden Schritten – ausgehend vom Werkzeugwechselpunkt – vor:

- Er kennzeichnet auf dem Rohteil, auf dem die Zeichnungsansicht aufliegt, die Grenzen der zu bearbeitenden Kontur.
- Anschließend wählt er aus dem Werkzeugwechsler das Werkzeug aus, mit dem die Kontur bearbeitet werden soll.
- Sodann gibt er den Zyklus oder die Bearbeitung an, die entlang der gekennzeichneten Kontur durchgeführt werden soll. In diesem Zusammenhang werden alle für diese Bearbeitung wichtigen Parameter in Hilfsgrafiken abgefragt. Im Rahmen der Eingabe von Maßen, technologischen Daten u. a. wird vom Fachmann auch die Art, in der eine Kontur freigelegt wird, z. B. durch zeilenförmiges oder konturparalleles Spanen, bestimmt.
- Nach Eingabe der entsprechenden Daten startet der Programmierer die Simulation der Bearbeitung und beobachtet und optimiert ggf. den Ablauf.
- Anschließend fährt er das Werkzeug zum nächsten Bearbeitungsschritt oder zum Werkzeugwechselpunkt.

Während der Programmierer auf diese Weise am Bildschirm die Kontur bearbeitet, wird automatisch in eine Datei das CNC-Programm in einer allgemeinen Form geschrieben.

Programmieren der Kreistasche

Kennzeichnen der Kontur → Auswahl der Werkzeuge → Wahl der Bearbeitung → Fahren zum Werkzeugwechselpunkt

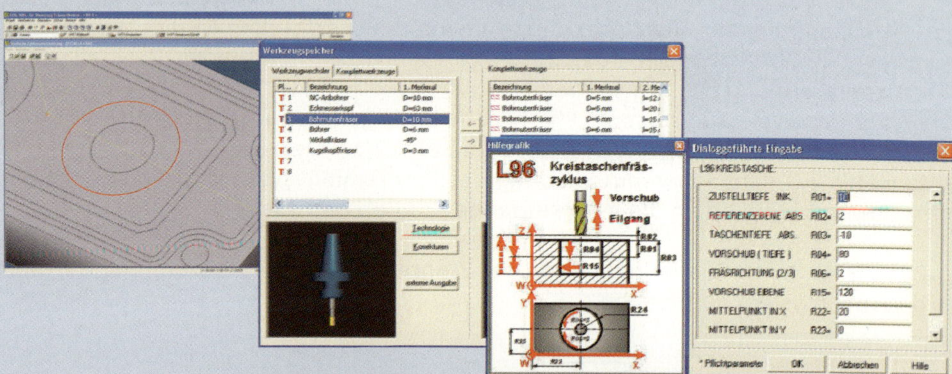

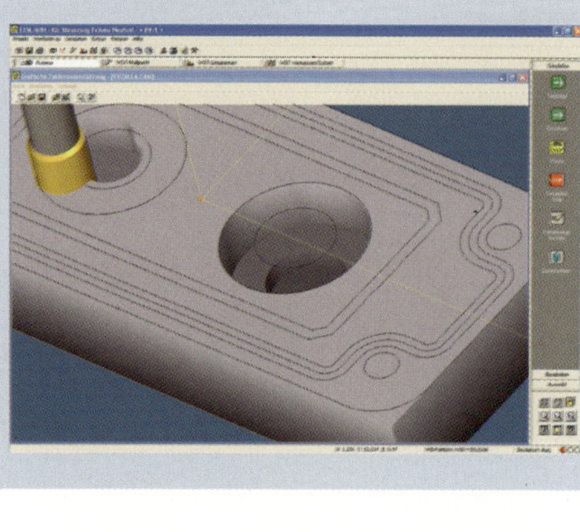

Simulation dieser Bearbeitung siehe CD-ROM.

Programmieren der Kontur der Werkstückunterseite

Kennzeichnen der Kontur → Auswahl der Werkzeuge → Wahl der Bearbeitung → Fahren zum Werkzeugwechselpunkt

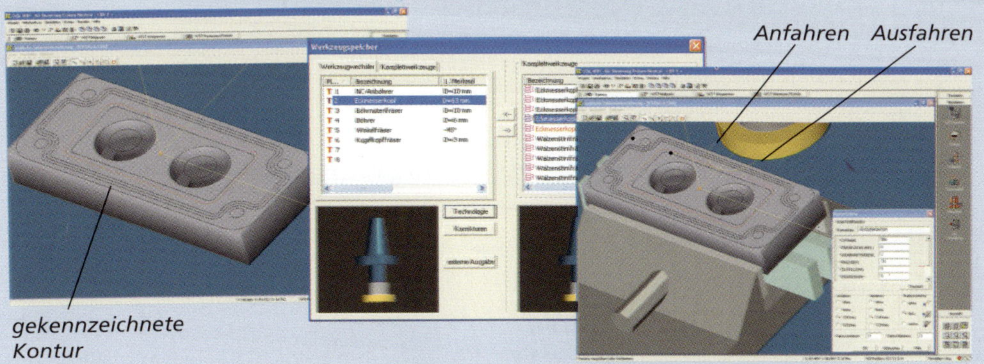

In gleicher Weise werden die weiteren Konturteile programmiert.

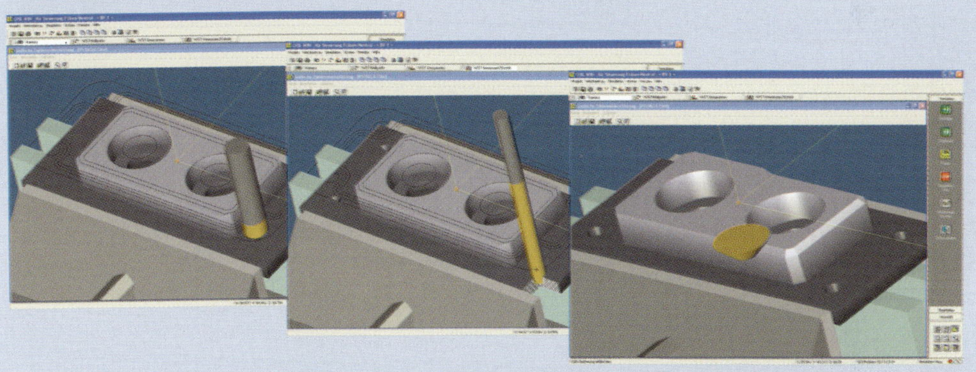

Nach dem Umspannen werden auf der Deckfläche des Werkstücks in gleicher Weise das Konturfräsen und das Fasen programmiert.

Bearbeitung der Werkstückoberseite

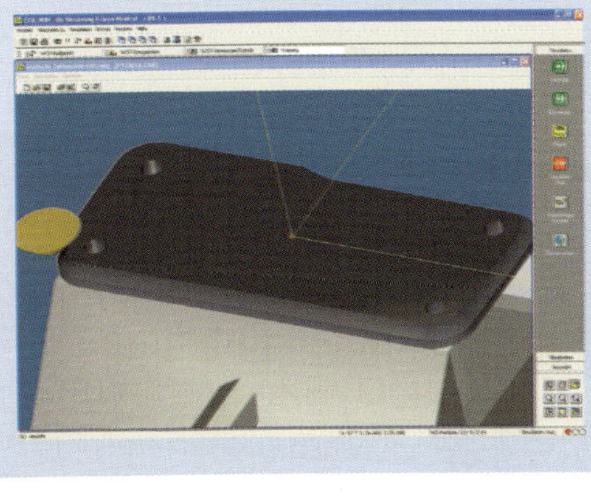

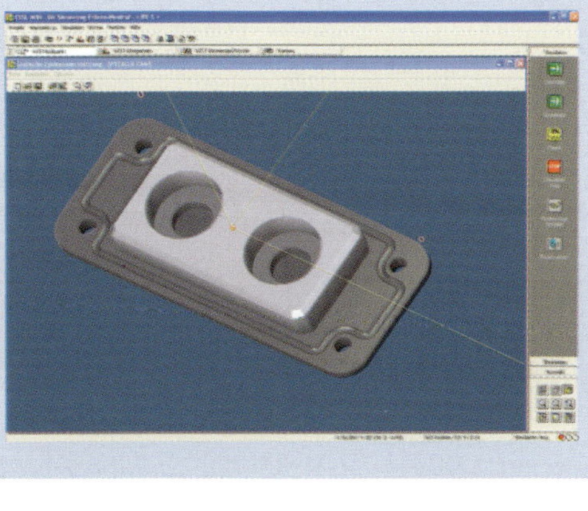

Das Programm, das parallel zur Simulation in eine Datei geschrieben wurde, kann sich der Programmierer am Bildschirm zeigen lassen und ausdrucken.

Programmausdruck

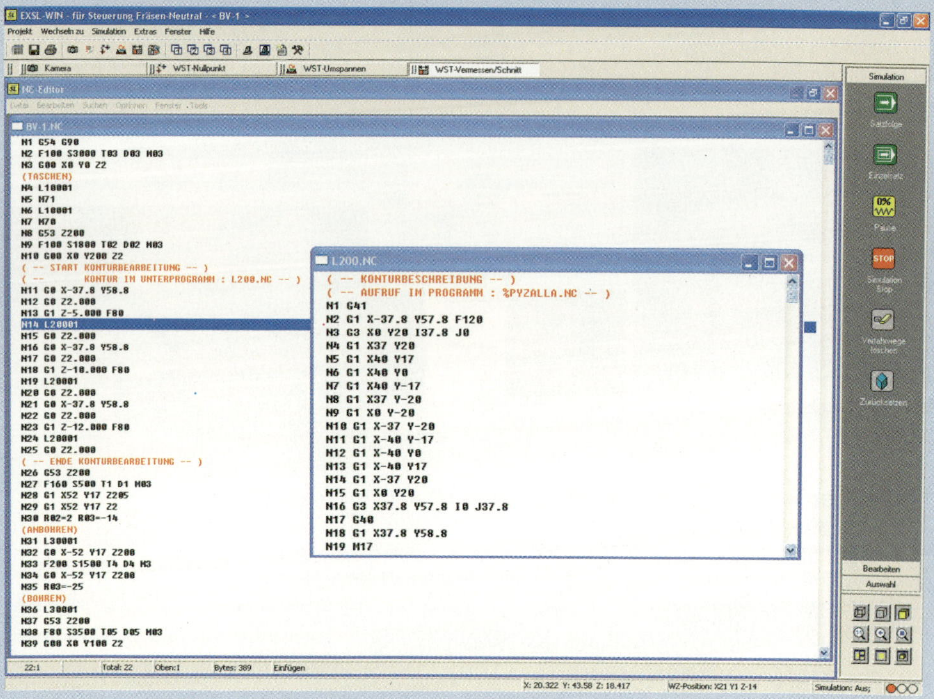

Alle Daten zu Werkzeugen, Nullpunkten, Spannmitteln u. a., die der Maschinenbediener später bei der Bearbeitung benötigt, kann der Programmierer auf einem Einrichteblatt, das automatisch im Hintergrund erstellt wurde, ausgeben lassen.

Einrichtblatt (Auszug)

Spannmittel

Anzahl	Benennung	Weg	Durchm.	Länge	Breite	Höhe	Winkel
1	CCF 100 Schraubstock	135	0	200	120	20	0
2	Spannbacke	0	0	200	5	20	0
1	Parallelstück 8*25	0	0	63	6,3	20	0
1	Parallelstück 8*25	0	0	63	6,3	20	0

Nullpunkte

Nr	X	Y	Z	A	B	C
G54	300.000	240.833	63.000			
G55	300.000	248.333	56.000			

Werkzeugmagazin

Platz	Benennung	Einstellmaße Werkzeugschneide		Schneiden anzahl	Vorschub	Drehzahl
		Länge Z	Radius			
1	NC-Anbohrer	82	5	0	160	500
2	Eckmesserkopf	87	31,5	4	400	2000
3	Bohrnutenfräser	101	5	4	120	3000
4	Bohrer	190	3	0	160	850
5	Winkelfräser	86,3	3,1	20	120	3000
6	Kugelkopffräser	63,5	1,5	4	80	3500
7	Bohrer	110,5	1	0	160	850

Maßkontrolle am Bildschirm

Programmiersysteme erlauben dem Programmierer, zum Abschluss die Maße des programmierten Werkstücks am Bildschirm zu kontrollieren. Dies erspart dem Programmierer die umständliche Kontrolle wichtiger Maße im Programm und erleichtert Programmänderungen. So kann der Programmierer bei Passmaßen prüfen, ob nicht versehentlich das Nennmaß statt der Toleranzmitte programmiert wurde.

Maßkontrolle am Bildschirm nach der Simulation der Bearbeitung

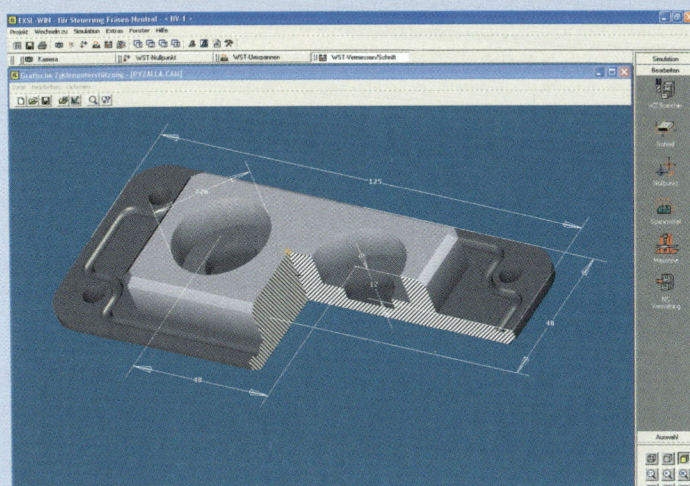

Programm an die Maschine anpassen

Der Programmierer hat das Programm für eine virtuelle Maschine erstellt. Die vorhandenen Maschinen haben unterschiedliche Steuerungen und erfordern unterschiedliche Programmierung, besonders in Zyklen. Darum muss der Anwender sein Programm der gewählten Maschinensteuerung anpassen. Zu diesem Zweck wählt er ein Postprozessor genanntes Programm, das diese Anpassung durchführt und z. B. alle Zyklen in einfachste Sätze zerlegt.

Umwandeln des Programms für die Steuerung Siemens 840D

Satz im Programmiersystem zum Fräsen der Kreistasche

```
N4 L96 R01=10 R02=2 R03=-10 R04=80 R06=2 R15=120 R2
```

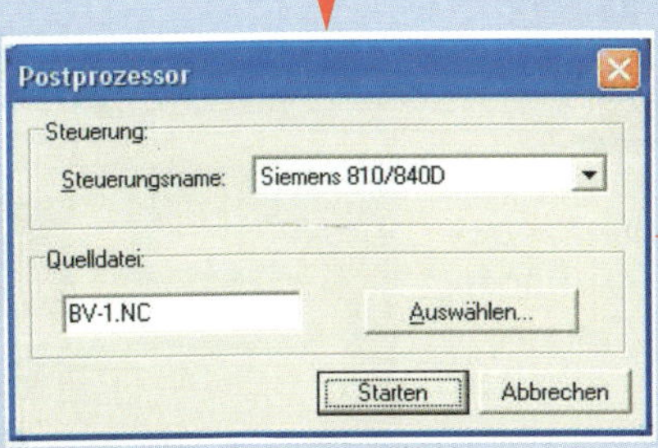

Für Steuerung Siemens 840D aufgeschlüsselte Anweisung zum Fräsen der Kreistasche

```
N55 G02 X20.5 Y0 I-0.5 J0
N60 G01 X24.25 Y3.75
N65 G02 X28 Y0 I0 J-3.75
N70 G02 X28 Y0 I-8 J0
N75 G02 X24.25 Y-3.75 I-3.75 J0
N80 G00
N85 X20 Y0
N90 F80
N95 G01 Z-10
N100 F120
N105 X20.5
N110 G02 X20.5 Y0 I-0.5 J0
N115 G01 X24.25 Y3.75
N120 G02 X28 Y0 I0 J-3.75
N125 G02 X28 Y0 I-8 J0
N130 G02 X24.25 Y-3.75 I-3.75 J0
N135 G00
N140 X20 Y0
N145 Z2
```

8.2.1 Lernsituation
Programmerstellung für das CNC-Fräsen eines Handrads

Lernsituation

Situation:
Der Rohling des Handrades aus AlMn5 wurde gedreht. Sie haben nun die Aufgabe, das Ausfräsen der Rippen zu programmieren. Auf der beiliegenden DVD steht ihnen eine Demo-Version der Firma SL-Automatisierungstechnik zur Verfügung.
Sie finden in der Demo-Version verschiedene Werkzeuge vor, mit denen Sie die Arbeit entsprechend den Anregungen in der Handlungssituation 8.2 durchführen können.
Das Programm wird Ihnen nach der Simulation der Bearbeitung am Bildschirm ausgegeben. Es kann aber aus Gründen des Urheberrechts weder gedruckt, noch an eine Maschine übertragen werden.

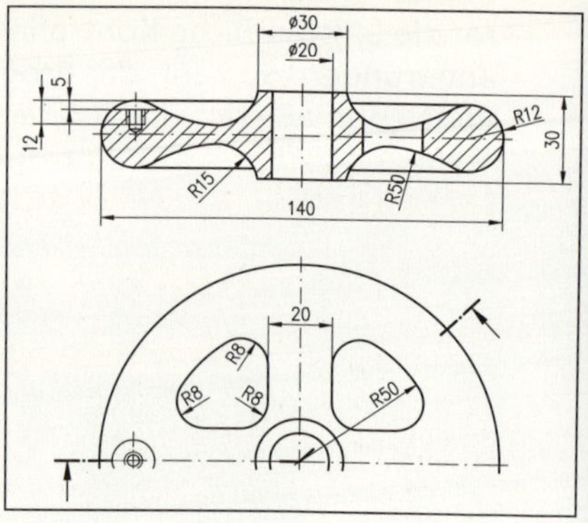

1. Laden Sie das Video „Handrad“ und sehen Sie sich an, wie das Werkstück gedreht wird.

2. Holen Sie aus der Bibliothek *„Rohteile“* das Formteil *„Handradrohteil“* auf den Bildschirm. Sie finden das Symbol für die Bibliothek am rechten Bildschirmrand. Drehen Sie das Werkstück durch Anklicken der B-Achse (s. Fenster) so, dass die Draufsicht auf dem Bildschirm erscheint. Sie haben so die Blickrichtung aus der Z-Richtung.

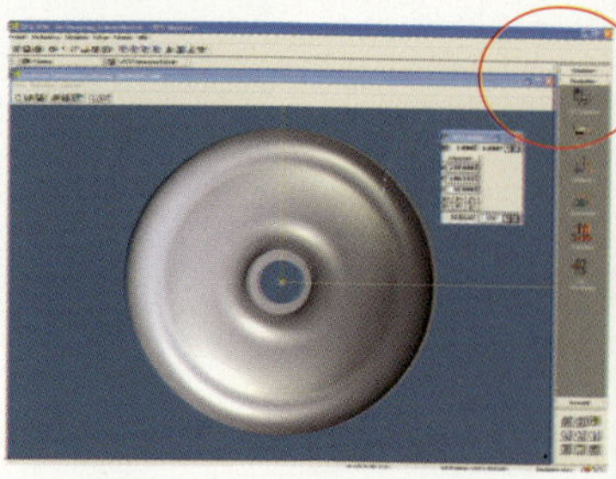

3. Laden Sie zum Formteil die Zeichnung *„Handrad“*. Sie finden die Zeichnung unter *„Datei“* und dort unter *„Zeichnung laden“*. Wählen Sie sodann unter *„Datei“* den Menüpunkt *„Übernehmen und Zurückkehren“* um die Zeichnung auf das Werkstück zu übertragen.

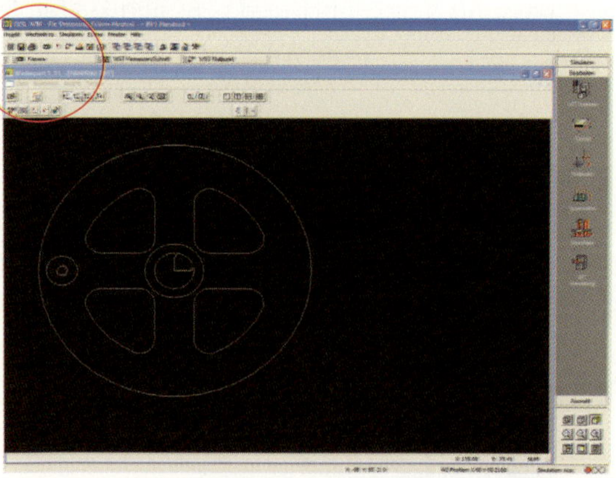

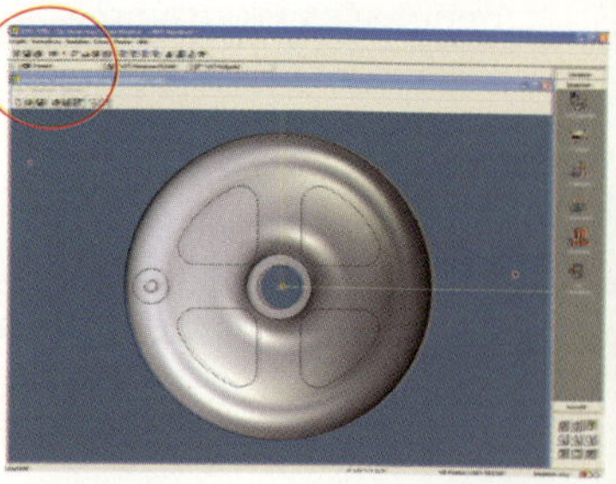

4. Gehen Sie mit dem Cursor auf *„Werkzeugspeicher“* am rechten Bildschirmrand. Dort finden Sie den Werkzeugrevolver „Handrad“. Je nachdem, ob Sie „Grafik“ an- oder abwählen erhalten Sie die Abbildung oder die Werkzeugbeschreibungen.

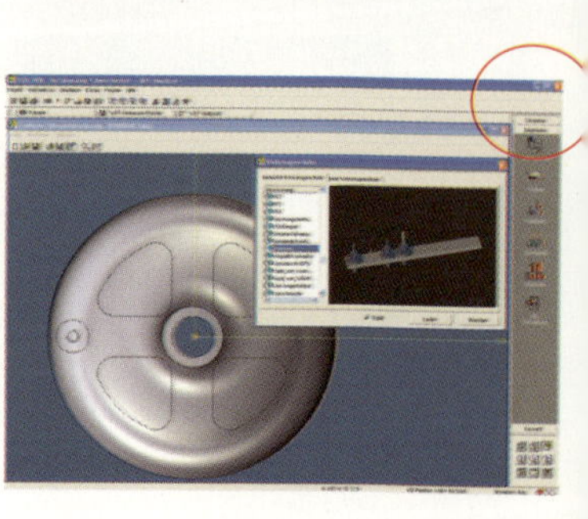

5. Wählen Sie das Werkzeug für die Bearbeitung der Aussparung aus. Bestimmen Sie die Schnittdaten (Umdrehungsfrequenz, Vorschubgeschwindigkeit und Zustellung).

6. Auf der rechten Seite sehen Sie den Beginn des Programms. Tragen Sie dort Ihre Schnittdaten und die Drehrichtung der Werkzeuge in den Satz 20 ein. In Satz 30 geben Sie die Koordinaten eines Punktes in der Sicherheitsebene über dem Werkstück ein, auf der der Fräser zu Beginn außerhalb des Werkstücks stehen soll.

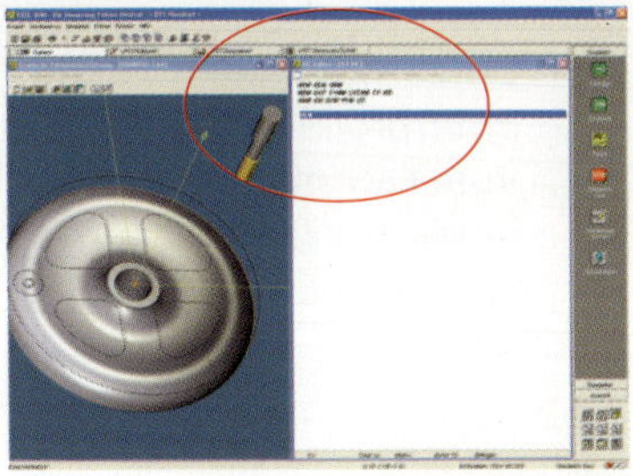

7. Wählen Sie im Fenster *„Grafische Zyklenunterstützung"*, das oberhalb der Werkstückabbildung zu sehen ist, mit der **rechten** Maustaste den Zyklus *„Ausräumen konturparallel"*. Ergänzen Sie dort die Werkzeugnummer und die Nummer der Werkzeugkorrektur. (hier: D = 1). Durch Anwählen von *„Standard"* werden Ihnen für die übrigen Parameter Werte vorgeschlagen. Ändern Sie die Werte für Drehzahl, Vorschub und Taschentiefe auf ihre berechneten Werte. Legen Sie, wenn Sie möchten, eine neue Unterprogrammnummer fest. Kennzeichnen Sie durch Anklicken auf dem Werkstück die zu fräsende Kontur der ersten Tasche.

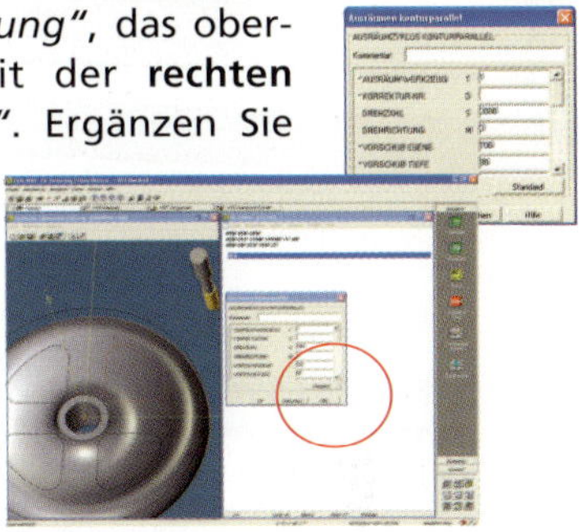

8. Starten Sie durch den Befehl *„Satzfolge"* am rechten Bildschirmrand die Simulation. Über den Menupunkt *„Kamera"* können Sie sich das Ergebnis aus unterschiedlichen Blickwinkeln ansehen. Sie können zur besseren Übersicht die Zeichnung über das Kamerafenster ausblenden.

9. Programmieren Sie wie in 8. und 9. die drei übrigen Taschen. Beachten Sie, dass sie für jede Tasche eine eigene Unterprogrammnummer vergeben müssen. Nach der Simulation sehen Sie das fertige Werkstück.

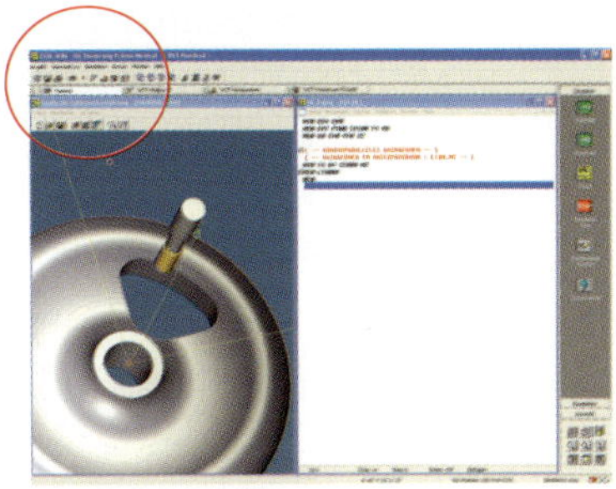

10. Durch Anklicken der einzelnen Zeilen mit Unterprogrammnummern im nebenstehenden Programm können Sie die automatisch erstellten Programmteile ablesen.

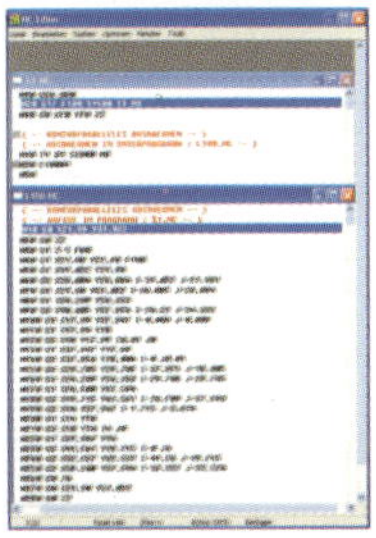

11. Sie können Ihr Programm optimieren, z. B. durch den Befehl *„Spiegeln"* (M70, M71 oder M72). Sie müssen in diesem Fall die zu spiegelnde Unterprogrammnummer mit L angeben und die Zahl der Wiederholungen (mit 01 für eine Wiederholung) an die Unterprogrammnummer anhängen.
Eine andere Möglichkeit ist Drehen mit dem Befehl G73.
Programmieren und testen Sie die Optimierung.

Handlungssituation

9.1 Handlungssituation
Beheben von Maschinenschäden

Durch Maschinenschäden werden Produktionsprozesse zu nicht kalkulierbaren Zeiten unterbrochen. Dadurch ist eine ausfallbedingte Instandsetzung notwendig.
Vom Fachmann wird für die Instandsetzung ein planvolles Handeln erwartet, damit eine möglichst geringe Ausfallzeit die Produktion nicht unnötig lange beeinträchtigt.

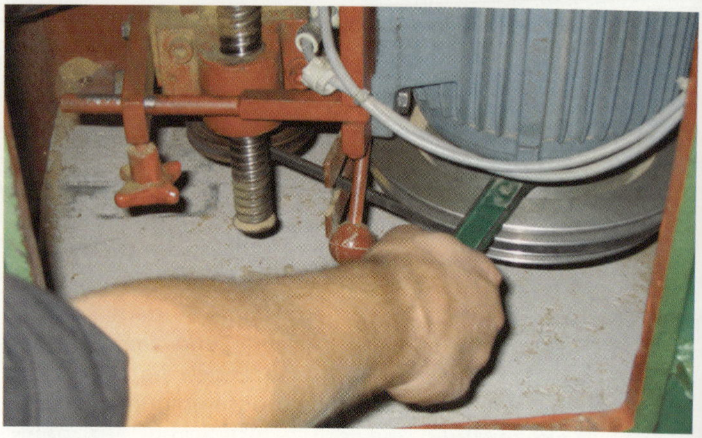

Instandsetzungsarbeit am Antrieb einer Vertikal-Fräsmaschine

Zur Bewältigung der Instandsetzungsaufgabe sind folgende Schritte denkbar:

Arbeitsschritte:	Mögliche Tätigkeiten:
▶ Maschinenschaden analysieren • Ausgangssituation klären 	Feststellen der Auswirkung des Schadens und der Umstände, unter denen er eingetreten ist
• Schadensbereich eingrenzen	Eingrenzen der Schadensstelle bzw. der betroffenen Bauteile
• Schadensursache ermitteln	Ermitteln der tatsächlichen Ursache, um zukünftige Ausfallzeiten zu mindern
▶ Maßnahmen zur Schadensbehebung planen 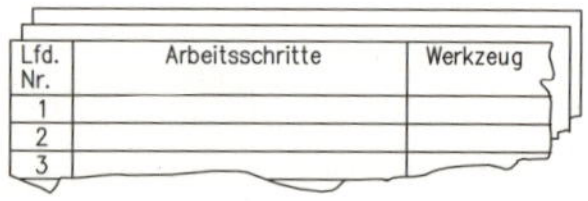	Maßnahmen zur Schadensbehebung treffen und erforderliche Ersatzteilbeschaffung organisieren
▶ Schadensbehebung durchführen 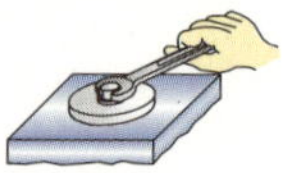	Montage der Bauteile bzw. Baugruppen sachgerecht durchführen
▶ Funktionsfähigkeit • kontrollieren • bewerten • dokumentieren 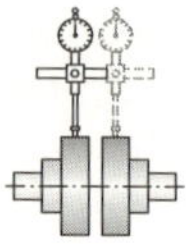	Inbetriebnahme, Funktionsprüfung durchführen und ein Protokoll anfertigen

Beispiel: Schadensbedingte Instandsetzung einer Vertikal-Fräsmaschine

Der Fachkraft der Instandhaltung in einer Möbelfabrik wird die Störung an einer Fräsmaschine gemeldet.
Die Maschine erzeugt starke Geräusche und Vibrationen.
Der Bediener hat die Maschine stillgesetzt.
Der Mechaniker erhält den Auftrag, die Störung an der Fräsmaschine zu untersuchen und gegebenenfalls den Schaden zu beheben.

1. Maschinenschaden analysieren

1. Schritt: Ausgangssituation klären

Um gezielte Maßnahmen zur Wiederherstellung des Sollzustands ergreifen zu können, muss sich der Mechaniker in immer wieder neue technische Systeme einarbeiten. Diese Analyse ist Voraussetzung für eine Fehlererkennung, Fehlerlokalisierung und Reparatur bzw. den Austausch der defekten Baugruppen und Bauteile.

Der Fachmann

- informiert sich über Sofortmaßnahmen des Maschinenbedieners nach Eintreten der Störung durch Befragen des Maschinenbedieners und/oder Prüfen von Aufzeichnungen;
- macht sich ein Bild vom gegenwärtigen Zustand, indem er u. a. den Maschinenbediener befragt, die Maschine ggf. bei einem Probelauf in Augenschein nimmt (Hören, Sehen, Fühlen, Riechen, Messen), die technischen Unterlagen zum System sichtet, um auf diese Art Abweichungen vom Sollzustand festzustellen;
- informiert sich über das technische System, indem er z. B. mittels vorhandener technischer Unterlagen und unter Zuhilfenahme der Systembetrachtung die Baugruppen und deren Teilfunktionen zusammenführt.

Ausgangssituation an der Fräsmaschine klären

Der Fachmann (Mechaniker) geht folgendermaßen vor:

- Vom Maschinenbediener erfährt er, dass zwar ein Betrieb noch möglich ist, die Geräusch- und Vibrationsentwicklung aber zunimmt.
- Durch einen Probelauf vergewissert sich der Mechaniker nun über den gegenwärtigen Zustand der Fräsmaschine; er sieht die Aussage des Maschinenbedieners bestätigt.

Durch die Auskunft und den Probelauf sind damit Abweichungen von der Gesamtfunktion festgestellt.

Da keine geeigneten Hilfsmittel zur Fehlersuche (z. B. Mustererkennung, Fehlerbaum) vorhanden sind, untersucht der Fachmann anhand der Zeichnung und Stückliste den Aufbau der Spindellagerung.

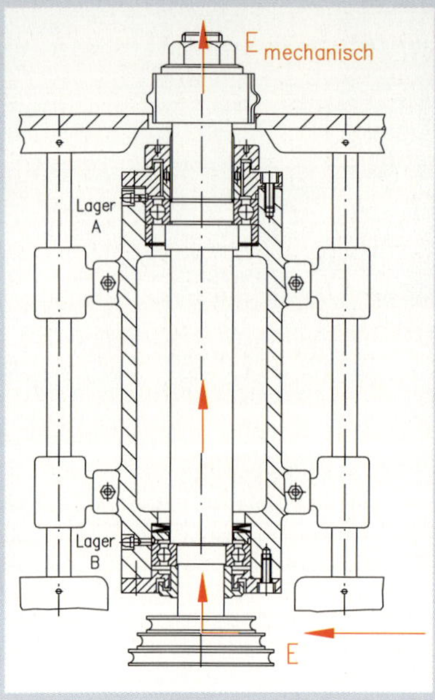

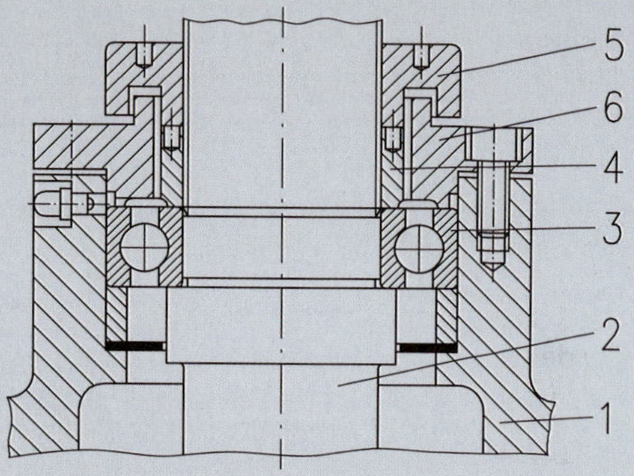

Pos.	Benennung	Sachnummer, Norm-Kurzbezeichung	Bemerkung
6	Lagerdeckel		GJL 250
5	Labyrinthscheibe		
4	Mutter		
3	Rillenkugellager	DIN 625-6210-TB-C3	
2	Spindel		34 CrMo 4
1	Spindelgehäuse		GJL 250

2. Schritt: Schadensbereich eingrenzen

Nachdem die Funktionsweise geklärt ist, grenzt der Fachmann den Schadensbereich ein. Er stellt Vermutungen zu den Schadensursachen an, indem er

- jede infrage kommende Baugruppe überprüft, ob eine Störung an ihr die beobachteten Auswirkungen haben kann;
- die Baugruppen nach der möglichen Wahrscheinlichkeit des Fehlers ordnet, indem er z. B. die Störung mit ähnlichen Fällen vergleicht;
- unter Umständen Bereiche eines technischen Systems freilegt, in dem er den Schaden vermutet. Er plant u. a. notwendige Schritte und erforderliche Werkzeuge und Hilfsmittel, um den lokalisierten Schaden freizulegen, indem er sich mithilfe der Baugruppenzeichnung, Einzelteilzeichnung, Stückliste usw. die Vorgehensweise zur Demontage von Bauteilen oder Baugruppen der vermuteten Schadensstelle überlegt.

Bestätigt sich die Vermutung, werden direkt weitere Schritte zur Behebung des Schadens durchgeführt.
Liegt in dem vermuteten Bereich kein sichtbarer bzw. prüfbarer Fehler vor, muss die nächste Baugruppe des Systems untersucht werden.

Schadensbereich an der Fräsmaschine eingrenzen

Der Fachmann lokalisiert, unter Berücksichtigung der gewonnenen Erkenntnisse der systemischen Analyse, für die aufgetretenen Störungen folgender Bereiche:

- Unwucht des Fräskopfs,
- verbogene Welle,
- schadhaftes Lager.

Da bei den produzierten Bauteilen keine Beeinträchtigung der Oberflächen und der Maßhaltigkeit ermittelt wurde, wird ein Schaden am Fräskopf und an der Welle als zunächst weniger wahrscheinlich eingestuft.
Aus seiner Erfahrung heraus vermutet der Fachmann aufgrund der Erwärmung im Bereich der Lagerung an der Fräserseite und der hohen Laufgeräusche einen Lagerschaden.
Es wird ein Schaden im Wälzlager auf der Fräserseite der Spindel vermutet.
Aus den Wartungsunterlagen und den Betriebsanweisungen ist zu entnehmen, dass die „schnell laufende" Spindel der Fräsmaschine (12 000 1/min) mit Fett statt mit Öl geschmiert wird.
Der Mechaniker überlegt sich die Vorgehensweise zur Demontage der Baugruppe „Spindel", um den vermuteten Lagerschaden näher zu untersuchen.

Schritt	Demontagevorgang	Werkzeug, Hilfsmittel
1	Abschrauben des Fräsers und der Riemenscheibe	Steckschlüssel, Ringschlüssel
2	Demontage des Spindelgehäuses	Gabelschlüssel, Ringschlüssel
3	Demontage des Lagerdeckels auf der Fräserseite	Sechskant-Stiftschlüssel, Stirnlochschlüssel
4	Demontage des Lagerdeckels, der Mutter und der Labyrinthscheibe auf der Antriebsseite	Sechskant-Stiftschlüssel
5	Austreiben der Welle mit Rillenkugellager (Fräserseite) zur Fräserrichtung	Kunststoffhammer, Schlagschutz
6	Ausbau des Rillenkugellagers der Antriebsseite	Abziehvorrichtung

Nach der Demontage stellt der Fachmann die Art des Schadens fest:

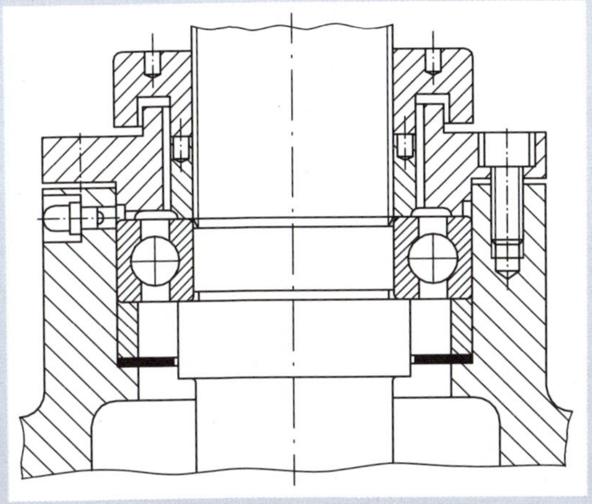

Festgestellter Schaden:
Der Blechkäfig aus Stahl „schleift"

3. Schritt: Schadensursache ermitteln

Nach der Schadensfeststellung muss die Schadensursache ermittelt werden. Hierzu geht der Fachmann wie folgt vor:

- Er sammelt und ordnet entsprechend der Wahrscheinlichkeit mögliche Ursachen für den Schaden, indem er Betriebsunterlagen (z. B. Wartungsplan, Fehlersuchplan) heranzieht, mit Mitarbeitern spricht, Herstellerinformationen einholt bzw. seine Erfahrungen einsetzt.
- Er ermittelt die tatsächliche Ursache. Dazu untersucht er jede mögliche Ursache. Diese müssen die beobachteten, angezeigten oder sonstigen Merkmale der Störung hervorrufen können. Diejenige Ursache, welche alle Merkmale der Störung erfüllt ist meist die tatsächliche Ursache.

Schadensursache ermitteln

Notizen des Fachmanns zur Suche der Ursachen

Mögliche Ursachen:	Wahrscheinlichkeit
Beim Einbau beschädigte Lager	3
Einbau eines falschen Lagers	1
Beschädigtes Lager bei Lieferung	5
Überlastung während des Betriebs	4
Falsche Schmierung	2

① Einbau eines falschen Lagers – der Verdacht kommt auf, weil die Lagerkennzeichnung nicht in allen Teilen mit der Stückliste übereinstimmt.

Ausgebautes Lager (Fräserseite):

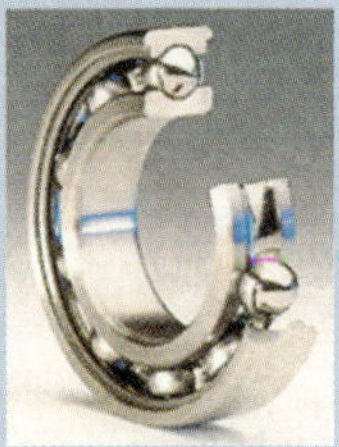

Rillenkugellager, DIN 625-6210-2RSR (Kennzeichnung auf dem Außenring)

Auszug aus der Stückliste

1	Stck.	Spindelgehäuse	
2	Stck.	Rillenkugellager	DIN 625-6210-TB-C3
1	Stck.	Labyrinthscheibe	
2	Stck.	Lagerdeckel	
1	Stck.	Spindel	
Menge	**Einheit**	**Benennung**	**Sachnummer, Norm-Kurzbezeichung**

Die Baureihen (Kennzeichnung „6210“) der Rillenkugellager sind zwar identisch, aber:

Das ausgebaute Lager ist für die angegebene Drehfrequenz ungeeignet.

Auszug aus Herstellerkatalog:

Grenz-drehzahl	**Bezugs-drehzahl**	**Kurzzeichen**	**Einbaumaß**		
		Lager	D_1 min	D_3 max	r_g max
min^{-1}		**FAG**	mm		
18 000	9 500	6210-TB-C3	57	83	1
18 000	9 500	S6210.W203B	57	83	1
7 500	9 500	6210.2ZR	57	83	1
4 800		6210.2RSR	57	83	1

Lager gemäß Stückliste ist nach Informationen der Herstellerfirma ein Rillenkugellager mit massivem Hartgewebekäfig (Phenolharz mit Gewebeeinlage; Bezeichnung „TB“) und bei entsprechender Schmierung für hohe Drehfrequenzen geeignet.

② **Falsche Schmierung** – höchstens zu viel Fett; jedoch nicht als Fehler erkennbar, da das Fett ausgelaufen ist. Auskunft vom Maschinenbediener einholen.

③ **Beim Einbau beschädigtes Lager** – die kurz zuvor durchgeführte Instandsetzung hätte bei sachgerechter Durchführung eine längere Laufzeit ergeben müssen.

④ **Überlastung während des Betriebs** unwahrscheinlich, da der Betrieb der Fräsmaschine vor und nach dem Schadensfall gleich geblieben ist.

⑤ **Beschädigtes Lager bei Lieferung** unwahrscheinlich, da die Warenausgangskontrolle und Wareneingangskontrolle durchgeführt wurde.

*Fazit: Ursache ist das **falsche Rillenkugellager**, eventuell verbunden mit **unsachgemäßem Einbau** (einschließlich Schmierung).*

2. Arbeitsschritte zur Schadensbehebung planen

Zur Schadensfestlegung und Ermittlung der Ursachen wurden Baugruppen und Bauteile offengelegt. Es folgt nun die Planung der notwendigen Arbeitsschritte zur Behebung des Maschinenschadens. Hierzu geht der Fachmann wie folgt vor. Er

- legt seine Vorgehensweise fest, indem er z. B. in einem Fertigungs- oder Montageplan die Arbeitsgänge der Reihenfolge nach notiert,
- berücksichtigt erforderliche Werkzeuge, Prüfmittel und Hilfsmittel,
- organisiert die Ersatzteilbeschaffung bzw. -fertigung,
- berücksichtigt die infrage kommenden Sicherheitsvorschriften.

Arbeitsschritte zur Behebung des Schadens an der Fräsmaschine planen

In einem Montageplan hält der Fachmann die wesentlichen Überlegungen für seine Vorgehensweise fest:

Nr.	Arbeitsgänge	Werkzeuge, Hilfsmittel, Bemerkungen
1	Vormontage der Welle: Rillenkugellager DIN 625-6210-TB-C3 auf die Welle Lager A) treiben	Schlagkappe, Hammer, Lagerfettmenge dosieren
2	Einbringen der Distanzscheibe und -hülse in das Lagergehäuse	
3	Einbau der vormontierten Welle von der Arbeitsseite	Schlagkappe, Montagescheibe, Hammer, Fett
4	Tellerfeder in das Spindelgehäuse einführen und auf präzise Vorspannung der Lager durch die Tellerfeder achten; Distanzscheibe montieren	Vorspannung 500 N
5	Rillenkugellager DIN 625-6210-TB-C3 auf der Antriebsseite (Lager B) treiben	Schlagkappe, Montagescheibe, Hammer, Fett
6	Beidseitig die Lagerdeckel des Spindelgehäuses aufschrauben und die Lager fetten	Schraubenschlüssel, Sechskant-Stiftschlüssel, Stirnlochschlüssel
7	Prüfen des Rundlaufs	Messuhr
8	Einbau der Baugruppe „Spindelgehäuse" in die Fräsmaschine	Schraubenschlüssel

Für die Durchführung der Instandsetzung sind das vorgeschriebene Rillenkugellager und das Wälzlagerfett zu bestellen.

- Das Rillenkugellager DIN 625-6210-TB-C3 wird telefonisch bestellt.
- Das Fett wird beim Hersteller/Lieferanten bestellt.
  Da es ein gängiges Fett ist, kann die Bezeichnung für die Bestellung dem Katalog entnommen werden.
  Nebenstehend ist die Vorgehensweise dargestellt:

1. Schritt: Fettauswahl entsprechend der „Hauptcharakteristik"

FAG Wälzlagerfette Arcanol
Chemisch-physikalische Daten · Hinweise zur Anwendung

▼ FAG Bezeichnung FAG	Verdicker	Grundölviskosität bei 40 °C mm²/s	Konsistenz NLGI-Klasse	Anwendung Gebrauchstemperatur °C	Hauptcharakteristik	Anwendungsbeispiele
L78V	Lithiumseife	ISO VG 100	2	–30…+140	Standardfett für Lager ∅D ≤ 62 mm	kleine E-Motoren, Land- und Baumaschinen Haushaltsgeräte
L186V	Lithiumseife mit EP-Zusatz	ISO VG 460	2	–20…+140	Spezialfett für mittlere Drehzahl höchste Belastung mittlere Temperatur	hochbeanspruchte Bergwerksmaschinen, Baumaschinen, Maschinen mit oszillierender Bewegung
L223V	Lithium-/Kalzium-seife mit EP-Zusatz	ISO VG 1000	2	–20…+140	Spezialfett für niedrige Drehzahl höchste Belastung	hochbeanspruchte Bergwerkmaschinen, Baumaschinen, vorzugsweise bei Stoßbelastung und großen Lagern
L74V	Spezialseife	ISO VG 22	2	–40…+100	Spezialfett für hohe Drehzahl tiefe Temperatur	Werkzeugmaschinen, Spindellagerungen, Instrumentenlagerungen
L12V	Kalzium-Polyharnstoff	130	2	–40…+160	Spezialfett für hohe Temperatur	Kupplungen, elektrische Maschinen (Motoren, Generatoren)

2. Schritt: Bestellmenge aufgrund der betrieblichen Bedürfnisse und Herstellerangebot festlegen 1 kg Fett

3. Schritt: Bestellbezeichnung heraussuchen und Bestellung veranlassen:
Wälzlagerfett Arconal 1 kg.Dose.L74V

3. Schadensbehebung durchführen

Der Fachmann führt die Instandsetzung entsprechend seiner Vorüberlegungen in der Planung durch. Er stellt sicher, dass

- alle erforderlichen Bauteile, entweder gefertigt oder bestellt, zum Zeitpunkt der Montage vorhanden sind;
- vorbereitende Tätigkeiten, wie z. B. Reinigen und Fetten von Bauteilen, Bereitlegen der Werkzeuge, Prüfmittel und Hilfsmittel, vor Beginn der Montage erfolgen;
- die Montage unter den geforderten Sicherheitsbestimmungen durchgeführt wird (z. B. VBG A1, Grundsätze der Prävention und die daraus abzuleitenden Vorschriften).

Schadensbehebung an der Fräsmaschine durchführen

Der Fachmann

- baut die Baugruppe „Spindel" wie im Montageplan festgelegt zusammen. Er achtet dabei auf einen sachgerechten Einbau der Lager; besondere Aufmerksamkeit richtet er auf die Vorspannung der Tellerfeder, die richtigen Rillenkugellager und die Fettmenge;

- prüft den Rundlauf der montierten Spindel vor dem Einbau in die Fräsmaschine mit der Messuhr;
- setzt die Baugruppe „Spindel" in die Fräsmaschine ein, koppelt den Antriebsmotor an und schraubt den Fräser auf;
- beachtet die Unfallverhütungsvorschriften der Berufsgenossenschaft.

Einsetzen eines neuen Fräsers nach der Instandsetzung

Prüfen der Zahnriemenspannung

4. Funktionsfähigkeit kontrollieren – bewerten – dokumentieren

Der Fachmann

- setzt die Anlage unter Beachtung der Sicherheitsvorschriften in Betrieb, indem er sie zunächst z. B. in einzelnen Schritten und unter weniger problematischen Bedingungen anlaufen lässt;
- überprüft den Istzustand und vergleicht ihn mit dem Sollzustand, indem er den Betrieb beobachtet, Messungen durchführt etc. und die Ergebnisse mit den vorgegebenen Betriebsdaten vergleicht;
- dokumentiert die Instandsetzungsarbeiten in betriebsüblicher Art und Weise und erstellt ggf. ein Inbetriebnahmeprotokoll;
- übergibt die Anlage dem Maschinenbediener und weist ihn ggf. auf besondere Erfordernisse hin.

Schadensbehebung an der Fräsmaschine kontrollieren, bewerten und dokumentieren

Nach dem Beheben des Schadens und dem Montieren der Spindel in die Fräsmaschine ist für den Fachmann der Auftrag noch nicht abgeschlossen. Er

- kontrolliert den Einbaus der Spindel z. B. anhand der vorliegenden Zeichnungen, indem er die Zeichnungsangaben (Sollwerte) mit den montierten Bauteilen (Istwerte) vergleicht;
- überzeugt sich ggf. von dem einwandfreien Einbau durch manuelles Bewegen der Baugruppe;
- führt weitere Soll-Ist-Vergleiche durch, indem er zunächst bei niedriger Drehfrequenz und danach bei Betriebslast die Fräsmaschine anlaufen lässt und die Geräuschentwicklung aufnimmt sowie den Lauf beobachtet (Vibrationen beachtet);
- stellt keine Abweichungen von der Gesamtfunktion mehr fest;

- dokumentiert die Instandsetzungsarbeiten in betriebsüblicher Art und Weise.
- weist den Bediener anhand des erstellten Protokolls vor allem auf die Fettsorte, Schmierintervalle und Fettmenge hin und übergibt ihm anschließend die Fräsmaschine.

Beispiel für ein betriebsinternes Protokoll:

<table>
<tr><th colspan="4">Protokoll zu den Instandsetzungsarbeiten</th></tr>
<tr><td>Maschine/Anlage:</td><td colspan="3">Vertikal-Fräsmaschine, Typ 754</td></tr>
<tr><td>Standort:</td><td colspan="3">Werkshalle, Abteilung 4, Holzfertigbearbeitung</td></tr>
<tr><td>durchgeführt von:</td><td>J. Mejer</td><td>am:</td><td>2004-07-30</td></tr>
<tr><th colspan="2">Aufgetretene Störung:</th><th colspan="2">Ermittelte Störungsursache:</th></tr>
<tr><td colspan="2">Maschinenbediener meldet erhöhte Geräuschbildung beim Einschalten der Fräsmaschine.</td><td colspan="2">Einbau eines falschen Lagertyps bei der letzten Instandhaltung</td></tr>
<tr><th colspan="4">Durchgeführte Arbeiten:</th></tr>
<tr><td colspan="4">• Demontage und Montage der Spindellagerung
• Austausch beider Rillenkugellager
• Inbetriebnahme der Maschine
• Hinweise zu notwendigen Wartungsarbeiten</td></tr>
<tr><th colspan="4">Hinweise für den Maschinenbediener:</th></tr>
<tr><td colspan="4">• Fettart FAG-Wälzlagerfett Arcanol L74V (ISO VG 22), Spezialfett für hohe Drehfrequenzen, Gebrauchstemperatur –40 bis +100°C,
• Nachschmierintervall sechs Monate,
• Fettmenge vorsichtig dosieren, da sich sonst aufgrund der Walkarbeit die Lager bei der hohen Drehfrequenz zu stark erwärmen.</td></tr>
<tr><td colspan="2">2004-07-30 Mejer
Datum/Unterschrift des Instandhalters</td><td colspan="2">30. Juli '04 Kurz
Datum/Unterschrift des Maschinenbedieners</td></tr>
</table>

9.1.1 Lernsituation
Beheben eines Schadens an einer Bohrmaschine

Situation:
In Ihrer Lehrwerkstatt werden regelmäßig Bauteile für die Produktion gefertigt. Bei den zuletzt durchgeführten Arbeiten an Stempelplatten (Werkstoff: C60) für Schneidwerkzeuge wurden bei den Bohrungen Abweichungen des Durchmessers und unsaubere Oberflächen festgestellt. Gemeinsam mit dem Bediener der Säulenbohrmaschine haben Sie Folgendes geklärt:

- Es wurden keine Änderungen hinsichtlich der Einstellwerte vorgenommen.
- Der Maschinenschraubstock wurde überprüft und ist fest montiert.
- Der Bohrer ist, nach Aussage des Maschinenbedieners, immer sicher eingespannt worden.
- Der Spiralbohrer, Typ N, Spitzenwinkel 130° ist fachgerecht angeschliffen.
- Nach kurzem Probelauf an der Säulenbohrmaschine meldete der Maschinenbediener: „Der Bohrer scheint aber nicht exakt „rund" zu laufen!"

Da offensichtlich ein Schaden an der Bohrmaschine vorliegt, erhalten Sie den Auftrag, die Instandsetzung durchzuführen.

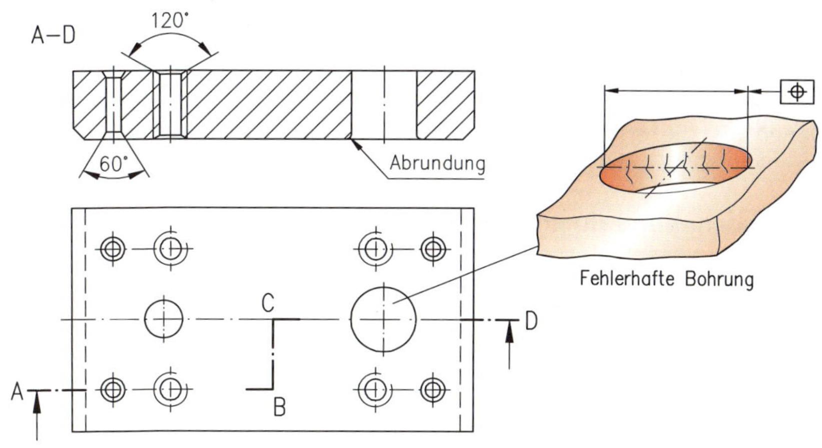

1. Maschinenschaden analysieren

1.1 Klären Sie die Ausgangssituation. Welche Abweichungen vom Soll-Zustand sind festzustellen? Untersuchen Sie den Zustand anhand der oben dargestellten Abbildung und dem Informationsblatt eines Bohrerherstellers.

Auszug aus einem Firmenkatalog:

Fasenverschleiß 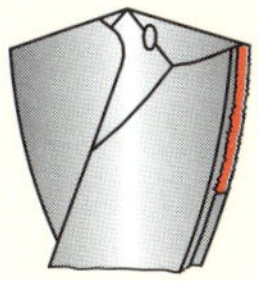	▶ Rundlauf prüfen, Rundlauffehler max. 0,04 mm. ▶ Stabilität von Maschine, Werkstück u. Aufspannung prüfen. ▶ Kühlmittelkonzentration erhöhen. ▶ Schnittgeschwindigkeit senken.	**Werkzeugbruch am Bohrungsgrund** 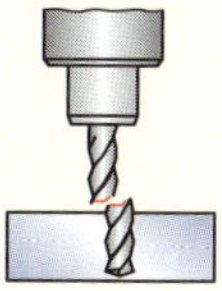	▶ Rundlauf prüfen, Rundlauffehler max. 0,04 mm. ▶ Stabilität von Maschine, Werkstück u. Aufspannung prüfen. ▶ Vorschub im Ein- oder Austritt senken. ▶ Kühlmitteldruck erhöhen, Vorschub anpassen, um Spanformung zu optimieren. ▶ Bohrer nachschleifen.

Ausbrüche/ Querschneide 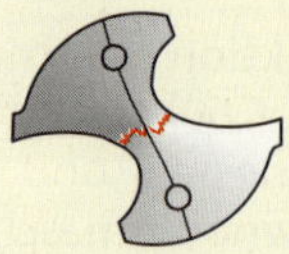	▶ Rundlauf prüfen, Rundlauffehler max. 0,04 mm. ▶ Stabilität von Maschine, Werkstück u. Aufspannung prüfen. ▶ Vorschub im Ein- oder Austritt senken. ▶ Kühlmitteldruck erhöhen, Vorschub anpassen, um Spanformung zu optimieren.	**Außer Toleranz/ Mittenversatz** 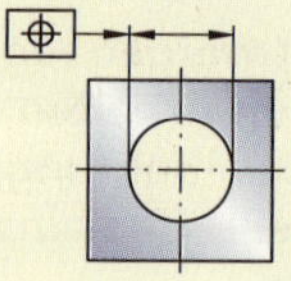	▶ Rundlauf prüfen, Rundlauffehler max. 0,04 mm. ▶ Stabilität von Maschine, Werkstück u. Aufspannung prüfen. ▶ Vorschub im Ein- oder Austritt senken. ▶ Kühlmitteldruck erhöhen, Vorschub anpassen, um Spanformung zu optimieren. ▶ Bohrer nachschleifen.

1.2 Grenzen Sie den Schadensbereich ein.

a) Lokalisieren Sie den Schaden. Verschaffen Sie sich hierzu Klarheit über die Funktionsweise einer Säulenbohrmaschine durch eine systematische Analyse.

b) Legen Sie die Baugruppe der Säulenbohrmaschine frei, bei der Ihrer Meinung nach die Instandsetzung stattfinden muss.

1.3 Ermitteln Sie die Schadensursache. Listen Sie zunächst mögliche Schadensursachen auf. Gewichten Sie die Schadensursachen nach ihrer Wahrscheinlichkeit.

2. Arbeitsschritte zur Schadensbehebung planen

Planen Sie die erforderlichen Maßnahmen für den Fall, dass die Spindel der Bohrmaschine nicht rund läuft.

3. Schadensbehebung durchführen

3.1 Welche Ursachen kann der mangelnde Rundlauf der Welle haben (nur falls unter 1.4 noch nicht geschehen)?
Erstellen Sie eine Liste, die die Ursachen und die Möglichkeiten der Feststellung gegenüberstellt.

3.2 Schlagen Sie Maßnahmen für die Beseitigung der jeweiligen Fehlerursache vor.

3.3 Sie haben eine neue Welle eingebaut. Die Rundlaufabweichung soll nach der Betriebsanleitung in der achssenkrechten Messebene die Toleranz t = 0,01 mm nicht überschreiten. Wie können Sie dies überprüfen?

3.4 Ebenso ist die Rechtwinkligkeit der Spindel zum Aufspanntisch zu überprüfen. Beschreiben Sie die Prüfung.

4. Funktionsfähigkeit kontrollieren – bewerten – dokumentieren

4.1 Beschreiben Sie die Tätigkeiten, die nach der Durchführung der Schadensbehebung notwendig sind.

4.2 Fertigen Sie ein Protokoll an, das alle wichtigen Informationen der Instandsetzung erfasst.

9.1.2 Lernsituation
Planung der Behebung eines Lagerschadens

Situation:

Die Lagerung eines Frischluftgebläses ist schadhaft. Sie erhalten als Auszubildender den Auftrag, die Planung für die Behebung eines Lagerschadens durchzuführen.

Folgende technische Daten können Sie vor Ort ermitteln:

- Drehfrequenz des Frischluftgebläses 3000 min^{-1},
- auf beiden Seiten des Frischluftgebläses ist ein Stehlager angeordnet,
- die Kurzbezeichnung des eingesetzten Pendelrollenlagers ist 2311 K.TV.C3 (winkeleinstellbare Lager müssen exakt fluchten),
- Fettschmierung,
- Welle h9,
- bei gut ausgewuchtetem Gebläserad haben die Lagerinnenringe Umfangslast.

Das schadhafte Lager ist auf der Ventilatorradseite. Wegen hoher Laufgeräusche wurde das Lager bereits ausgebaut. Es zeigt am Außenring Schälung.

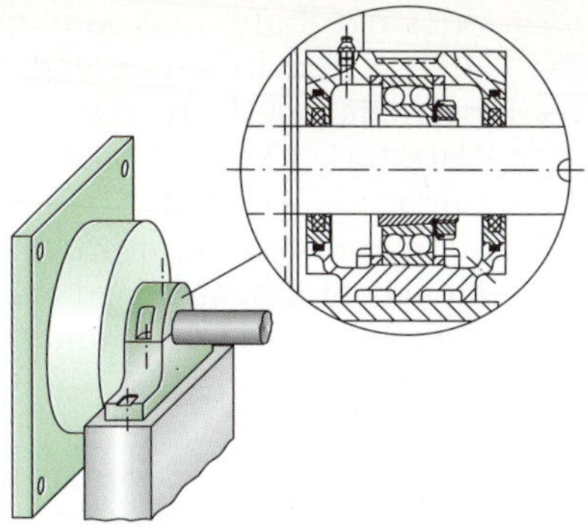

Lagerung auf der Ventilatorradseite

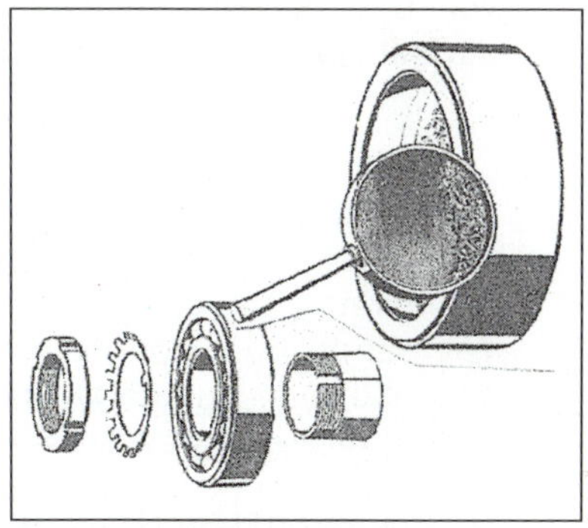

Lagerung nach dem Ausbau mit schadhaftem Außenring (Schälung)

1. Auftrag analysieren

Bestimmen Sie anhand der oben dargestellten Ausgangssituation die Ursache(n) des aufgetreten Lagerschadens.

2. Arbeitsschritte zur Schadensbehebung planen

2.1 Erläutern Sie den Einbau eines neuen Lagers.

2.2 Wie muss vorgegangen werden, damit ein derartiger Lagerschaden nicht wiederholt auftritt?

Die Schadensbehebung durchführen, kontrollieren, bewerten und dokumentieren ist nicht Gegenstand des Auftrags!

Handlungssituation

10.1 Handlungssituation
Umrüsten eines Industrieroboters zur Prozessoptimierung

Industrieroboter werden in flexiblen Fertigungssystemen eingesetzt. Dort übernehmen Sie vielfach die Handhabung des Werkstücks, können aber auch Fertigungsaufgaben, wie z. B. Schweißaufgaben oder Montagevorgänge ausführen. Roboter sind variabel einsetzbar, dazu müssen sie für neue Aufgaben umgerüstet und anschließend programmiert werden.

Die Aufgabe des Fachmanns besteht darin, die Effektoren, wie z. B. Greifer oder Schweißzangen, an den Roboter zu montieren und die Robotersteuerung der neuen Aufgabe anzupassen.

Einsatz von Industrierobotern

Beispiel: Umrüsten eines Handhabungsroboters zur Prozessoptimierung

Situation:
Ein Handhabungsroboter entnimmt aus einer Box Stahlbleche und legt sie zum Gesenkbiegen in eine Hydraulikpresse. Nach der Bearbeitung entnimmt er das umgeformte Blech wieder und legt es für die weitere Bearbeitung auf ein Rollenband. Zum Aufnehmen der Bleche ist an dem Roboter ein Vakuumgreifer montiert. Die Werkstücke bestehen aus Stahlblech von 600 mm x 400 mm x 1 mm. Das Vakuum am Sauggreifer beträgt $p_e = -0{,}6$ bar.

Am Handhabungsroboter tritt häufiger folgende Störung auf:
Das Blech am Greifer verrutscht offensichtlich deshalb, weil sich die Roboterarme zu schnell herumdrehen. Das Blech ist dann am Greifer derart verdreht, dass ein passgenaues Einlegen in die Gesenkform der Presse nicht mehr möglich ist.
Diese Störungen sollen durch eine Verbesserung des Systems vermieden werden.

1. Auftrag analysieren

Der Fachmann stellt zunächst eine eindeutige Aufgabenstellung für die Umrüstung des Roboters fest, indem er

- Erkundigungen einzieht, welche Anforderungen an die Umrüstung gestellt werden;
- die Anforderungen an das Gesamtsystem, in dem der Roboter eingesetzt wird, ermittelt;
- die Randbedingungen für den Roboter, wie z. B. Arbeitsraum, Handhabungskapazität oder Bewegungsgeschwindigkeit, aus den technischen Dokumentationen entnimmt;

Aus der Aufgabenstellung erkennt der Fachmann, inwieweit neben der mechanischen Umrüstung Roboters auch die Steuerung und Programmierung geändert werden müssen.

Auftrag „Handhabungsroboter" analysieren

Der Fachmann erkennt aus der Situation folgende Aufgabenstellung:
Das Verrutschen oder Verdrehen des Blechs am Greifer muss verhindert werden.
Er sichtet die technischen Dokumentationen für den Handhabungsroboter, aus denen er u. a. den Arbeitsraum und die Handhabungskapazität des Roboters ablesen kann.

SPEZIFIKATION				
Roboterversion IRB	Handhabungskapazität	Reichweite	Last-Offset	Anmerkungen
2400L	5–7 kg	1,8 m	92/85 mm	Foundry
2400/10	10 kg	1,5 m	100/100 mm	Foundry Plus
2400/16	16 kg	1,5 m	100/100 mm	Foundry Plus
Zusatzlast				
Oberarm				
Handgelenk	1 kg	2 kg	2 kg	
Hinteres Ende	10 kg	10 kg	10 kg	
Rumpf	35 kg	35 kg	35 kg	

Anzahl der Achsen	
Manipulation	6
Externe Achsen	6
Integrierte Anwenderleitungen im Oberarm	23 für Signale 10 für Leistung
Integrierte Druckluftversorgung im Oberarm	Max. 8 bar

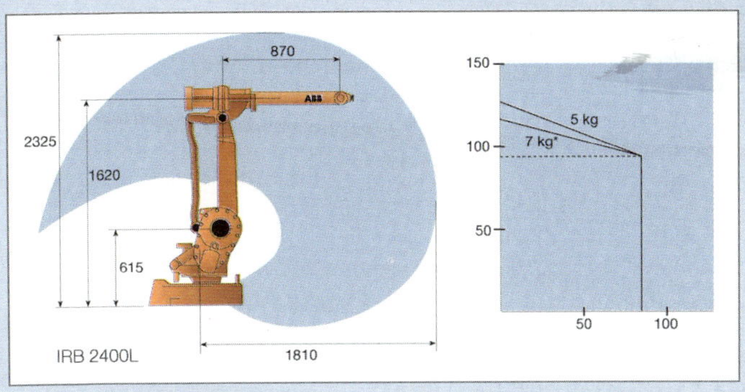

Hinweis: Technische Dokumentationen zu dem Handhabungsroboter siehe DVD „Zusatzmaterialien": Datenblatt Roboter; Produktspezifikation: Roboter

2. Umrüstung eines Industrieroboters planen

Der Fachmann sucht nach Lösungsansätzen für die gestellte Aufgabe, indem er

- z. B. unter Anwendung von Kreativtechniken Ideen zur Lösung sammelt,
- diese Ideen strukturiert und auf ihre technische Durchführbarkeit sowie Wirtschaftlichkeit in der Umsetzung überprüft
- und eine Anforderungsliste für die konstruktiven Veränderungen erstellt.

Prozessoptimierung für den Handhabungsroboter planen

Auftrag	**Störungsbehebung**	
Aufgabenstellung	Das Verrutschen oder Verdrehen des Blechs am Greifer muss verhindert werden.	
Lösungsfindung	**Lösungsansätze**	**Bewertung**
	• Roboter langsamer fahren lassen	• *Einfache Umsetzung, aber längere Taktzeiten*
	• Höheres Vakuum am Sauggreifer einstellen	• *Nicht wirtschaftlich, da sich bei geringfügiger Saugkraftsteigerung ein überproportional höherer Energiebedarf ergibt.*
	• Vakuumgreifer mit zwei Saugbälgen verwenden	• *Zwei Haltepunkte sichern das Blech gegen Verdrehen. Konstruktiv einfach durchführbar*
Entscheidung	Neu- bzw. Umkonstruktion des Vakuumgreifers mit zwei Saugbälgen	

Nach Sichtung der technischen Dokumentationen ergeben folgende Anforderungen an die Umrüstung: *Der Sauggreifer muss umgerüstet werden.*

W/P	Anforderung	Bemerkung
P	Zwei Saugbälge	Sicherung gegen Verdrehen des Werkstücks
P	Nutzlast: 2 kg	Werkstück: Stahlblech 600 x 400 x 1
P	Gewicht: Nutzlast + Greifer < 7 kg	Handhabungskapazität des Roboters: 5–7 kg
W	Gewicht des Greifers möglichst gering	
P	Sensor	Erkennung, wann Blech angesaugt werden soll
P	Festhalten des Werkstücks auch bei Energieausfall	Prozesssicherheit

W … Wünschenswert P … Pflicht

Der Fachmann plant die mechanische Umrüstung des Roboters, indem er vor allem folgende Vorgaben und Spezifikationen des Herstellers berücksichtigt:

- den Arbeitsraum des Roboters,
- die Handhabungskapazität des Roboters,
- die möglichen Bewegungen und Bewegungsgeschwindigkeiten des Roboters,
- die Schnittstellen zum Anbringen und Anschließen von Zusatzausrüstung,
- die vorhandenen Leitungen zur Signal- und Energieübertragung.

Greiferumrüstung des Handhabungsroboters planen

Die notwendigen Elemente und Bereiche zur Anbringung von Zusatzausrüstung an den Roboter sind werkseitig festgelegt und in den folgenden Produktspezifikationen dokumentiert:

Befestigung des Sauggreifers
Zur Befestigung des Sauggreifers am Manipulatorarm muss dieser ein passendes Gegenstück besitzen.

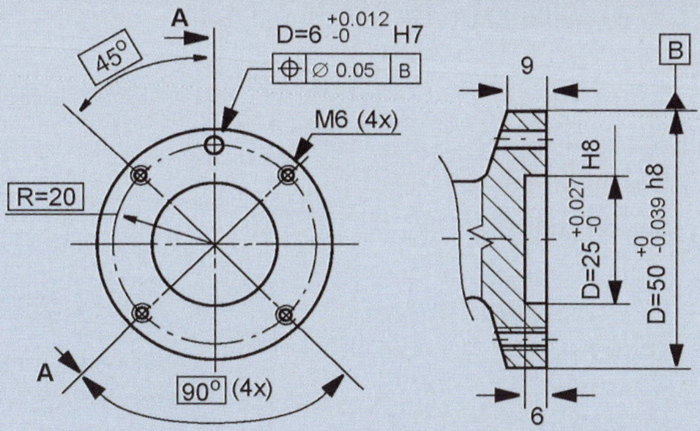

Flansch zur Befestigung des Greifers

Zuleitungen
Für den Anschluss von Zusatzeinrichtungen am Manipulator sind Kabel im Kabelsatz des Manipulators eingebaut.

Ein Schlauch für Druckluft ist ebenfalls in den Manipulator eingebaut. Ein Lufteinlass (R1/4") befindet sich am Sockel und ein Auslass (R1/4") am Oberarm.

Befestigungsstellen (Auszug aus einem Datenblatt)

Anbringung von Zusatzausrüstung

Der Manipulator besitzt Bohrungen am Oberarm und am Rahmen zur Montage von zusätzlichen Einrichtungen.

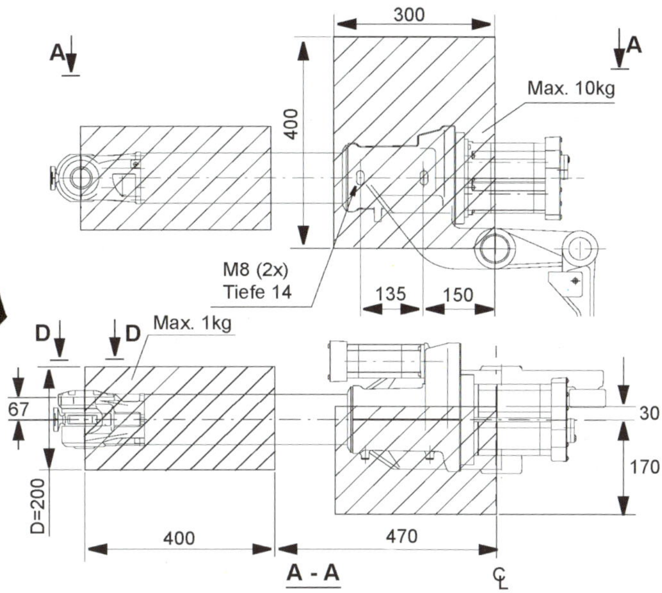

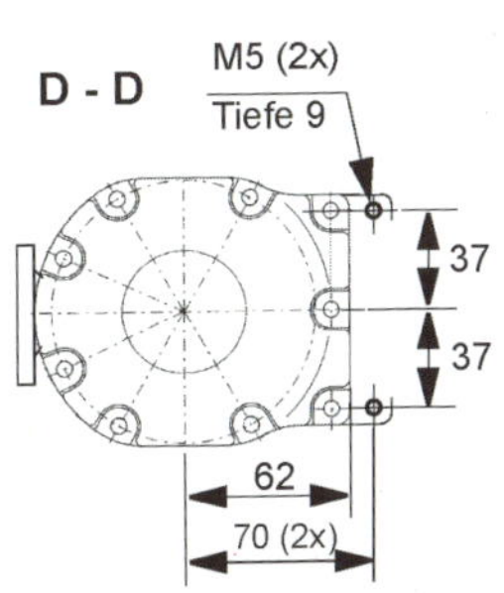

Der Fachmann konstruiert für die Umrüstung notwendige Bauelemente oder Baugruppen, indem er

- einen Entwurf zeichnet,
- die Bauteile dimensioniert und notwendige Berechnungen durchführt,
- Normteile und Komponenten auswählt,
- den Entwurf detailliert,
- und alle Bauteile zusammenstellt.

Seine Ergebnisse dokumentiert er in Zeichnungen, Schaltplänen und Protokollen.

Sauggreifer entwerfen

Der Fachmann entwirft nach den Vorgaben und Anforderungen einen Greifer:

Entwurfskizze:
(ohne Vakuumerzeuger)

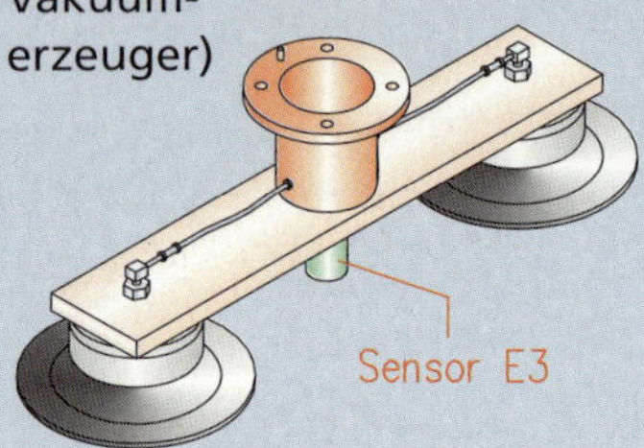

Er legt das Vakuumsystem aus, indem er

- die nötige Haltekraft berechnet,
- den Sauggreifer dimensioniert,
- Befestigungselemente u. Vakuumschlauch auswählt,
- den Vakuumerzeuger dimensioniert und auswählt,
- Ventile und Zubehör zusammenstellt.
- Befestigungen für Sensoren und Vakuumerzeuger plant

Hinweis: Informationen zur Vakuumtechnik siehe CD-ROM „Zusatzmaterialien": Vakuum-Katalog

Ermittlung der Saugkraft

Gegeben: Stahlblech 600 mm x 400 mm x 1 mm; Dichte von Stahl: $\varrho = 7{,}85\ \text{kg/dm}^3$
Masse des Bleches: $m = 1{,}884$ kg;

Annahmen: **Sicherheit** für die Auslegung: $S = 1{,}5$ (Mindestwert 1,5-fache Sicherheit, bei inhomogenen Stoffen oder porösen bzw. rauen Oberflächen 2,0 oder höher);
Beschleunigung zur Berücksichtigung von Beschleunigungskräften in automatisierten Anlagen mit Bewegungsänderungen: $a = 5\ \text{m/s}^2$ (Annahme)

Gesucht: **Haltekraft** am Sauggreifer wählen. Aus der Haltekraft F_{TH} die notwendige Kraft je Sauger (F_s) ermitteln.

Lastfall I: (Sauggreifer horizontal, beschleunigtes senkrechtes Heben)

$F = F_G + F_a$

$F = m\,(g + a)$

$F = 1{,}884\ \text{kg}\left(9{,}81\ \frac{\text{m}}{\text{s}^2} + 5\ \frac{\text{m}}{\text{s}^2}\right)$

$F = 27{,}9\ \text{N}$

$F_{TH} = F \cdot S$; $F_{TH} = 27{,}9\ \text{N} \cdot 1{,}5$; $F_{TH} = 42\ \text{N}$

Bei zwei Saugern ergibt sich je Sauger ein Kraft $F_s = 21$ N

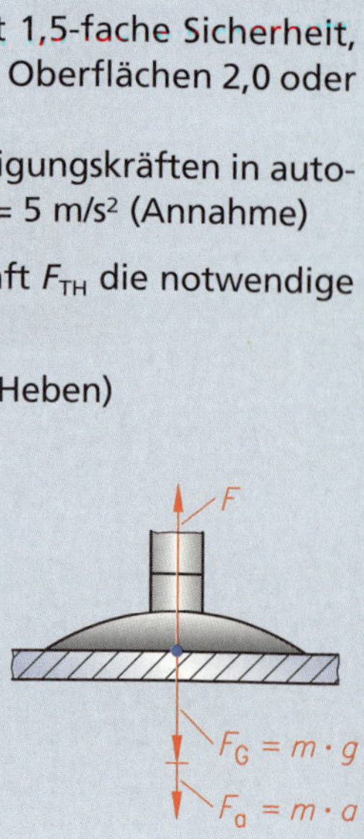

Lastfall II: (Sauggreifer horizontal, beschleunigtes seitliches Bewegen)
F_R = Reibungskraft; μ = Reibungsbeiwert
$\mu = 0{,}1$ (öliges Blech)

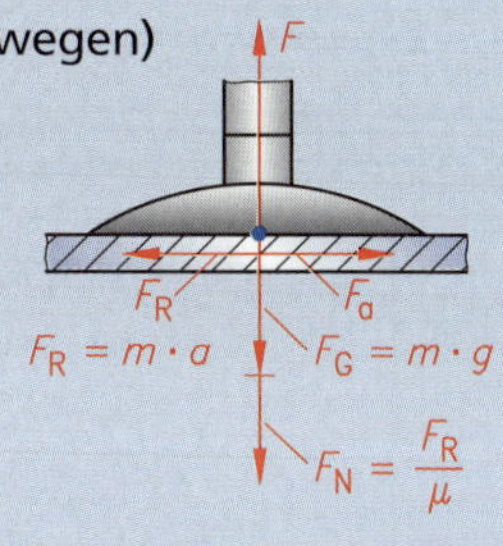

$$F = F_G + F_N$$

$$F = m\left(g + \frac{a}{\mu}\right)$$

$$F = 1{,}884\,\text{kg} \cdot \left(9{,}81\,\frac{\text{m}}{\text{s}^2} + \frac{5\,\text{m}}{0{,}1\,\text{s}^2}\right)$$

$$F = 112{,}7\,\text{N} \rightarrow F_{TH} = 169\,\text{N} \rightarrow F_s = 85\,\text{N}$$

Lastfall III: (Sauggreifer vertikal, beschleunigtes senkrechtes Heben)
Reibungsannahmen wie in Lastfall II

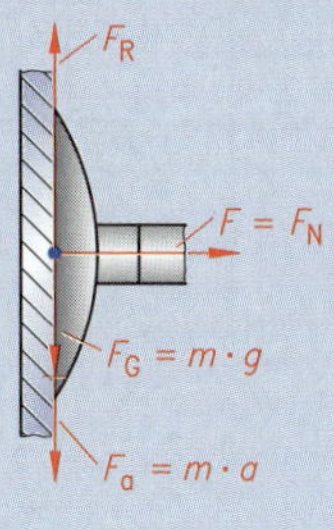

$$F = F_N = \frac{F_R}{\mu}; \qquad F_N = \frac{F_G + F_a}{\mu}; \qquad F_N = \frac{m\,(g + a)}{\mu};$$

$$F = \frac{1{,}884\,\text{kg}\left(9{,}81\,\frac{\text{m}}{\text{s}^2} + 5\,\frac{\text{m}}{\text{s}^2}\right)}{0{,}1}$$

$$F = 279\,\text{N} \rightarrow F_{TH} = 418\,\text{N} \rightarrow F_s = 209\,\text{N}$$

Auswahl der Vakuumkomponenten
Für die Auswahl des Saugreifers sind die Daten des höchsten Lastfalls ausschlaggebend.

Flachsauggreifer: PFYN 80 mit Außengewinde

Saugkraft: F = 260 N bei p_e = –0,6 bar:	Inneres Volumen 25 cm³	Empf. Schlauchtyp VSL 8/6	Gewicht: 62,5 g

∅ A	80 mm	C2	10 mm
∅ A2	53 mm	C3	15 mm
B	18 mm	∅ D	5,5 mm
BH	25 mm	∅ E	–
BH-L	41 mm	G	1/4´´
C	21 mm	Z	6 mm
C1	11 mm	SW	17 mm

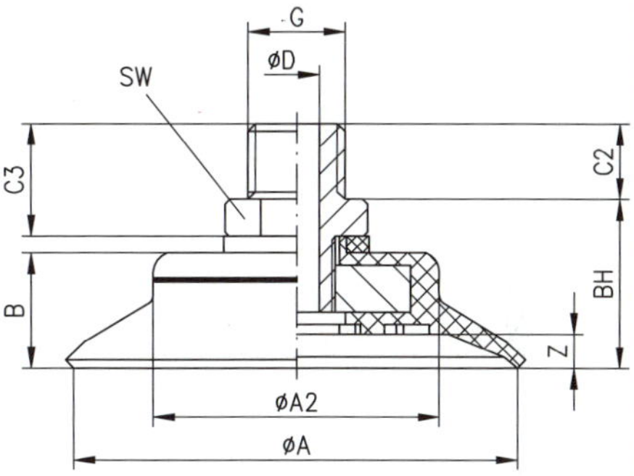

Vakuumschlauch: VSL 8/6	Innendurchmesser: 6 mm
Verteiler: VTR 8-1/4	2 Eingänge; 1 Ausgang

Benötigtes Saugvermögen pro Sauggreifer:

Sauggreifer-∅	Saugvermögen V_S	
bis 60 mm	*0,5 m³/h*	*8,3 l/min*
bis 120 mm	*1,0 m³/h*	*16,6 l/min*
bis 215 mm	*2,0 m³/h*	*33,3 l/min*
bis 450 mm	*4,0 m³/h*	*66,6 l/min*

Auswahl des Vakuumerzeugers: für zwei Sauggreifer ∅ 80 Saugvermögen: V_S = 2 m³/h bzw. 33,2 l/min; Betriebsdruck: p = 5–6 bar; bei Stromausfall saugend: NO

Kompaktelektor: SMP 15 NO AS

Der Entwurf wird zu einer Gesamtzeichnung mit Stückliste ausgearbeitet.

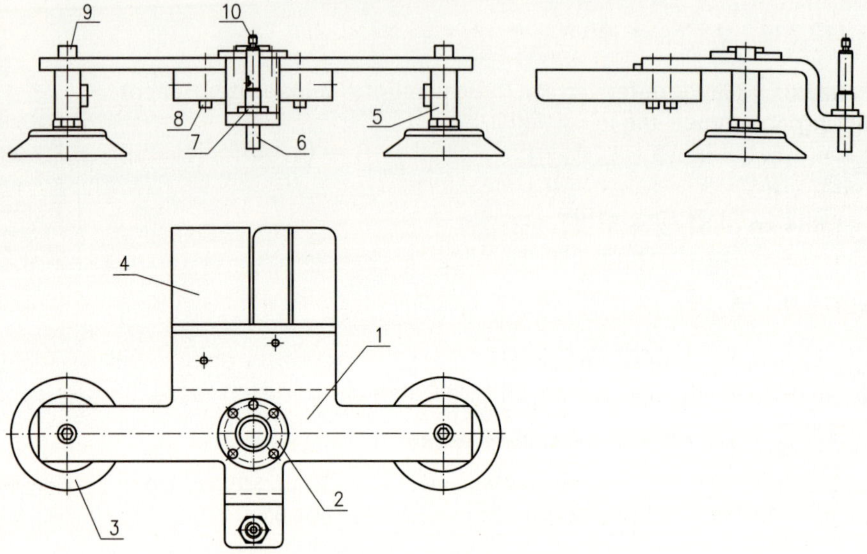

Pos.	Menge	Einh.	Benennung	Norm–Kurzbezeichnung	Werkstoff
10	1	St.	Zylinderstift	DIN EN ISO 2338–6m6x12–St	
9	2	St.	Zylinderschraube	DIN EN ISO 4762–M8x16–6.8	
8	2	St.	Zylinderschraube	DIN EN ISO 4762–M5x30–6.8	
7	1	St.	Sechskantmutter	DIN EN ISO 403–M12	
6	1	St.	Näherungssensor	Festo SOEG–RT–M12–NS–K–L	
5	2	St.	Halterung		EN AW–Al Mn1
4	1	St.	Kompaktejektor	SMP 15 NO AS	
3	2	St.	Flanschsauggreifer	PFYN80 mit Außengewinde	
2	1	St.	Flansch		EN AW–Al Mn1
1	1	St.	Grundblech		EN AW–Al Mn1

	Datum	Name	
			Maßstab 1:2
Bearb.	20.11.2004	Sta	Sauggreifer
Gepr.	23.11.2004	Hengesbach	
Norm			
BV–1			10.1.0

Zust.	Änderung	Datum	Name	Urspr.	Ers. für	Ers. durch	Blatt	Bl.

Selbst herzustellende Bauteile des Greifers werden durch Einzelteilzeichnungen detailiert.

3. Umrüstung eines Industrieroboters durchführen

Der Fachmann führt die Umrüstung des Roboters durch, indem er

- Zusatzausrüstung, z. B. Greifer, und weiteres Roboterzubehör auswählt,
- nötige Bauteile zur Befestigung der Zusatzausrüstung fertigt oder fertigen lässt,
- die Zusatzausrüstung an den Roboter montiert,
- die Sensoren und Aktoren an den vorgegebenen Stellen anbringt und justiert,
- und Steuerungs- und Energieleitungen für Aktoren und Sensoren am Roboter verlegt.

Der Fachmann montiert die Zusatzausrüstung an den Roboter und schließt die elektropneumatischen Elemente an.

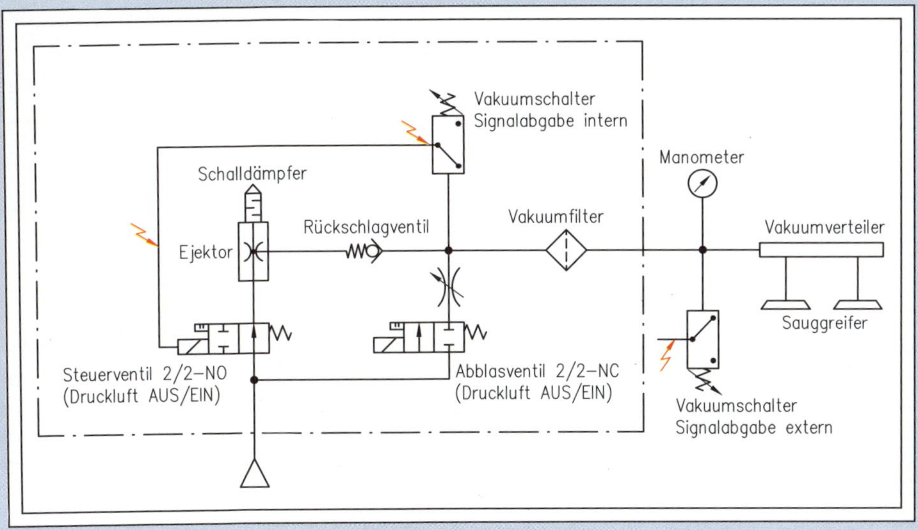

Vakuumkreis mit geregeltem Kompaktejektor

Der Anschluss der Sensoren und Aktoren an die Robotersteuerung und deren Einbindung in die externe SPS wird von einem Spezialisten übernommen.

4. Industrieroboter in Betrieb nehmen

Der Fachmann nimmt den Roboter in Betrieb, indem er

- sich außerhalb des Arbeitsbereichs des Roboters begibt,
- die Stromversorgung des Roboters und der Steuerung einschaltet,
- im Einrichtbetrieb durch einzelnes Verfahren der Roboterachsen die angebrachte Zusatzausrüstung und Verkabelungen auf Kollisionsgefahren untersucht,
- die Funktion der Zusatzausrüstung testet.

Der Fachmann plant die Anpassung und Programmierung der Steuerung erst, nachdem die mechanische Umrüstung erfolgt ist. Das ist erforderlich, weil erst das komplette Hardwaresystem für die Anlage vorhanden sein muss.

Hinweis: Programmierung eines Industrieroboters siehe Lernfeld 13

10.1.1 Lernsituation
Umrüsten eines Handhabungsroboters zur Prozessoptimierung

Situation:
Der Roboter ist Teil einer flexiblen Fertigungszelle, in der er die Handhabung der Werkstücke übernimmt. Vorgefertigte Drehteile sollen von einer Palette entnommen und in die CNC-Drehmaschine eingelegt werden. Dort wird eine Kugelkontur angedreht. Danach wird das Drehteil wieder entnommen und in die Bohrung eines anderen Werkstücks gefügt.

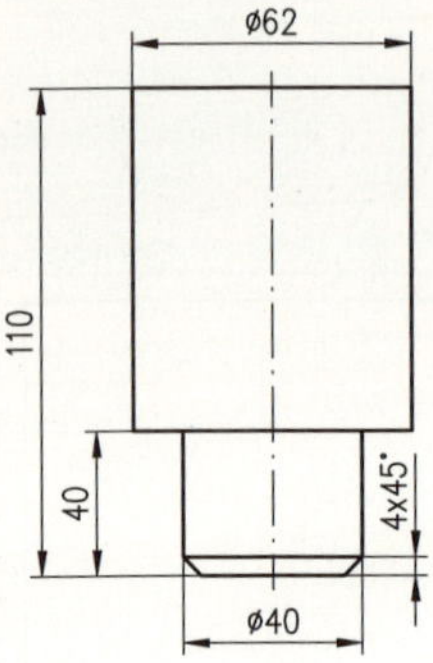

Rohteil

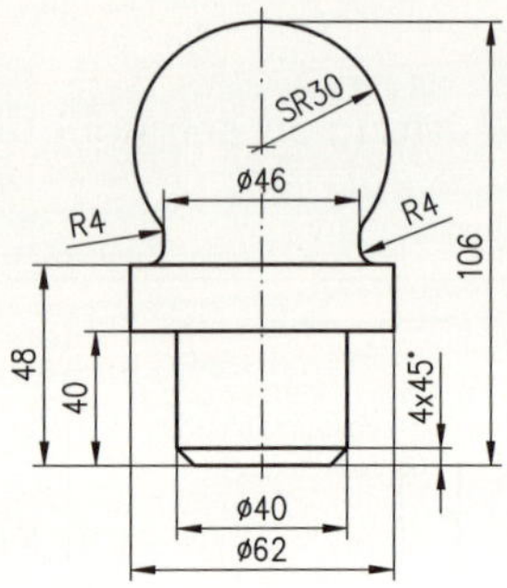

Fertigteil

Werkstoff: 44SMn28

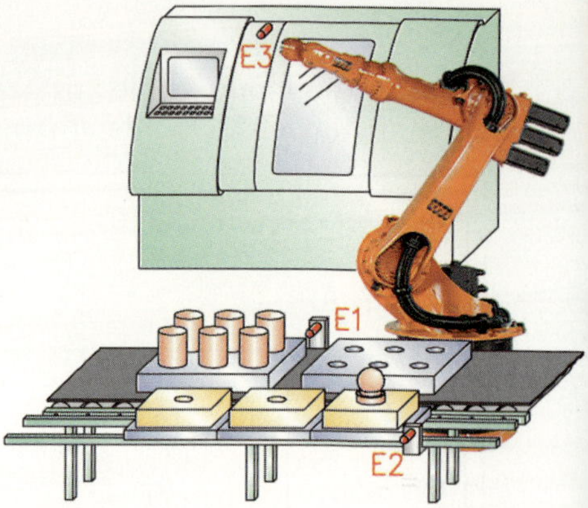

Es tritt bei Versuchen im Einrichtbetrieb folgende Störung auf:
Beim Fügen des Drehteils in die Aufnahmebohrung des anderen Werkstücks kommt es häufiger zum leichten Verkanten. Ursache des Verkantens können nicht zu vermeidende kleine Positionsungenauigkeiten des Roboters oder Werkstückträgers sein. Das von einem Standard-Parallelgreifer gehaltene Drehteil verrutscht in dem Greifer derart, dass der weitere Fügevorgang unmöglich wird. Diese Prozessunsicherheit soll vermieden werden.
Der verwendete Roboter ist ein Kuka KR 6
Hinweis: Datenblätter und Produktspezifikation für Greifer auf DVD „Zusatzmaterialien"

1. Auftrag analysieren

Stellen Sie die Aufgabenstellung fest, indem sie diese für das Protokoll in eigenen Worten formulieren.

2. Umrüstung des Industrieroboters planen

2.1 Nutzen Sie eine Kreativtechnik, um Ideen zur Vermeidung der Störungen zu sammeln.
2.2 Legen Sie eine oder mehrere Verbesserungsmaßnahmen fest.
2.3 Planen Sie die Umsetzung Ihrer Verbesserungsmaßnahmen.
2.4 Dokumentieren Sie die zur Prozessoptimierung geplante Umrüstung des Roboters.

3. Umrüstung des Industrieroboters durchführen

Stellen Sie die benötigten Bauteile des Greifersystems zusammen.

4. Industrieroboter in Betrieb nehmen

Erstellen Sie eine Checkliste, nach der Sie die Funktion des Greifersystem in Betrieb nehmen und testen können.

10.1.2 Lernsituation
Umrüsten eines Palettierungsroboters zur Prozessoptimierung

Situation:
In einem kunststofferzeugenden Betrieb wird der hergestellte Kunststoff als Granulat maschinell in Säcke verpackt. Ein Roboter soll die von einem Förderband angelieferten Kunststoffsäcke auf eine Palette stapeln.
Ein Greifersystem für diese Palettierungsaufgabe ist noch nicht vorhanden.

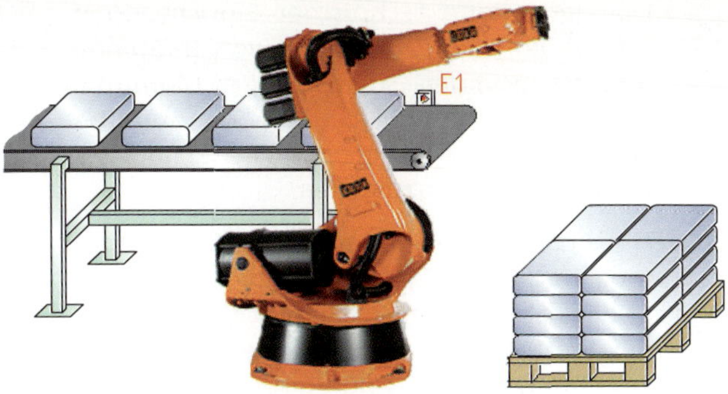

Die Kunststoffsäcke haben die Abmaße 600 mm x 400 mm x 120 mm und sind mit Polyamid6-Granulat (80 % Füllgrad) gefüllt.

Der verwendete Roboter ist ein Kuka KR 100 *(Hinweis: Produktbeschreibung siehe DVD „Zusatzmaterialien“).*
Die Steuerung des Roboters ist so programmiert, dass am Greifer eine Beschleunigung von a = 5 m/sec² nicht überschritten wird.

1. Auftrag analysieren

1.1 Sichten Sie die Produktbeschreibung des Roboters und stellen Sie die Randbedingungen für die Umrüstung des Roboters fest.

2. Umrüsten des Industrieroboters planen

2.1 Legen Sie die Anforderungen fest, die das Greifersystem des Roboters erfüllen muss.
2.2 Sammeln Sie in der Gruppe Ideen für die Gestaltung des Greifers.
2.3 Präsentieren Sie ihre Lösungsvorschläge.
2.4 Entscheiden Sie sich im Gremium für eine Lösung, die sie weiter ausarbeiten wollen.
2.5 Dimensionieren und berechnen Sie den Greifer.
2.6 Stellen Sie die Bauteile des Greifersystems zusammen.
2.7 Dokumentieren Sie die Umrüstung des Roboters.

3. Umrüsten des Industrieroboters durchführen

Erstellen Sie eine Montageanweisung für den Anbau des Greifersystems an den Roboter.

4. Industrieroboter in Betrieb nehmen

Erstellen Sie eine Checkliste für die Inbetriebnahme des mit dem Greifersystems umgerüsteten Roboters.

Handlungssituation

10.2 Handlungssituation
Herstellen von Baugruppen durch Fügen

Die Herstellung technischer Einrichtungen erfolgt durch die Fertigung von Bauteilen und Baugruppen sowie deren Montage. Dabei kommt dem Mechaniker die Aufgabe zu, Bauteile und Baugruppen zu Gesamtsystemen zusammenzustellen.

Die Auswahl der Fügeverfahren zur Montage findet in der Regel in der Abteilung „Konstruktion" statt. Dem Mechaniker in der Werkstatt werden meist eine Gesamtzeichnung, Teilzeichnungen, Skizzen und Stücklisten zur Verfügung gestellt.

Nach Analyse des Auftrags anhand der bereitgestellten Unterlagen plant er seine weitere Vorgehensweise. Er entnimmt den Unterlagen Angaben zum Fügeverfahren oder zu den Zusatzwerkstoffen, legt Arbeitsfolgen fest, wählt geeignete Maschinen und Geräte aus, ermittelt technologische Daten und berücksichtigt spezielle Sicherheitsbestimmungen.

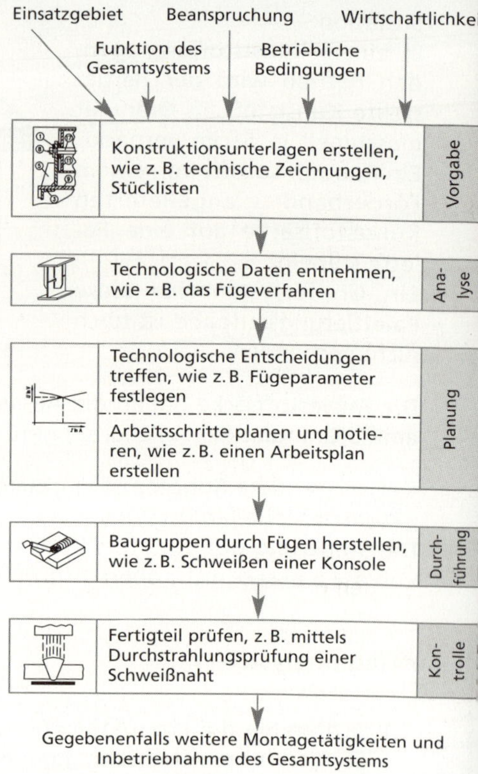

Beispiel: Herstellen eines Kastens als Aufnahme für eine Rotorlagerung

Um für die Welle einer Rotorlagerung die Anschlussmaße anzupassen, ist der dargestellte Kasten als Schweißkonstruktion vorgesehen. Die Konstruktionsabteilung hat eine einfache perspektivische Zeichnung angefertigt und gemeinsam mit der Stückliste zur Herstellung gegeben.

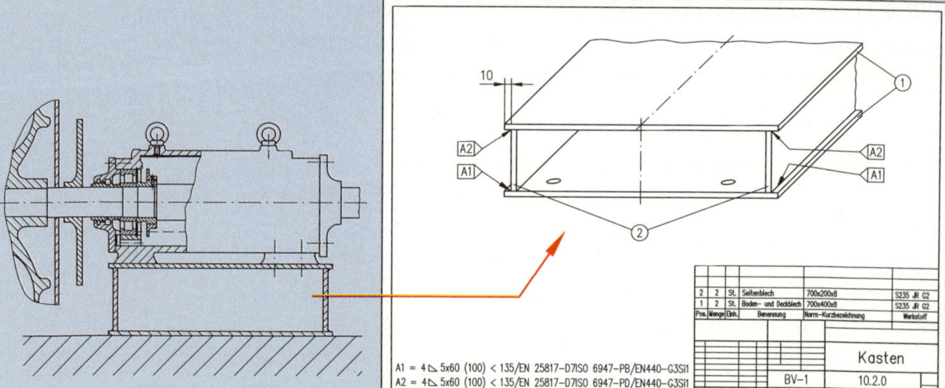

1. Auftrag analysieren

Der Fachmann sichtet zunächst die ihm übergebenen Unterlagen. Diese Unterlagen der Konstruktions- oder Arbeitsvorbereitungsabteilung sind z. B. Zeichnungen, Stücklisten, Montagepläne, Schweißfolgepläne bzw. Standardschweißanweisungen, Explosionszeichnungen oder Arbeits- bzw. Verarbeitungshinweise des Herstellers. Aber auch Werkstattskizzen sind eine mögliche Grundlage für die weitere Planung.
Mithilfe dieser Unterlagen und zusätzlicher Auskünfte, wie z. B. mündliche Zusatzhinweise, Telefonate mit Fachleuten bestimmter Branchen, die Zuhilfenahme einschlägiger Herstellerkataloge oder Internetrecherchen, informiert sich der Fachmann u. a. über folgende Aspekte:

- Art des Bauteils, deren Hauptabmessungen und gegebenenfalls Gewicht (evtl. Hebezeuge einplanen),
- benötigte Halbzeuge und Fertigteile (auch Normteile),
- Fügeverfahren (z. B. Kleben, Schrauben, Schweißen),
- Werkstoffe und Hilfsstoffe,
- Montage- und Fügedaten, wie z. B. Gestaltung der Verbindung, Anzugsmomente, Vorbereitung der Verbindungsstellen, Qualitätshinweise, Einstellparameter,
- Nachbearbeitung und -behandlung,
- Art und Umfang der Prüfungen,
- Art und Umfang der Dokumentation.

Weitere Erkundigungen werden nötig, wenn sich aus den Planungsunterlagen fachliche Fragen oder Fragen zur Vorgehensweise ergeben.

Auftrag zur Herstellung des Teilsystems „Kasten" analysieren

In der vorliegenden Situation stellt der Fachmann anhand der Zeichnung und Stückliste Folgendes fest:

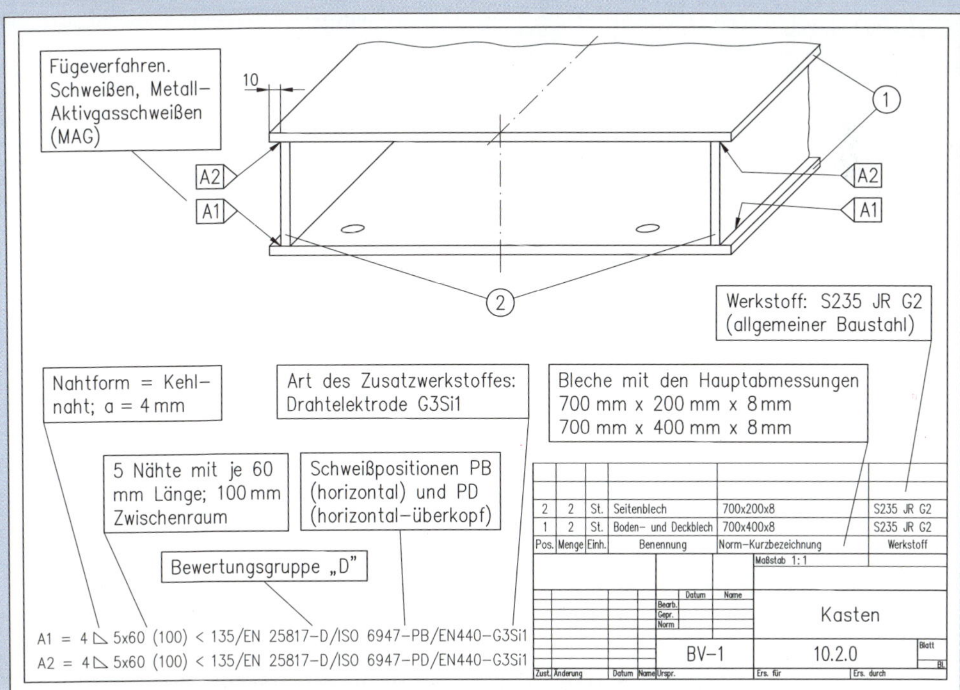

2. Herstellung technischer Systeme planen

Die Erfüllung technisch-ökonomischer Zielsetzungen erfordert von dem Mechaniker eine möglichst systematische Herangehensweise.
Der Fachmann legt deshalb zunächst die Abfolge fest, in der er das Teilsystem herstellen will. Die Planungsschritte hält er z. B. in einem Arbeitsplan, Montageplan oder Schweißfolgeplan fest. Bei bekannten oder eng umrissenen Aufträgen genügen auch einfache Planungsskizzen.
Der Fachmann bezieht darüber hinaus folgende Gesichtspunkte in seine Planung ein:

- Materialien, wie z. B. Halbzeuge, Normteile oder vormontierte Baugruppen zu beschaffen, indem er auf den Lagerbestand zurückgreift oder eine Bestellung aufgibt,
- erforderliche Maschinen, Geräte, Vorrichtungen, Hebezeuge und Werkzeuge zusammen zu stellen,
- Vor- und Nacharbeiten, wie z. B. mechanische Bearbeitungen, Wärmebehandlungen, Vorbereitung der Fügeverbindung, Reinigung und Entsorgung festzulegen,
- technologische Daten bzw. Parameter zu bestimmen, indem er Fach- und Tabellenbücher nutzt oder einschlägige Datenblätter von Herstellerfirmen auswertet,
- Ort und Zeitpunkt der Herstellung festzulegen, indem er u. a. zwischen Vor- und Endmontage und Betriebs- oder Baustellenfertigung bzw. -montage entscheidet,
- Hilfs- bzw. Zusatzmaterialien, wie z. B. Schmierstoffe, Reinigungsmittel, Zusatzwerkstoffe zusammen zu stellen,
- Prüfmaßnahmen und -geräte entsprechend den Erfordernissen des Auftrags festzulegen,
- Vorlagen zur Dokumentation der Arbeit, zusammenzustellen bzw. zu erstellen.

Herstellung des Teilsystems „Kasten" planen

Der vorliegende Auftrag ist vom Umfang überschaubar.

1. **Entscheidung:** Die Herstellung des Kastens soll aufgrund der Größe des Bauteils nahe dem Einbauort geschehen. Die benötigte elektrische Energie ist vorhanden.
2. **Entscheidung:** Um Nebenzeiten zu mindern, notiert der Fachmann sich in diesem Fall die Arbeitsschritte und lässt die weiteren Planungsaspekte einfließen.

Arbeitsschritte „Kasten"

Betrieb:

1. Schritt: Je zwei Bleche (700 x 200 x 8) und (700 x 400 x 8) aus S235 JR G2 fertigen
2. Schritt: Schnittkanten eben schleifen
3. Schritt: Einzelteile, Maschinen, Geräte, Zusatzwerkstoff, Hilfsstoffe, Sicherheitsausrüstung zusammenstellen

Einbauort:

4. Schritt: Bleche fügen
4.1. Seitenbleche auf Bodenblech ausrichten
4.2. Heften (Heftstellen beachten, Vorrichtung nutzen)
4.3. Kehlnaht (PB) schweißen (lt. Angabe)
4.4. Deckblech anpassen und heften
4.5. Kehlnaht (PD) schweißen (lt. Angabe)
4.6. Schweißergebnis prüfen
5. Schritt: Kasten in Position für Rotorlagerung bringen (Deckenkran einsetzen)

Aufgrund der Arbeitsschritte stellt der Fachmann alle erforderlichen Maschinen, Geräte, Hilfsmittel usw. zusammen.

Hydraulische Tafelschere

Zu Planungsschritt 1:
t = 8 mm → Schneiden der Bleche auf Maß mit hydraulischer Tafelschere
S235 JR G2 → Autogenes Brennschneiden auch möglich, aber umfangreichere Nacharbeiten erforderlich

Zu Planungsschritt 2:
Vorbereitung für das Schweißen der Kehlnaht → Kanten eben schleifen und Boden-, Seiten- und Deckbleche anpassen

Zu Planungsschritt 3:
Verfahren MAG → Gleichrichter als Schweißstromquelle, flach fallende Kennlinie
S235 JR G2 → Zusatzwerkstoff Drahtelektrode G3Si1
t = 8 mm → Drahtdurchmesser 1,2 mm
S235 JR G2 → Schutzgas EN 439 – M21 (75% Ar + 25% CO_2), 20 l Stahlflasche
Bleche positionieren → einstellbarer Dauermagnetspanner
Kehlnaht, Abstände, Winkligkeit → verstellbare Schweißnahtlehre, Stahlmaßstab, Anschlagwinkel 90°
Persönliche Schutzausrüstung → Sicherheitsschuhe, Schweißeranzug, Leder-Stulpenhandschuhe, Schutzschild mit einer Schutzstufe zwischen 9 und 11, Schutzbrille mit Seitenschutz
Werkzeuge und Geräte → Schlackenhammer, Seitenschneider für Drahtelektrode, Drahtbürste, Schleifmaschine, Schweißzange, Kunststoffhammer zum Richten, Kreide zum Anzeichnen

Schweißausrüstung

Mit den jetzt zusammengestellten Werkzeugen und Materialien kann er die Herstellung der Baueinheit für die Montage der Rotorlagerung am Einbauort beginnen.

3. Herstellen technischer Systeme durch Fügen durchführen

Der Fachmann richtet nun seinen Arbeitsplatz ein, indem er z. B. die Maschinen, Werkzeuge, Bauteile und -gruppen dem Arbeitsprozess und den Möglichkeiten entsprechend anordnet. Darüber hinaus stellt er die Maschinen und Geräte ein, indem er z. B. das Drehmoment für das Anziehen von Schrauben am Drehmomentschlüssel wählt, Vorrichtungen positioniert, Verfahrensschritte vorbereitet, wie z. B. Kleber mischt, Hebezeuge bereitstellt oder Maschinenwerte einstellt.
Dann stellt er gemäß seiner Planung und unter Beachtung der Sicherheitsbestimmungen aus den Einzelteilen und Baugruppen das technische System her.
Das Prüfen bestimmter Maße und Qualitäten wird prozessbegleitend von ihm durchgeführt und geforderte Dokumentationen werden erstellt.

Herstellung des Teilsystems „Kasten“ durchführen

Zu Planungsschritt 4: Herstellen des Kastens entsprechend der Planungsskizze:

Arbeitsgang	Kurzbeschreibung
4.1 Ausrichten 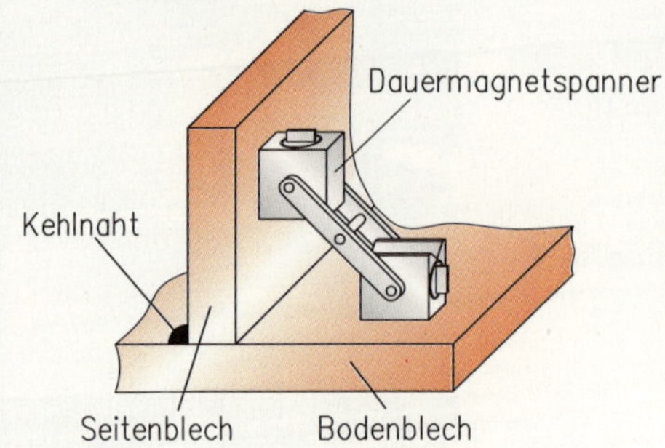 	Die Seitenwand wird senkrecht auf dem Bodenblech und in einem Abstand von 10 mm von der Außenkante ausgerichtet. Mit dem Dauermagnetspanner wird eine stabile Positionierung erreicht. Mit dem Anschlagwinkel ist der rechte Winkel zu prüfen, bevor das Blech geheftet wird.
4.2 Heften 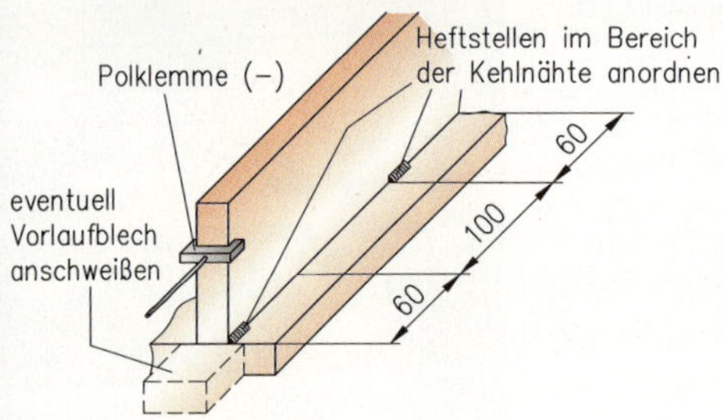 	Der Anschluss des Gleichrichters erfolgt über die Polklemme (Minus-Pol an das Werkstück) und die Drahtelektrode bzw. das Stromkontaktrohr (Plus-Pol). Einstellwerte: • Stromstärke *I* etwa 150 A (Kurzlichtbogen) • Schutzgasmenge in l/min etwa 10 x Drahtelektrodendurchmesser in mm = 12 l/min Nach dem Heften ist das Seitenblech noch einmal auszurichten.
4.3 Kehlnaht schweißen 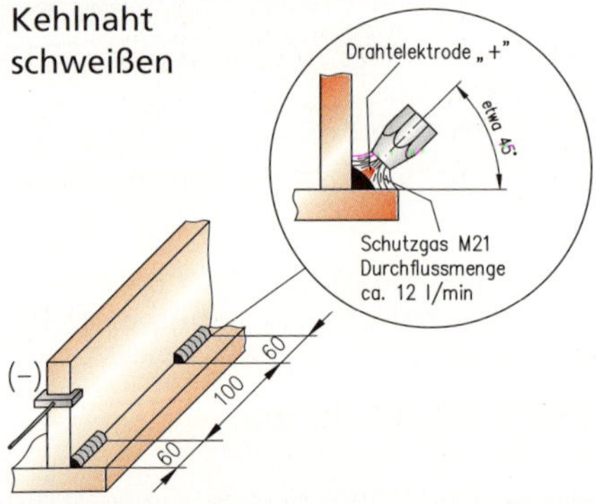 	Die Daten des Heftens werden übernommen. Die fünf Kehlnähte werden entsprechend der Zeichnung in horizontaler Position (PB) mit einer Länge von 60 mm und einem Zwischenabstand von 100 mm geschweißt. Diese Abstände sind vorher anzuzeichnen. Hinweis: Mittels kurzer Testschweißungen an anderen Blechen kann der Lichtbogen ggf. durch Verändern der Einstellwerte korrigiert werden.

Arbeitsgänge 4.4 und 4.5:

Die oben beschriebenen Arbeitgänge sind für das zweite Seitenblech entsprechend durchzuführen. Das Deckblech wird anschließend mit leicht korrigierten Werten in der Position horizontal-überkopf (PD) angeschweißt.

Während der Durchführung der Schweißarbeiten wurden die speziellen Sicherheitsvorschriften berücksichtigt.

Nacharbeiten: Schweißspritzer entfernen, bürsten

4. Hergestellte Baugruppe kontrollieren

Der Fachmann kontrolliert nun das Ergebnis der Fügearbeit. Hierzu vergleicht er Soll- und Ist-Werte:

- Er ermittelt z. B. anhand von Gesamtzeichnungen oder Einzelteilzeichnungen aus dem Lastenheft des Herstellers oder anhand von Diagrammen und Tabellen die konkreten Anforderungen an das Bauteil bzw. der Baugruppe.
- Aufgrund der Anforderungen wählt er entsprechende Prüfmittel aus.
- Er vergleicht diese Sollwerte mit den tatsächlich ermittelten Werten. Die Ermittlung der tatsächlichen Werte (Ist-Werte) erfolgt je nach Anforderung durch Messmittel, Lehren oder elektronische Prüfeinrichtungen, wie z. B. dynamische Messungen der Drehmomente. Aber auch tastende, optische und akustische Prüfungen sind denkbar. So kann z. B. eine Oberfläche durch Fühlen mit dem Finger geprüft werden oder Arbeitsergebnisse auf ihren korrekten Einbau aufgrund ihrer optischen Wirkung.
- Anschließend trifft er die Entscheidung bezüglich der Qualität des Arbeitsergebnisses. Prinzipiell ist zwischen „Gut", „Ausschuss" und „Nacharbeit" zu unterscheiden.
- Die Ergebnisse werden dann, wenn gefordert, protokolliert.

Teilsystem „Kasten" kontrollieren

1. Sichtprüfung

- Die Kehlnähte sind feinschuppig. Äußere Fehler, wie z. B. Einbrandkerben oder Ungleichmäßigkeiten, sind nicht sichtbar.
- Schweißspritzer auf dem Blech wurden mithilfe des Schlackehammers entfernt und mit der Drahtbürste nachbehandelt.
- Optisch stimmt die Konstruktion mit dem geforderten Zustand überein.

2. Maßprüfung

- Das abschließende Messen der äußeren Maße des Kastens (700 mm x 400 mm x 36 mm) mit dem Stahlmaß bzw. Rollmaß ergibt eine Übereinstimmung mit der Zeichnung.
- Die Seitenwände stehen gemäß der Zeichnungsangabe 10 mm zurück.
- Das so genannte *a*-Maß der Nahtüberhöhung liegt im Bereich von 4 mm.

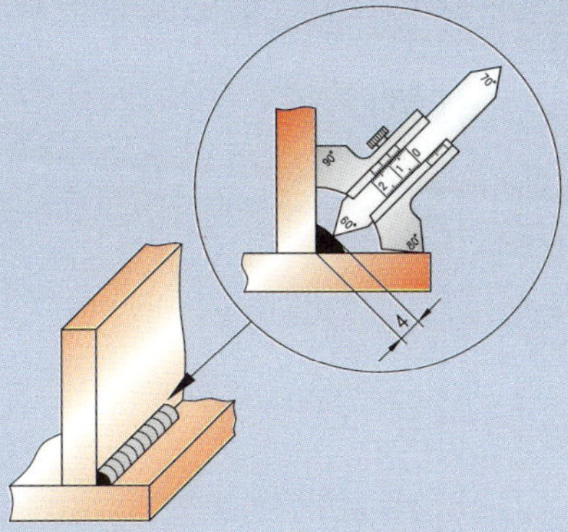

3. Weitere Prüfung

- Die Rechtwinkligkeit ist mittels Anschlagwinkel geprüft und für „Gut" befunden worden.

Nach erfolgter Prüfung und Bestätigung des Soll-Zustands kann die gefügte Baugruppe „Kasten" mit der Rotorlagerung montiert werden. Hierzu werden weitere mechanische Arbeiten für die Verschraubung des Lagers und des Bodens mit dem Kasten vor Ort durchgeführt.

Lernfeld 10

Lernsituation

10.2.1 Lernsituation
Herstellen einer Motor-Pumpen-Aufnahme

Situation:
Die Tanks für ein Kühlmittel-Umlaufsystem sind mit der so genannten Tropfwanne aus dem Werkstoff 1.4301 verankert.
Die Tropfwanne ist bereits gebogen, aber an den vier Ecken noch nicht verschweißt. Dies soll gemeinsam vor Ort mit den Schweißarbeiten für die Motor-Pumpen-Aufnahme geschehen.
Motor und Pumpe werden als Baugruppe, die auf einem u-förmigen Profil montiert ist, angeliefert.

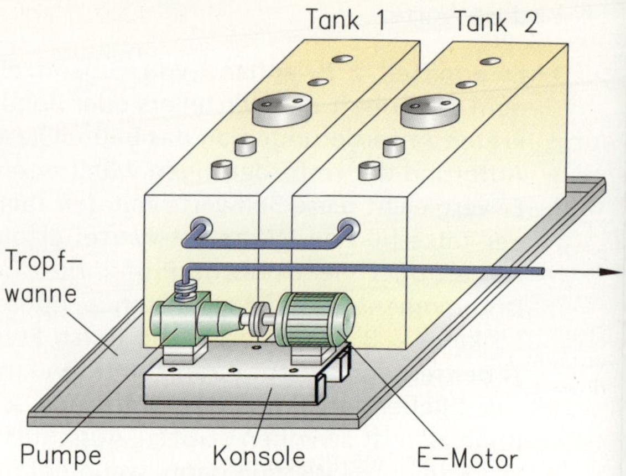

Sie erhalten folgende Aufträge:
- Abdichten der Tropfwanne durch Verschweißen der vier Ecken,
- Herstellen der Motor-Pumpen-Aufnahme nach Werkstattskizze.

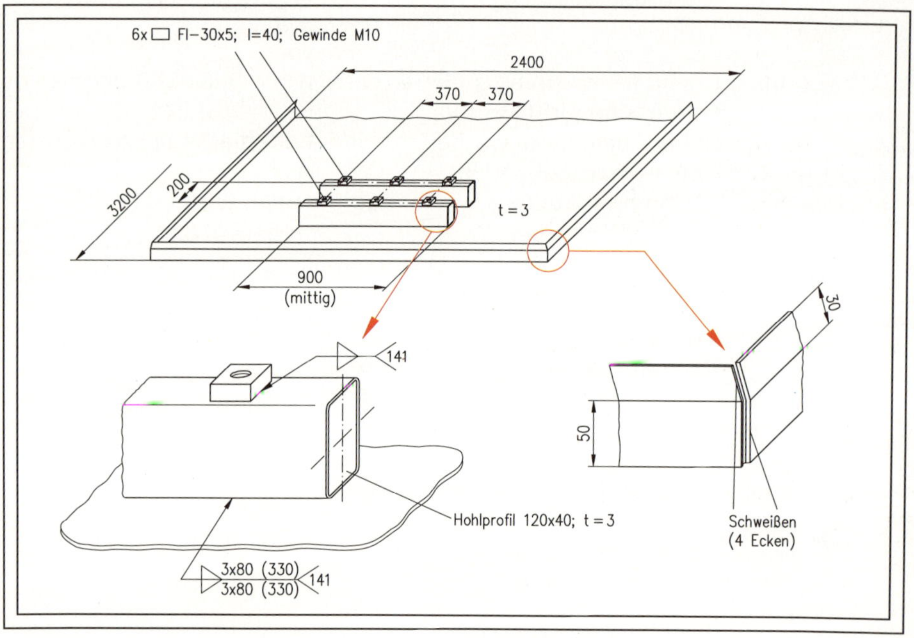

Lagerbestand: Flachstahl Fl-30 x 5 in den Längen 500 mm und 1 000 mm Hohlprofil nicht vorrätig

1. Auftrag analysieren

1.1 Sammeln Sie zunächst aus den vorliegenden Werkstattskizzen sämtliche Informationen.

1.2 Erschließen Sie sich den Auftrag, indem Sie die gesammelten Informationen auf ihre technische Aussage hin untersuchen. Nutzen Sie hierzu weitere Informationsquellen.

2. Herstellen der Motor-Pumpen-Aufnahme planen

Stellen Sie eine Liste sämtlicher Bauteile, Materialien, Geräte usw. zusammen.
Auszug aus einem Herstellerkatalog für Schweißzusätze:

Herstellername

WIG-Schweißstab

Normbezeichnung

EN 12072	AWS A 5.9	Wst.-Nr.
W 19 9 L Si	ER308LSi	1.4316

Eigenschaften und Anwendungsgebiet

Nichtrostend; IK-beständig (Nasskorrosion bis 350 °C). Korrosionsbeständig wie artgleiche niedriggekohlte und stabilisierte austenitische 18/8 CrNi(N)-Stähle/Stahlgusssorten. Kaltzäh bis −196 °C. Verbindungen und Auftragungen an artgleichen und artähnlichen stabilisierten und nichtstabilisierten austenitischen CrNi(N)- und CrNiMo(N)-Stählen/Stahlgusssorten. Verbindungen und Auftragungen an kaltzähen artgleichen/artähnlichen austenitischen CrNi(N)-Stählen/Stahlgusssorten.

Grundwerkstoffe

TÜV-eignungsgeprüfte Grundwerkstoffe
X5CrNi 18-10 (1.4301)
X2CrNiN 18-10 (1.4311)
X6CrNiNb 18-10 (1.4550)

Richtanalyse des Schweißstabs %

C	Si	Mn	Cr	Ni
0,02	0,9	1,7	20,0	10,0

Mechanische Gütewerte des Schweißguts nach DIN EN 1597-1 (Mindestwerte bei RT)

Wärmebehandlung	0,2 %-Dehngrenze N/mm²	1,0 %-Dehngrenze N/mm²	Zugfestigkeit N/mm²	Dehnung ($L_0=5d_0$) %	Kerbschlagarbeit ISO-V in J	−196 °C
ungeglüht	350	370	570	35	75	35

Gefüge

Austenit mit Ferritanteil

Schweißanleitung Grundwerkstoffe	Vorwärmung	Wärmenachbehandlung
Artgleiche und artähnliche nichtstabilisierte und stabilisierte austenitische CrNi(N)-Stähle/Stahlgusssorten	Keine	Meist keine. Sonst Lösungsglühung bei 1 000 °C
Kaltzähe austenitische Stähle/Stahlgusssorten	Keine	Keine

Stromart = −
Schutzgas (EN 439) **I1**

Zulassungen

TÜV (Kennblatt-Nr. 4164)
TÜV Wien (Kennblatt-Nr. 242)
DB (Zulassungs-Nr. 43.132.08)
CWB (ER 308L Si)
Controlas (1362)

Liefereinheiten

Abmessung (mm)	Gewicht (kg)
1,0 x 1 000	10
1,6 x 1 000	10
2,0 x 1 000	10
2,4 x 1 000	10
3,2 x 1 000	10
4,0 x 1 000	10
5,0 x 1 000	10

3. Herstellen der Motor-Pumpen-Aufnahme durchführen

3.1 Wie schweißen Sie die vier Ecken der Tropfwanne? Fertigen Sie eine Skizze an, die den Ablauf verdeutlicht.

3.2 Welche speziellen Sicherheitsmaßnahmen müssen Sie bei den Schweißarbeiten berücksichtigen?

10.2.2 Lernsituation Befestigen eines Pneumatikzylinders

Situation:

Am Rahmen eines Großraumfahrzeuges soll ein Pneumatikzylinder zur Betätigung einer Verriegelung befestigt werden. Der Fahrzeugrahmen ist in Leichtbauweise aus einer warm ausgelagerten AlCuMg-Legierung hergestellt worden.

Wegen der wärmebehandelten Rahmenkonstruktion können Befestigungswinkel für den Pneumatikzylinder nicht angeschweißt werden. Anschrauben ist ebenfalls nicht möglich, da eine Schwächung der Profile unter allen Umständen vermieden werden muss. Die Konstruktionsabteilung hat darum Kleben empfohlen.

Der zu verwendende Epoxidharzkleber hat eine Scherfestigkeit von etwa 25 N/mm².

Der Zylinder hat einen Kolbendurchmesser von 16 mm. Der Druck beträgt höchstens 10 bar.

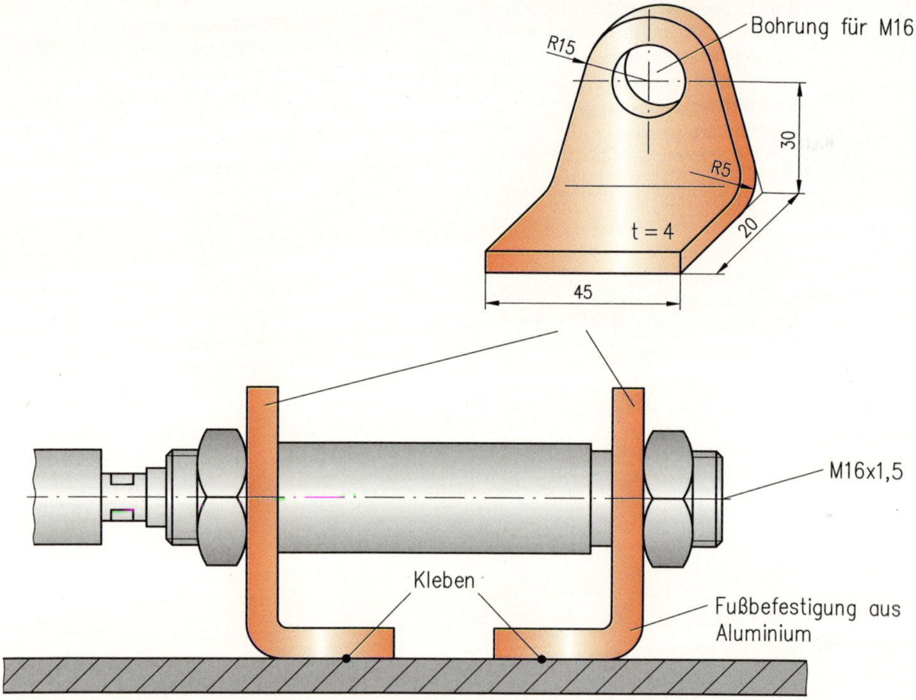

Bestimmen Sie zunächst die höchste auftretende Scherkraft an der Fußbefestigung beim Betätigen des Zylinders.

Prüfen Sie, ob die Klebeflächen bei der gegebenen Scherfestigkeit des Klebers und einer Sicherheit von 2 ausreichend sind, um die Scherkraft aufzunehmen. Ändern Sie ggf. die Konstruktion.

Auftrag:

Planen Sie präzise die Herstellung der Klebeverbindung.

Neben dem Fach- und Tabellenbuch können Sie sich u. a. auch im Internet informieren (z. B. www.ruderer.de / www.loctite.de / www.3m.com/de).

Handlungssituation

11.1 Handlungssituation
Feststellen der Maschinenfähigkeit

Die Ansprüche von Kunden sind heute höher denn je. Kurzfristiger Lieferzeiten sowie qualitativ hochwertige Waren in beliebiger Stückzahl werden von der Fertigung in gleich bleibendem Maß gefordert. Nur Firmen, die alle Kundenwünsche gleichzeitig erfüllen können, bleiben konkurrenzfähig. Um eine hohe Produkt- und Prozessqualität zu erreichen bzw. zu erhalten und trotzdem wirtschaftlich zu arbeiten, müssen geeignete Strategien zur Fehlervermeidung angewandt werden. Darum untersucht der Fachmann mithilfe bestimmter statistischer Methoden, ob eine Maschine in der Lage ist, die geforderte Produktqualität unter optimalen Bedingungen in unbegrenzter Sückzahl herzustellen.

Beispiel: Maschinenfähigkeitsuntersuchung für ein Verbindungsstück

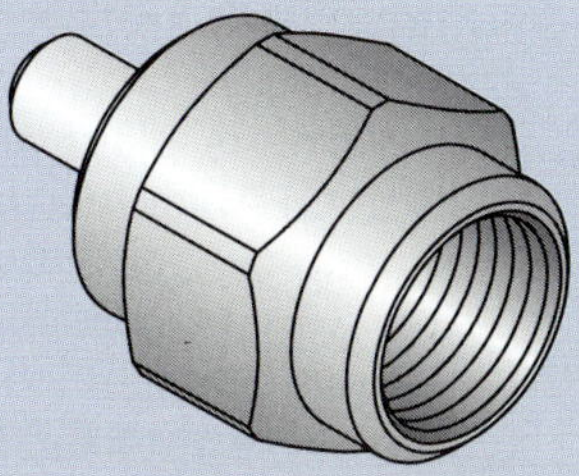

Ein Zulieferer für die Automobilindustrie fertigt spezielle Teile in großer Stückzahl und Variantenvielfalt.
Der Kunde verlangt, dass zur Herstellung der Zulieferteile nur solche Maschinen eingesetzt werden, bei denen eine große Sicherheit besteht, dass sie Teile fertigen, die der verlangten Qualität (z. B. Maßgenauigkeit) entsprechen.
Aufgabe des Fachmanns ist es, zu überprüfen, ob die ausgewählte Maschine in der Lage ist – „fähig" ist –, die Teile in der geforderten Qualität zu fertigen. Die Maschinenfähigkeitsuntersuchung (MFU) ist Bestandteil der statistischen Prozesskontrolle.
Das Hauptaugenmerk der Überprüfung richtet er dabei besonders auf eng tolerierte Maße, die für die Funktion des gefertigten Teils von besonderer Bedeutung sind.

Im Auftrag heißt es u. a.:

Für die Funktion des Verbindungsstücks ist das Maß des Zapfens ∅ 6h11 von besonderer Bedeutung, deshalb ist dafür eine Maschinenfähigkeitsuntersuchung durchzuführen ... Der Auftrag umfasst eine Losgröße von s = 10 000 Stück.

1. Auftrag analysieren

Der Fachmann

- informiert sich über die zu prüfenden Maße (Prüfmerkmale), indem er im Auftrag und der Zeichnung nach entsprechenden Hinweisen sucht und diese entnimmt;
- untersucht anhand der Qualitätsvorgaben, ob die ihm bekannten Verfahren der Qualitätskontrolle einsetzbar sind, indem er die Möglichkeiten des Verfahrens hinsichtlich der Feststellung von Qualitätsmerkmalen und der geforderten Merkmale vergleicht;
- stellt den Prüfaufwand für die Maschinenfähigkeitsuntersuchung fest, indem er den Prüfumfang hinsichtlich Stichprobenumfang (n), Anzahl der Stichproben (m) und Losgröße (s) anhand der Kundenvorgaben (Prüfplan) ermittelt.

Auftrag für das Verbindungsstück analysieren

1. Anhand der Auftragsbeschreibung und der Zeichnung stellt der Fachmann fest, dass eine Maschinenfähigkeitsuntersuchung bezogen auf das Maß ø6 h11 durchzuführen ist. Er identifiziert die in einem firmeninternen Ablaufplan beschriebene Vorgehensweise als geeignet für die Durchführung.

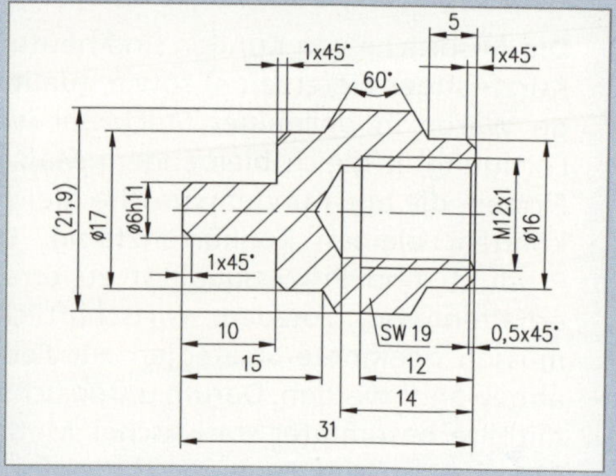

2. Der Prüfplan sieht für das ermittelte Prüfmerkmal den folgenden Prüfumfang vor:

Stichprobenumfang n = 5 Teile;
Anzahl der Stichproben m = 10;
Losgröße s = 50 Teile.

2. Maschinenfähigkeitsuntersuchung planen

Der Fachmann plant anhand eines vorgegebenen Ablaufplans (vgl. detaillierte Informationen im Fachbuch), der definierte Arbeitsanweisungen für jeden Schritt enthält, den Ablauf der Maschinenfähigkeitsuntersuchung. In diesem Zusammenhang entscheidet er sich weiterhin für

- ein geeignetes Messmittel, anhand bekannter Auswahlkriterien,
- die Art der Datenaufnahme, indem er die betriebsinternen Vorgaben oder Möglichkeiten, z. B. Datenblätter (Protokoll: Maschinenfähigkeit), Excel-Tabellen, spezielle QM-Software, beachtet oder nach seinen persönlichen Fähigkeiten auswählt,
- die Art der Datendokumentation, indem er die betriebsinternen Vorgaben, z. B. Strichliste, Histogramm, Wahrscheinlichkeitsgerade, beachtet.

Ablaufplan für eine MFU:

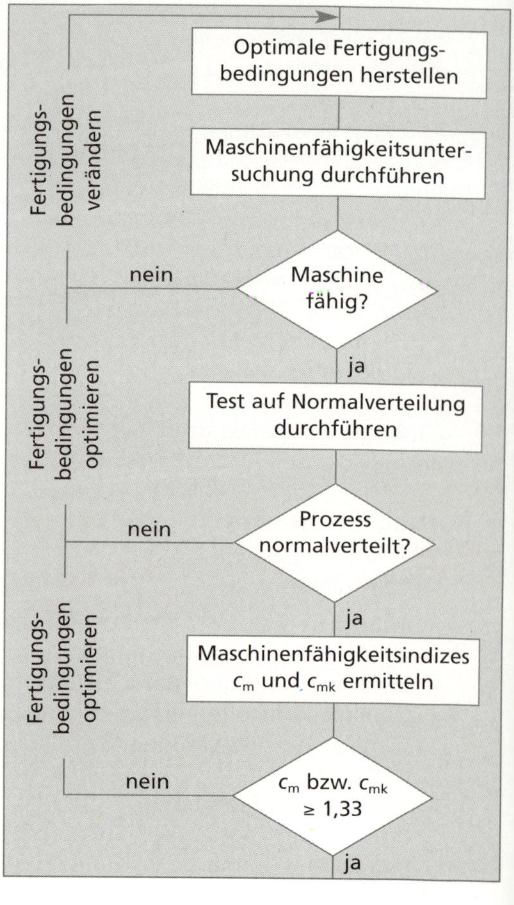

Maschinenfähigkeitsuntersuchung planen

Bei der Auswahl des Messmittels orientiert sich der Fachmann an den folgenden Kriterien:

- Größe des Abmaßes: –0,075 mm
  Unter Beachtung der 1/10-Regel muss die Messgenauigkeit des Messgeräts 7,5/1 000 mm betragen.
- Messbereich: Spannweite zwischen Kleinstmaß und Größtmaß
  Gewählt wird ein Messbereich von 0–25 mm.
- Anzahl der durchzuführenden Messungen: 50 Messungen für die Maschinenfähigkeitsuntersuchung
  Hier ist ein manuelles Verfahren einsetzbar.
- Zugänglichkeit der Messstelle mit dem gewählten Messgerät
  Ein Zugang mit Messschraube ist möglich.

Routinemäßig nutzt der Fachmann zur Datenaufnahme vorgefertigte Datenblätter:

Protokoll Maschinenfähigkeit:

Stichprobe	*1*	*2*	*3*	*4*	*5*	*6*	*7*
x_1							
x_2							
x_3							
x_4							
x_5							
Σx							
$\bar{x}$							
R							

- Die Datendokumentation erfolgt in Form eines Histogramms auf der Grundlage einer Strichliste. Für die Maschinenfähigkeitsuntersuchung wird eine Tabelle der folgenden Form verwendet:

Klassen		Strichliste	*Häufigkeit*	
Nr.	*von … bis*		*Anzahl (absolut)*	*In % (relativ)*

3. Maschinenfähigkeitsuntersuchung durchführen

Der Fachmann führt die Untersuchungen nach Ablaufplan durch und stellt dabei sicher, dass

- die Maschine optimal eingerichtet ist und optimale Fertigungsbedingungen herrschen, indem er darauf achtet, dass die Stichproben nur von einem Bediener angefertigt werden und konstante Umweltbedingungen gegeben sind;
- die ausgewählte Maschine geeignet ist, das Teil innerhalb der geforderten Toleranzen zu fertigen, indem er einzelne Teile fertigt und anschließend prüft;
- die Fähigkeitsuntersuchung korrekt durchgeführt wird, indem er den Stichprobenumfang von mindestens 50 Teilen fertigt und entsprechend der Produktionsfolge prüft,
- mit notwendig gewordenen Eingriffen in sinnvoller Weise umgegangen wird, indem er Maße, die außerhalb der Toleranz liegen, dokumentiert und die Untersuchung – von der Einrichtung der Maschine ausgehend – neu beginnt. Diese Vorgehensweise ist auch dann zu praktizieren, wenn ein Eingriff aus anderen Gründen notwendig wurde;
- die Messergebnisse stichprobenbezogen sowie der Fertigungsreihenfolge entsprechend erfasst und für die weiteren Betrachtungen verarbeitetet werden, indem er die Ergebnisse in einem Messprotokoll dokumentiert und
  - die Summe der Messwerte einer Stichprobe (Σx),
  - den Mittelwert der Stichprobe ($\bar{x}$) sowie
  - die Spannweite (R) einer Stichprobe

  mithilfe von entsprechender Formeln berechnet, um sie ebenfalls im Messprotokoll festzuhalten.
- die Messergebnisse grafisch dargestellt werden, indem er die notwendigen Formeln und Darstellungshinweise, z. B. für eine Histogrammdarstellung, anwendet;
- die Qualitätsvorgaben erreicht werden, indem er mithilfe der grafischen Darstellung der Messergebnisse deren Verteilung und Zentrierung beurteilt;
- bei unzulässigen Abweichungen die Fertigungsbedingungen optimiert, indem er Veränderungen an der Maschine, den Werkzeugen oder ggf. an den Fertigungsbedingungen vornimmt;
- die Maschine fähig ist, indem er die Maschinenfähigkeitsindizes nach den entsprechenden Formeln berechnet und feststellt, ob die berechneten Werte mindestens 1,33 betragen. Werden die Werte erreicht, darf mit der Produktion begonnen werden.

Maschinenfähigkeitsuntersuchung durchführen

Der Fachmann fertigt mit der dafür vorgesehenen Maschine die 50 Prüfteile. Diese misst er in 10 Stichproben zu je 5 Teilen, der Fertigungsreihenfolge entsprechend, mit der gewählten digitalen Messschraube.

Messprotokoll Maschinenfähigkeitsuntersuchung Ø 6 h11

Stichprobe	1	2	3	4	5	6	7	8	9	10
x_1	5,969	5,953	5,950	5,955	5,962	5,963	5,970	5,972	5,963	5,963
x_2	5,959	5,964	5,961	5,957	5,957	5,957	5,968	5,964	5,947	5,953
x_3	5,967	5,965	5,954	5,964	5,949	5,954	5,967	5,964	5,957	5,954
x_4	5,966	5,954	5,972	5,957	5,964	5,958	5,971	5,977	5,955	5,965
x_5	5,962	5,964	5,981	5,959	5,966	5,976	5,962	5,965	5,951	5,957
Σx	29,823	29,800	29,818	29,792	29,798	29,808	29,838	29,842	29,773	29,792
$\bar{x}$	5,9646	5,960	5,9636	5,9584	5,9596	5,9616	5,9676	5,9684	5,9546	5,9584
R	0,010	0,012	0,031	0,009	0,017	0,022	0,009	0,013	0,016	0,012

Berechnungen für die Erstellung des Histogramms

- Spannweite: $R = x_{max} - x_{min} = 5{,}981\,\text{mm} - 5{,}947\,\text{mm} = 0{,}034\,\text{mm}$
- Anzahl der Klassen: $k = \sqrt{n} = \sqrt{50} = 7{,}07$ (gewählt: $k = 7$)
- Klassenbreite: $w = \frac{R}{k} = \frac{0{,}034\,\text{mm}}{7} = 0{,}005\,\text{mm}$ (gerundet)
- Festlegen der Klassenuntergrenze
ausgehend vom Kleinstwert – hier $x_{min} = 5{,}947\,\text{mm}$ – wird wegen der besseren Berechenbarkeit als Klassenuntergrenze $G_1 = 5{,}9465\,\text{mm}$ für die unterste Klasse gewählt. Die nächsten Klassengrenzen werden gebildet, indem man nacheinander jeweils die Klassenbreite dazu addiert. Man erhält so die Klassenober- bzw. die neuen Klassenuntergrenzen.
- Ergebnisse der Berechnung der Klassenobergrenzen (bzw. Klassenuntergrenzen):
$G_1 = 5{,}9515\,\text{mm}$ $G_3 = 5{,}9615\,\text{mm}$ $G_5 = 5{,}9715\,\text{mm}$ $G_7 = 5{,}9815\,\text{mm}$
$G_2 = 5{,}9565\,\text{mm}$ $G_4 = 5{,}9665\,\text{mm}$ $G_6 = 5{,}9765\,\text{mm}$

Der Fachmann erkennt anhand der Anordnung der Striche und der Säulen des Histogramms, dass der Fertigungsprozess normalverteilt und zentriert ist.

Klassen		Strichliste und	*Häufigkeit*	
Nr.	*von … bis*	Histogramm	*Anzahl (absolut)*	*In % (relativ)*
1	5,9465–5,9515	IIII	4	8
2	5,9515–5,9565	IIIII IIII	9	18
3	5,9565–5,9615	IIIII IIII	9	18
4	5,9615–5,9665	IIIII IIIII IIIII II	17	34
5	5,9665–5,9715	IIIII I	6	12
6	5,9715–5,9765	III	3	6
7	5,9765–5,9815	II	2	4

Berechnung der Maschinenfähigkeits-Indizes c_m bzw. c_{mk}

$$c_m = \frac{\textit{Toleranzbreite}}{\textit{Streubreite}} = \frac{OSG - USG}{6 \cdot \hat{\sigma}}$$

$OSG = 6{,}000\,\text{mm}$
$USG = 5{,}925\,\text{mm}$

- Mittlere Spannweite: $\bar{R} = \frac{R_1 + R_2 + \ldots + R_{10}}{m}$

$$\bar{R} = \frac{0{,}010 + 0{,}012 + \ldots + 0{,}012}{10}\,\text{mm}; \quad \bar{R} = 0{,}0151\,\text{mm}$$

- Faktor zur Abschätzung der Standardabweichung: $d_2 = 2{,}326$ (für $n = 5$)
- Schätzwert für die Standardabweichung: $\hat{\sigma} = \frac{\bar{R}}{d_2} = \frac{0{,}0151\,\text{mm}}{2{,}326}$; $\hat{\sigma} = 0{,}00649\,\text{mm}$

$$c_m = \frac{OSG - USG}{6 \cdot \hat{\sigma}}; \quad c_m = \frac{(6{,}00 - 5{,}925)\,\text{mm}}{6 \cdot 0{,}00649\,\text{mm}}; \quad c_m = 1{,}926$$

$$c_{mk} = \frac{\textit{kleinster Abstand des Mittelwertes zur Toleranzgrenze}}{\textit{halbe Streubreite}} = \frac{Z_{kritisch}}{3 \cdot \hat{\sigma}}$$

- Prozessmittelwert: $\bar{\bar{x}} = \dfrac{\bar{x}_1 + \bar{x}_2 + \ldots + \bar{x}_{10}}{m}$

  $\bar{\bar{x}} = \dfrac{5{,}9646 + 5{,}960 + \ldots + 5{,}9584}{10}$ mm; $\bar{\bar{x}} = 5{,}9617$ mm

- $Z_{OSG} = (6{,}000 - 5{,}9617)$ mm; $Z_{OSG} = 0{,}0383$ mm
- $Z_{USG} = (5{,}9617 - 5{,}9250)$ mm; $Z_{USG} = 0{,}0367$ mm ($\rightarrow Z_{kritisch}$)

  $\rightarrow c_{mk} = \dfrac{0{,}0367\,\text{mm}}{3 \cdot 0{,}00649\,\text{mm}}$; $c_{mk} = 1{,}884$ mm

Die Berechnungen ergeben einen c_m-Wert von 1,926 und einen c_{mk}-Wert von 1,884. Somit ist die Forderung: „c_m bzw. c_{mk} größer oder gleich 1,33" erfüllt. Dies bedeutet, die Maschine ist fähig, das Produkt gemäß den Vorgaben zu fertigen.

4. Maschinenfähigkeitsuntersuchung bewerten

Der Fachmann bewertet sein Vorgehen, indem er sich fragt, ob die Planungsentscheidungen zum Ziel geführt haben, d. h.

- das Messmittelhandling den Vorstellungen entsprach,
- die ausgewählte Art der Datenaufnahme und -dokumentation sinnvoll war, insbesondere vor dem Hintergrund der Datenauswertung und
- eine alternative Datenauswertung erprobt werden soll.

Er fragt sich weiterhin,

- ob mit dem eingesetzten Verfahren die geforderten Qualitätskenngrößen bestimmt werden konnten, indem er die erzielten Ergebnisse mit den Vorgaben vergleicht.

Ergebnis der Maschinenfähigkeitsuntersuchung

Der Fachmann stellt zu seinen Planungen fest, dass

- das Messmittelhandling in Bezug auf die vorgegebene Messstelle ausreichend war,
- die Dokumentation mittels der Datenblätter durch den Einsatz von Excel-Tabellen oder einer entsprechenden QM-Software optimiert werden kann und
- die geforderten Qualitätskenngrößen zum Nachweis der Maschinenfähigkeit mit den durchgeführten Verfahren bestimmt werden konnten.

Der Fachmann stellt fest, dass die Maschine fähig ist, Zapfen mit dem ∅ 6 h11 mit erforderlicher Genauigkeit herzustellen.

11.1.1 Lernsituation
Feststellen der Maschinenfähigkeit für einen Drehautomaten

Situation:
Der abgebildete Ansatzstutzen soll auf einem CNC-Drehautomaten gefertigt werden. Der Kunde fordert für das Maß ∅ 18 vor der Auftragserteilung einen Nachweis der Maschinenfähigkeit.

Hinweis:
Für die grafische Darstellung der Messwerte ist ein Histogramm zu erstellen.

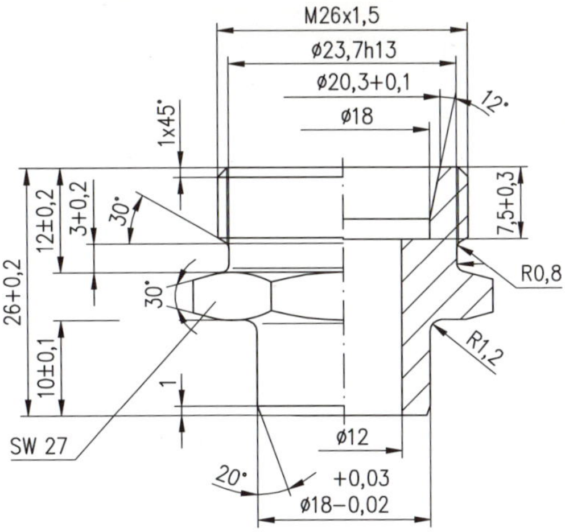

1. Auftrag analysieren

1.1 Stellen Sie das zu prüfende Maß (Prüfmerkmal) fest und tragen Sie es anschließend unter Punkt 3 (Maschinenfähigkeit durchführen) in die Tabellenüberschrift ein.

1.2 Entscheiden Sie, ob die Ihnen bekannten Verfahren zum geforderten Nachweis der Maschinenfähigkeit für die beschriebene Situation geeignet sind. Die Entscheidung ist zu begründen.

1.3 Bestimmen Sie anhand der vorliegenden Informationen den Prüfumfang.

2. Maschinenfähigkeitsuntersuchung planen

2.1 Wählen Sie für das zu prüfende Maß ein geeignetes Messmittel aus. Begründen Sie Ihre Auswahl.

2.2 Entwickeln Sie mit einem Tabellenkalkulationsprogramm (z. B. Excel) eine Tabelle, die Ihnen die Prozessdatenaufnahme von 50 Messwerten (und deren Berechnung) ermöglicht und auch für die Berechnung der weiteren Größen zur Maschinenfähigkeitsuntersuchung geeignet ist.

3. Maschinenfähigkeitsuntersuchung durchführen

Messprotokoll Maschinenfähigkeitsuntersuchung für:

Stichprobe	*1*	*2*	*3*	*4*	*5*	*6*	*7*	*8*	*9*	*10*
x_1	*18,017*	*18,020*	*18,011*	*18,010*	*18,018*	*18,018*	*18,027*	*18,011*	*18,030*	*18,010*
x_2	*18,020*	*18,014*	*18,030*	*18,004*	*18,029*	*18,004*	*18,027*	*18,000*	*18,021*	*18,009*
x_3	*18,025*	*18,015*	*18,013*	*18,021*	*18,029*	*18,024*	*18,001*	*17,998*	*18,015*	*18,027*
x_4	*17,993*	*18,024*	*18,014*	*18,012*	*18,006*	*18,027*	*18,005*	*18,003*	*18,004*	*18,007*
x_5	*18,001*	*18,014*	*18,010*	*18,023*	*18,019*	*18,022*	*18,013*	*18,030*	*18,014*	*18,015*

3.1 Übertragen Sie die Messwerte in Ihre Tabelle.

3.2 Führen Sie auf der Grundlage der Daten aus 3.1 eine vollständige Maschinenfähigkeitsuntersuchung durch.

3.3 Beurteilen Sie das Ergebnis.

4. Maschinenfähigkeitsuntersuchung bewerten

4.1 Bewerten Sie, ob die im Auftrag beschriebenen Vorgaben durch das eingesetzte Verfahren erreicht worden sind und machen Sie ggf. Vorschläge für die weitere Vorgehensweise.

4.2 Beurteilen Sie ggf. die Prozessdatenaufnahme und die Prozessdokumentation mithilfe des Programms.

11.1.2 Lernsituation
Feststellen der Maschinenfähigkeit mit Wahrscheinlichkeitsgerade

Lernsituation

Situation:
Für das abgebildete Verbindungsstück ist vor der Annahme eines Großauftrags der Nachweis der Maschinenfähigkeit zu erbringen. Der firmeninterne Ablaufplan sieht für einen solchen Nachweis u. a. das Hilfsmittel „Wahrscheinlichkeitsgerade" vor.
Führen Sie den Nachweis durch!

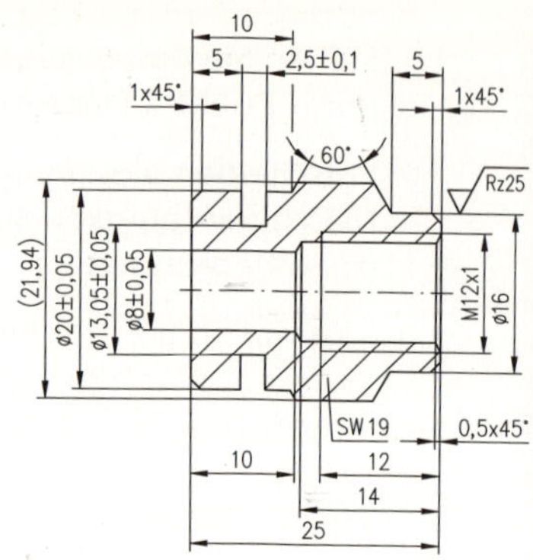

1. Auftrag analysieren

Machen Sie Vorschläge für diejenigen Maße des Verbindungsstücks, die für eine MFU in Frage kommen. Begründen Sie Ihre Entscheidung.

2. Maschinenfähigkeitsuntersuchung planen

Als Anlage an den firmeninternen Ablaufplan zur statistischen Prozesskontrolle ist für die Erstellung der Wahrscheinlichkeitsgeraden die folgende Beschreibung gegeben:

Anhand der ermittelten Messwerte werden zur Vorbereitung der Auswertung zunächst die Klassenzahl k, die Klassenweite w und die Klassenober- sowie die Klassenuntergrenzen bestimmt. Die ermittelten Werte für die Klassengrenzen werden dann in die Häufigkeitstabelle eingetragen.
Nun ist die Anzahl der Messwerte zu ermitteln, die innerhalb der jeweiligen Klassengrenzen liegen. Zu diesem Zweck ist eine Strichliste zu erstellen, in der für jeden Messwert, der innerhalb der betrachteten Klassengrenze liegt, ein Strich in die Häufigkeitstabelle einzuzeichnen ist. Die Anzahl der Striche ist zu zählen und die ermittelte Summe als Zahlenwert für die absolute Häufigkeit f an der entsprechenden Stelle in die Häufigkeitstabelle einzutragen.

3. Maschinenfähigkeitsuntersuchung durchführen

Erstellen Sie für das Maß ∅ 20 ± 0,05 mm die Wahrscheinlichkeitsgerade gemäß Ihrer Planung. Nutzen Sie dazu die abgebildete Vorlage.

Zeit	*6:00*	*8:00*	*10:00*	*12:00*	*14:00*	*16:00*	*18:00*	*20:00*	*22:00*	*00:00*
x_1	*20,00*	*19,97*	*20,02*	*20,00*	*20,02*	*20,04*	*20,01*	*19,99*	*20,03*	*20,01*
x_2	*19,99*	*20,00*	*20,00*	*20,02*	*20,00*	*20,04*	*20,02*	*20,01*	*19,99*	*20,01*
x_3	*19,96*	*20,04*	*19,97*	*20,00*	*20,01*	*20,03*	*19,98*	*20,03*	*20,01*	*20,00*
x_4	*19,98*	*19,99*	*20,03*	*20,03*	*20,05*	*20,05*	*19,98*	*20,01*	*20,01*	*20,01*
x_5	*20,02*	*20,03*	*20,04*	*20,04*	*19,99*	*20,04*	*20,01*	*20,02*	*20,01*	*20,03*

4. Maschinenfähigkeitsuntersuchung bewerten

Beurteilen Sie, ob mit dem eingesetzten Verfahren der Maschinenfähigkeitsnachweis erbracht werden konnte.

Histogramm und Wahrscheinlichkeitsnetz

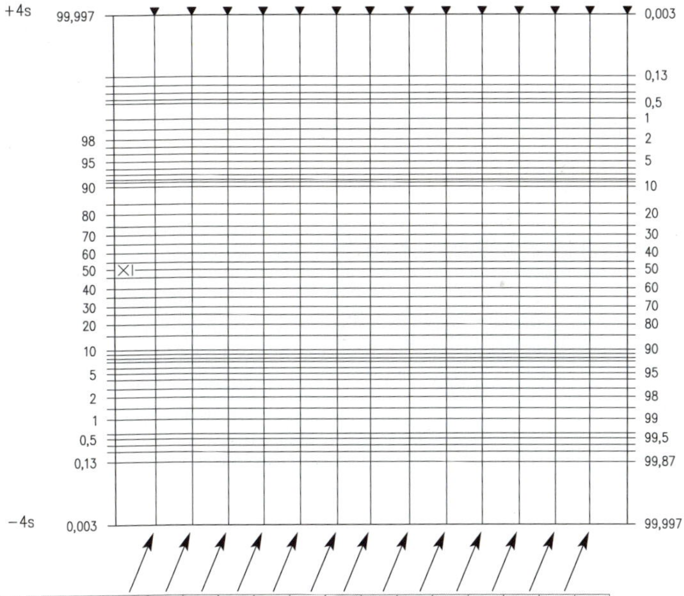

Summenhäufigkeit (relativ)	$\sum f$ in %														
Summenhäufigkeit (absolut)	$\sum f$														
Häufigkeit (absolut)	f														
Strichliste															
Klassen	von … bis														

Hinweise und Rechenvorschriften

Bei den weiteren Arbeitsschritten sind unbedingt die nachfolgenden Hinweise und Rechenvorschriften zu beachten. Mithilfe der Zahlenwerte für die absolute Häufigkeit f ist es möglich, zu überprüfen ob eine Glockenkurve entsteht und damit eine Normalverteilung vorliegt. Für die Auswertung in Form einer Wahrscheinlichkeitsgeraden in einem Wahrscheinlichkeitsnetz sind die Zahlenwerte für die absolute Häufigkeit f weiter zu bearbeiten.

Aufgrund der speziellen Einteilung der senkrechten Achse im Wahrscheinlichkeitsnetz (logarithmische Einteilung) entsteht hier anstatt der Glockenkurve eine Gerade, wenn eine Normalverteilung vorliegt, d. h. die Maschinenfähigkeit gegeben ist. Zu diesem Zweck muss jedoch statt der absoluten Häufigkeit f die relative Summenhäufigkeit Σf in % ermittelt und in die Häufigkeitstabelle eingetragen werden. Zu diesem Zweck werden zunächst beginnend mit der Klasse 1 die absoluten Häufigkeitswerte f von Klasse zu Klasse aufsummiert.

Beispiel:

Klassen		Strichliste	Häufigkeit		
Nr.	von … bis		Häufigkeit f (absolut)	Summenhäufigkeit Σf (absolut)	Summenhäufigkeit (relativ) Σf in %
1	58,45–58,85		0	0	0
2	58,85–59,25	II	+ 2	2	4
3	59,25–59,65	IIII I	+ 6	8	16
4	59,65–60,05	IIII IIII	+ 9	17	34
5	60,05–60,45	IIII IIII IIII I	16 **usw.**	33	66
6	60,45–60,85	IIII IIII II	12	45	90
7	68,85–61,25	IIII	5	50	100
8	61,25-61,65		0		

Rechenvorschrift

Grundwert zur Berechnung des Prozentsatzes

Anhand der so berechneten absoluten Summenhäufigkeit Σf kann nun die relative Summenhäufigkeit Σf in % berechnet werden. Dabei ist als Grundwert die größte absolute Summenhäufigkeit Σf einzusetzen.

Mithilfe der absoluten Häufigkeit f sind die absolute Summenhäufigkeit Σf und die relative Summenhäufigkeit Σf in % nach den Rechenvorschriften zu berechnen. Die Ergebnisse beider Rechnungen sind in die Häufigkeitstabelle einzutragen.

Die Prozentsätze für die relative Summenhäufigkeit Σf in % sind nun in das Wahrscheinlichkeitsnetz zu übertragen. Zu diesem Zweck wird der jeweilige Prozentsatz, dem Pfeil zwischen Häufigkeitstabelle und Wahrscheinlichkeitsnetz folgend, an der Stelle der waagerechten Achse eingetragen, die jeweils die Klassenobergrenze markiert. Auf diese Weise wird sichergestellt, dass alle Prozentsätze einheitlich auf ihrer jeweiligen Klassenobergrenze abgebildet werden. Die Eintragung selbst erfolgt auf den waagerechten Linien, die die unterschiedlichen Prozentsätze von 0,003 bis 99,997 wiedergeben. Innerhalb dieses Bereichs müssen alle Messwerte in der geforderten Toleranz liegen. Jetzt sind die jeweiligen Prozentsätze als Punkte in das Wahrscheinlichkeitsnetz zu übertragen und der Maschinenfähigkeitsnachweis zu erbringen. Der Maschinenfähigkeitsnachweis ist erbracht, wenn alle eingetragenen Punkte annähernd auf einer Geraden liegen.

Erstellen Sie mithilfe der Beschreibung und der Symbole der DIN 66001 einen Ablaufplan für die Erstellung einer Wahrscheinlichkeitsgeraden.

11.2 Handlungssituation
Feststellen der Prozessfähigkeit und -beherrschbarkeit

Um den hohen Qualitätsanforderungen des Kunden zu genügen und gleichzeitig wirtschaftlich zu fertigen (vgl. Handlungssituation 11.1), ist es erforderlich, dass nach der Feststellung der Maschinenfähigkeit der Nachweis der Prozessfähigkeit und -beherrschbarkeit erfolgt. Dabei wird mithilfe statistischer Methoden periodisch festgestellt, ob der Fertigungsprozess unter realen Bedingungen Teile in der geforderten Qualität hervorbringt. In diesem Fall müssen die Mittelwerte unterschiedlicher Stichproben nahe der Toleranzmitte liegen und nicht unvorhersehbar abweichen, d. h. der Prozess muss zeitlich stabil und beherrscht verlaufen.
Maschinenfähigkeitsuntersuchung (MFU), Prozessfähigkeitsuntersuchung (PFU) und Prozessüberwachung mithilfe von Qualitätsregelkarten (QRK) werden unter dem Begriff **Statistische Prozesslenkung (SPC)** zusammengefasst.

Beispiel: Prozessfähigkeitsuntersuchung und Prozessüberwachung für ein Verbindungsstück

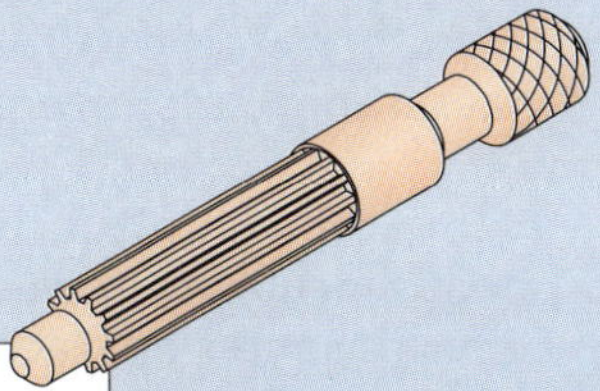

Der Kunde verlangt neben der Feststellung der Maschinenfähigkeit (vgl. Handlungssituation 11.1) die Untersuchung der Prozessfähigkeit sowie eine kontinuierliche Prozessüberwachung. Gegenstand der Untersuchungen ist das Maß ∅6 h11, s. Zeichnung, der nebenstehenden Ritzelwelle. Die Maschinenfähigkeitsuntersuchung (MFU) wurde bereits betrachtet durchgeführt und ergab, dass die Maschine fähig ist.

Im Auftrag heißt es u. a.:

Zur Sicherung der Teilqualität ist der Nachweis der Prozessfähigkeit zu erbringen und der Fertigungsprozess fortlaufend mithilfe von Qualitätsregelkarten zu überwachen. Die ermittelten Ergebnisse sind zu dokumentieren.

1. Auftrag analysieren

Der Fachmann

- stellt die Prüfmerkmale fest, indem er entsprechende Hinweise aus dem Protokoll Maschinenfähigkeitsuntersuchung nutzt;
- unterscheidet anhand der Qualitätsvorgaben, ob die ihm bekannten Verfahren der Qualitätsüberwachung einsetzbar sind, indem er die Möglichkeiten des Verfahrens hinsichtlich der Feststellung von Qualitätsmerkmalen und der geforderten Merkmale vergleicht;
- stellt den Prüfaufwand für die Prozessfähigkeitsuntersuchung und die kontinuierliche Prozessüberwachung fest, indem er den Prüfumfang ermittelt hinsichtlich
  - (Stichprobenumfang (n),
  - Anzahl der Stichproben (m) und
  - Losgröße (s) für die einzelnen Verfahren.

Auftrag analysieren

1. Anhand des Protokolls der Maschinenfähigkeitsuntersuchung stellt der Fachmann fest, dass sowohl eine Prozessfähigkeitsuntersuchung als auch eine kontinuierliche Prozessüberwachung bezogen auf das Maß ø6 h11 durchzuführen ist.

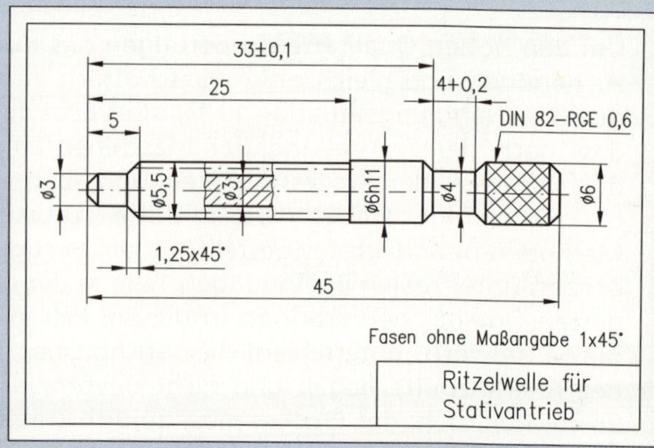

2. Er identifiziert die in einem firmeninternen Ablaufplan beschriebene Vorgehensweise als geeignet für die Durchführung.
3. Der Prüfplan sieht für das ermittelte Prüfmerkmal den folgenden Prüfumfang vor:
   - Prozessfähigkeitsuntersuchung: $n = 5$; $m = 20$ (Prüfumfang = 100 innerhalb einer Schicht, d. h. alle 20 Minuten 5 Teile),
   - Qualitätsregelkarte: $n = 5$ pro Stunde.

2. Prozessfähigkeitsuntersuchung und Prozessüberwachung planen

Der Fachmann plant anhand eines vorgegebenen Ablaufplans (vgl. detaillierte Informationen im Fachbuch), der definierte Arbeitsanweisungen für jeden Schritt enthält, den Ablauf der Prozessfähigkeitsuntersuchung sowie den Einsatz der Qualitätsregelkarte. In diesem Zusammenhang entscheidet er sich weiterhin für

- ein geeignetes Messmittel anhand bekannter Auswahlkriterien,
- die Art der Prozessdatenaufnahme, indem er die betriebsinternen Vorgaben oder Möglichkeiten, z. B. Datenblätter (Protokoll: Prozessfähigkeit, Qualitätsregelkarte), Excel-Tabellen, spezielle QM-Software, beachtet oder nach seinen persönlichen Fähigkeiten auswählt,
- die Art der Prozessdatendokumentation, indem er die betriebsinternen Vorgaben, z. B. Strichliste, Histogramm, Wahrscheinlichkeitsgerade oder x-quer-R-Qualitätsregelkarte beachtet.

Ablaufplan für eine PFU und den QRK-Einsatz:

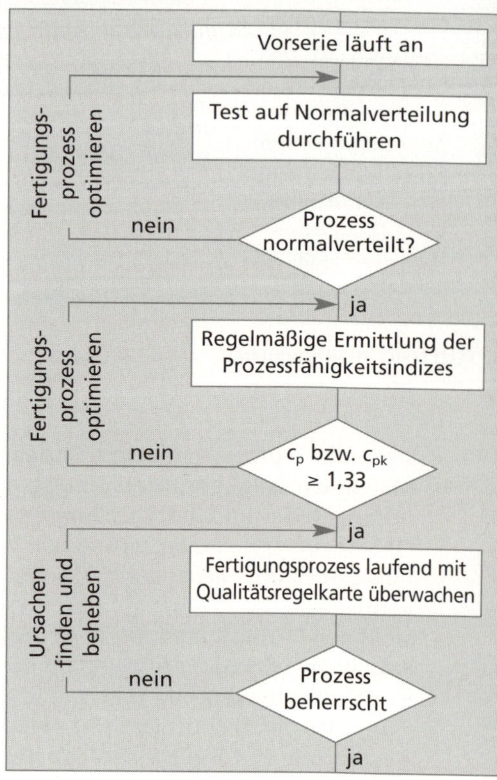

Prozessfähigkeitsuntersuchung und Prozessüberwachung planen

Bei der Auswahl des Messmittels orientiert sich der Fachmann an den folgenden Kriterien:

- Größe des Abmaßes: –0,075 mm
  Unter Beachtung der 1/10-Regel muss die Messgenauigkeit des Messgeräts 7,5/1 000 mm betragen.
- Messbereich: Spannweite zwischen Kleinstmaß und Größtmaß
  Gewählt wird ein Messbereich von 0–25 mm
- Anzahl der durchzuführenden Messungen: 100 Messungen für die Prozessfähigkeitsuntersuchung sind mindestens notwendig. Der Kunde fordert für die kontinuierliche Überwachung des Prozesses mit der Qualitätsregelkarte einen Stichprobenumfang von 5 Teilen pro Stunde.
  Hier ist ein manuelles Verfahren einsetzbar.
- Zugänglichkeit der Messstelle mit dem gewählten Messgerät
  Ein Zugang mit Messschraube ist möglich.

Routinemäßig nutzt der Fachmann zur Prozessdatenaufnahme vorgefertigte Datenblätter:

Protokoll Prozessfähigkeit:

Stichprobe	*1*	*2*	*3*	*4*	*5*	*6*	*7*
x_1							
x_2							
x_3							
x_4							
x_5							
Σx							
$\bar{x}$							
R							

Da für die Beurteilung der Beherrschbarkeit des Fertigungsprozesses sowohl die Lage der Mittelwerte als auch die Streuung der Spannweiten von Bedeutung sind, entscheidet sich der Fachmann für den Einsatz einer x-quer-R-Qualitätsregelkarte.

Qualitätsregelkarte **Produktion**

Bezeichnung des Teiles	**Merkmal**	**Spezifikation**	**Stichprobengröße und Prüffrequenz**	**Maschinen-Nr.**

Eintrag Mittelwerte $\overline{x}$:

Eintrag Spannweiten R:

Zeit												
Datum												
x_1												
x_2												
x_3												
x_4												
x_5												
Σx												
$\overline{x}$												
R												

3. Prozessfähigkeitsuntersuchung und Prozessüberwachung durchführen

Der Fachmann führt die Untersuchungen nach Ablaufplan durch und stellt dabei sicher, dass

- die Messergebnisse stichprobenbezogen sowie der Fertigungsreihenfolge entsprechend erfasst und für die weiteren Betrachtungen verarbeitetet werden, indem er die Ergebnisse in einem Messprotokoll dokumentiert und folgende Werte berechnet:
  - die Summe der Messwerte einer Stichprobe (Σx),
  - den Mittelwert der Stichprobe ($\overline{x}$) sowie
  - die Spannweite (R) einer Stichprobe
- bei nicht normalverteiltem Prozess die Fertigungsbedingungen optimiert werden, indem er Veränderungen an der Maschine, den Werkzeugen oder ggf. an den Fertigungsbedingungen vornimmt;
- der Prozess fähig ist, indem er die Prozessfähigkeitsindizes nach den entsprechenden Formeln berechnet und feststellt, ob die berechneten Werte mindestens 1,33 betragen; werden die Werte nicht erreicht, ist der Prozess zu optimieren;
- der Prozess beherrscht wird, indem er die regelmäßige Eintragung der Messwerte in die Qualitätsregelkarte vornimmt und die sich ergebenden Kurvenverläufe bewertet;
- bei nicht beherrschten Prozessen die Ursachen der Störungen gefunden und behoben werden, indem er Methoden zur systematischen Fehlersuche anwendet und die gefundenen Fehler beseitigt, bevor Ausschuss entsteht.

Prozessfähigkeitsuntersuchung durchführen

Der Fachmann fertigt mit der dafür vorgesehenen Maschine die Werkstücke. Dabei geht er genau so vor, wie bei der Maschinenfähigkeitsuntersuchung und entnimmt dazu gemäß dem internen Prüfplan nach jedem fünften Teil fünf Teile die er prüft. Dies führt er zwanzigmal aus.

Messprotokoll Prozessfähigkeitsuntersuchung ∅ 6 h11

Stichprobe	1	2	3	4	5	6	7	8	9	10
x_1	5,972	5,970	5,982	5,972	5,980	5,958	5,976	5,952	5,948	5,939
x_2	5,964	5,962	5,985	5,960	5,972	5,940	5,974	5,970	5,973	5,945
x_3	5,976	5,958	5,980	5,958	5,954	5,955	5,956	5,966	5,957	5,960
x_4	5,952	5,949	5,973	5,950	5,966	5,949	5,968	5,948	5,963	5,957
x_5	5,956	5,942	5,962	5,944	5,956	5,938	5,962	5,944	5,951	5,936
Σx	29,820	29,781	29,882	29,784	29,828	29,740	29,836	29,780	29,793	29,737
$\bar{x}$	5,9640	5,9562	5,9764	5,9568	5,9656	5,9480	5,9672	5,9560	5,9585	5,9474
R	0,024	0,028	0,023	0,028	0,026	0,020	0,020	0,026	0,025	0,024
Stichprobe	11	12	13	14	15	16	17	18	19	20
x_1	5,969	5,953	5,950	5,955	5,963	5,963	5,970	5,972	5,963	5,963
x_2	5,959	5,964	5,961	5,958	5,955	5,957	5,968	5,964	5,947	5,953
x_3	5,967	5,965	5,954	5,964	5,949	5,954	5,967	5,964	5,956	5,954
x_4	5,966	5,954	5,972	5,956	5,965	5,958	5,971	5,977	5,956	5,965
x_5	5,962	5,964	5,981	5,959	5,966	5,976	5,962	5,965	5,951	5,957
Σx	29,823	29,800	29,818	29,792	29,798	29,808	29,838	29,842	29,773	29,792
$\bar{x}$	5,9646	5,9600	5,9636	5,9584	5,9596	5,9616	5,9676	5,9684	5,9546	5,9584
R	0,007	0,012	0,031	0,009	0,017	0,022	0,009	0,013	0,016	0,012

Berechnung des Prozessfähigkeits-Index c_p

$$c_p = \frac{\textit{Toleranzbreite}}{\textit{Streubreite}} = \frac{OTG - UTG}{6 \cdot \hat{\sigma}}$$

OTG (obere Toleranzgrenze) = 6,000 mm
UTG (untere Toleranzgrenze) = 5,925 mm

- **Mittlere Spannweite**

$$\bar{R} = \frac{R_1 + R_2 + \ldots + R_m}{m}; \quad \bar{R} = \frac{0{,}024 + 0{,}028 + \ldots + 0{,}012}{20}\,\text{mm}; \quad \bar{R} = 0{,}0198\,\text{mm}$$

- **Schätzwert der Standardabweichung**

$$\hat{\sigma} = \frac{\bar{R}}{d_2}; \quad \hat{\sigma} = \frac{0{,}0198\,\text{mm}}{2{,}326}; \quad \hat{\sigma} = 0{,}00849\,\text{mm}$$

- **Berechnung des Prozessfähigkeits-Index c_p**

$$c_p = \frac{OTG - UTG}{6 \cdot \hat{\sigma}}; \quad c_p = \frac{(6{,}000 - 5{,}925)\,\text{mm}}{6 \cdot 0{,}00849\,\text{mm}}; \quad \mathbf{c_p = 1{,}47\,mm}$$

Stichprobenumfang	Faktor d_2
2	1,128
3	1,693
4	2,059
5	2,326
6	2,543
7	2,704
8	2,847
9	2,907
10	3,078

Kontinuierliche Überwachung des Fertigungsprozesses durchführen

Der Fachmann wählt zur Prozessüberwachung die Mittelwert-Spannweiten-Regelkarte.

Das Maß 6 h11 hat die Toleranzgrenzen *OTG* = 6,000 mm und *UTG* = 5,925 mm. Der anzustrebende Prozessmittelwert beträgt 5,9625 mm.

Im Rahmen der Prozessfähigkeitsuntersuchung wurde bei 100 Messungen eine mittlere Spannweite von 0,0198 mm ermittelt.

Stichprobenumfang	Faktor		
	A_2	D_3	D_4
3	1,023	0	2,574
4	0,729	0	2,282
5	0,577	0	2,114
6	0,483	0	2,004

Berechnung der Eingriffsgrenzen zum Eintrag in die Regelkarte

1. **Ober Eingriffsgrenze für die Mittelwerte**
   $OEG_{\bar{x}} = \bar{\bar{x}} + A_2 \cdot \bar{R}$
   $OEG_{\bar{x}} = 5{,}9625\,\text{mm} + 0{,}577 \cdot 0{,}0198\,\text{mm}$
   $OEG_{\bar{x}} = 5{,}973\,\text{mm}$

2. **Untere Eingriffsgrenze für die Mittelwerte**
   $UEG_{\bar{x}} = \bar{\bar{x}} + A_2 \cdot \bar{R}$
   $UEG_{\bar{x}} = 5{,}9625\,\text{mm} - 0{,}577 \cdot 0{,}0198\,\text{mm}$
   $UEG_{\bar{x}} = 5{,}951\,\text{mm}$

3. **Obere Eingriffsgrenze für die Spannweiten**
   $OEG_{\bar{R}} = D_4 \cdot \bar{R}$
   $OEG_{\bar{R}} = 2{,}144 \cdot 0{,}0198\,\text{mm}$
   $OEG_{\bar{R}} = 0{,}0418\,\text{mm}$

4. **Untere Eingriffsgrenze für die Spannweiten**
   $UEG_{\bar{R}} = D_3 \cdot \bar{R}$
   $UEG_{\bar{R}} = 0 \cdot 0{,}0198\,\text{mm}$
   $UEG_{\bar{R}} = 0$

***x*-quer-*R*-Qualitätsregelkarte für ∅ 6 h11**

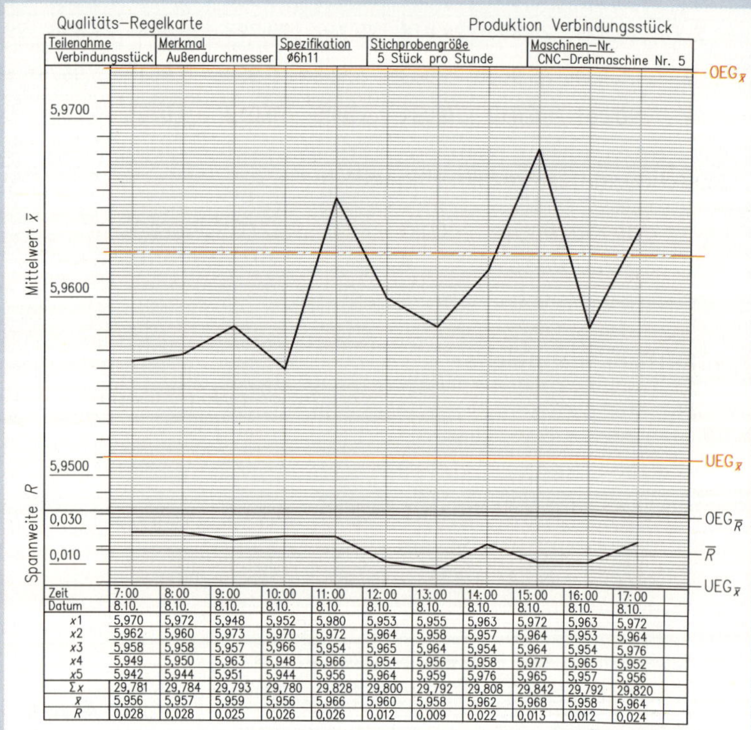

Zeit	7:00	8:00	9:00	10:00	11:00	12:00	13:00	14:00	15:00	16:00	17:00
Datum	8.10.	8.10.	8.10.	8.10.	8.10.	8.10.	8.10.	8.10.	8.10.	8.10.	8.10.
$x1$	5,970	5,972	5,948	5,952	5,980	5,953	5,955	5,963	5,972	5,963	5,972
$x2$	5,962	5,960	5,973	5,970	5,972	5,964	5,958	5,957	5,964	5,953	5,964
$x3$	5,958	5,958	5,957	5,966	5,954	5,965	5,964	5,954	5,964	5,954	5,976
$x4$	5,949	5,950	5,963	5,948	5,966	5,954	5,956	5,958	5,977	5,965	5,952
$x5$	5,942	5,944	5,951	5,944	5,956	5,964	5,959	5,976	5,965	5,957	5,956
Σx	29,781	29,784	29,793	29,780	29,828	29,800	29,792	29,808	29,842	29,792	29,820
$\bar{x}$	5,956	5,957	5,959	5,956	5,966	5,960	5,958	5,962	5,968	5,958	5,964
R	0,028	0,028	0,025	0,026	0,026	0,012	0,009	0,022	0,013	0,012	0,024

4. Prozessfähigkeitsuntersuchung und Prozessüberwachung bewerten

Der Fachmann bewertet sein Vorgehen, indem er sich fragt, ob die Planungsentscheidungen zum Ziel geführt haben, d. h.

- das Messmittelhandling den Vorstellungen entsprach,
- die ausgewählte Art der Prozessdatenaufnahme und -dokumentation sinnvoll war, insbesondere vor dem Hintergrund der Datenauswertung und
- eine alternative Prozessdatenauswertung erprobt werden soll.

Er fragt sich weiterhin,

- ob mit dem eingesetzten Verfahren die geforderten Qualitätskenngrößen bestimmt werden konnten, indem er die erzielten Ergebnisse mit den Vorgaben vergleicht.

Prozessfähigkeitsuntersuchung und Prozessüberwachung bewerten

Der Fachmann stellt bezüglich seiner Planungen fest, dass

- das Messmittelhandling in Bezug auf die vorgegebene Messstelle ausreichend war,
- die Dokumentation mittels der Datenblätter (Messprotokoll) durch den Einsatz von Excel-Tabellen oder einer entsprechenden QM-Software optimiert werden kann,
- die geforderten Qualitätskenngrößen zum Nachweis der Prozessfähigkeit mit den durchgeführten Verfahren bestimmt werden konnten und
- die kontinuierliche Prozessüberwachung mithilfe der Qualitätsregelkarte möglich war.

Der Fachmann stellt fest, dass der Prozess fähig ist. Das bedeutet, dass der ∅ 6 h11 der Ritzelwelle mit hinreichender Prozessfähigkeit gefertigt werden kann.

11.2.1 Lernsituation
Feststellen der Prozessfähigkeit eines Lötvorgangs

Situation:

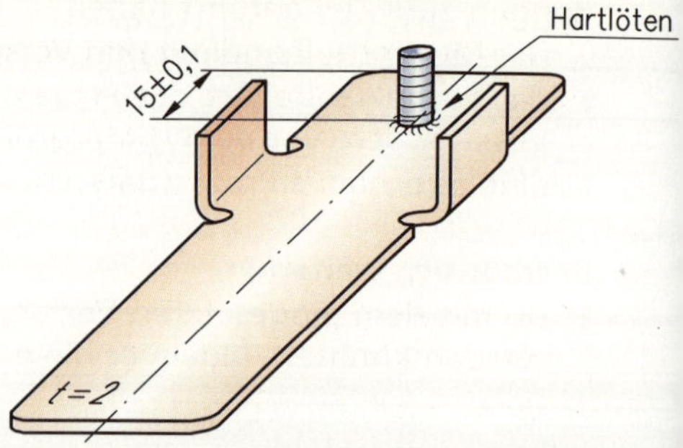

Die nebenstehende Platine aus S235JR ist mit einem Kontaktstift aus CuZn15As-C bestückt. Der Kontaktstift ist durch Hartlöten (Flächennaht) mit der Platine verbunden worden. Der Fügeprozess wurde von zwei Handhabungsgeräten durchgeführt. Dabei war ein Gerät für das Positionieren der festgelegten Lötmenge auf der Platinenoberfläche verantwortlich. Das zweite Handhabungsgerät übernahm die Zuführung der Kontaktstifte und die genaue Positionierung der Stifte während des Lötvorgangs. Die Platinen wurden über ein spezielles Handhabungssystem zugeführt, positioniert und an der Unterseite punktuell auf die notwendige Löttemperatur gebracht.
Im Prüfprotokoll ist das Maß 15 ± 0,1 mm als Prüfmerkmal beschrieben. Das zu prüfende Maß wurde nach jedem Lötvorgang automatisch von einem Visualisierungssystem erfasst und in einem Rechner verarbeitet und dokumentiert.
Für das Prüfmerkmal ist die Prozessfähigkeit und -beherrschbarkeit auf der Grundlage der ermittelten Messdaten (Messprotokoll Prozessfähigkeitsuntersuchung) in geeigneter Form nachzuweisen.

Messprotokoll zur Prozessfähigkeitsuntersuchung:

Messwerte	Stichprobe									
	1	*2*	*3*	*4*	*5*	*6*	*7*	*8*	*9*	*10*
x_1	*14,98*	*15,00*	*14,98*	*15,02*	*15,04*	*15,00*	*15,02*	*15,03*	*15,03*	*15,07*
x_2	*14,99*	*14,95*	*14,99*	*14,98*	*15,02*	*15,02*	*15,01*	*15,02*	*15,05*	*15,07*
x_3	*14,96*	*15,01*	*14,98*	*15,00*	*15,03*	*15,05*	*15,05*	*15,03*	*15,05*	*15,02*
x_4	*14,97*	*14,95*	*14,97*	*14,99*	*15,05*	*15,01*	*15,02*	*15,04*	*15,03*	*15,04*
x_5	*14,94*	*14,99*	*14,98*	*15,03*	*15,03*	*15,04*	*15,03*	*15,02*	*15,02*	*15,04*

Messwerte	Stichprobe									
	11	*12*	*13*	*14*	*15*	*16*	*17*	*18*	*19*	*20*
x_1	*15,07*	*15,03*	*14,98*	*15,02*	*14,98*	*15,00*	*15,03*	*15,04*	*15,02*	*15,00*
x_2	*15,07*	*15,02*	*14,99*	*15,01*	*14,99*	*15,02*	*15,05*	*15,02*	*14,98*	*14,95*
x_3	*15,02*	*15,03*	*14,98*	*15,05*	*14,96*	*15,05*	*15,05*	*15,03*	*15,00*	*15,01*
x_4	*15,04*	*15,04*	*14,97*	*15,02*	*14,97*	*15,01*	*15,03*	*15,05*	*14,99*	*14,95*
x_5	*15,04*	*15,02*	*14,98*	*15,03*	*14,94*	*15,04*	*15,02*	*15,03*	*15,03*	*14,99*

12.1 Handlungssituation
Ermitteln von Schadensursachen durch Werkstoffprüfung

Bei Maschinenbruch oder übermäßigem Verschleiß hat der Fachmann die Schadensursachen festzustellen und für die Instandsetzung zu sorgen. Ursachen für Bruch und übermäßigen Verschleiß können Überlastung, Werkstofffehler, Konstruktionsmängel, Nichteinhaltung von Betriebsvorschriften u. a. sein.
Eine Werkstoffprüfung an den schadhaften Bauteilen kann dem Fachmann häufig Auskunft über die Ursachen der Schäden geben.

Die Werkstoffprüfung beginnt mit der Entscheidung für ein Prüfverfahren, dessen Ergebnis Rückschlüsse auf den Fehler zulässt. Es folgt die Entnahme eines Probestücks aus dem Bauteil. Aus diesem Probestück wird die für den Versuch vorgeschriebene Probe in der in den Versuchsvorschriften festgelegten Form gefertigt. Die Probe wird dann auf einer Prüfmaschine unter den vorgeschriebenen Prüfbedingungen untersucht. Dabei werden Kennwerte aufgenommen, die zur Auswertung und Schadensbeurteilung dienen.

Beispiel: Verschleißursachen an Schleuderradschaufeln ermitteln

In einem Gießereibetrieb werden die Gussstücke nach dem Entformen in einer Strahlanlage von anhaftendem Sand gereinigt (geputzt).
In dieser Anlage werfen Schleuderräder das Strahlmittel mit hoher Geschwindigkeit, ca. 80 m/s, gegen die zu putzenden Werkstücke. Als Strahlmittel dient Drahtkorn. Dies sind kleine, etwa 1 bis 3 mm lange Drahtstücke mit einer Härte von 55 bis 64 HRc.
Die Schaufeln dieser Schleuderräder sind starkem Verschleiß unterworfen und müssen in regelmäßigen Abständen erneuert werden. Mit steigender Abnutzung wird die zu strahlende Fläche ungleichmäßig angestrahlt und der Wirkungsgrad der Anlage sinkt erheblich.

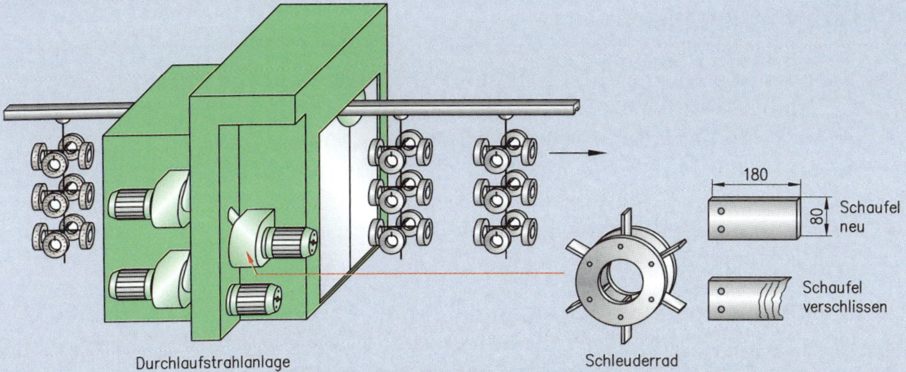

In einer Gießerei genügte bisher ein Wechsel der Schaufeln im Abstand von 160 Betriebsstunden. Plötzlich sind die Schaufeln jedoch schon nach ca. 100 Betriebsstunden verschlissen und müssen erneuert werden.
Es gibt eigentlich nur zwei Ursachen. Entweder sind die Schaufeln, die zurzeit verwendet werden, nicht in Ordnung oder das neu verwendete Strahlmittel hat erheblich abrasivere Eigenschaften als das alte.
Zunächst sollen die Schaufeln untersucht werden.

1. Ausgangssituation analysieren

Der Fachmann
- überlegt, welche Werkstoffkennwerte aufgrund des Schadensfalls Auskunft über die Schadensursache geben können,
- stellt fest, welche Kennwerte bei einwandfreiem Werkstoff vorliegen müssten, indem er Herstellerangaben, Zeichnungsangaben u. a. zu Rate zieht,
- entscheidet sich für ein Prüfverfahren, das die entsprechenden Kennwerte liefern kann,
- entscheidet sich für die Art der Probenahme, indem er mögliche Werkstoffveränderungen durch die Probenahme, z. B. durch Erhitzung beim Trennschleifen, vermeidet.

Situation analysieren

Der Fachmann beschließt eine Härteprüfung, weil sie ihm Auskunft darüber gibt, ob die Schaufeln die nötige Härte aufweisen.
Vom Hersteller der Schaufeln wird eine Härte von 820 HV50 angegeben.
Er entscheidet sich für die Härteprüfung nach Vickers (DIN EN ISO 6507), weil diese auch in der Zeichnung des Werkstücks angegeben ist.
Über das Abtrennen eines Probestücks muss er sich keine Gedanken machen, da die Schaufeln auf den Tisch eines Vickers-Härteprüfgeräts aufgelegt werden können.

2. Werkstoffprüfung planen

Der Fachmann plant die **Entnahme des Prüfstücks**. Dabei beachtet er
- die Lage des Prüfstücks im zu untersuchenden Bauteil, damit er das Material möglichst nah an der Schadensstelle entnehmen kann;
- die Größe des Prüfstücks, indem er die Größe der später zu fertigenden Probe und entsprechende Bearbeitungszugaben berücksichtigt;
- das Abtrennen des Prüfstücks, damit unerwünschte Eigenschaftsänderungen am Prüfstück ausbleiben.

Anschließend plant er die **Fertigung der Probe**. Bei der Planung bestimmt er
- die Größe und Form der Probe entsprechend den Versuchsvorschriften,
- die Herstellung der Probe so, dass keine unerwünschten Gefügeänderungen stattfinden,
- Einspannungen bzw. Lagerung der Probe im Prüfgerät entsprechend den örtlichen Gegebenheiten.

Für den eigentlichen Versuch legt der Fachmann die **Versuchsbedingungen** fest. Diese sind
- die Einstelldaten der Prüfmaschine entsprechend den Normvorschriften,
- die einzuhaltenden Werte für Umweltbedingungen (z. B. Temperatur, Luftfeuchtigkeit),
- die aufzunehmenden Daten und deren Protokollierung gemäß den Vorschriften.

Planen der Prüfung der Schaufeln nach Vickers

Die Schaufel kann als Ganzes auf den Tisch des Prüfgeräts gelegt werden. Darum ist ein Abtrennen nicht erforderlich. Die Oberfläche muss entsprechend den Prüfvorschriften in DIN EN ISO 6507 metallisch blank und eben sein. Darum wird der Prüfer hier das vorsichtige Anschleifen mit eine Körnung von etwa 280 empfehlen. Beim Schleifen der Prüffläche muss eine starke Erwärmung vermieden werden, damit keine Härteänderung an der Prüfstelle eintritt.
Als Prüfflächen werden die vorderen Flächen der Schaufeln gewählt, da diese der besonderen Abnutzung unterliegen.

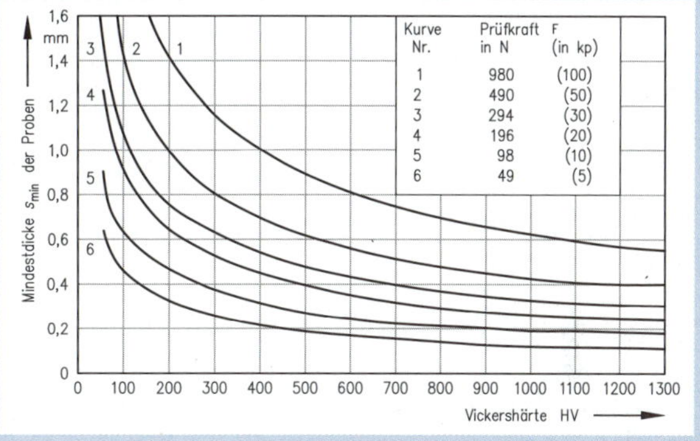

Für die Härteprüfung nach Vickers sind unterschiedliche Prüfkräfte wählbar. Eine möglichst hohe Prüfkraft ist anzustreben. Die Prüfkraft darf jedoch nicht so hoch sein, dass auf der Probenrückseite eine Verformung erkennbar ist. Darum wird der Prüfer die Prüfkraft entsprechend der Probendicke und dem voraussichtlich zu erwartenden Härtewert wählen. Bei dieser 12 mm starken und voll durchgehärteten Schaufel wird vom Prüfer eine Prüfkraft von 490 N gewählt.
Für Stahl schreibt die Norm eine Haltezeit der Prüfkraft von 10 Sekunden vor.

3. Werkstoffprüfung durchführen

Der Fachmann führt die Entnahme des Prüfstücks aus dem Werkstück und die Herstellung des Probekörpers entsprechend seinen Planungen durch.
Weiterhin richtet er das Prüfgerät entsprechend den in der Norm und seinen Planungen vorgegebenen Bedingungen ein.
Im Anschluss führt er die Prüfung entsprechend seiner Planung durch.
Dabei achtet er auf die Einhaltung der vorgegebenen Bestimmungen zum Arbeit- und Umweltschutz.

Härteprüfung an einer Schaufel durchführen

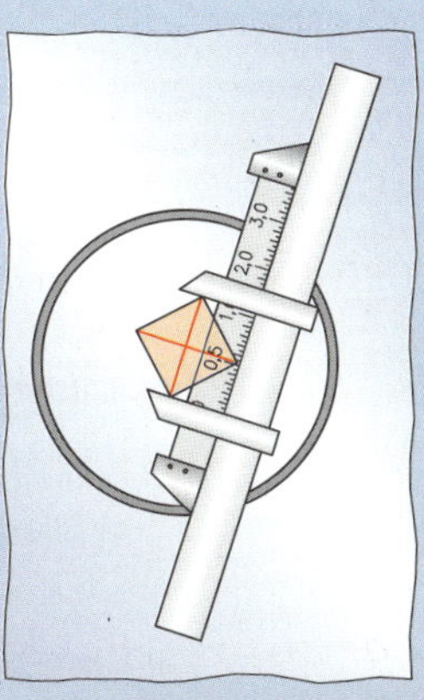

Der Prüfer schleift die Schaufeln an den vorderen Flächen vorsichtig an.
Die geschliffene Probe legt er so auf den Auflagetisch, dass sie mit der Prüffläche senkrecht zur Wirkrichtung der Prüfkraft liegt.
Am Härteprüfgerät stellt der Prüfer die Höchstkraft seines Vickers-Prüfgeräts ein. Im vorliegenden Fall sind dies 490 N.
Er hebt die Probe so weit gegen den Prüfkörper, dass auf der Mattscheibe der Messeinrichtung die Prüffläche scharf abgebildet wird.
Anschließend bringt er die Prüfkraft auf und hält sie etwa 10 Sekunden lang, dann entlastet er die Probe.
Nach dem Entlasten misst der Prüfer die Längen der Eindruckdiagonalen. Aus diesen Werten ermittelt er den Härtewert.

Er dokumentiert die Prüfbedingungen und die Prüfergebnisse in einem Prüfbericht.

Berechnung der Härtewerte:

$$HV = 1{,}891 \cdot \frac{F}{d^2}$$

Berechnungsbeispiel:

$$HV = 1{,}891 \cdot \frac{490}{1{,}052^2} = 837$$

Prüfergebnisse:

Kennzeichnung der Probe: Schaufel aus Lieferung 33.21 vom 07.03.05

Prüfbedingungen:

Prüfkraft 490 N
Einwirkzeit 10 s
Raumtemperatur

Messergebnisse:

d_1 in mm	d_2 in mm	$HV50$
1,050	*1,054*	*837*
1,039	*1,053*	*847*
1,062	*1,058*	*825*

4. Auswerten der Prüfung

Der Fachmann wertet das Prüfergebnis aus, indem er es auf die Aufgabenstellung bezieht und entsprechende Entscheidungen trifft.
Er dokumentiert die Ergebnisse und die daraus gezogenen Schlüsse bzw. die aufgrund der Ergebnisse gefällten Entscheidungen.

Auswerten der durchgeführten Härteprüfung

Prüfbericht

Gegenstand der Prüfung: *Schaufel für Strahlgerät aus Lieferung 33.21 vom 07.03.05*

Anlass der Prüfung:
starker Verschleiss der Schaufeln im Zusammenhang mit dem erstmaligen Einsatz von Drahtkorn 2-7-44 der Lieferfirma XXX.

Durchführung der Prüfung:
An der Schaufel wurden Härteprüfungen nach Vickers (DIN EN ISO 6507) vorgenommen. Die Prüfstellen lagen auf der Oberseite der Schaufel mittig im Abstand von 2, 4 und 6 mm von der Vorderkante.

Ergebnis der Prüfung:
Alle ermittelten Härtewerte lagen mit einem Durchschnitt von 836 HV50 oberhalb der vom Hersteller angegeben Mindesthärte der Schaufeln von 820 HV50.
Ursache für den starken Verschleiß der Schaufeln ist wahrscheinlich das neu verwendete Drahtkorn.

Vorschlag zum weiteren Vorgehen:
Beim Hersteller der Schaufeln und dem Lieferanten des Drahtkorns sollten Erkundigungen über Schaufeln aus anderen Werkstoffen eingeholt werden, die dann eingesetzt werden können.

Eine andere Lösung zur Verschleißminderung wäre die Rückkehr zum bisher verwendeten Drahtkorn.

Köln, 12.04.05

Unterschrift

12.1.1 Lernsituation
Prüfen einer Zugstange

Situation:
Eine Zugstange in einer Nietmaschine ist gerissen. Es soll geklärt werden, ob der Schaden durch Überlastung oder durch ungeeigneten Werkstoff der Zugstange entstanden ist. Im letzteren Falle ist eine Reklamation beim Lieferanten der Nietmaschine möglich.
Ein Ingenieur hat in einer Überschlagrechnung ermittelt, dass die Zugstange unter normalen Bedingungen eine Zugkraft von 40 000 N aufzunehmen hat. Der Werkstoff der Zugstange ist wahrscheinlich Baustahl E360.

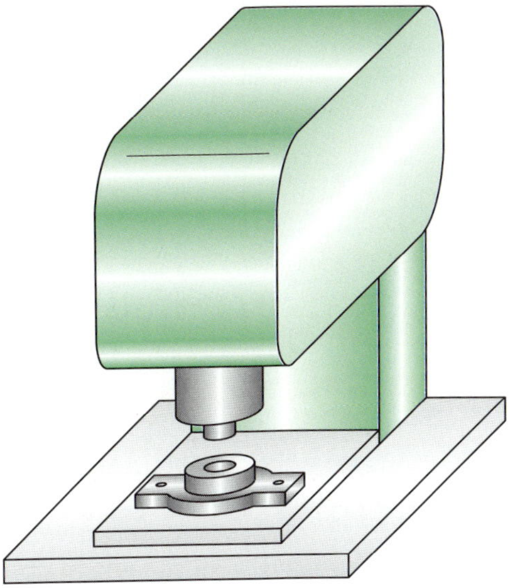

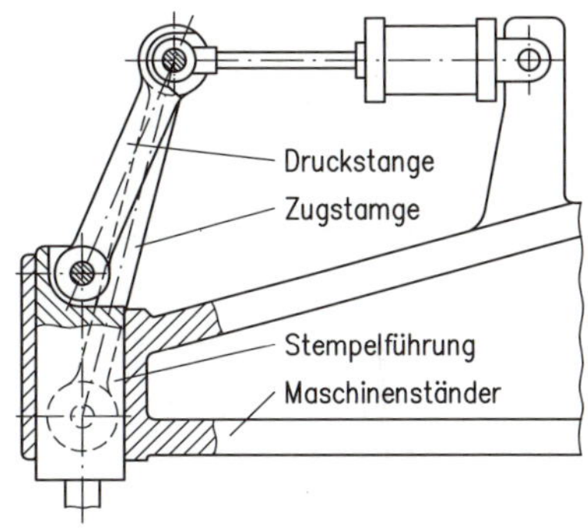

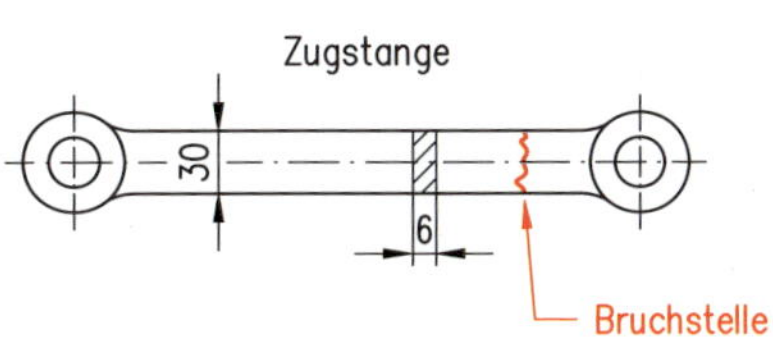

1. Ausgangssituation analysieren

Der Zugversuch kann eine Aussage über die Eignung des Werkstoffs zur Aufnahme der Last geben.
Bestimmen Sie den Kennwert des Zugversuchs, der eine Aussage über die Verwendung eines einwandfreien Werkstoffs ermöglicht?
Wie groß müsste der Kennwert etwa sein?

2. Werkstoffprüfung planen

2.1 Bestimmen Sie Form und Größe der Zugprobe. Fertigen Sie ggf. eine bemaßte Skizze an.
2.2 Stellen Sie die Vorschriften zusammen, die bei der Prüfung einzuhalten sind.

3. Werkstoffprüfung durchführen

Bei der Prüfung an einem Probestab (kurzer Proportionalstab) mit 4 mm Durchmesser wurde das folgende Diagramm aufgenommen.

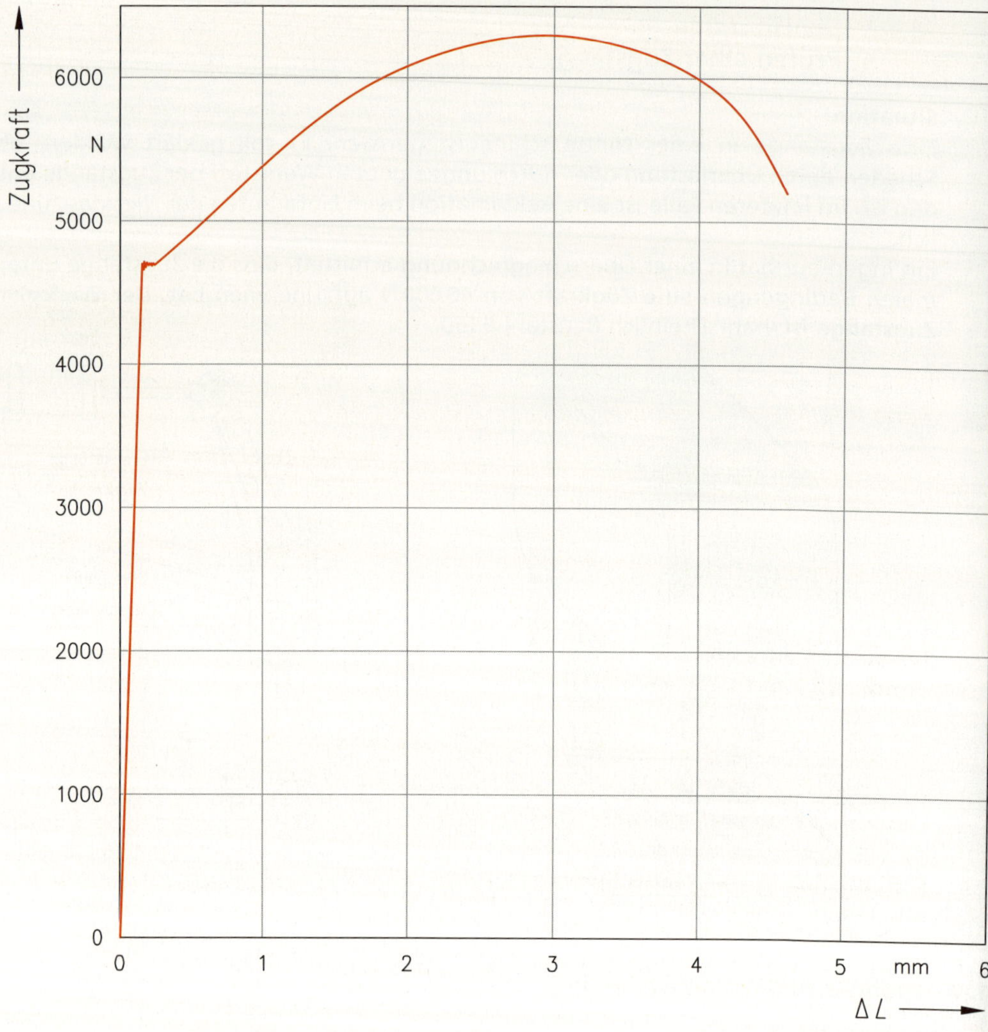

4. Prüfergebnis auswerten

4.1 Berechnen Sie die Kennwerte der Probe.

4.2 Vergleichen Sie die aufgenommenen Kennwerte mit den erforderlichen und schließen Sie aus dem Vergleich auf die Fehlerursache.

4.3 Machen Sie einen begründeten Vorschlag, wie auf den Schaden reagiert werden soll.

12.2 Handlungssituation
Planen von Wärmebehandlungen

Durch Wärmebehandlungen können Eigenschaften von Werkstoffen entsprechend den jeweiligen Anforderungen eingestellt werden. So kann z. B. ein Werkzeugstahl durch Weichglühen in einen zur Zerspanung günstigen, weichen Zustand überführt werden und anschließend durch Härten in den harten und verschleißarmen Zustand gebracht werden.

Zu Beginn der Planung einer Wärmebehandlung verschafft sich der Fachmann ein Bild vom augenblicklichen Ist-Zustand des Werkstoffs, z. B. aus den Angaben des Zulieferers, und bestimmt dann den angestrebten Endzustand, den Soll-Zustand. Die Wärmebehandlung ist der Weg zwischen dem Ist- und dem Soll-Zustand. Dieser Weg setzt sich zusammen aus einem **Aufheizvorgang**, einem **Halten** (bzw. einer bestimmten Temperaturführung) und einem **Abkühlvorgang**.

Diese Einzelvorgänge (Aufheizen, Halten und Abkühlen) sind je nach Werkstoff und Ziel der Wärmebehandlung unterschiedlich.

Bei verschiedenen Wärmebehandlungen, z. B. dem Nitrieren, ist zudem auch die Ofenatmosphäre von besonderer Bedeutung.

Beispiel: Vergüten einer Werkzeugaufnahme aus C45

Für einen speziellen Fräskopf wurde eine Werkzeugaufnahme gefertigt. Der Werkstoff ist C45. Er liegt in normalisiertem Zustand vor.

Nun soll der Werkstoff auf eine Zugfestigkeit von 650 N/mm² vergütet werden.

Nach dem Vergüten werden Passflächen geschliffen und Gewinde geschnitten.

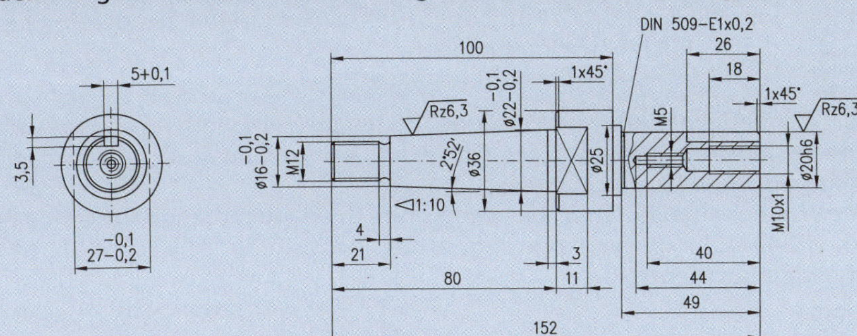

1. Ausgangssituation analysieren

Der Fachmann klärt die Ausgangsbedingungen und bestimmt das Ziel der Wärmebehandlung. Dazu informiert er sich aus der Zeichnung, der Stückliste und/oder anderen Zusatzangaben über

- den zu behandelnden Werkstoff, seinen Ausgangszustand und den angestrebten Endzustand,
- die Masse des Werkstücks sowie seine Kontur (Wanddickenunterschiede, Konturverlauf) anhand des vorliegenden Bauteils und
- geplante Nacharbeiten im Anschluss an die Wärmebehandlung.

Ausgangssituation für die Vergütung analysieren

Der Fachmann stellt folgende Fakten fest:
- Die größten Abmessungen sind 152 x 36 mm.
- Der Werkstoff ist C45.
- Der Ausgangszustand ist ein normalisiertes Gefüge.
- Die Dickenunterschiede der einzelnen Teilbereiche sind gering.
- Das Schleifen der Passflächen sowie das Schneiden und Bohren der Gewinde erfolgt nach dem Vergüten.

Ausgangsgefüge

2. Wärmebehandlung planen

Zweckmäßig bestimmt der Fachmann zunächst aus Zustandsdiagrammen oder Tabellen des Werkstoffherstellers die höchste Temperatur, bei der die Glühung durchgeführt werden muss. Denn nach dieser Temperatur und der Größe des Werkstücks muss der Fachmann entscheiden, ob er mit den ihm vorgegebenen Aggregaten die Glühung durchführen kann.
Anschließend plant der Fachmann den Verlauf der Wärmebehandlung. Für viele Werkstoffe kann er dabei Richtwerte aus Wärmebehandlungsvorschriften entnehmen. Optimale Bedingungen sind jedoch meist nur durch Versuche am entsprechenden Werkstück zu ermitteln.

Aufheizen
Zur Bestimmung der Aufheizbedingungen beachtet der Fachmann den Werkstoff und die Konturen des Werkstücks, indem er
- für rissunempfindliche Werkstoffe und Werkstücke mit geringen Eigenspannungen und etwa gleichmäßiger Wanddicke kontinuierliches Aufheizen wählt;
- für Werkstücke aus rissempfindlichen Werkstoffen, für Werkstücke mit hohen Eigenspannungen durch vorausgehende Bearbeitung und Werkstücke mit großen Wanddickenunterschieden vorsichtiges Aufheizen vorsieht. Zweckmäßig geschieht dies in Stufen von 200 bis 400 °C. Auf jeder Stufe wird dann die Temperatur bis zur jeweils vollständigen Durchwärmung gehalten.

Halten
- Für Wärmebehandlungsprozesse, bei denen im Werkstoff Teilchen wandern (diffundieren) müssen, bestimmt der Fachmann im Anschluss an das Durchwärmen eine lange Glühzeit von oft mehreren Stunden.
- Für Wärmebehandlungen, bei denen nur Umklappvorgänge im Gitter oder ähnlich schnell verlaufende Vorgänge angestrebt sind, wählt er eine kurze Glühzeit von meist nur wenigen Minuten.

Abkühlen
Die Abkühlungsbedingungen bestimmt der Fachmann, indem er die dabei ablaufenden Vorgänge im Werkstoff betrachtet:
- Wenn bei der Abkühlung eine Diffusion von Atomen erfolgen soll, lässt er den Werkstoff langsam abkühlen, z. B. im abgeschalteten Ofen. Dabei wächst meist die Korngröße im Werkstoff.
- Wenn eine kleine Korngröße erzielt werden sollen, sieht er eine schnelle Abkühlung vor, z. B. an der Luft.
- Wenn jegliche Diffusionsvorgänge unterbleiben sollen, wird abgeschreckt, z. B. in Wasser oder Öl.

Zusammenfassen der Daten in einem Wärmebehandlungsplan
Alle Daten zur Kennzeichnung des Werkstücks und des Werkstoffs sowie die Daten zur Wärmebehandlung fasst der Fachmann in einem Wärmebehandlungsplan zusammen.

Planen der Wärmebehandlung – Vergüten

Das Vergüten besteht aus **zwei** Wärmebehandlungen, dem Härten und dem folgenden Anlassen bei höheren Temperaturen.

Fe-Fe_3C-Diagramm zur Festlegung der Härtetemperatur

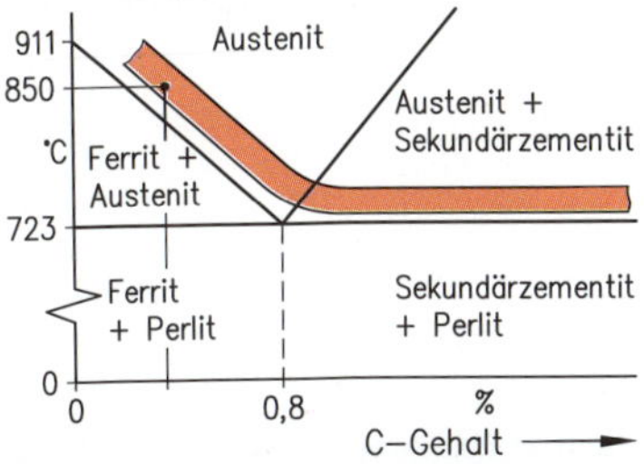

Vergütungsschaubild zur Festlegung der Anlasstemperatur

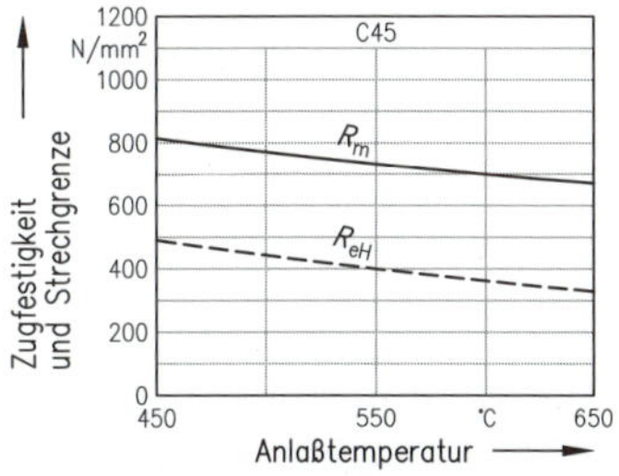

Wegen geringer Wanddickenunterschiede kann das Werkstück zum Härten und Anlassen jeweils kontinuierlich aufgeheizt werden.

Härten: Die Härtetemperatur von 850 °C ist 15 Minuten zu halten.
Damit keine Diffusion stattfindet, muss in Wasser abgeschreckt werden.

Anlassen: Aus dem Vergütungsschaubild ergibt sich eine Anlasstemperatur von 600 °C.
Um die Diffusion der Kohlenstoffatome zu ermöglichen, muss die Temperatur 2 Stunden lang gehalten werden. Die Abkühlung kann an der Luft erfolgen.

Wärmebehandlungplan

Bauteil: Werkzeugaufnahme **Zeichnungsnr.:** 4-234-5
Werkstoff: C45 **Ausgangszustand:** normalisiert

Härten	**Anlassen**
Aufheizen: langsam auf 850°C	**Aufheizen:** langsam auf 600°C
Halten: 15min	**Halten:** 2 Stunden
Abkühlen: in Wasser abschrecken	**Abkühlen:** an Luft

Besondere Hinweise
– senkrecht eintauchen
– Kontrolle durch Härteprüfung

3. Wärmebehandlung durchführen

Der Fachmann führt die Wärmebehandlung entsprechend der Planung durch. Er stellt dazu Ofentemperaturen ein und protokolliert Temperaturen und Zeiten.

Protokollieren der durchgeführten Wärmebehandlung

Protokoll der Wärmebehandlung: Vergüten

Werkstück: Werkzeugaufnahme
Werkstoff: C45
Zeichnungsnr.: 4-234-5

Härten:	**Anlassen:**
Ofen: 3	**Ofen:** 6
Beginn: 9:15	**Beginn:** 12:10
Abschrecken in Wasser: 10:20	**Ende:** 14:10

Kontrollergebnis:
Mittelwert der Härte: **Datum:**
Errechnete Zugfestigkeit: **Unterschrift:**

4. Wärmebehandlung kontrollieren

Den Erfolg der Wärmebehandlung prüft der Fachmann, indem er am Werkstück oder den mitbehandelten Proben entsprechende Prüfverfahren, z. B. die Härteprüfung oder den Zugversuch, durchführt.
Häufig wird auch aus leicht ermittelbaren Daten und auf Erfahrung basierenden Umrechnungsformeln auf den Werkstoffkennwert geschlossen, der eine Aussage über den Erfolg der Wärmebehandlung ermöglicht. So kann z. B. bei Stählen vom Härtewert auf die ungefähre Zugfestigkeit geschlossen werden.

Kontrollieren des vergüteten Werkstücks

Für die Werkzeugaufnahme ist eine Zugfestigkeit von 650 N/mm² vorgeschrieben. Die Zugfestigkeit wäre nur an einer getrennt behandelten Probe zu messen. Eine andere Möglichkeit, die Zugfestigkeit zu bestimmen, ergibt sich aus dem Zusammenhang zwischen Zugfestigkeit und Brinellhärte bei Stahl:
Bis zu einer Zugfestigkeit (R_m) von etwa 1400 N/mm² besteht eine ungefähre Beziehung zwischen Zugfestigkeit und der Brinellhärte:

$$R_m \sim 3{,}5 \cdot \text{HB10/3000}$$

R_m Zugfestigkeit in N/mm²
HB10/3000 Brinellhärte gemessen mit einer Prüfkugel von 10 mm Durchmesser und einer Prüfkraft von 29 420 N (3000 kp)

Für den Versuch wählt der Fachmann als Prüffläche die Abflachung auf dem größten Durchmesser aus, da hier ein geringer Eindruck die Funktion des Bauteils nicht beeinträchtigt.

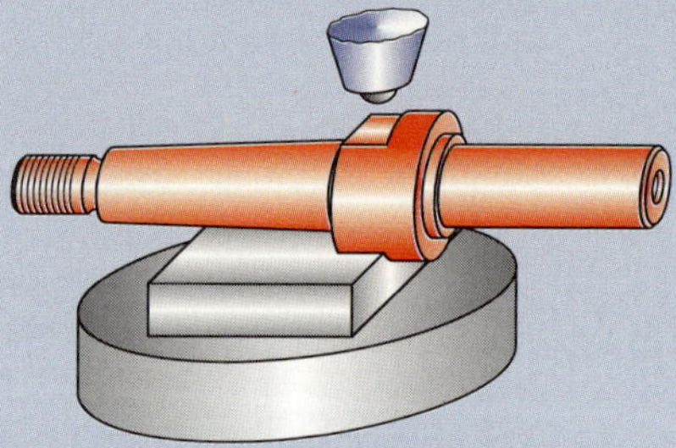

Mit einer Prüfkugel aus Hartmetall von 10 mm Durchmesser und einer Prüfkraft von 29 420 N werden im Versuch folgende drei Härtewerte ermittelt:

190 HBW10/3000 **185** HBW10/3000 **192** HBW10/3000

Aus diesen Werten ergibt sich ein Mittelwert von **189** HBW10/3000. Dies entspricht einer ungefähren Zugfestigkeit von 662 N/mm².
Der Werkzeugaufnahme ist demnach auf die geforderte Zugfestigkeit vergütet worden.

Protokoll der Wärmebehandlung: Vergüten

Werkstück: Werkzeugaufnahme
Werkstoff: C45
Zeichnungsnr.: 4-234-5

Härten:	**Anlassen:**
Ofen: 3	**Ofen:** 6
Beginn: 9:15	**Beginn:** 12:10
Abschrecken in Wasser: 10:20	**Ende:** 14:10

Kontrollergebnis:
Mittelwert der Härte: 189HBW10/3000
Errechnete Zugfestigkeit: 662N/mm²

Datum: **Unterschrift:**

Lernsituation

12.2.1 Lernsituation
Rekristallisieren von Kupferblech

Situation:

Es ist eine halbkugelförmige Verkleidung aus einem ebenen Kupferblech zu treiben. Nach einiger Umformung nimmt der Widerstand gegen weiteres Umformen so stark zu, dass ein Rekristallisationsglühen notwendig wird.

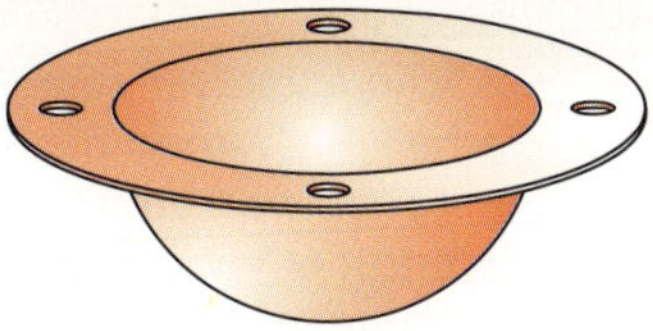

Sie haben die Aufgabe, die Rekristallisationsglühung zu planen.

1. Ausgangssituation analysieren

1.1 Informieren Sie sich über den Ausgangs- und den Endzustand des zu behandelnden Werkstoffs. Klären Sie die Ursache für die verringerte Fähigkeit des Werkstoffs zu weiterer Umformung.

1.2 Verdeutlichen Sie die verschiedenen Zustände durch Gefügeskizzen.

2. Rekristallisationsglühen planen

2.1 Bestimmen Sie die Glühtemperatur.

2.2 Wie ist der Aufheizvorgang zu gestalten? Geben Sie eine kurze Begründung.

2.3 Bestimmen Sie die Haltezeit.
Geben Sie Hinweise auf die Folgen möglicher Fehler durch zu hohe Glühtemperatur und durch zu langes Halten.

2.4 Legen Sie die Abkühlbedingungen fest. Bedenken Sie dabei, dass bei der Abkühlung Ausscheidungsvorgänge im Gefüge unterdrückt werden sollen.

2.5 Fassen Sie alle notwendigen Informationen in einem Wärmebehandlungsplan zusammen.

3. Rekristallisationsglühen erproben und auswerten

3.1 Schneiden Sie einen ca. 10 mm breiten und 100 mm langen Streifen aus etwa 1 mm starkem Kupferblech aus.

3.2 Formen Sie den Streifen durch Hammerschläge stark um. Testen Sie nun durch Hin- und Herbiegen den Widerstand des Blechstreifens gegen die weitere Umformung durch Biegen.

3.3 Erhitzen Sie den Blechstreifen auf etwa die Rekristallisationstemperatur und halten Sie die Temperatur kurzzeitig.

3.4 Kühlen Sie den Blechstreifen Ihrer Planung entsprechend ab.

3.5 Testen Sie nun durch Hin- und Herbiegen den Widerstand des Blechstreifens gegen die Umformung durch Biegen. Berichten Sie über Ihre Beobachtung.

12.2.2 Lernsituation Wärmebehandeln eines Scherenmessers

Situation:

Ein Scherenmesser zum Scheren von Stahlblechen mit Zugfestigkeiten bis 700 $\frac{N}{mm^2}$ soll aus 12 mm starkem Flachmaterial aus dem Werkstoff 60WCr7 hergestellt werden.
Das angelieferte Flachmaterial liegt im normalisierten Zustand vor.
Zum Material wurde das unten abgebildete Datenblatt mitgegeben.
Sie haben die Aufgabe, die gesamte Wärmebehandlung im Verlauf der Herstellung des Scherenmessers zu planen.

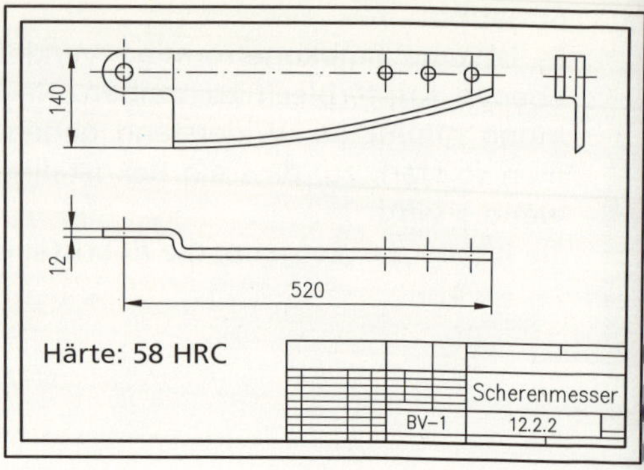

KALTARBEITSSTAHL

Werkstoff-Nr.	1.2550
Kurzname	60WCrV7

Chemische Zusammensetzung (Richtwerte in %)

C	Si	Cr	V	W
0,60	0,6	1,1	0,2	2,0

Werkstoffeigenschaften: schlagzäher Ölhärter, sehr gute Zähigkeit bei höherer Härte

Verwendungshinweise: Schneidwerkzeuge für Blechdicken bis 12 mm, Abgratschnitte, Spaltschnitte, Kaltlochstempel, Tablettierstempel, Scherenmesser, Holzhackmesser, Pressluftmeißel, Prägewerkzeuge, Kaltscherenmesser, Auswerfer

Warmformgebung	**Warmformgeben** 1050–850 °C	**Abkühlen** langsam, z. B. Ofen	
Wärmebehandlung	**Weichglühen** 710–750 °C	**Akühlen** Ofen	**Glühhärte** max. 225 HB
	Härten von 870–900 °C	**Abschrecken** in Öl oder Warmbad 180–220 °C	**Härte** nach dem Abschrecken 60 HRC

Kontinuierliches Zeit-Temperatur-Umwandlungsschaubild

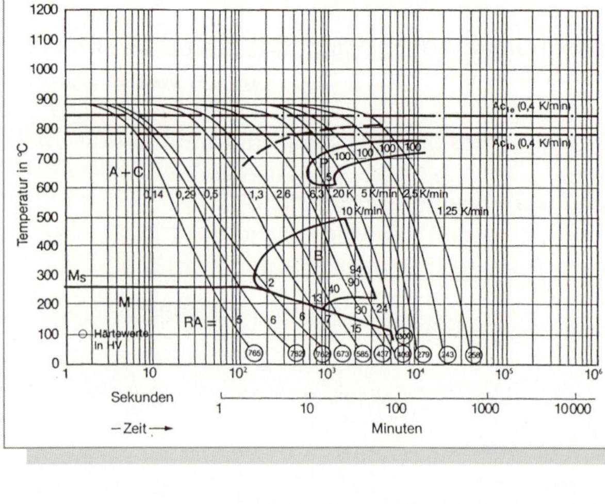

Anlassschaubild

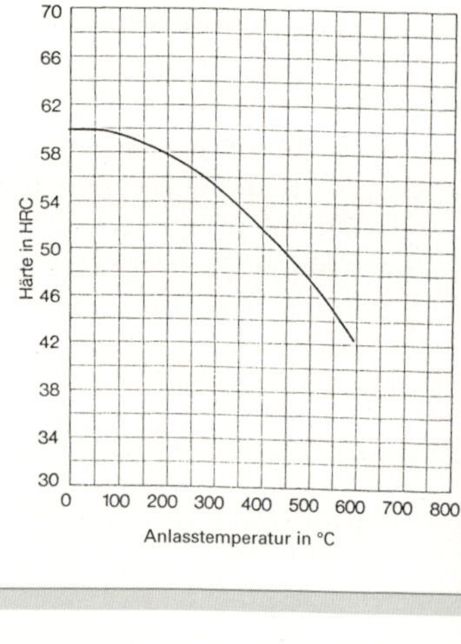

13.1 Handlungssituation
Umsetzen eines Prozessablaufs in eine programmierbare Steuerung

Programme für einfache fluidische Steuerungen schreibt der Fachmann, indem er

- die Informationen aus den Planungsunterlagen auswertet,
- die Hardware auswählt und den Planungsunterlagen zuordnet,
- den Funktionsplan aufstellt und danach das Steuerungsprogramm schreibt,
- die Steuerung in Testläufen überprüft und dokumentiert.

Programme für umfangreiche fluidische Steuerungen erstellt ein Ingenieurteam, indem es

- die Planungsunterlagen übernimmt und auswertet,
- in Rücksprache mit dem Steuerungsfachmann bleibt,
- die Steuerung in Testläufen überprüft und dokumentiert.

Die Umsetzung eines Prozessablaufs in eine programmierbare Steuerung setzt eindeutige Planungsunterlagen voraus. Weiterhin muss bekannt sein, welche Hardware benutzt werden soll. Denn je nach der Spezifikation der Hardware erfolgt die Programmierung firmenspezifisch. Neben der Hardware liefern die Firmen auch die notwendige Software. Mit dieser Software lässt sich die Programmierung über den PC menügesteuert durchführen. Mit menügesteuerten Programmiergerät können umfangreiche Programme für programmierbare Steuerungen erstellt und getestet werden.

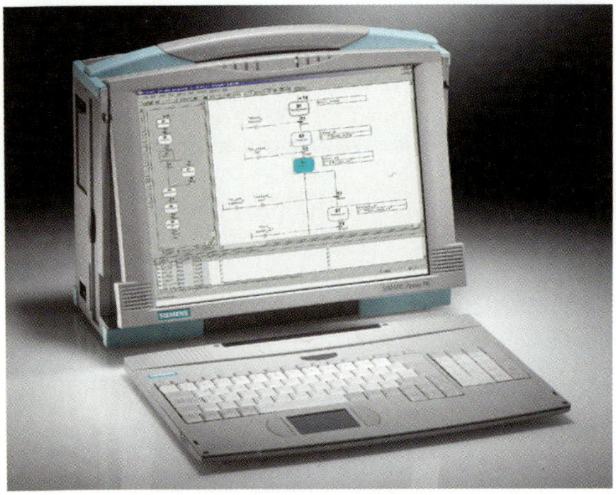

Beispiel: Umsetzen einer Steuerung für eine Rüttelvorrichtung in eine programmierbare Steuerung

Hinweis: siehe dazu auch Lernsituation 6.1.1

In einem Labor sollen Proben hin- und hergerüttelt werden. Der Rüttelvorgang soll nach dem Betätigen des Starttasters beginnen und eine einstellbare Zeit lang andauern.

Als Alternative ist gedacht, die Steuerung nicht über eine bestimmte Zeit laufen zu lassen, sondern man möchte die Anzahl der Rüttelvorgänge vorgeben. Der Rüttelvorgang soll dann enden, wenn die eingestellte Zykluszahl erreicht ist.

Die Steuerung der Rüttelvorrichtung soll daher mit einer speicherprogrammierbaren Steuerung ausgerüstet werden.

1. Auftrag analysieren

- Der Fachmann informiert sich über den Ablauf der Steuerung, indem er die Aufgabenstellung liest und das Technologieschema auswertet.
- Er untersucht den Signalfluss, indem er das Technologieschema um entsprechende Sensoren erweitert und im Funktionsdiagramm den Signalfluss darstellt.
- Er hält fest, welche Aktoren von der Steuerung in welcher Reihenfolge betätigt werden, indem er die Schrittfolge der Steuerung in einer Liste notiert.

Auftrag „Rüttelvorrichtung" analysieren

Aufgabenstellung

Die im Labor arbeitende Rüttelvorrichtung soll ein Tablett mit Proben hin- und herrütteln. Je nach Versuchsbedingungen muss der Rüttelvorgang zeitlich begrenzt werden oder er soll nach einer einstellbaren Anzahl von Rüttelvorgängen abgeschlossen werden.

Technologieschema „Rüttelvorrichtung"

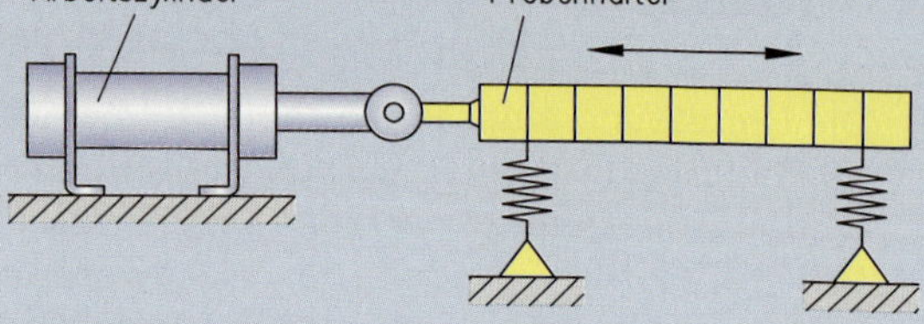

Signalabfolge und Sensoren

Folgende Signale werden von außen in die Steuerung eingegeben:

- Startsignal von Hand durch den Bediener,
- Haltsignal bzw. Reset von Hand durch den Bediener,
- Zykluswahl von Hand durch den Bediener,
- Endlagenabfrage des Zylinders durch die Kolbenstange.

Erweitertes Technologieschema „ Rüttelvorrichtung" und Funktionsdiagramm

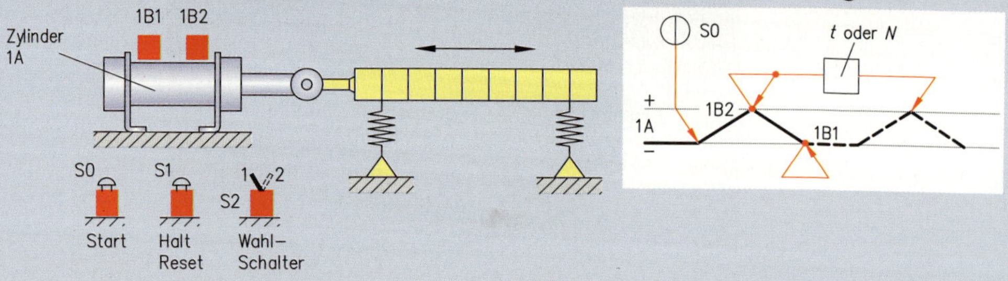

Schrittfolge in der Steuerung

Schritt	Signaleingabe	Ablauf
1	Startsignal über S0	Zylinder 1A fährt aus oder ein (je nach der Ausgangsstellung, in der die Anlage stehen geblieben ist).
2	Weiterschaltsignal vom Sensor 1B2 oder 1B1 am Zylinder 1A	Zylinder 1A fährt hin und her, bis die eingestellte Zeit abgelaufen ist oder bis die eingestellte Hubzahl erreicht ist.
3	Haltsignal über S1	Zylinder führt den Hub zu Ende; mit dem Haltsignal werden auch alle internen Speicher in der Anlage zurückgesetzt.

2. Programmierung der Steuerung planen

Der Fachmann plant die Programmierung der Steuerung, indem er:

- den Pneumatik- oder Hydraulikschaltplan nach dem erweiterten Technologieschema erstellt und um die Anordnung der Steuerungseinheit erweitert,
- die Hardware für die Steuerungseinheit festlegt,
- die Eingänge und Ausgänge der Steuerungseinheit beschaltet,
- eine Zuordnungsliste aufstellt,
- einen Funktionsplan für die Steuerung erstellt.

Programmierung der Steuerung „Rüttelvorrichtung" planen

Pneumatikschaltplan mit Zuordnung der Steuerungseinheit

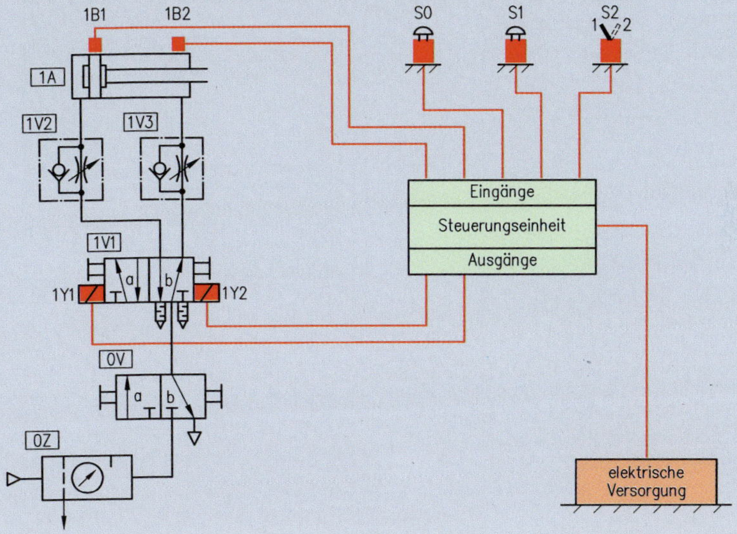

Als Hardware bieten sich u. a. die Steuerungseinheiten EASY von der Firma Klöckner-Moeller oder die Steuerungseinheiten LOGO von der Firma Siemens an. Beide Systeme sind mit umfangreichen Modulen und Softwarepaketen ausgerüstet und über das Internet erreichbar.

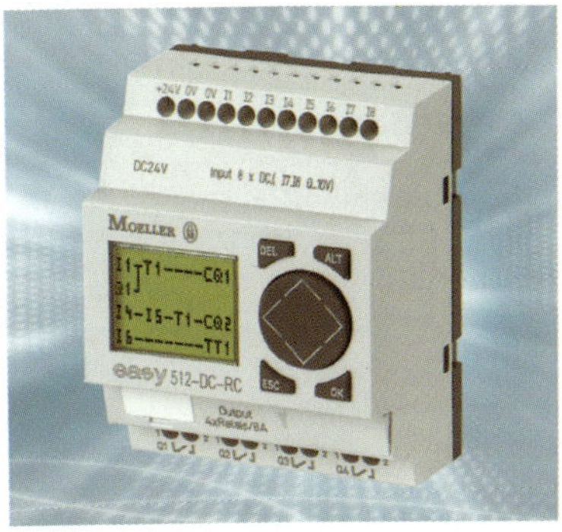

Diese Steuerungseinheiten können direkt am Gerät oder über den PC programmiert werden. Über Funktionstasten am Gerät kann der Fachmann in ein gespeichertes Programm eingreifen und z. B. Zeitvorgaben oder Zählereigenschaften einstellen oder ändern (parametrieren).

Auswahl der Hardware und Zuordnung der Sensoren und Aktoren

Für die Steuerung wird eine LOGO der Firma Siemens gewählt, die über 8 Eingänge und 4 Ausgänge verfügt.

Die Anschlüsse an die Klemmen werden gemäß Skizze geplant.

Für den Start-, den Wahlschalter und die Zylinderabfrage sind Schließerkontakte vorgesehen, der Halttaster wird als Öffnerkontakt festgelegt.

Die Spulen der Ventile können direkt an die Ausgänge der Steuerungseinheit angeschlossen werden, da ihre Leistungsaufnahme gering ist.

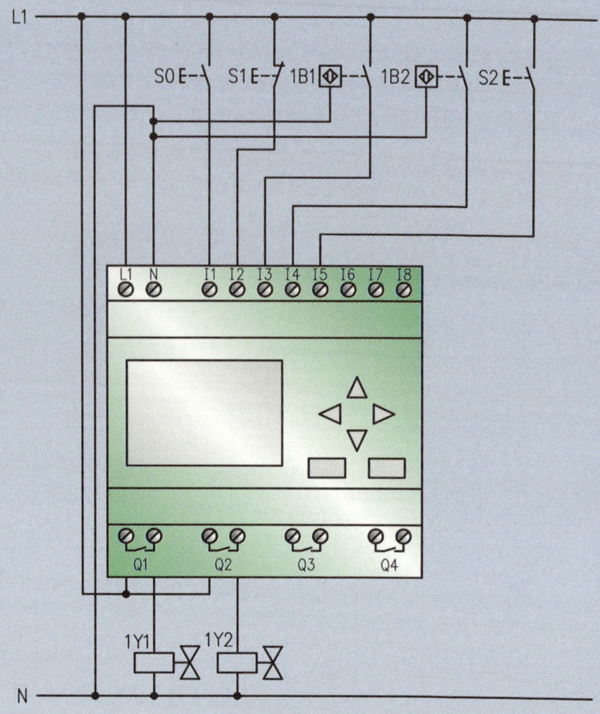

Zuordnungsliste

Betriebsmittel		Operand mit Signalzuordnung und Funktion	
		Eingabeelemente (Sensoren)	
Starttaster (Schließer)	**S0**	**I1 = 1**	Starttaster gedrückt
Halttaster (Öffner)	**S1**	**I2 = 1**	Halttaster und Reset nicht betätigt
Wahlschalter	**S2**	**I5 = 1** **I5 = 0**	Schalter Stellung „1“; Zyklus über Zeitgeber Schalter Stellung „2“; Zyklus über Zähler
Sensor (Schließer)	**1B1**	**I3 = 1**	Zylinder „Rütteln“ ist eingefahren
Sensor (Schließer)	**1B2**	**I4 = 1**	Zylinder „Rütteln“ ist ausgefahren
		Ausgabeelemente (Aktoren)	
Magnetspule	**1Y1**	**Q1 = 1**	Spannung auf Spule 1Y1; Zyl. „Rütteln“ fährt aus ***Hinweis:*** *Signal Q1 bleibt im Ventil 1V1 gespeichert, bis Signal Q2 kommt.*
Magnetspule	**1Y2**	**Q2 = 1**	Spannung auf Spule 1Y2; Zyl. „Rütteln“ fährt ein ***Hinweis:*** *Signal Q2 bleibt im Ventil 1V1 gespeichert, bis Signal Q1 kommt.*

Der Funktionsplan für die Steuerung stellt dar, wie die Eingangssignale des Prozesses in der Steuerungseinheit verarbeitet werden, damit die vorgesehenen Ausgangssignale erreicht werden.

Der Fachmann behält in der Planungsphase den Überblick über die Steuerung, indem er sie zunächst in kleineren logischen Einheiten plant und austestet.

Je umfangreicher die Planung wird, desto systematischer geht er vor, indem er z. B. verschiedene Linienarten benutzt und/oder farbige Elemente einsetzt.

Funktionsplan für die Steuerung „Rüttelvorrichtung"

Teilfunktionsplan für die Steuerung über den Zeitgeber

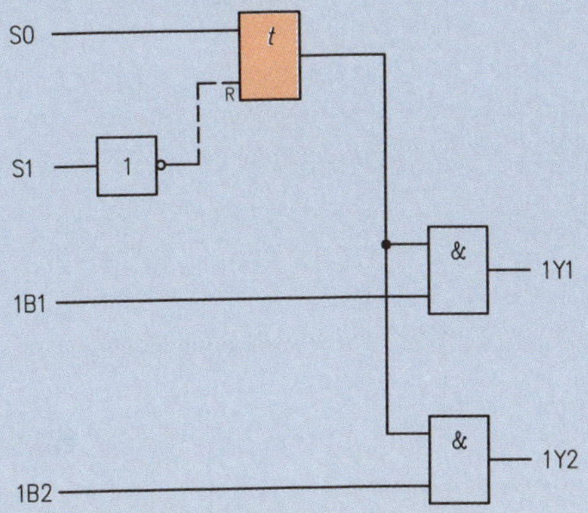

Teilfunktionsplan für die Steuerung über den Zähler

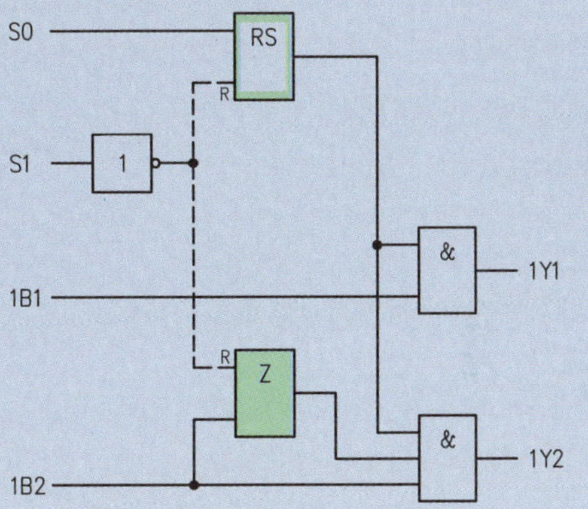

Funktionsplan für die vollständige Steuerung – alternative Steuerung über Zeitgeber oder Zähler

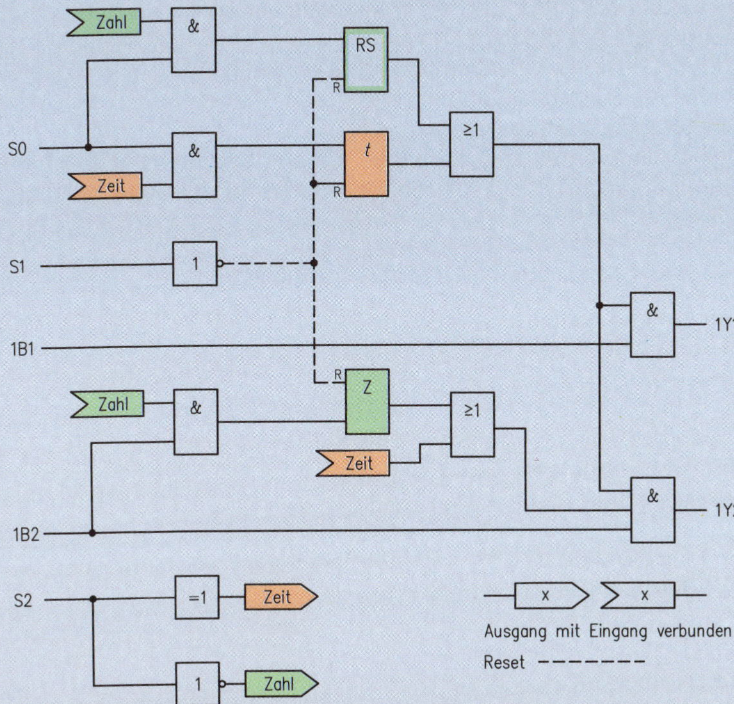

3. Steuerungsprogramm schreiben

Der Fachmann schreibt das Programm für die Steuerung, indem er den Funktionsplan unter Berücksichtigung der Zuordnungsliste in ein menügeführtes Programm eingibt. Er geht dabei in folgenden Schritten vor:

- Setzen der Ein- und Ausgänge sowie der Logikbausteine (Blöcke),
- Verbinden der Eingänge mit den Ausgängen über die Logikelemente,
- Ausrichten und Beschriften der Elemente,
- Eingeben notwendiger Parameter,
- Durchführen von Simulationstests.

Programm für die Steuerung „Rüttelvorrichtung“ schreiben

Hinweis: Die Programmierung erfolgt hier in LOGO.

Setzen der Elemente

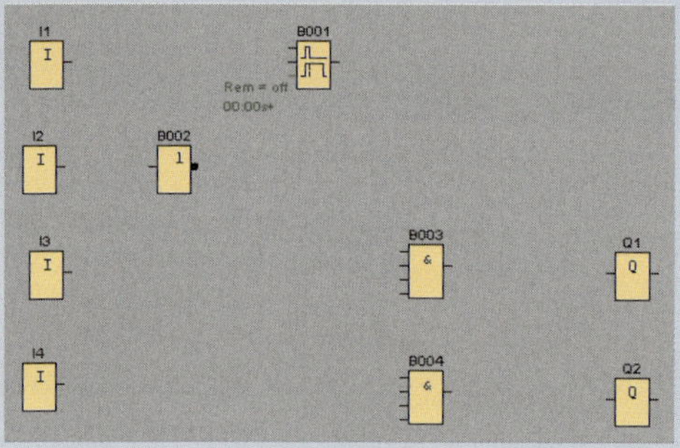

Die Eingänge werden links und die Ausgänge rechts platziert; die Funktionsbausteine ordnet man etwa entsprechend dem skizzierten Funktionsplan an. Das Programm kennzeichnet automatisch die eingeführten Elemente. Die Eingänge und Ausgänge lassen sich nachträglich kennzeichnen.

Verbinden der Elemente

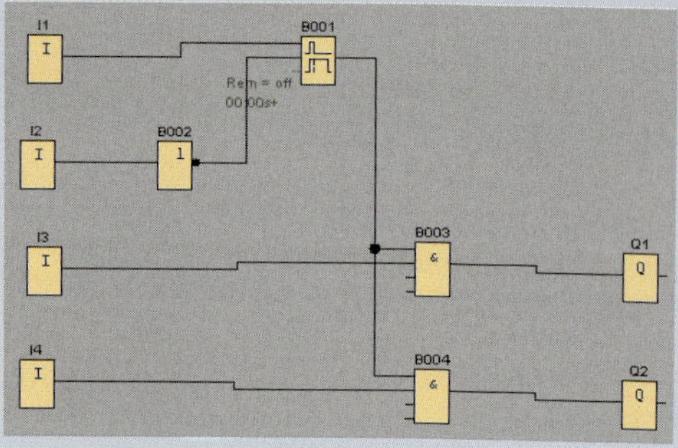

Die Eingänge werden gemäß der Zuordnungsliste und dem skizzierten Funktionsplan über die Logikelemente mit den vorgesehenen Ausgängen verbunden. Bei dieser Zuordnung muss der Fachmann besonders auf die Vereinbarungen in der Zuordnungsliste achten.

Ausrichten, Beschriften und Parametrieren der Elemente

Die Elemente und Linien des Funktionsplanes werden übersichtlich ausgerichtet. Über ein Textsystem beschriftet der Fachmann den Plan so, dass die Bedeutung der Ein- und Ausgänge sowie der besonderen Funktionselemente deutlich wird. Über ein aufrufbares Kontaktmenü werden einzelne Bausteine parametriert.

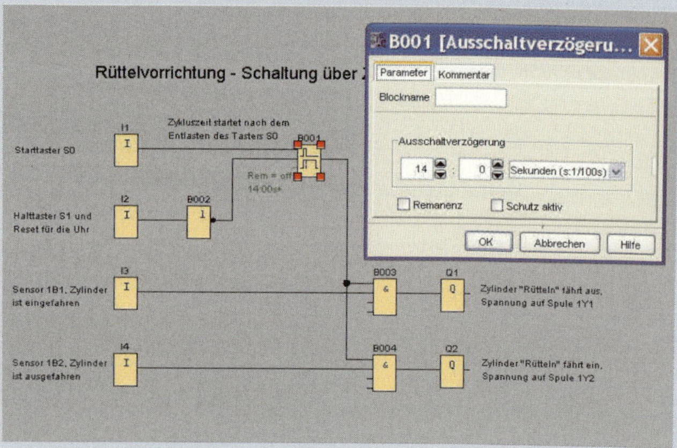

Der Fachmann führt Simulationstests für ein Steuerungsprogramm am PC durch, indem er

- das Programm aufruft und den Simulationsmodus einschaltet,
- den Sensoren die Eigenschaften gemäß der Planungsvorgaben zuordnet,
- die Signaleingabe gemäß Planung im Steuerungsablauf vornimmt und die Belegung der Ausgänge beobachtet.

Simulation des Teilfunktionsplans „ Rüttelvorrichtung – Schaltung über Zeitgeber“

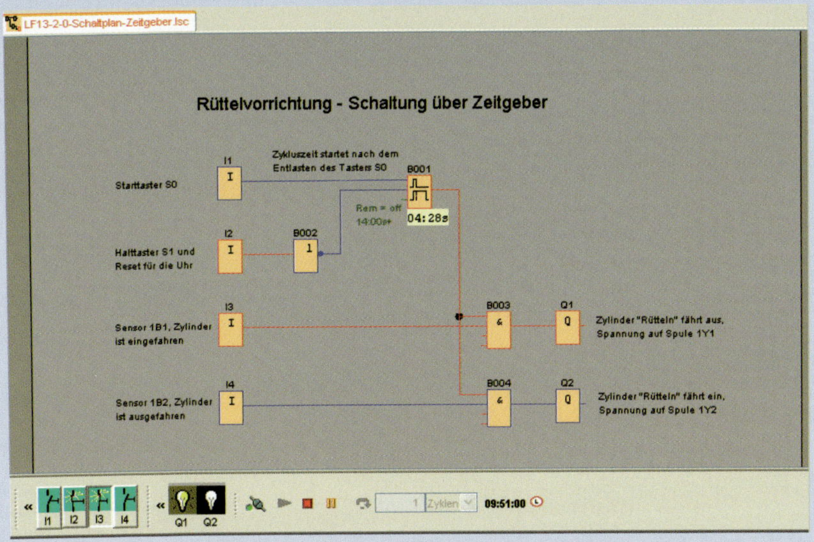

Beschreibung des abgebildeten Simulationszustands

- Der Startaster S0 ist vor 4:28 s losgelassen worden, so lange lief die Uhr (B001).
- An den UND-Bausteinen B003 und B004 liegt somit über die Uhr das Startsignal an.
- Der Halttaster S1 ist nicht gedrückt, da er als Öffner beschaltet ist, es liegt jedoch Spannung an. Nach dem Negationsbaustein (B002) liegt dadurch kein Signal vor.
- Der Zylinder ist eingefahren und hat den Sensor 1B1 betätigt. Dadurch liegt Signal am Eingang I3 an. Der UND-Baustein B003 hat das zweite notwendige Signal am Eingang und schaltet somit durch.
- Der Ausgang Q1 hat Signal. Das bedeutet, dass die Spule 1Y1 Spannung erhält und das Stellglied (Ventil 1V1) umschaltet; somit fährt die Kolbenstange aus.

Weiterer Simulationsverlauf

Nach dem obigen Simulationszustand muss der Fachmann den Sensor 1B1, also den Eingang I3, spannungsfrei schalten, denn die Kolbenstange hat sich inzwischen in Richtung „Ausgefahren“ bewegt. Der Ausgang Q1 erhält kein Signal mehr. Wichtig für die Simulation der Steuerung ist nun aber zu beachten, dass das eingesetzte Pneumatikventil umgeschaltet bleibt, weil es als Speicherelement konstruiert ist.

Der Zylinder fährt nun im weiteren Verlauf der Simulation aus und der Sensor 1B2 wird betätigt. Da nun am UND-Baustein (B004) das Startsignal und das Eingangssignal I4 anliegen, schaltet das Element durch und der Ausgang Q2 ist beschaltet. Somit bekommt die Spule 1Y2 Spannung, schaltet das Ventil um und die Kolbenstange fährt ein. Das Hin und Her der Zylinderbewegung bleibt so lange möglich, bis die Uhr ausschaltet oder der Halttaster S1 gedrückt wird. Vor einem Neustart muss der Halttaster S1 gedrückt werden, damit die Uhr zurückgesetzt wird.

Für ein bestehendes Steuerungsprogramm nimmt der Fachmann Änderungen oder Erweiterungen vor, indem er

- das Programm aufruft und gegebenenfalls mit einem neuen Dateinamen versieht,
- nicht mehr notwendige Verbindungen löst und überflüssige Bausteine löscht,
- neue Bausteine und Verbindungen einführt,
- die Bausteine – falls notwendig – mit Parametern belegt,
- Simulationstests durchführt.

Änderung des Steuerungsprogramms Rüttelvorrichtung zur Schaltung über einen Zähler

In dem Steuerungsprogramm mit der Schaltung über den Zeitgeber werden die Verbindungen zu der Uhr (Block B001) aufgehoben.

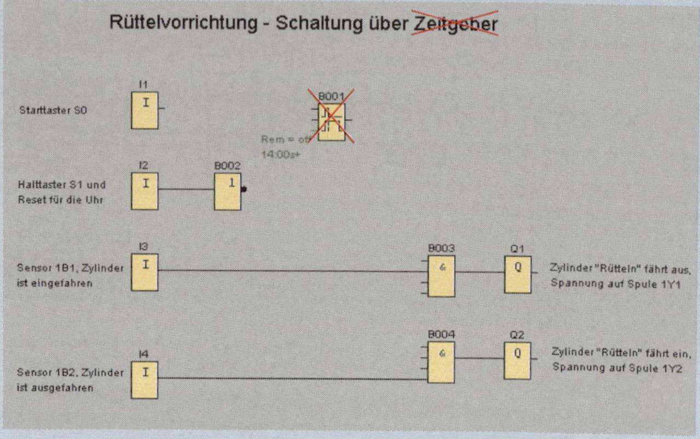

Statt der Uhr muss ein Speicherelement (B006) eingeführt werden, damit das Impulssignal des Starttasters S0 in der Steuerung als Dauersignal erhalten bleibt.

Dem Signalpfad des Sensors 1B2 zum Ausgang Q2 wird ein Zähler (B005) parallel gesetzt. Dieser Zähler hat an seinem Ausgang Signal anstehen.

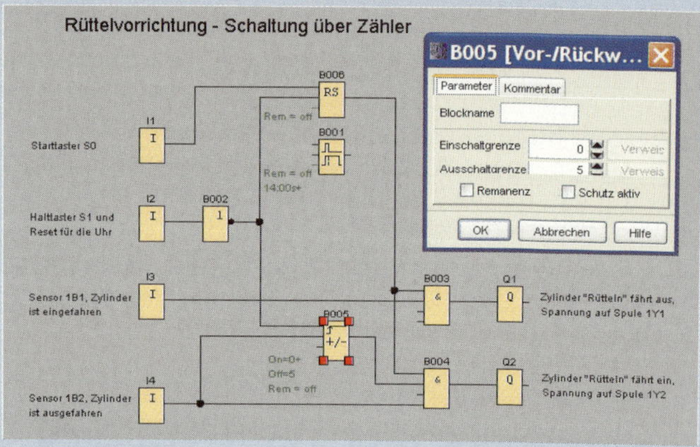

Nach einer einstellbaren Anzahl von Impulsfolgen auf seiner Eingangsseite – der Zähler muss entsprechend parametriert werden – gibt er kein Signal mehr an das UND-Glied (B004). Dadurch bekommt der Ausgang Q2 kein Signal mehr und der Kolben des Zylinders kann keine neue Bewegung ausführen.

Sowohl der Speicher (B006) als auch der Zähler (B005) werden mit dem Negationselement (B002) verbunden, damit der Reset erfolgen kann.

Erstellen des endgültigen Programms

Das bestehende Programm wird fertig gestellt, indem zunächst Verbindungen an den Elementen gelöscht werden, die erweitert werden sollen. Die notwendigen Elemente werden eingeführt und gemäß dem Funktionsplan verbunden.

Die Ausgänge des Wahlschalters legt der Fachmann zunächst direkt an die vorgesehenen Eingänge der anderen Blöcke. Nach einem Simulationstest optimiert er das Schaltbild dadurch, dass er die Verbindungen an den Stellen menügeführt auftrennt und durch Verbindungselemente ersetzt.

Das endgültige Programm mit allen Verbindungslinien

In der Darstellungsform mit geschlossenen Verbindungslinien sind alle logischen Verbindungen zwischen den einzelnen Elementen der Steuerung dargestellt und somit direkt nachvollziehbar. Der Plan ist jedoch wegen der vielen sich kreuzenden Linien unübersichtlich.

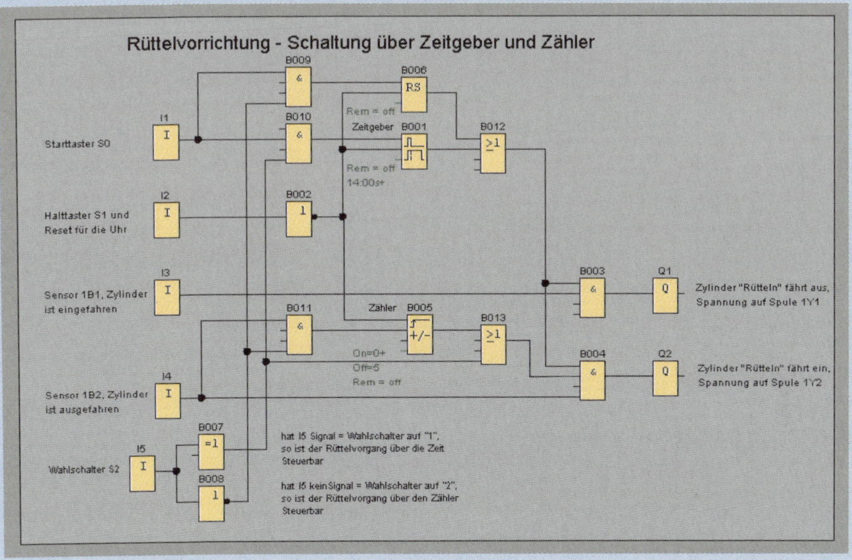

Das endgültige Programm mit aufgeschnittenen Verbindungslinien

In der Darstellungsform mit geschnittenen Verbindungslinien schneidet man die logischen Verbindungen zwischen zusammenhängenden Elementen auf. Die Schnittstelle wird über das Programm automatisch so gekennzeichnet, dass man nachvollziehen kann, welche Bausteine an welchen Stellen miteinander verbunden sind.

Den Programmausdruck zum endgültigen Programm siehe folgende Seite. Auf der Seite stehen im unteren Bereich auch alle zur Dokumentation gehörenden Angaben.

4. Programm für die Steuerung testen und dokumentieren

Ein am PC erstelltes Steuerungsprogramm erprobt der Fachmann, indem er

- für das Programm zunächst Simulationstests am PC durchführt,
- danach das Steuerungsprogramm speichert und in das Steuergerät überträgt,
- das Steuergerät mit den Sensoren und Aktoren der Vorrichtung verdrahtet – was auch über Klemmenleisten durchgeführt werden kann – und
- den eigentlichen Testlauf mit dem eingespeicherten Programm durchführt und eventuell Korrekturen vornimmt.

Ist die Testphase erfolgreich abgeschlossen, so dokumentiert der Fachmann die Unterlagen, indem er

- die Dateidaten festlegt,
- notwendige Listen erstellt,
- die Zeichnung für das Programm beschriftet und
- das Programm abspeichert.

Programm zur Steuerung für eine Rüttelvorrichtung – Darstellung in LOGO

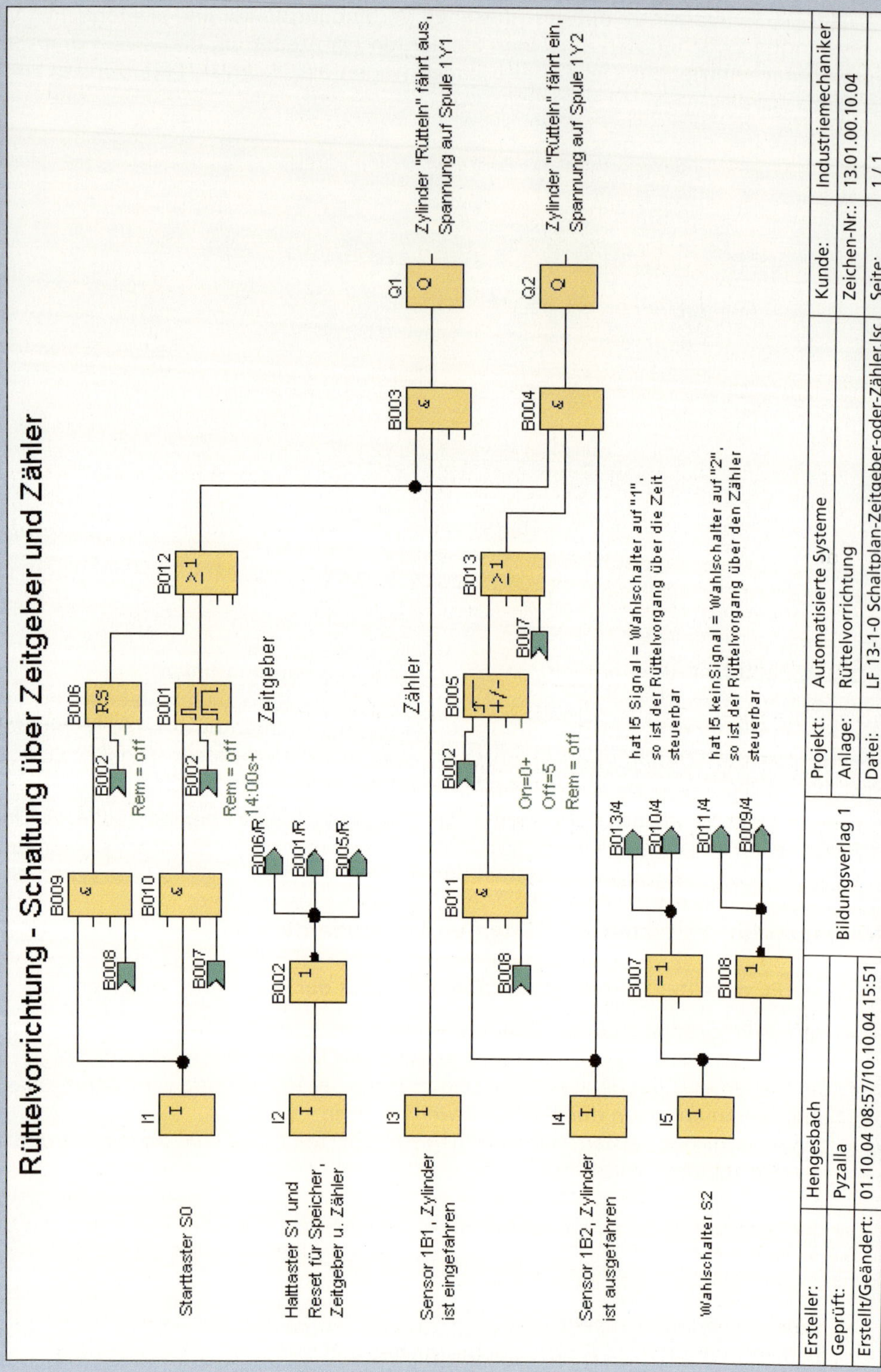

13.1.1 Lernsituation
Umsetzen einer Tischbewegung in eine programmierbare Steuerung

Situation:
Der Werkstücktisch einer Flachschleifmaschine wird über einen Hydraulikzylinder hin- und herbewegt. Die Umsteuerung des Tischs erfolgt über verstellbare Sensoren am Gehäuse und dem Nocken am beweglichen Werkstücktisch.

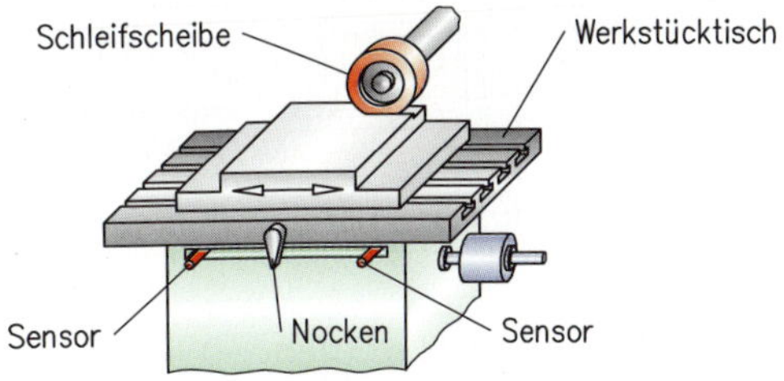

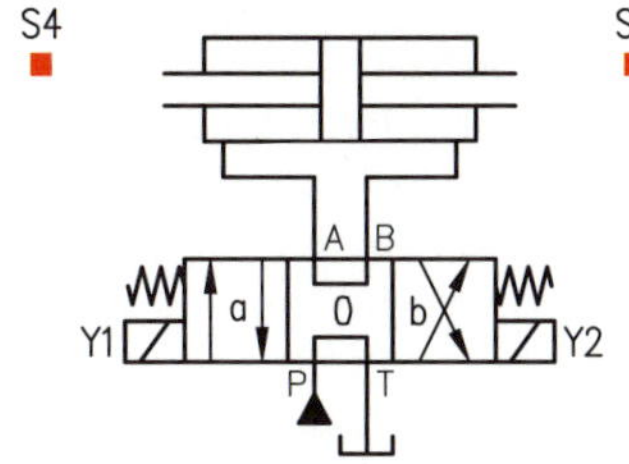

Der Ablauf der Anlage muss wie folgt eingehalten werden:
- Stromversorgung über einen Schlüsselschalter S1. Der Start des Tischantriebs ist über einen gesonderten, rastenden Einschalter S3 vorzusehen.
- Start des Tischantriebs ist nur möglich, wenn der Schleifscheibenmotor läuft. Die Abfrage dazu erfolgt über einen Sensor S2.
- Umgeschaltet wird der Tischantrieb jeweils mithilfe der Sensoren S4 und S5, die von dem Nocken betätigt werden.
- Das Ende des Tischantriebs erfolgt über das Rücksetzen des Startschalters S3, dabei soll die jeweilige Hubbewegung noch beendet werden.

1. Auftrag analysieren

1.1 Untersuchen Sie den Signalfluss (Technologieschema erweitern, Funktionsdiagramm aufstellen).
1.2 Beschreiben Sie den schrittweisen Ablauf der Steuerung.

2. Programm der Steuerung planen

2.1 Erweitern Sie den Hydraulikschaltplan und ordnen Sie ihm die Steuerungseinheit zu.
2.2 Legen Sie die Hardware für die Steuerungseinheit fest und beschalten Sie diese Einheit.
2.3 Stellen Sie eine Zuordnungsliste für die Steuerung auf.
2.4 Entwickeln Sie den Funktionsplan.

3. Steuerungsprogramm schreiben

3.1 Schreiben Sie das Programm für die Steuerung.
3.2 Führen Sie Simulationstests durch.

4. Inbetriebnahme der Steuerung durchführen und dokumentieren

4.1 Übertragen Sie das Programm in das Steuerungsgerät und verdrahten Sie Sensoren und Aktoren.
4.2 Führen Sie die Inbetriebnahme der Steuerung in Schritten durch.
4.3 Dokumentieren Sie Ihr Programm.

Hinweis: Zur Bearbeitung der obigen Aufgaben kann ein im Lehrmittelhandel angebotenes System eingesetzt werden. Die Inbetriebnahme kann im Laborbetrieb auch mit pneumatischen Elementen erprobt werden. (Siehe auch CD-Rom „Zusatzmaterialien")

13.1.2 Lernsituation
Umsetzen einer Pressensteuerung in eine programmierbare Steuerung

Lernsituation

Situation:
In einer Klebepresse werden zwei Bauteile aufeinander gepresst und eine Zeit lang unter Druck gehalten. Die Bauteile werden von Hand in die Presse gelegt und justiert.
Als Arbeitsglied ist ein doppelt wirkender Pneumatikzylinder vorgesehen. Die Anlage soll über eine programmierbare Steuerung arbeiten.

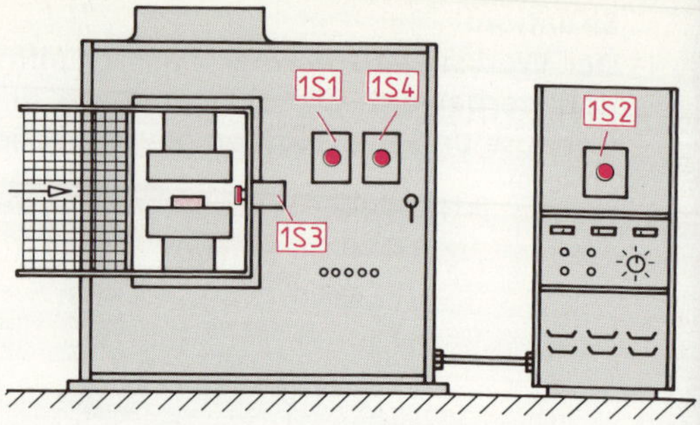

Der Ablauf in der Anlage muss wie folgt eingehalten werden:
- Der Pressvorgang soll nur dann möglich sein, wenn das Schutzgitter geschlossen ist, Abfrage über 1S3.
- Der Pressvorgang wird entweder über die Handtaster 1S1 und 1S4 an der Maschine eingeleitet oder über den etwas entfernt liegenden Taster 1S2 an der Steuersäule.
- Der Pressvorgang dauert eine einstellbare Zeit an.
- Die Steuerung wird zurückgesetzt, wenn das Schutzgitter geöffnet wird.

1. Auftrag analysieren

1.1 Untersuchen Sie den Signalfluss.
1.2 Beschreiben Sie den schrittweisen Ablauf der Steuerung.

2. Programm der Steuerung planen

2.1 Zeichnen Sie den Pneumatikschaltplan und ordnen Sie ihm die Sensoren und Steuerungseinheit zu.
2.2 Legen Sie die Hardware für die Steuerungseinheit fest und beschalten Sie diese Einheit.
2.3 Stellen Sie eine Zuordnungsliste für die Steuerung auf.
2.4 Entwickeln Sie den Funktionsplan.

3. Steuerungsprogramm schreiben

3.1 Schreiben Sie das Programm für die Steuerung.
3.2 Führen Sie Simulationstests durch.

4. Inbetriebnahme der Steuerung durchführen und dokumentieren

4.1 Übertragen Sie das Programm in das Steuerungsgerät und verdrahten Sie Sensoren und Aktoren.
4.2 Führen Sie die Inbetriebnahme der Steuerung in Schritten durch.
4.3 Dokumentieren Sie Ihr Programm.

Hinweis: Zur Bearbeitung der obigen Aufgaben kann ein im Lehrmittelhandel angebotenes System eingesetzt werden. (Siehe auch DVD „Zusatzmaterialien")

13.2 Handlungssituation
Programmieren eines Industrieroboters zur Prozessoptimierung

Ein Industrieroboter lässt sich sehr variabel für unterschiedliche Handhabungs- oder Fertigungsaufgaben einsetzen. Ein Grund für diese flexible Verwendbarkeit des Roboters ist seine hohe Bewegungsfreiheit, welche durch

- die Anzahl der Achsen des Roboters,
- seine Bauart,
- die Größe seines Arbeitsraums und
- seine frei programmierbare Handhabung

bestimmt wird.

Die Aufgabe des Fachmanns besteht darin, für den Fertigungseinsatz des Roboters die Bewegungen zu planen und diese in einen für die Robotersteuerung verständlichen Programmcode zu übertragen.

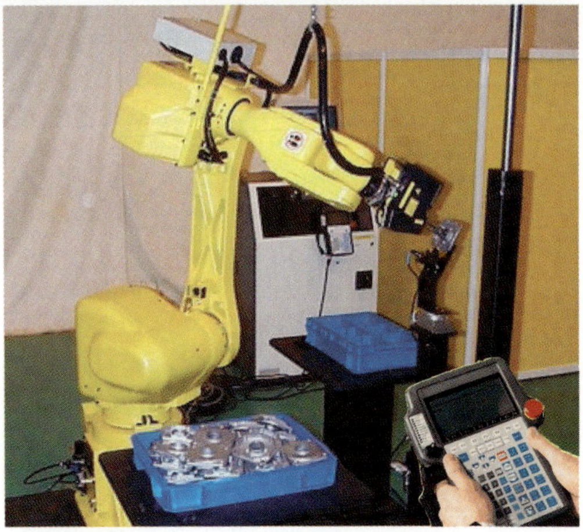

Programmierung eines Roboters

Beispiel: Programmieren eines Handhabungsroboters zur Prozessoptimierung

Funktionsbeschreibung:

Ein Handhabungsroboter entnimmt aus einer Box Stahlbleche und legt sie zum Gesenkbiegen in eine Hydraulikpresse. Nach der Bearbeitung entnimmt er das umgeformte Blech wieder und legt es für die weitere Bearbeitung auf ein Rollenband. Zum Aufnehmen der Bleche ist am Roboter ein Vakuumgreifer montiert. Ein Näherungssensor am Vakuumgreifer gibt der Robotersteuerung ein Signal E3, welches das Ansaugen des Blechs auslösen soll.

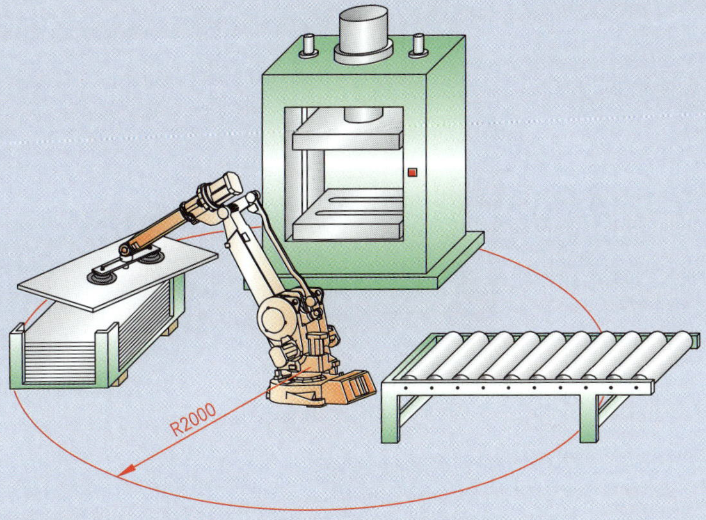

Situation:

Um Stillstandszeiten während der Beschickung zu vermeiden, soll eine zweite Box im Arbeitsraum bereitgestellt werden. Während der Roboter die Werkstücke aus einer Box entnimmt, kann die leere Box durch eine volle ausgetauscht werden.

Die Steuerung und Programmierung des Roboters ist der neuen Situation anzupassen.

1. Auftrag analysieren

Der Fachmann stellt zunächst eine Aufgabenstellung für die Anpassung der Robotersteuerung fest, indem er

- Erkundigungen einzieht, welche Anforderungen an die Prozessoptimierung gestellt werden;
- die Anforderungen an das Gesamtsystem, in dem der Roboter eingesetzt wird, berücksichtigt;
- die Randbedingungen für den Roboter, wie z. B. Arbeitsraum, Handhabungskapazität oder Bewegungsgeschwindigkeit feststellt;
- die technischen Dokumentationen des Systems zu Hilfe nimmt.

Aus der Aufgabenstellung erkennt der Fachmann, inwieweit die Steuerung und Programmierung des Roboters geändert werden muss.

Auftrag „Handhabungsroboter" analysieren

Der Fachmann erkennt aus der Situation folgende Aufgabenstellungen:

1. Der Werkstückpuffer soll durch eine zweite Box erweitert werden.
2. Eine Umprogrammierung des Roboters ist erforderlich.

Er sichtet die technischen Dokumentationen für den Handhabungsroboter, aus denen er u. a. den Arbeitsraum und die Leistung der Bewegungsachsen des Roboters ablesen kann.

LEISTUNG			
Positionswiederholgenauigkeit		± 0,06 mm (Durchschnittswert aus ISO-Test)	
Achsenbewegung	IRB 2400L	IRB 2400/10	IRB 2400/16
Achse	Arbeitsbereich	Arbeitsbereich	Arbeitsbereich
1 C Rotation	360°	360°	360°
2 B Arm	200°	200°	200°
3 A Arm	125°	125°	125°
4 D Handgelenk	370°	400° (unbegrenzt)*	400° (unbegrenzt)*
5 E Neigung	240°	240°	240°
6 P Rotation	800°	800° (unbegrenzt)*	800° (unbegrenzt)*

* als Option

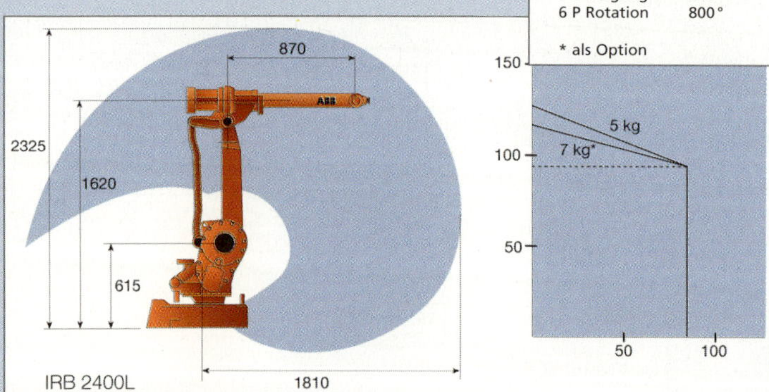

Hinweis: Technische Dokumentationen zu dem Handhabungsroboter siehe CD-ROM „Zusatzmaterialien": Datenblatt: Roboter; Produktspezifikation: Roboter

2. Gestaltung der Roboterumgebung planen

Der Fachmann legt die Positionen der Entnahme-, Ablage-, bzw. Bearbeitungsstellen des Roboters fest, indem er

- die Reichweite des Roboterarms (Arbeitsraum) berücksichtigt,
- die anzufahrenden Stellen auf ihre Zugänglichkeit für den Roboterarm hin untersucht und
- Kollisionsgefahren vermeidet.

Der Fachmann plant Schutzeinrichtungen für den Arbeitsplatz des Roboters, indem er u. a.

- den Arbeitsraum mit einem Gitter vor Zutritt absichert,
- Öffnungen und Vorrichtungen für die Werkstückübergabe vorsieht.

Der Fachmann bestimmt, welche äußeren Gegebenheiten für die Robotersteuerung zu berücksichtigen sind, indem er

- aus der Aufgabenstellung ermittelt, welche Sensorsignale für den Steuerungsablauf benötigt werden;
- festlegt, an welchem Ort diese Signale durch Sensoren erfasst werden.

Planung der Umgebung des Handhabungsroboters

Der Fachmann legt die Position der zweiten Box im Arbeitsraum des Handhabungsroboters fest.

Um den Arbeitsraum wird ein Schutzgitter vorgesehen, welches Öffnungen zur gefahrlosen Werkstückübergabe besitzt.

Für Einrichttätigkeiten muss eine Zugangstür vorgesehen werden, die durch Verriegelungen gegen unbefugtes Betreten abgesichert wird.

Der Fachmann erkennt aus der vorgesehenen Bewegungsabfolge die von der Robotersteuerung benötigten Informationseingaben.

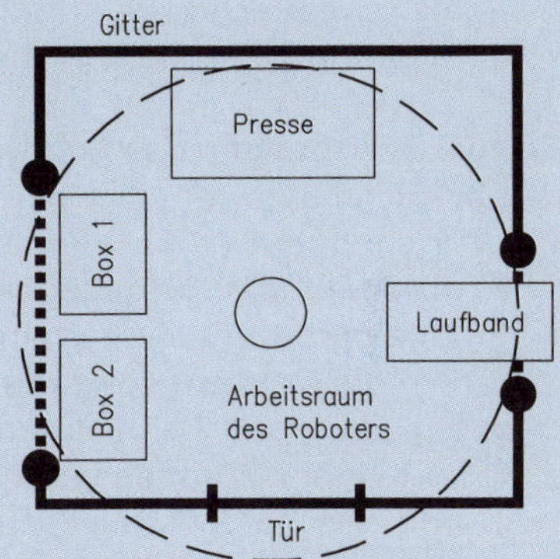

Gestaltung des Roboterumgebung

Er wählt einen Sensor, der die benötigte Information in ein von der Robotersteuerung verarbeitbares Signal umwandelt. Dabei kennzeichnet er die Sensorsignale für die folgende Programmierung des Roboters.

Benötigte Informationseingaben	Sensor/Lage	Signalkennzeichnung
Erkennung, ob sich noch mindestens ein Werkstück in Box 1 befindet	Näherungssensor am Boden von Box 1	E1
Erkennung, ob sich noch mindestens ein Werkstück in Box 2 befindet	Näherungssensor am Boden von Box 2	E2
Erkennung, wann sich ein Werkstück in Saugreichweite befindet	Näherungssensor am Sauggreifer	E3
Erkennung, ob der Pressenstempel wieder in die Ausgangslage zurückgefahren ist	Näherungssensor an der Presse	E4

Der Anschluss der Sensoren an die Steuerungshardware des Roboters wird von einem Spezialisten durchgeführt.

3. Bewegungen des Industrieroboters planen und programmieren

Für die eigentliche Anpassung und Programmierung der Steuerung setzt der Fachmann das vom Hersteller des Roboters vorgesehene Programmierungsverfahren ein.
(Hinweis: Dargestellt wird hier der Arbeitsablauf bei einer TEACH-IN-Programmierung.)

Bei der TEACH-IN-Programmierung erstellt der Fachmann das Steuerungsprogramm für den Roboter, indem er

- die Aufgabenstellung in eine Lageskizze überträgt,
- Verfahrwege festlegt und Positionsnummern vergibt,
- einen Programmablaufplan erstellt,
- komplexe, wiederkehrende Bewegungsabläufe in sinnvolle Unterprogramme strukturiert,
- das Handprogrammiergerät einsetzt, um die festgelegten Positionen anzufahren und die jeweils erreichten Koordinaten zu speichern,
- in der Programmiersprache des Robotersystems den Programmcode erstellt.

1. Schritt: Bewegungen des Roboters planen

Der Fachmann geht bei der Planung der Bewegungen des Roboters nach folgenden Überlegungen vor. Er

- überträgt die Aufgabenbeschreibung in eine Lageskizze, in der die Positionen der Teile und eventuell vorhandene Hindernisse dargestellt werden,
- legt die Grundstellung des Roboters fest,
- legt Start- und Zielpunkte fest, dazu, falls notwendig, auch entsprechende Stützpunkte,
- vergibt den Punkten logische Positionsnummern, die die Programmierung erleichtern,
- und entscheidet schließlich, wie die Bahn des Effektors zwischen den Punkten verlaufen soll.

Bewegungen für den Handhabungsroboter planen

Der Roboter steht zwischen Presse, Boxen und Rollband.
Die Grundstellung (100) hat der Roboterarm links neben der Presse.
Die Punkte 1, 2, 3 und 4 sind Start- und Zielpunkte.
Um Kollisionen des Roboters mit den Streben oder der Presse auszuschließen, legt der Fachmann folgenden Stützpunkte 11, 12, 13, 14 und 23 fest.

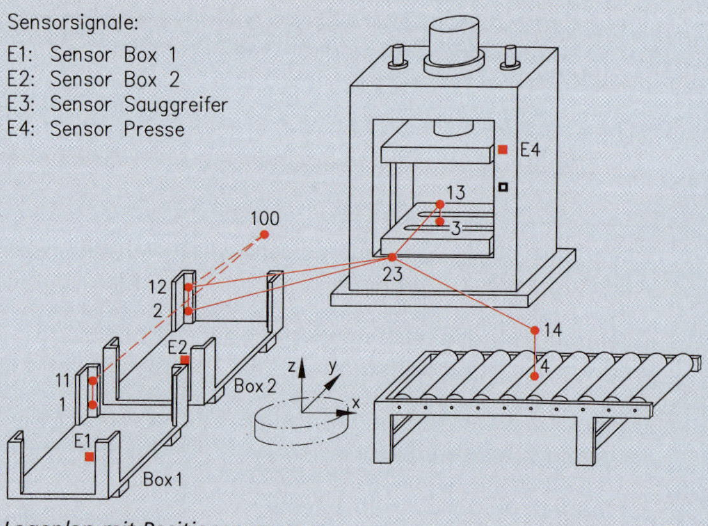

Lageplan mit Positionsnummern

Weiterhin beachtet er, dass der Greiferarm waagerecht in die Presse eingefahren werden muss.
Die Bewegung zwischen den Punkten 1–11, 2–12, 23–13–3 und 14–4 müssen nach der Bahnsteuerung (CP) erfolgen.
Zwischen den Punkten 11–23, 12–23 und 14–23 ist ein Bahnüberschleifen zulässig.

2. Schritt: Programmablaufplan erstellen

Der Fachmann legt die Bewegungsfolgen, Bewegungsanweisungen wie z. B. Verfahrgeschwindigkeit sowie die logischen Verknüpfungen von Sensoren und Aktoren in einem Programmablaufplan fest.

Dieser Programmablaufplan dient als Grundlage für die Programmierung und wird als Dokument abgelegt, weil er die Programmstruktur unabhängig vom Programmcode widerspiegelt.

Programmablaufplan für den Handhabungsroboter erstellen

In dem Programm werden sinnvollerweise Unterprogramme vorgesehen, da die Entnahme des Werkstücks aus der Box ein sich wiederholender Bewegungsablauf ist. Der Fachmann kann das Hauptprogramm so gestalten, dass durch den Aufruf des jeweiligen Unterprogramms entweder Box 1 oder Box 2 geleert wird.

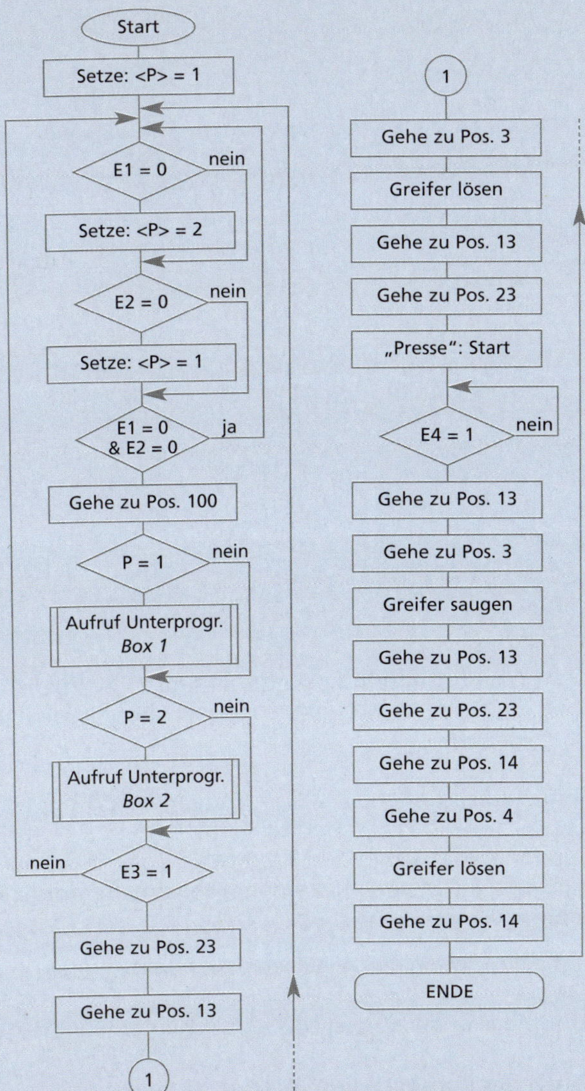

Programmablaufplan des Hauptprogramms

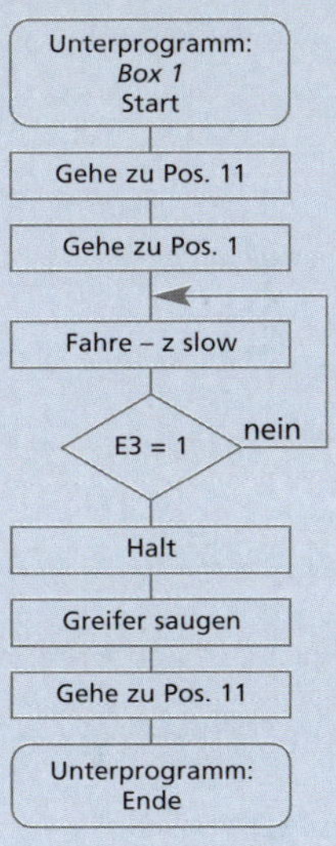

Programmablaufplan „Box 1"

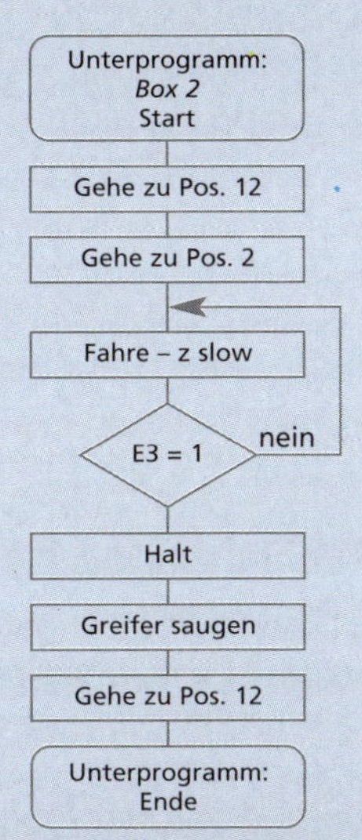

Programmablaufplan „Box 2"

3. Schritt: Programmcode erstellen

Der Programmablaufplan muss vom Fachmann in die vom Roboterhersteller vorgesehene Programmiersprache übertragen werden.
(Hinweis: Programmierbefehle siehe DVD „Zusatzmaterialien")

Programmcode der Robotersteuerung erstellen

Hauptprogramm

Zeile	Befehl
1	SET P = 1
2	LABEL1
3	IF IN[1] = 0
4	SET P = 2
5	ENDIF
6	IF IN[2] = 0
7	SET P = 1
8	ENDIF
9	IF IN[1] = 0
10	ANDIF IN[2] = 0
11	GOTO 1
12	ENDIF
13	SPEED 60
14	MOVED 100
15	IF P = 1
16	GOSUP BOX1
17	ENDIF
18	IF P = 2
19	GOSUP BOX2
20	ENDIF
21	MOVED 23
22	MOVED 13
23	SPEED 10
24	MOVED 3
25	OPEN
26	MOVED 13
27	SPEED 60
28	MOVED 23
29	GOSUP Pressen
30	WAIT IN [4] = 1
31	MOVED 13
32	SPEED 10
33	MOVED 3
34	CLOSE
35	MOVED 13
36	SPEED 60
37	MOVED 23
38	MOVED 14
39	SPEED 10
40	MOVED 4
41	OPEN
42	MOVED 14
43	SPEED 60
44	GOTO 1
45	END

Unterprogramm: BOX 1

Zeile	Befehl
1	MOVED 11
2	MOVED 1
3	SPEED 10
4	MOVE [-Z]
5	IF [3] = 1
6	STOP MOVE
7	CLOSE
8	ENDIF
9	MOVED 11
10	SPEED 60
11	MOVED 100
12	END

Unterprogramm: BOX 2

Zeile	Befehl
1	MOVED 12
2	MOVED 2
3	SPEED 10
4	MOVE [-Z]
5	IF [3] = 1
6	STOP MOVE
7	CLOSE
8	ENDIF
9	MOVED 12
10	SPEED 60
11	MOVED 100
12	END

4. Schritt: Handprogrammiergerät einsetzen

Der Fachmann muss der Robotersteuerung mithilfe des Handprogrammiergeräts die Bewegungsanweisungen vorgeben und die in der Lageskizze verzeichneten Punkte anfahren und abspeichern.
Als vorbereitende Maßnahmen

- hebt er die Funktionen der Schutzeinrichtungen mit seiner Zugangsberechtigung auf,
- schaltet die Steuerung des Roboters in den Programmiermodus,
- begibt sich mit dem Handprogrammierbetrieb in den Arbeitsraum des Roboters und
- nimmt dort einen Standort ein, an dem er auch bei einem Fehlverhalten nicht vom Roboter eingeklemmt oder verletzt werden kann.

Der Fachmann lehrt den Roboter die Positionen der verschiedenen Punkte, indem er mithilfe des Handprogrammiergeräts

- den Effektor an die reale Position des in der Lageskizze verzeichneten Punkts zuerst grob anfährt,
- dann durch feinfühliges Bewegen des Roboters diese Position optimiert und
- schließlich bei exakter Lage des Effektors die genauen Positionen in der Robotersteuerung speichert.

4. Industrieroboter in Betrieb nehmen

Der Fachmann testet die Programmierung im Einrichtbetrieb, indem er

- mit verringerter Geschwindigkeit die Bewegungen des Roboters im Einzelsatz schrittweise abarbeitet,
- die Positionen während der Pogrammabarbeitung abstimmt und verschiebt,
- mit verringerter Geschwindigkeit einzelne Zyklen ausführen lässt
- und die Wartebedingungen simuliert.

Der Fachmann trennt den Gefahrenbereich durch Bildung eines Schutzraums, indem er

- alle Schutzgitter und Umzäunungen anbringt,
- die Zugangstüren schließt und verriegelt und
- die überwachenden Sicherheitseinrichtungen in Betrieb setzt.

Sicherheitseinrichtungen am Roboterarbeitsplatz vorsehen

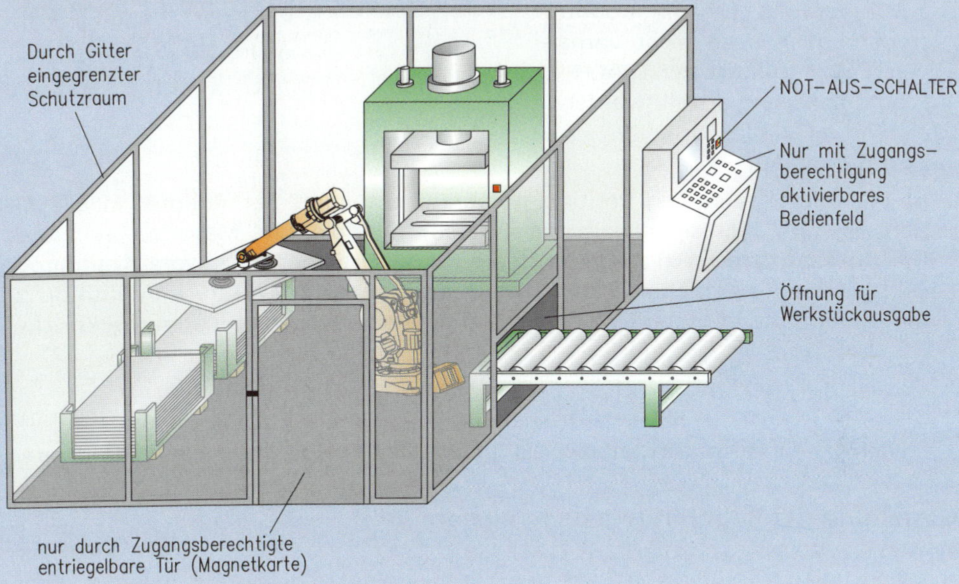

Der Fachmann nimmt die Anlage in Betrieb, indem er

- den Automatikbetrieb der Robotersteuerung aktiviert,
- den Arbeitsablauf mit dem Gesamtsystem ausführen lässt und
- bei Störungsanzeichen den Automatikbetrieb aussetzt.

Sind alle Tests erfolgreich verlaufen, protokolliert er seine Einrichttätigkeit und gibt die Anlage für den Automatikbetrieb frei.

Lernsituation

13.2.1 Lernsituation
Programmieren eines Handhabungsroboters zur Prozessoptimierung

Situation:
Ein Roboter ist Teil einer flexiblen Fertigungszelle, in der Werkstücke durch CNC-Drehen bearbeitet werden. Es liegt ein neuer Fertigungsauftrag vor:

Ein vorgefertigtes Drehteil soll aus einer Palette entnommen und in die CNC-Drehmaschine eingelegt werden. Nach der Bearbeitung wird das Drehteil wieder entnommen und in die Bohrung eines anderen Werkstücks gefügt.

Ein Programm für die Robotersteuerung ist noch nicht vorhanden. Es soll mithilfe der TEACH-IN-Programmierung erstellt werden.

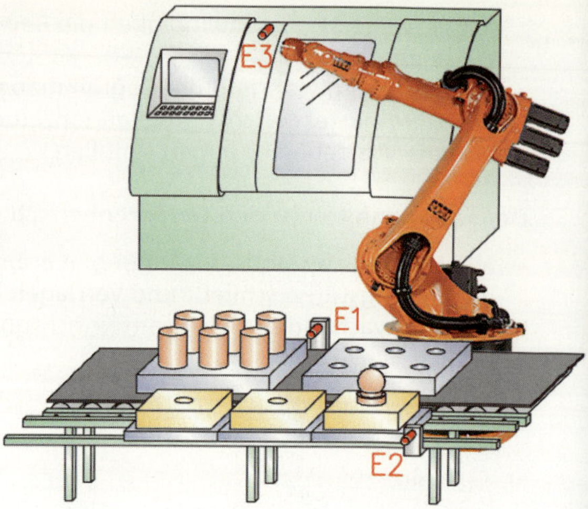

Funktionsablauf

Ist die Rohteilpalette in Position gefahren, entnimmt der Roboter in 6 Zyklen die Rohteile und legt sie jeweils zur Fertigung in die CNC-Maschine ein. Nach dem Drehvorgang öffnet sich automatisch die Tür der Drehmaschine, worauf der Roboter das Drehteil wieder entnehmen kann. Wenn das Aufnahmewerkstück in Position ist, fügt der Roboter das entnommene Drehteil in die Bohrung des Aufnahmewerkstücks.

1. Auftrag analysieren

Stellen Sie die Aufgabenstellung fest, indem Sie den Funktionsablauf formulieren.

2. Gestaltung der Roboterumgebung planen

2.1 Erstellen Sie eine Lageskizze der Roboterumgebung und ergänzen Sie diese durch Schutzeinrichtungen.

2.2 Listen Sie die für den Bewegungsablauf des Roboters benötigten Signale auf und kennzeichnen Sie diese für die Programmierung.

3. Bewegungen des Industrieroboters planen und programmieren

Planen und programmieren Sie die Bewegungen des Roboters nach dem TEACH-IN-Verfahren.
Hinweis: Programmierbefehle auf DVD „Zusatzmaterialien"

4. Industrieroboter in Betrieb nehmen

4.1 Erläutern Sie, welche Sicherheitsmaßnahmen vor der Freigabe der Anlage für den Automatikbetrieb getroffen werden müssen.

4.2 Protokollieren Sie die Einrichttätigkeit.

13.2.2 Lernsituation
Programmieren eines Palettierungsroboters zur Prozessoptimierung

Situation:
In einem kunststofferzeugenden Betrieb wird das hergestellte Kunststoff-Granulat automatisiert in Säcke verpackt. Ein Roboter soll die Säcke mithilfe eines Sauggreifers vom Fließband entnehmen und auf einer Palette ablegen. Fließband und Roboter sind fest montiert. Der Standort der Palette ist noch nicht festgelegt worden.

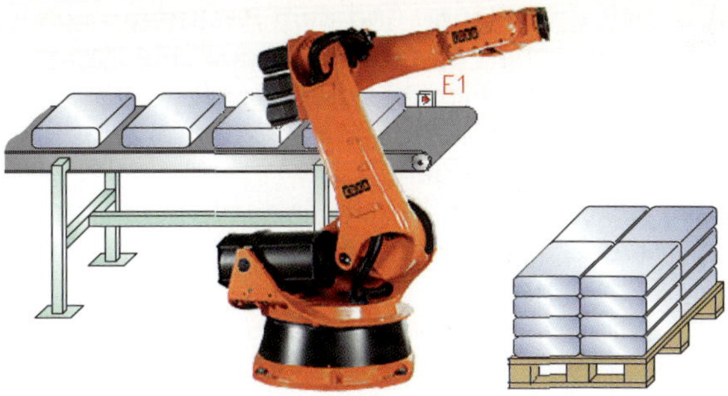

Die Kunststoffsäcke haben die Abmaße 600 mm x 400 mm x 120 mm und sind mit Polyamid-6-Granulat (80 % Füllgrad) gefüllt.

Funktionsablauf
Ist ein abgefüllter Sack am Ende des Fließbands angelangt, bleibt das Band stehen und der Roboter erhält ein Signal, um den Sack vom Fließband aufzunehmen.
Die Säcke sollen vom Roboter schichtweise auf der Palette abgelegt werden. Sind 16 Säcke auf der Palette gestapelt, gibt der Roboter ein Signal zum Palettenwechsel und wartet ab, bis eine leere Palette bereitgestellt wurde und ihm das Signal zum Weiterarbeiten gegeben wird.
Die Bewegungen des Roboters sind zu programmieren.
Hinweis: Produktbeschreibung siehe (Roboter: Kuka KR 100) DVD „Zusatzmaterialien"

1. Auftrag analysieren

1.1 Stellen Sie die Aufgabenstellung fest, indem Sie den Funktionsablauf formulieren.
1.2 Sichten Sie die Produktbeschreibung des Roboters und stellen Sie die Randbedingungen fest.

2. Gestaltung der Roboterumgebung planen

2.1 Legen Sie den Standort der Palette fest.
2.2 Erstellen Sie für Planungsunterlagen eine Lageskizze der Roboterumgebung.
2.3 Bilden Sie einen Schutzraum um den Gefahrenbereich des Palettierungsroboters, indem Sie diesen in der Lageskizze einzeichnen.
2.4 Ergänzen Sie den Schutzraum durch weitere Schutzeinrichtungen.

3. Steuerung des Industrieroboters planen und programmieren

Planen und programmieren Sie die Bewegungen des Roboters nach dem TEACH-IN-Verfahren.
Hinweis: Programmierbefehle auf DVD „Zusatzmaterialien"

4. Industrieroboter in Betrieb nehmen

4.1 Erstellen Sie eine Checkliste, nach welcher der Handhabungsroboter in Betrieb genommen werden soll.
4.2 Verfassen Sie eine Anweisung für den Wechsel von Paletten, in welcher der Vorgang beschrieben und in der auszuführende Sicherheitsmaßnahmen berücksichtigt werden.

14.1 Handlungssituation
Erweitern eines technischen Systems

Mit dem Planen und dem Realisieren von technischen Systemen werden alle Tätigkeiten bezeichnet, die erforderlich sind, um für eine Aufgabe eine praktikable Lösung zu finden.

Praktikable Lösungen sind solche, welche die erforderlichen Aufgaben zuverlässig erfüllen.

Mit dem folgenden Beispiel wird gezeigt, wie der Fachmann bei der Planung und der Realisierung eines technischen Systems vorgeht.

Beispiel: Planen eines Zusatzsystems zur Beschickung

Ein Schreinerbetrieb, der Gartenzäune herstellt, hat einen großen Auftrag erhalten, für den Vierkanthölzer an den vier Längsseiten gehobelt und gefast werden müssen.

Wegen steigender Umsätze sollen die momentan noch sehr arbeitsaufwändig produzierten Holzpfosten automatisiert bearbeitet werden.

Der Fachmann soll ein technisches System zu einer automatisierten Kantholzentnahme und -übergabe an einen vorhandenen Rollgang planen und realisieren.

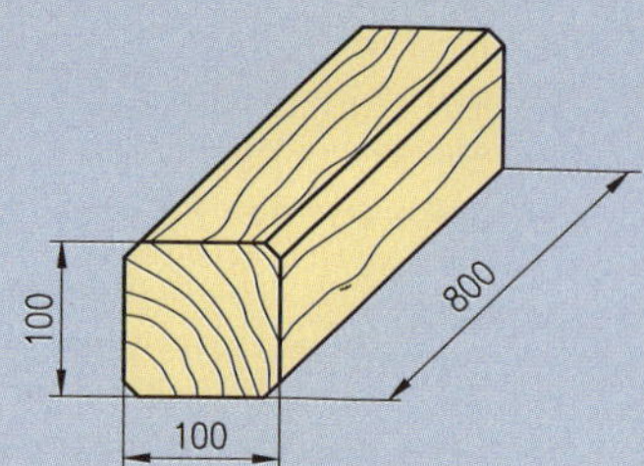

1. Auftrag analysieren

Der Fachmann analysiert im Zuge der Planung den Auftrag. Zunächst verschafft er sich einen Überblick über die gewünschte Funktion der Anlage, indem er

- Kundengespräche führt und gegebenenfalls die Örtlichkeit besucht,
- das Lastenheft des Kunden als Basis für die Planung und Realisierung des Auftrags berücksichtigt,
- vorhandene technische Dokumente von angrenzenden Anlagenteilen beschafft,
- sich für die eventuell neu einzusetzenden Systembestandteile oder Systeme Kataloge und sonstige technische Dokumente besorgt.

Istbestand beim Kunden aufnehmen

Die vorgeschnittenen Kanthölzer werden z. Z. per Hand von der Palette entnommen und auf den Rollgang gelegt.

Der Rollgang befördert die Kanthölzer nacheinander in eine Zweiseiten-Hobelmaschine mit integriertem Vorschub.

Zwei gegenüberliegende Seiten werden gleichzeitig gehobelt.

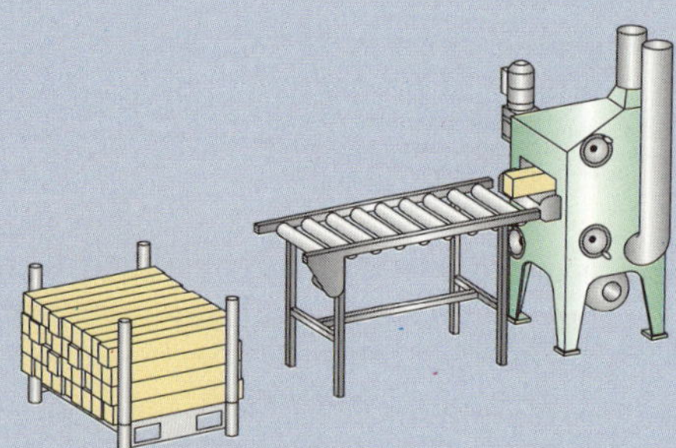

Lastenheft

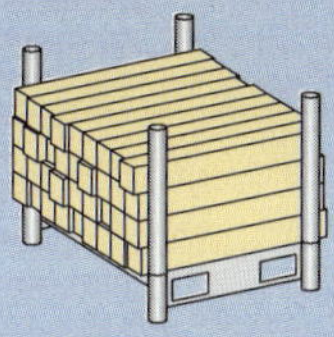

Für die automatisierte Kantholzentnahme und -übergabe an einen vorhandenen Rollgang müssen zwingende Kundenanforderungen erfüllt werden:

- Die auf einer Palette angelieferten Kanthölzer müssen einzeln und lagegerecht auf einem Rollgang abgelegt werden.
- Alle 10 Sekunden soll ein Kantholz auf den Rollgang gelangen.
- Die sägerauen Oberflächen der Kanthölzer dürfen durch die Handhabung nur gering beschädigt werden.
- Umweltschutz und Arbeitssicherheit müssen berücksichtigt werden.
- Der Betrieb der Anlage muss störungssicher laufen und wartungsarm sein.

2. Technische Systeme planen

Die Fachkraft plant ein technisches System in strukturierter Vorgehensweise.
Dabei werden Lösungsvorschläge gesammelt, geprüft, bewertet und übernommen oder gegebenenfalls verworfen.

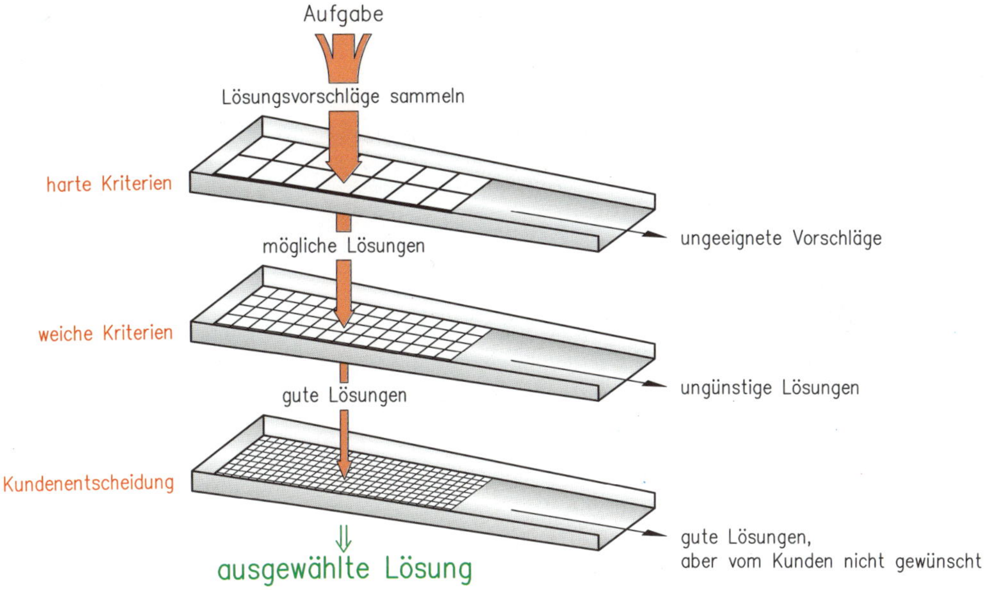

1. Schritt: Sammeln von Vorschlägen (Ideensammlung)

Der Fachmann sammelt Vorschläge und entwickelt Ideen, indem er kreativ seine Erfahrungen einsetzt. Dabei können in Abhängigkeit von dem jeweiligen Menschen und seinen individuellen Erfahrungen ganz unterschiedliche Vorgehensweisen erfolgreich sein.
Der Fachmann beschränkt sich dabei auf den Kern des zu lösenden Problems, indem er Randprobleme oder Feinstrukturen ausblendet.
Kreativtechniken können sein: Brainstorming, Mind-Mapping u. a.

Folgende Vorschläge wurden mit einer Kreativmethode ermittelt

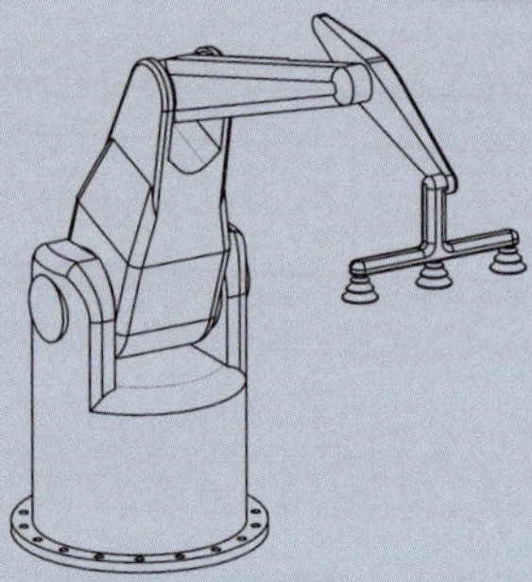

Roboter

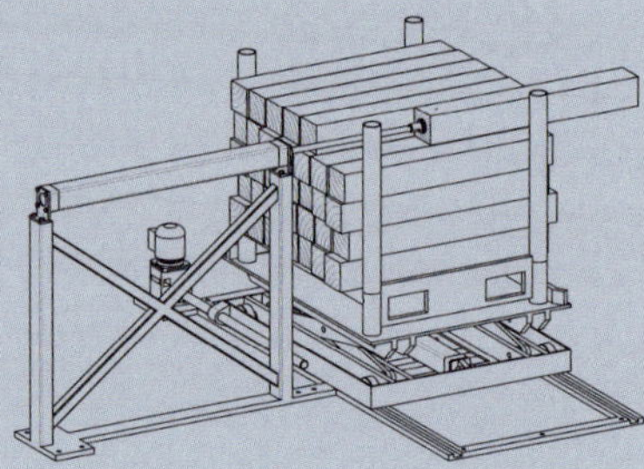

Schieber

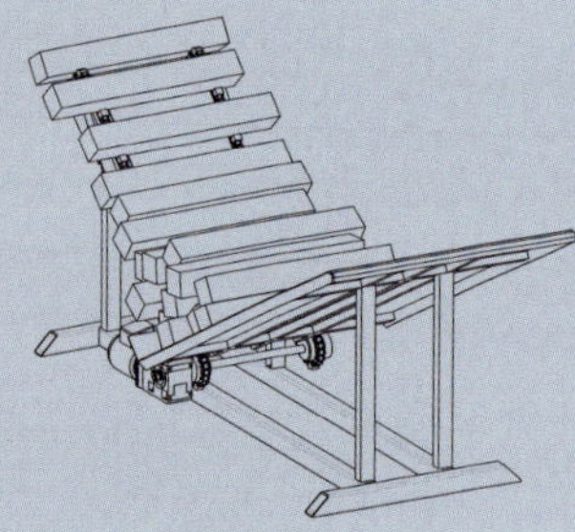

Kettenförderer

2. Schritt: Überprüfen der Vorschläge anhand der gestellten Forderungen („harte Kriterien")

Der Fachmann prüft anhand der gestellten Forderungen, z. B. aus dem Lastenheft, die Lösungsvorschläge. Dabei erstellt er meist eine Prüfliste in Form einer Tabelle. Die im Lastenheft geforderten Kriterien werden einzeln aufgelistet und jeweils mit einem Bewertungsschlüssel versehen.

Diese Liste gestattet dem Fachmann zu beurteilen, wie gut die einzelnen Vorschläge die Kundenwünsche erfüllen. Vorschläge, die den Forderungen des Kunden nicht entsprechen oder einen verhältnismäßig hohen Aufwand erfordern, werden verworfen.

Prüfliste für harte Kriterien erstellen

Forderungen des Kunden (Lastenheft)	Bewertungs-schlüssel	Vorschlag 1 Roboter	Vorschlag 2 Schieber	Vorschlag 3 Kettenförderer
geforderte Funktion: – vereinzeln – lagerichtig zuführen	Ja/Nein	Ja	Ja	Ja
Störanfälligkeit des gewählten Verfahrens	1 (sehr gut) 6 (ungenügend)	2	5	3
Oberfläche der Kanthölzer darf nur gering beschädigt werden	Ja/Nein	Ja	Ja	Ja
Taktzeit von 10 Sekunden darf nicht überschritten werden	Ja/Nein	Ja	Ja	Ja
wartungsarme Ausführung aller technischen Systeme	1 (sehr gut) 6 (ungenügend)	3	4	3
Störanfälligkeit der Maschinen	1 (sehr gut) 6 (ungenügend)	2	5	3
Aufwand für Umweltschutz	1 (sehr gut) 6 (ungenügend)	1	1	1
Aufwand für Arbeits-sicherheit	1 (sehr gut) 6 (ungenügend)	5	2	1

In diesem Beispiel wird der Vorschlag 2 verworfen, weil Forderungen des Lastenhefts nur mit erheblichem Aufwand erfüllt werden können.

3. Schritt: Geeignete Lösungen nach „weichen Kriterien" bewerten

Die im Planungsprozess entwickeiten Lösungen erfüllen die Bedingungen des Lastenhefts. Jede Lösung muss sich noch an weiteren Kriterien messen lassen.
Zu den „weichen Kriterien" gehören unter anderem Kosten, Termine, Werkstoffe, Abmessungen, Gewicht, Fertigung, Montage, Transport, Bedienerfreundlichkeit, Leistung, Wirkungsgrad, Genauigkeit, Zuverlässigkeit, Lebensdauer, Instandhaltung, Umwelt, Sicherheitsvorschriften, Ergonomie.
Der Fachmann prüft anhand der vorgenannten Kriterien die Lösungsvorschläge. Auch für die weichen Kriterien werden häufig Prüfprotokolle erstellt, um übersichtlich vergleichen zu können. Der Fachmann wählt für die Beurteilung eines Lösungsvorschlags geeignete Kriterien aus.

Prüfliste für weiche Kriterien erstellen

Kriterien	Bewertungsschlüssel	Vorschlag 1 Roboter	Vorschlag 3 Kettenförderer	Bemerkungen
Gesamtkosten für den Systemumbau	1 (sehr gut) 6 (ungenügend)	4	2	
Eignung für andere Einsatzbereiche	1 (sehr gut) 6 (ungenügend)	2	6	
Lebensdauer	Anzahl Jahre	10	10	
Instandhaltung	Stunden pro Jahr	12	12	
Umweltfreundlichkeit	1 (sehr gut) 6 (ungenügend)	2	2	
Liefertermin	Wochen ab Auftragsvergabe	12	10	
Montageaufwand (Manntage)	Anzahl Tage	2	1,5	

Ergebnis: Beide Lösungen sind auch nach Prüfung der weichen Kriterien geeignet. Den höheren Kosten des Roboters steht die bessere Eignung für geänderte Einsatzbereiche eines solchen Systems gegenüber.

4. Schritt: Kundenentscheidung einholen

Nachdem der Fachmann alternative Vorschläge geplant hat, kann der Kunde sich für einen Vorschlag entscheiden. Dabei wird der Kunde eigene betriebsinterne und kaufmännische Entscheidungskriterien aus seinem Unternehmen berücksichtigen.

Diese Kriterien können sein:
- Termintreue und bisherige Zusammenarbeit mit dem Lieferanten,
- weitere Serviceleistungen des Lieferanten (z. B. Wartungsverträge für das System),
- Zahlungsbedingungen (z. B. Anzahlung bei Auftragsvergabe, Ratenzahlung),
- kaufmännische Überlegungen (z. B. Stückkosten, Gesamtinvestitionssumme, Folgekosten).

Kundenentscheidung

In diesem Beispiel überzeugte den Kunden der Vorschlag 3 (mechanische Lösung durch Trichter mit Förderkette).

3. Kundenauftrag realisieren

Der Fachmann bearbeitet den Kundenauftrag, indem er unter Berücksichtigung des im Betrieb angewandten Qualitätsmanagements

- Skizzen oder Zeichnungen erstellt,
- Fertigungspläne und Terminpläne erstellt,
- Bestelllisten für Zukaufteile (Halbzeuge, Maschinenelemente etc.) anfertigt,
- weitere technische Planungen (z. B. Pneumatikpläne, Zuschnittlisten von Material) durchführt,
- die Fertigungsplanung mittels betriebsinterner Arbeitsorganisation und Terminplanung erstellt,
- die Montage und Auslieferung plant.

Anlagenskizze erstellen

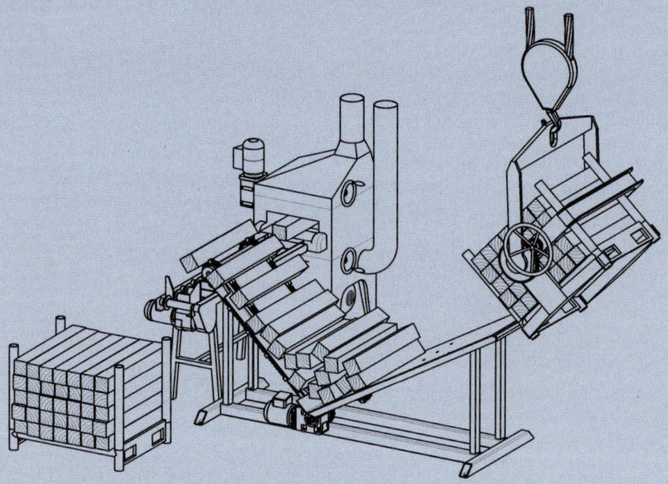

Baugruppen darstellen

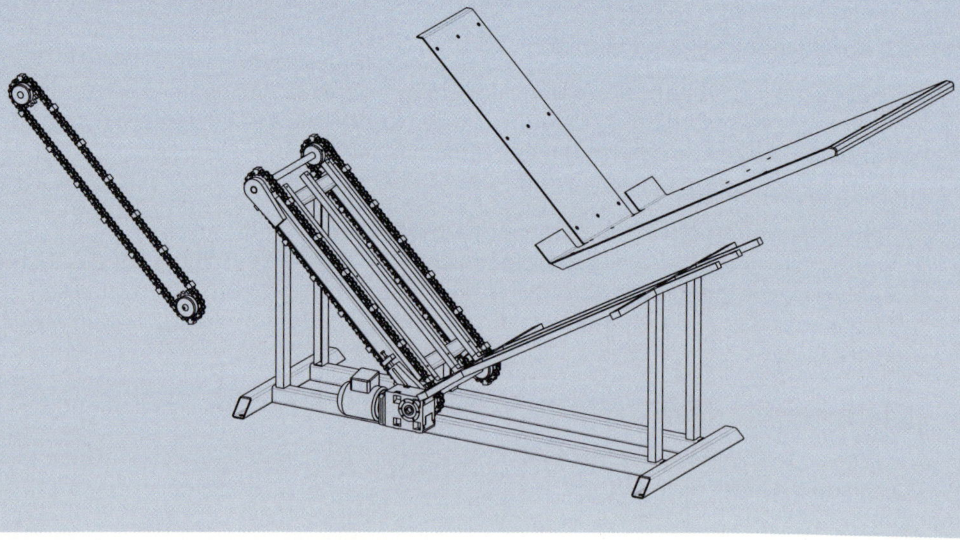

Einzelteilzeichnungen erstellen

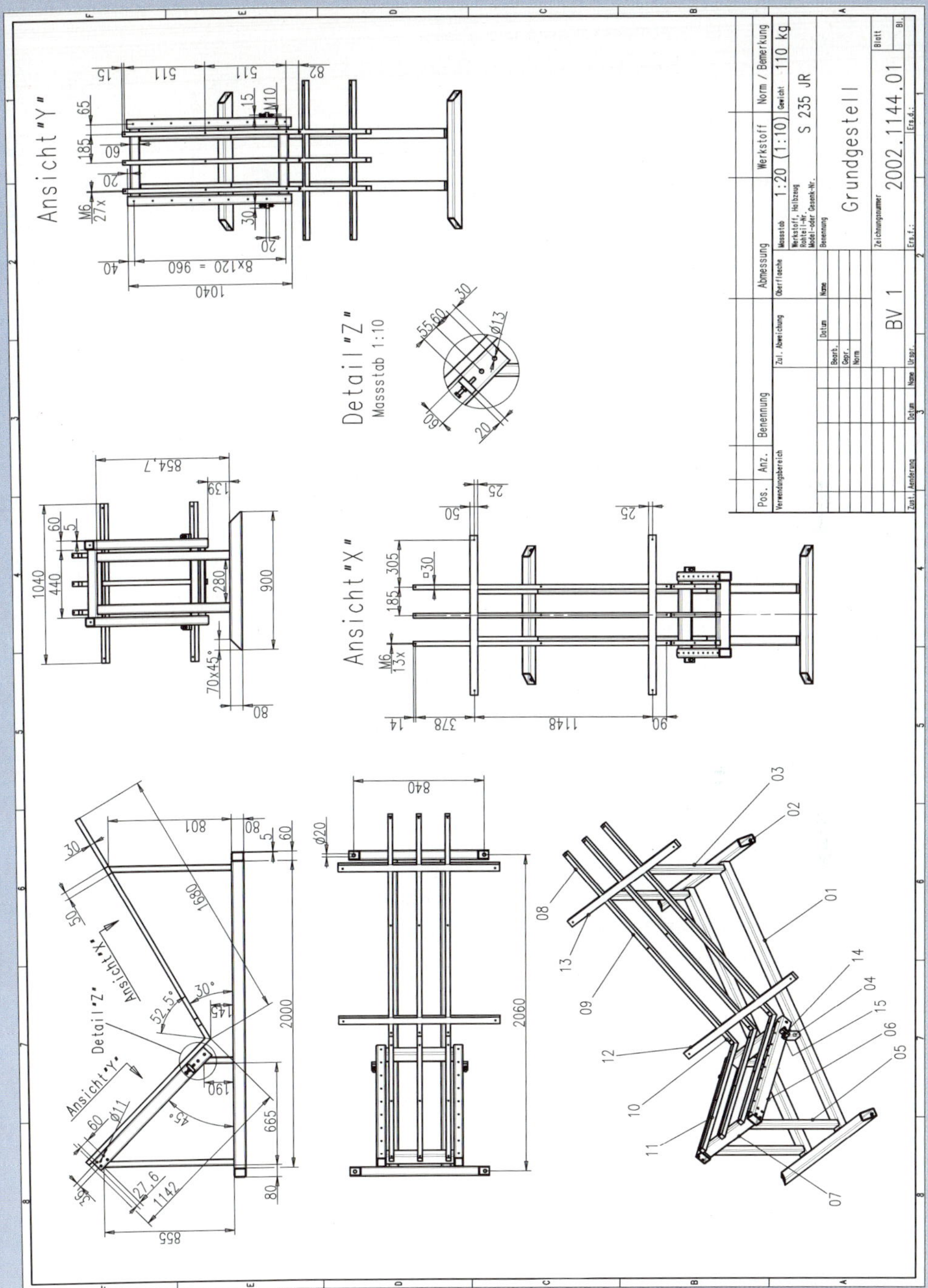

14.1.1 Lernsituation
Planen eines Wendesystems

Lernsituation

Situation:
Nach der erfolgreichen Umbaumaßnahme der Kantholzentnahme- und Übergabestation an die Hobelmaschine 1 möchte der Kunde einen weiteren Automatisierungsschritt zwischen den Hobelmaschinen verwirklichen (die Maschinen sind baugleich).
Planen Sie ein technisches System zu einer automatisierten Kantholzübernahme von Hobelmaschine 1 an Hobelmaschine 2 und bereiten Sie die Realisierung vor.

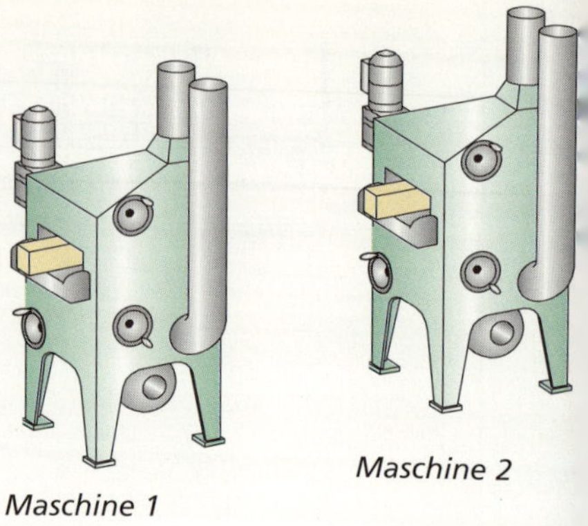

1. Auftrag analysieren

1.1 Welche Bewegungen müssen die Kanthölzer zwischen Maschine 1 und Maschine 2 durchführen?
1.2 Welche Taktzeit muss eingehalten werden, damit die neue Einheit an die unter 14.1 entwickelte Anlage angeschlossen werden kann?

2. Wendesystem planen

Planen Sie das technische System in strukturierter Vorgehensweise (siehe Schema). Dabei sollen Sie Lösungsvorschläge sammeln, prüfen, bewerten und übernehmen oder gegebenenfalls verwerfen.
2.1 Sammeln von Vorschlägen (Ideensammlung).
2.2 Überprüfung der Vorschläge anhand „harter Kriterien".
2.3 Bewertung und Auswahl der Lösung durch „weiche Kriterien" unter Berücksichtigung folgender Punkte:
Gesamtkosten für den Systemumbau, Lebensdauer, Umweltfreundlichkeit, Instandhaltungsaufwand, Montageaufwand.
2.4 Treffen Sie als Lerngruppe die Kundenentscheidung! Berücksichtigen Sie dabei auch kaufmännische Entscheidungskriterien aus der Sicht des Kunden.
Nachdem Sie in der Klasse oder Lerngruppe für Ihre Lösung geworben haben, soll letztendlich eine geheime Wahl den Vorschlagsieger ermitteln.

3. Realisierung des Kundenauftrags

3.1 Erstellen Sie Skizzen oder Zeichnungen Ihrer Lösung.
3.2 Erstellen Sie mögliche Fertigungspläne und Terminpläne.
3.3 Erstellen Sie Bestelllisten für Zukaufteile (Halbzeuge etc.).
3.4 Führen Sie weitere technische Planungen (z. B. Pneumatikpläne) durch.
3.5 Planen Sie die Montage und Auslieferung.

14.1.2 Lernsituation
Planen eines Systems zum Fasen

Situation:
Zur Beschleunigung der Produktion in der Kantholzbearbeitungsanlage wurde eine Profilfräsmaschine angeschafft. Alle vier Kanten des allseitig gehobelten Balkens können in dieser Maschine in einem Arbeitsgang angefasst werden.

Sie sollen ein technisches System zur Übernahme der Kanthölzer von Hobelmaschine 2 und Weitergabe an die zugekaufte Profilfräsmaschine planen und realisieren.

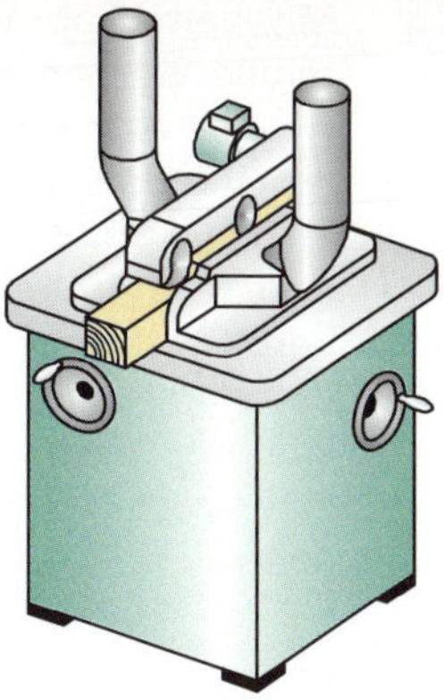

Lastenheft
Für die automatisierte Kantholzübernahme von letzter Hobelmaschine 2 und Übergabe Profilfräsmaschine müssen folgende zwingende Kundenanforderungen erfüllt werden:
- die Kanthölzer müssen am Auslauf der letzten Hobelmaschine übernommen werden,
- die Kanthölzer sind zur Fräsmaschine fluchtend auszurichten,
- die Vorschubeinrichtung der Fräsmaschine müssen die Kanthölzer zugeführt werden,
- die Oberflächen der Kanthölzer dürfen nicht beschädigt oder verunreinigt werden,
- die Taktzeit muss an den Betrieb (siehe Handlungssituation 14.1) angepasst werden,
- die Anlage muss störungssicher laufen.

1. Auftrag analysieren

1.1 Welche Bewegungen müssen die Kanthölzer zwischen der letzten Hobelmaschine und der neuen Fasenfräsmaschine durchführen?

1.2 Welche Taktzeit muss eingehalten werden, damit die neue Einheit an die unter 14.1 entwickelte Anlage angeschlossen werden kann?

2. Zuführsystemmaschine planen

2.1 Planen Sie das technische System in strukturierter Vorgehensweise (siehe Schema). Dabei sollen Sie Lösungsvorschläge sammeln, prüfen, bewerten und übernehmen oder gegebenenfalls verwerfen.

2.2 Treffen Sie als Lerngruppe die Kundenentscheidung.

3. Realisierung des Kundenauftrags

3.1 Erstellen Sie Skizzen oder Zeichnungen Ihrer Lösung.

3.2 Erstellen Sie mögliche Fertigungspläne und Terminpläne.

3.3 Erstellen Sie Bestelllisten für Zukaufteile (Halbzeuge etc.).

3.4 Führen Sie weitere technische Planungen (z. B. Pneumatikpläne) durch.

3.5 Planen Sie die Montage und Auslieferung.

Handlungssituation

15.1 Handlungssituation
Optimieren eines bestehenden Systems

Mit dem Optimieren von technischen Systemen werden alle Tätigkeiten bezeichnet, welche erforderlich sind, um störungsfrei arbeitende Systeme und Produktionsabläufe in Bezug auf Ergonomie, Gesundheitsschutz, Wirtschaftlichkeit und Umweltschutz zu verbessern.
Mit dem folgenden Beispiel wird gezeigt, wie der Fachmann bei der Optimierung eines bestehenden technischen Systems vorgeht.

Beispiel: Optimieren einer bestehenden Verpackungsanlage

Ein Verlag möchte eine bestehende Buchverpackungsanlage ergonomischer gestalten, da die betroffenen Mitarbeiter über körperliche Fehlbelastungen des Rückens klagen. Der Betriebsarzt und der Sicherheitsbeauftragte fordern eine Verbesserung der Arbeitsbedingungen an der bestehenden Verpackungseinrichtung. Der Fachmann soll ein bestehendes funktionierendes Verpackungssystem so optimieren, dass die Mitarbeiter mit einer deutlich reduzierten körperlichen Belastung des Rückens ihre Verpackungsaufgabe erledigen können.

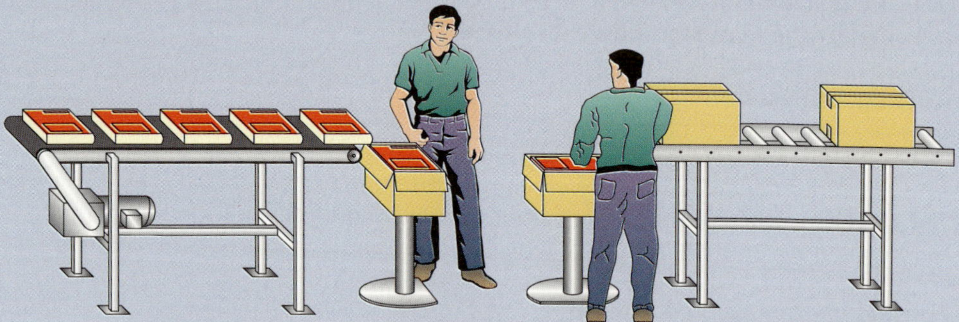

1. Auftrag analysieren

Der Fachmann analysiert im Zuge der Optimierung den Auftrag und verschafft sich einen Überblick über die Schwachstellen des technischen Systems, indem er

- Kunden- und Mitarbeitergespräche führt und gegebenenfalls die Örtlichkeit besucht,
- Stärken und Schwächen des bestehenden technischen Systems aufzeigt,
- mit dem Kunden und/oder Mitarbeiter ein Lastenheft als Basis für die Optimierung des bestehenden Systems erstellt,
- die vorhandenen technischen Dokumente des bestehenden technischen Systems liest oder neue Dokumente beschafft,
- sich für die eventuell einzusetzenden neuen Systembestandteile oder Systeme Kataloge und sonstige technische Dokumente besorgt.

Istbestand analysieren und Lastenheft aufstellen

Tätigkeitsbeschreibung der Mitarbeiter

Der erste Mitarbeiter stellt einen von ihm vorgefalteten leeren Karton auf die Station „b". Von einem Transportband werden die Bücher angeliefert, automatisch abgezählt und in den bereitgestellten Karton befördert. Der volle Karton wird von dem ersten Mitarbeiter auf den Tisch der Station „c" gehoben.

Der zweite Mitarbeiter verschließt und etikettiert den Karton und hebt ihn auf einen bestehenden Rollgang.

Die Mitarbeiter der Verpackungsanlage gaben an, dass durch das ständige Heben der bis zu 30 Kilogramm schweren Kartons und die erforderlichen Drehbewegungen starke Rückprobleme auftreten. Die ständige Hebebelastung ist nach Angaben der Berufsgenossenschaft und des Sicherheitsbeauftragten zu hoch.

Lastenheft

Für die Optimierung der Verpackungsanlage müssen folgende zwingende Kundenanforderungen erfüllt werden:

- Die Kartonübernahme und Weitergabe von Station „b" an Station „c" soll ohne große körperliche Belastung (maximale Rückenbelastung von 15 Kilogramm) ausgeführt werden können.
- Alle 20 Sekunden soll ein befüllter Karton von Station „b" nach Station „c" gelangen können.
- Die Kartons dürfen nicht beschädigt werden.
- Die Wirtschaftlichkeit der optimierten Verpackungsanlage soll möglichst verbessert werden.
- Der Betrieb der Anlage muss störungssicher laufen.
- Die Arbeitssicherheit muss berücksichtigt werden

2. Technische Systeme planen

Die Fachkraft optimiert technische Systeme in strukturierter Vorgehensweise. Dabei werden Lösungsvorschläge gesammelt, geprüft, bewertet und übernommen oder gegebenenfalls verworfen.

Entwicklungsstufen zur Lösungsfindung

- Findung und Sammlung von unterschiedlichen Ideen, die eine Lösung beinhalten können,
- Überprüfung der Ideen anhand „harter Kriterien" durch die gestellten Forderungen des Kunden (z. B. Lastenheft),
- Bewertung und Auswahl der Lösungen durch weiche Kriterien (z. B. Umweltschutz),
- detaillierte Ausarbeitung der in die engere Wahl genommenen Lösung.

Schema

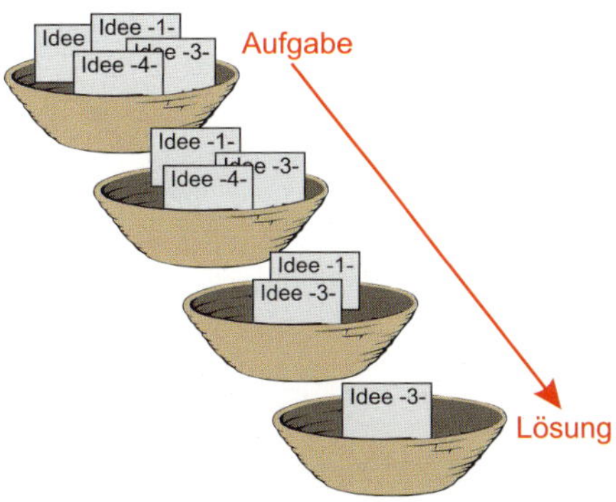

2. Schritt: Sammeln von Vorschlägen (Ideensammlung)

Der Fachmann sammelt Vorschläge und entwickelt Ideen, indem er kreativ seine Erfahrungen einsetzt. Dabei können in Abhängigkeit von der jeweiligen Person und ihrer individuellen Erfahrungen ganz unterschiedliche Vorgehensweisen erfolgreich sein.

Der Fachmann beschränkt sich auf den Kern des zu lösenden Problems, indem er Randprobleme oder Feinstrukturen ausblendet.

Kreativtechniken zur Ideensammlung können Brainstorming oder Mind-Mapping sein.

Vorschläge für die Optimierung der Verpackungsanlage

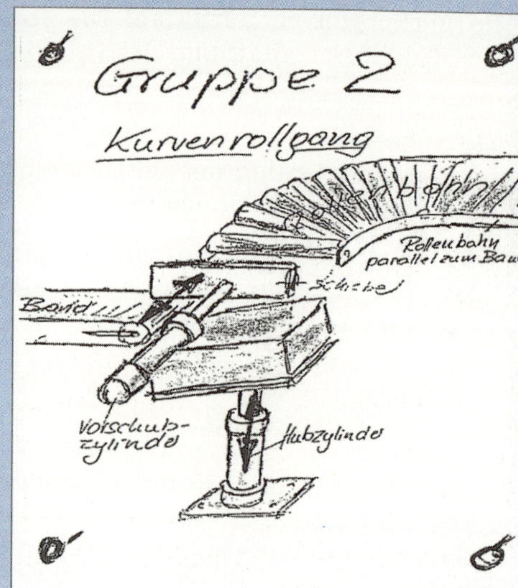

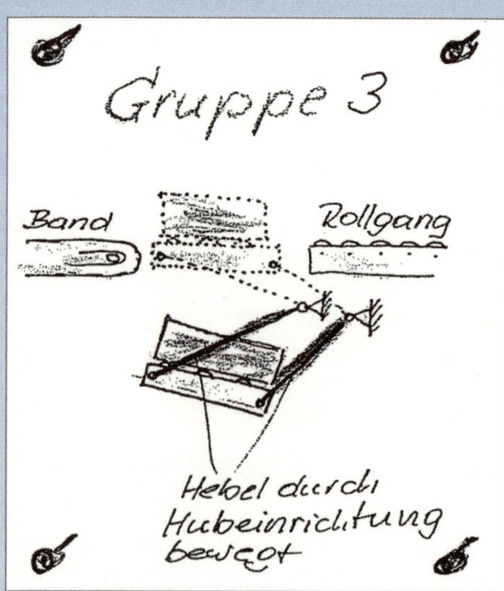

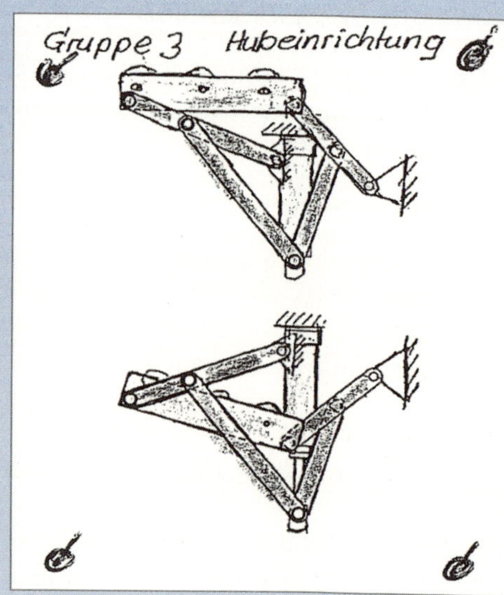

2. Schritt: Überprüfen der Vorschläge anhand der gestellten Forderungen (harte Kriterien)

Der Fachmann prüft anhand der gestellten Forderungen z. B. aus dem Lastenheft die Lösungsvorschläge. Dabei erstellt er meist in Form einer Tabelle eine Prüfliste. Die im Lastenheft geforderten Kriterien werden einzeln aufgelistet und jeweils mit einem Bewertungsschlüssel versehen.
Mithilfe der Prüfliste kann der Fachmann die einzelnen Kriterien vergleichen. Vorschläge, die den Forderungen des Kunden nicht entsprechen oder einen verhältnismäßig hohen Aufwand erfordern, werden verworfen.

1. Prüfliste für Ergänzungssystem Verpackungsanlage (harte Kriterien)

Forderungen des Kunden (Lastenheft)	**Bewertungsschlüssel**	**Vorschlag 1** versenkbarer Rollgang	**Vorschlag 2** H-Wender	**Vorschlag 3** Zylinder schiebt auf Kurvenrollgang
Geforderte Funktion der Kartontransport-Einrichtung	Ja/Nein	Ja	Ja	Ja
Taktzeit von 20 Sekunden kann leicht eingehalten werden	Ja/Nein	Ja	Ja	Ja
Kartons dürfen nicht beschädigt werden	Ja/Nein	Ja	Ja	Ja
Störanfälligkeit des gewählten Verfahrens	1 (sehr gering) 6 (sehr hoch)	3	3	5
Wirtschaftlichkeit der Lösung	1 (sehr gut) 6 (ungenügend)	2	3	5

In diesem Beispiel wird der Vorschlag 3 verworfen, weil Forderungen des Kunden gemäß Lastenheft nur mit größerem Aufwand erfüllt werden.

3. Schritt: Bewerten und Auswählen der Lösungen durch „weiche Kriterien"

Die im Planungsprozess ausgewählten Lösungen erfüllen die Bedingungen des Lastenhefts. Jede Lösung muss sich noch an weiteren Kriterien messen lassen. Zu den „weichen Kriterien" gehören unter anderem:

- Kosten, Termine,
- Werkstoffe, Fertigung, Montage, Transport,
- Bedienerfreundlichkeit, Ergonomie,
- Leistung, Wirkungsgrad, Genauigkeit,
- Abmessungen, Gewicht,
- Zuverlässigkeit, Lebensdauer, Instandhaltung,
- Umweltbelastung, Sicherheitsvorschriften und gesetzliche Vorschriften.

Der Fachmann oder Kunde wählt für die Beurteilung eines Lösungsvorschlags geeignete weiche Kriterien aus.

Der Konstrukteur prüft anhand der vorgeschlagenen Kriterien die Lösungsvorschläge. Auch für die weichen Kriterien wird häufig eine Prüfliste erstellt, um die Ergebnisse übersichtlich vergleichen zu können.

2. Prüfliste für Ergänzungssystem Verpackungsanlage (weiche Kriterien)

Für den Kunden waren folgende „weiche Kriterien" mitentscheidend.

Kriterien	Bewertungs-Schlüssel	Vorschlag 1 versenkbarer Rollgang	Vorschlag 2 H-Wender	Bemerkungen
Gesamtkosten für den Systemumbau	1 (preiswert) 6 (sehr teuer)	4	3	der H-Wender ist weniger verschleißanfällig
Körperlicher Einsatz der Mitarbeiter	1 (recht gering) 6 (viel zu hoch)	2	4	Nur beim H-Wender muss der Karton noch per Hand umgesetzt werden
Arbeitssicherheit	1 (sehr gut) 6 (ungenügend)	4	2	
Lebensdauer	in Jahren	12	16	Einschätzung durch erfahrenen Konstrukteur
Instandhaltungsaufwand pro Jahr	1 (gering) 6 (sehr hoch)	3	3	
Umweltfreundlichkeit	1 (sehr gut) 6 (ungenügend)	2	2	
Liefertermin	Wochen ab Auftragsvergabe	8	11	Zubehörteile für H-Wender mit Lieferschwierigkeiten
Montageaufwand (in Manntagen)	Tage	4	2	

Kundenentscheidung

Nachdem der Fachmann alternative Vorschläge geplant hat, kann der Kunde sich für einen Vorschlag entscheiden. Dabei wird der Kunde eigene betriebsinterne und kaufmännische Entscheidungskriterien aus seinem Unternehmen berücksichtigen.

Diese Kriterien können sein:

- Termintreue und bisherige Zusammenarbeit mit dem Lieferanten,
- weitere Serviceleistungen des Lieferanten (z. B. Wartungsverträge für das System),
- Zahlungsbedingungen des Lieferanten (z. B. Anzahlung bei Auftragsvergabe, Ratenzahlung),
- weitere kaufmännische Überlegungen (z. B. Stückkosten, Gesamtinvestitionssumme, Folgekosten).

Ergebnis der Planung

In diesem Beispiel überzeugte den Kunden der Vorschlag 1 (versenkbarer Rollgang) vor allem deshalb, weil die Mitarbeiter keinen Karton per Hand anheben oder umsetzen müssen.

3. Realisierung des Kundenauftrags

Der Fachmann bearbeitet den Kundenauftrag, indem er unter Berücksichtigung des im Betrieb angewandten Qualitätsmanagements

- Skizzen oder Zeichnungen erstellt,
- Fertigungspläne und Terminpläne erstellt,
- Bestelllisten für Zukaufteile (Halbzeuge, Maschinenelemente etc.) anfertigt,
- weitere technische Planungen (z. B. Pneumatikpläne, Zuschnittlisten von Material) durchführt,
- die Fertigungsplanung mittels betriebsinterner Arbeitsorganisation erstellt,
- die Montage und Auslieferung plant.

Erstellen von Skizzen und Zeichnungen für den versenkbaren Rollengang

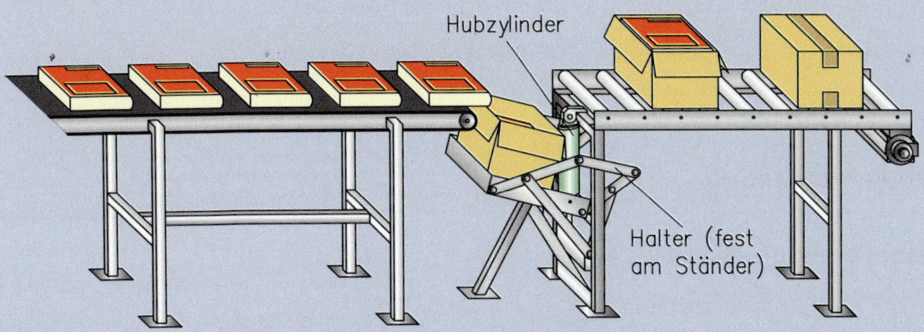

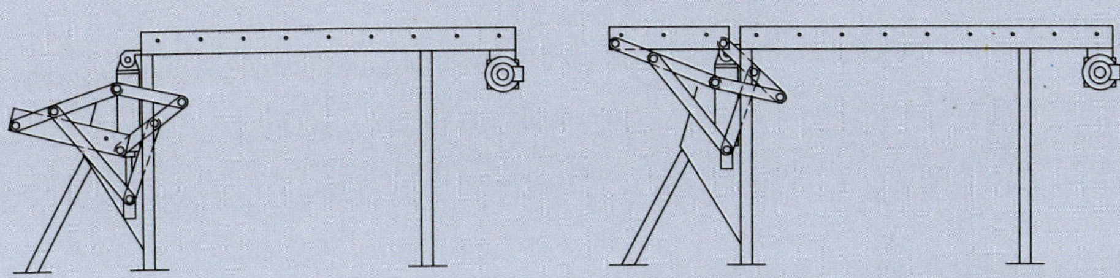

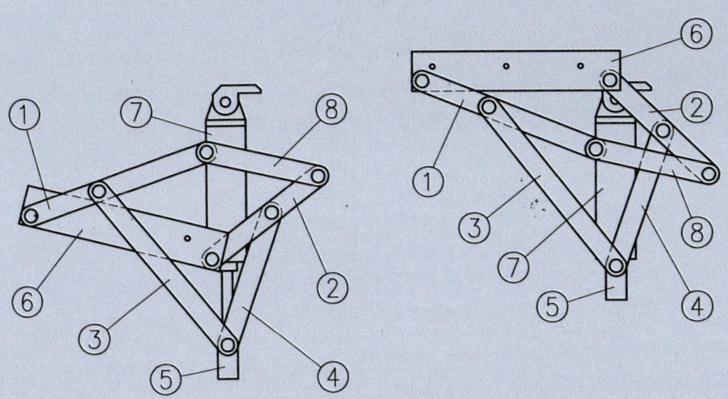

1 Hebel außen
2 Hebel innen
3 Hubhebel außen
4 Hubhebel innen
5 Zylinderanschlussstück
6 Rollgang (3 Rollen)
7 Hubzylinder
8 Halter (fest am Ständer)

Lernsituation

15.1.1 Lernsituation
Optimieren eines Greifersystems

Situation:

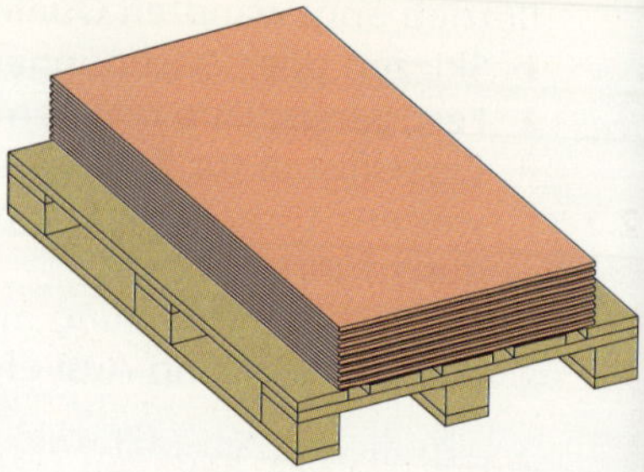

Die Mitarbeiter in der Produktion eines Kunden müssen eine Fertigungsmaschine mit Blechplatten (1200 mm x 600 mm, 10 mm dick) aus Stahl beschicken. Diese Arbeit wurde bisher von Hand ausgeführt und soll aus wirtschaftlichen und ergonomischen Gründen optimiert werden.

Da an der gleichen Stelle für andere Produkte ein Portalroboter eingesetzt wird, könnte dieser Roboter auch für den Transport der Bleche genutzt werden.

Ihre Aufgabe ist es, ein neues Greifsystem zu entwickeln.

1. Auftrag analysieren

Istbestandsaufnahme

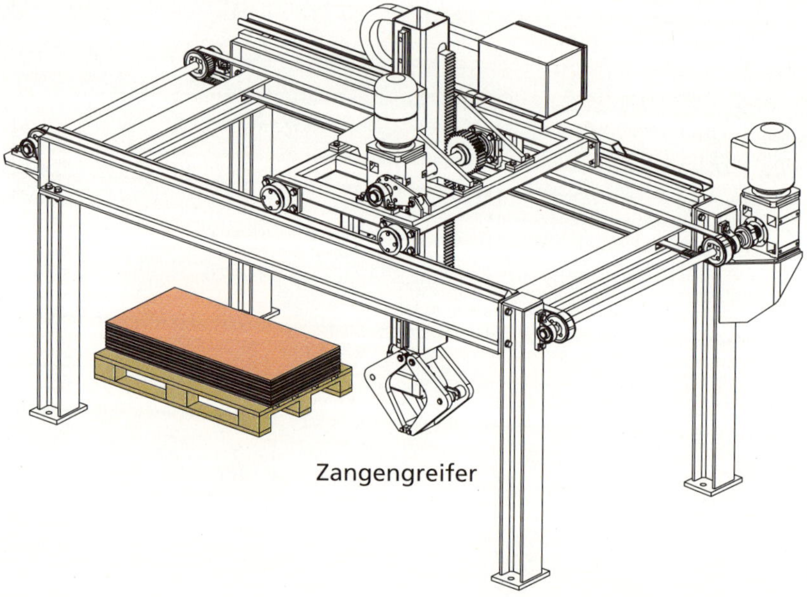

Für das neue optimierte Greifsystem sind folgende Kundenanforderungen zu erfüllen:

- Die zu befördernden Platten sind aus Stahl und haben die äußeren Abmaße von 1200 mm x 600 mm x 4 mm
- Die Platten werden auf Paletten angeliefert.
- Die Platten müssen einzeln entnommen werden.
- Das optimierte Greifsystem soll wartungsarm und störungssicher sein.
- Die Arbeitssicherheit muss berücksichtigt werden.

2. Greifersystem planen

Planen Sie die Optimierung des Greifsystems in strukturierter Vorgehensweise (siehe Schema).
Dabei sollen Sie Lösungsvorschläge sammeln, prüfen, bewerten und übernehmen oder gegebenenfalls verwerfen.

2.1 Sammeln von Vorschlägen (Ideensammlung)

Finden Sie Ideen zur Lösung der Aufgabenstellung und verwenden Sie dabei eine Kreativmethode Ihrer Wahl.
Präsentieren Sie ihre Ideen Ihren Mitschülerinnen und Mitschülern in Form von Handskizzen und Beschreibungen.

2.2 Überprüfen der Vorschläge anhand der gestellten Forderungen (harte Kriterien)

Überprüfen Sie Ihre Ideen mittels einer Prüfliste anhand der harten Kriterien des Lastenhefts.
Verwerfen Sie Ideen, die dem Lastenheft (harte Kriterien des Kunden) nicht entsprechen oder nur mit unverhältnismäßig hohem Aufwand zu realisieren sind.

2.3 Bewerten und Auswählen der Lösung durch „weiche Kriterien"

Erstellen Sie eine Prüfliste anhand der folgenden weichen Kriterien:
Gesamtkosten für den Systemumbau, Lebensdauer, Umweltfreundlichkeit, Instandhaltungsaufwand, Montageaufwand.
Treffen Sie als Lerngruppe die Kundenentscheidung!
Berücksichtigen Sie dabei auch kaufmännische Entscheidungskriterien aus der Sicht des Kunden. Nachdem Sie in der Klasse oder Lerngruppe für Ihre Lösungen geworben haben, soll letztendlich eine geheime Wahl den Vorschlagsieger ermitteln.

3. Greifersystem realisieren

3.1 Erstellen Sie Skizzen oder Zeichnungen Ihrer Lösung.
3.2 Erstellen Sie mögliche Fertigungspläne und Terminpläne.
3.3 Erstellen Sie Bestelllisten für Zukaufteile (Halbzeuge etc.).
3.4 Führen Sie weitere technische Planungen (z. B. Pneumatikpläne) durch.
3.5 Planen Sie die Montage und Auslieferung.

Lernsituation

15.1.2 Lernsituation
Optimieren eines Arbeitsprozesses

Situation:
Sie sind in einem Betrieb tätig, der nach Kundenauftrag Kleinmaschinen und Vorrichtungen herstellt. Zu Ihnen kommt ein Kunde mit folgendem Problem:

Seine Mitarbeiter in der Serienproduktion montieren Achsen. Bei dieser Arbeit wird eine Handpresse eingesetzt. Diese presst Kunststoffringe auf die Achsen.
Aus wirtschaftlichen, ergonomischen und qualitativen Gründen soll das Verfahren optimiert werden.

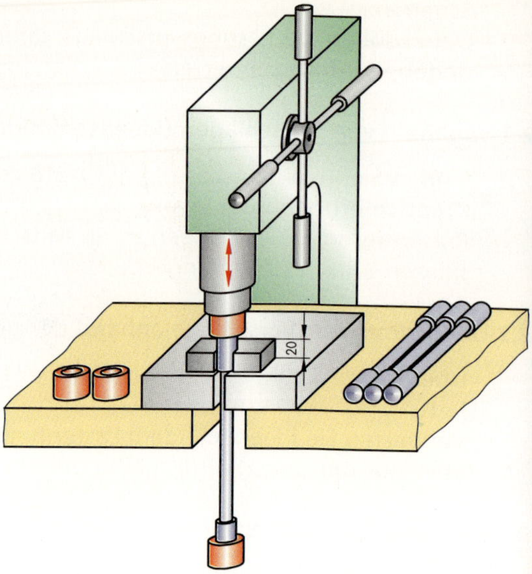

Der Kunde wünscht Änderungen am Verfahren durch den Einsatz einer entsprechenden Vorrichtung. Diese Vorrichtung soll an einen vorgegebenen Arbeitsplatz eingebaut werden.

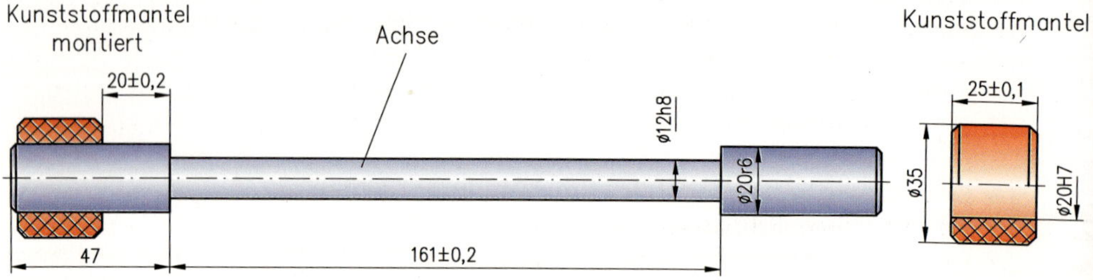

Vorgaben:

- Die Achse sowie der linke und rechte Kunststoffmantel sollen in die Vorrichtung eingelegt werden. Auf Tastendruck hin sollen die Teile mithilfe von Pneumatikzylindern gefügt werden.
- Besonderes Augenmerk ist auf die ergonomische Gestaltung des Arbeitsplatzes und die Sicherheitsbestimmungen zu legen.
- Die Positioniergenauigkeit (siehe Zeichnung) muss eingehalten werden.

Vorgesehener Arbeitsplatz

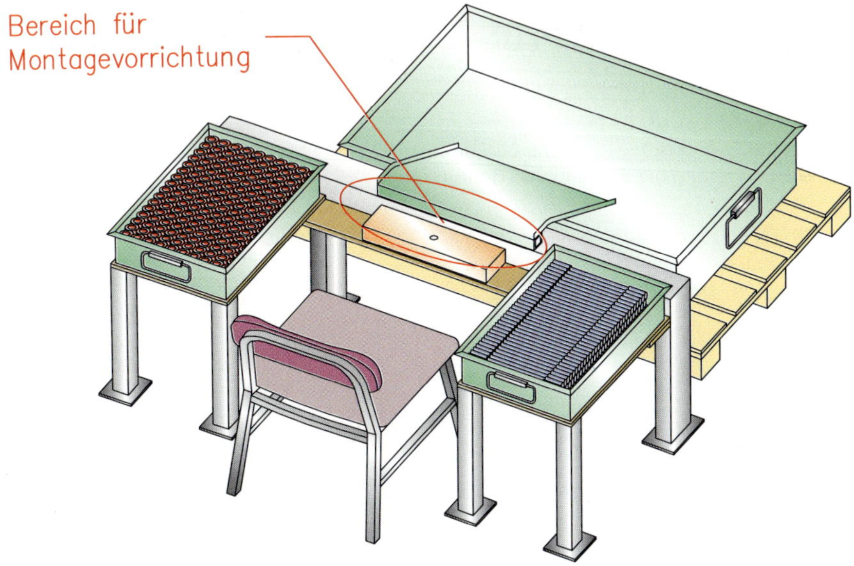

1. Auftrag analysieren

1.1 Untersuchen Sie aus den obigen Angaben die bisherigen Schwachstellen in der Montage des Kunststoffrings.

1.2 Entwickeln Sie aus den obigen Angaben im Diskurs zwischen Schülergruppen (Kunde – Fachmann) ein Lastenheft für die zu planende Vorrichtung.

1.3 Stellen Sie fest, welche bindenden Vorgaben durch den vorhandenen Arbeitstisch gegeben sind.

2. Änderungen an der Montagevorrichtung planen

2.1 Planen Sie das technische System in strukturierter Vorgehensweise (siehe Schema). Dabei sollen Sie Lösungsvorschläge sammeln, prüfen, bewerten und übernehmen oder gegebenenfalls verwerfen.

2.2 Treffen Sie als Lerngruppe die Kundenentscheidung!

3. Kundenauftrag realisieren

3.1 Erstellen Sie Skizzen oder Zeichnungen Ihrer Lösung.

3.2 Erstellen Sie mögliche Fertigungspläne und Terminpläne.

3.3 Erstellen Sie den Pneumatikplan.

3.4 Erstellen Sie Bestelllisten für Zukaufteile (Halbzeuge etc.).

3.5 Planen Sie die Montage und Auslieferung.

Prüftechnik, Qualitätsmanagement PT-1 bis PT-37

1 Passungen und Prüfen von Passmaßen

PT-1 Beim Zusammenbau von Werkstücken müssen die Teile an den Berührungsflächen zusammenpassen.

a) Wie nennt man in der Passungslehre diese Berührungsflächen?
b) Welche Formen können solche Berührungsflächen haben?
c) Wie nennt man die Paarung von Bohrung und Welle?

PT-2 Ein Werkstück mit den nebenstehenden Abmessungen soll hergestellt werden. Zeichnen Sie die Tabelle ab, und ermitteln Sie die gesuchten Größen.

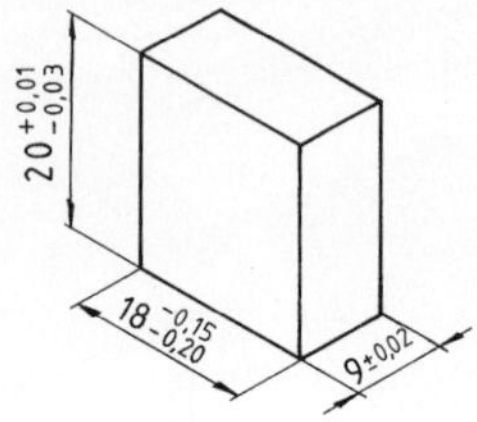

Passmaß	$9 \pm 0,02$	$18^{-0,15}_{-0,20}$	$20^{+0,01}_{-0,03}$
Höchstmaß	?	?	?
Mindestmaß	?	?	?
Toleranz	?	?	?

PT-3 Ein Bolzen hat das Passmaß $24^{+0,06}_{+0,04}$. Dieser Bolzen soll in eine Bohrung mit dem Passmaß $24^{-0,08}_{-0,11}$ eingebaut werden.

Ermitteln Sie jeweils für den Bolzen und für die Bohrung die in der Tabelle aufgeführten Maße in mm.

	Passmaß	Nennmaß	oberes Abmaß	unteres Abmaß	Höchstmaß	Mindestmaß
Welle	$24^{+0,06}_{+0,04}$	?	?	?	?	?
Bohrung	$24^{-0,08}_{-0,11}$	?	?	?	?	?

PT-4 Zeichnen Sie die Toleranzfelder für folgende Passmaße:

$20^{+0,25}_{+0,10}$; $20^{+0,10}_{-0,05}$; $20^{-0,10}_{-0,25}$

Lösungsanleitung:
Waagerechte Achse entspricht der Null-Linie, senkrechte Achse entspricht den Abmaßen. Wählen Sie dazu den Maßstab 0,1 mm Abmaß ≙ 10 mm.

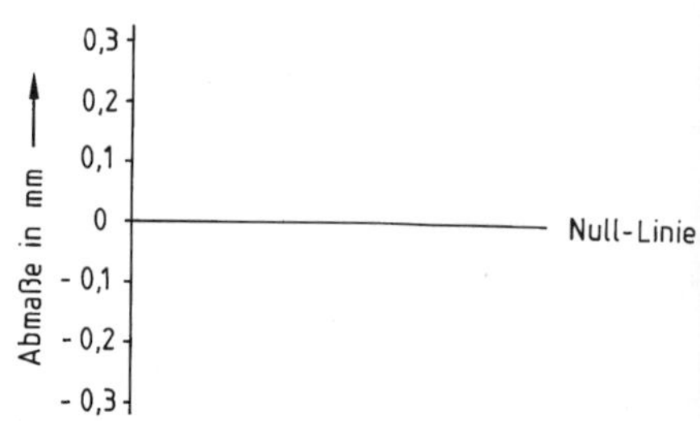

PT-5 Entschlüsseln Sie Passmaße nach der ISO-Schreibweise. Zeichnen Sie dazu die Tabelle ab, und ermitteln Sie die gesuchten Werte mit Hilfe der Tabelle ISO-Paßmaße.

Passmaß	Höchstmaß	Mindestmaß	Toleranz
35R7	?	?	?
40H7	?	?	?
45r6	?	?	?

PT-6 Suchen Sie aus folgenden Passmaßen 10H8; 8K7; 10h6; 20R8; 16H7; 8m6; 10h7

a) alle Passmaße für Wellen heraus,
b) alle Passmaße für Bohrungen heraus, die Toleranzfelder mit gleicher Lage zur Null-Linie haben.

PT-7 Welche Information kann dem Maß 30k6 entnommen werden?

PT-8 **a)** Nennen Sie die Bedingungen, unter denen bei einer Paarung von Bohrung und Welle ein Spiel bzw. Übermaß entsteht.
b) Nennen Sie die charakteristischen Grenzmaße für eine Übergangspassung.

PT-9 Die Istmaße von drei Bohrungen und drei einzubauenden Wellen sind in einer Tabelle festgehalten worden.
Übernehmen Sie die Tabelle. Tragen Sie die Begriffe „Spiel oder Übermaß" für alle neun möglichen Paarungsfälle sowie die entsprechenden Zahlenwerte ein.

Istmaß der Welle / Istmaß der Bohrung	39,850	39,976	40,032
40,085	?	?	?
39,942	?	?	?
39,814	?	?	?

PT-10 **a)** Ermitteln Sie von den Passungen 50F8/h6 und 60H7/r6 die Abmaße von Bohrung und Welle und ordnen Sie diese den Passmaßen zu.
b) Zeichnen Sie maßstäblich zu beiden Passungen die Lage der Toleranzfelder zur Null-Linie.

PT-11 **a)** Wie ist beim Passsystem Einheitsbohrung die Lage der Bohrungstoleranz festgelegt?
b) Wie ist beim Passsystem Einheitswelle die Lage der Wellentoleranz festgelegt?
c) Warum beschränkt man sich in der Fertigung auf eine begrenzte Zahl von Passungen?

PT-12 **a)** Welches Abmaß liegt bei dem Passsystem Einheitsbohrung für alle Nennmaße – z. B. 80H7, 70H11 – genau fest? Wie groß ist es?
b) Welches Abmaß liegt beim Passsystem Einheitswelle für alle Nennmaße – z. B. 12h5, 100h6 – genau fest? Wie groß ist es?

PT-13 Wälzlager werden entsprechend der Lagerbelastung eingepasst. Der Außenring eines Lagers soll fester in der Bohrung sitzen als der Innenring auf der Welle. Für ein Lager mit dem Innendurchmesser 20 mm und Außendurchmesser 52 mm sind die Passmaße für Bohrung und Welle festzulegen. Siehe dazu im Lehrbuch, Kapitel „Wälzlager".
Ermitteln Sie die Maßtoleranz für Bohrung und Welle.

PT-14 **a)** Übernehmen Sie die vorgegebene Tabelle und ordnen Sie dem Grenzlehrdorn und der Rachenlehre das zugehörige Passmaß für die Passung 55H7/r6 zu.
b) Tragen Sie in die Tabelle zutreffend die Begriffe GUTSEITE und AUSSCHUSSSEITE ein und geben Sie dazu das jeweilige Grenzmaß an.

	Grenzlehrdorn	Grenzrachenlehre
Passmaß	?	?
Seite mit Mindestmaß	? = ?	? = ?
Seite mit Höchstmaß	? = ?	? = ?

PT-15 An welchen Merkmalen erkennt man die Ausschussseite
a) bei einem Grenzlehrdorn,
b) bei einer Grenzrachenlehre?

2 Form- und Lagetoleranzen

PT-16 An der Messfläche eines Endmaßes befindet sich nebenstehende Zeichnungsangabe.
a) Welche Eigenschaft wird toleriert?
b) Wie breit ist die Toleranzzone?

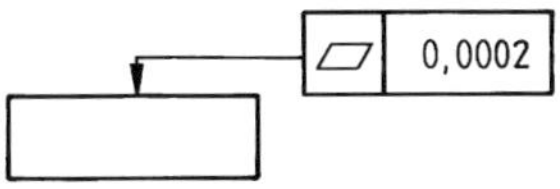

PT-17 Für die Herstellung eines Flachwinkels und eines Kurbelzapfens sind aus nebenstehenden Skizzen die Lagetoleranzen zu entnehmen.

a) Entschlüsseln Sie die Lagetoleranzen mit allen Angaben.

b) Was bedeutet das Zeichen ∅ vor dem Maß 0,005?

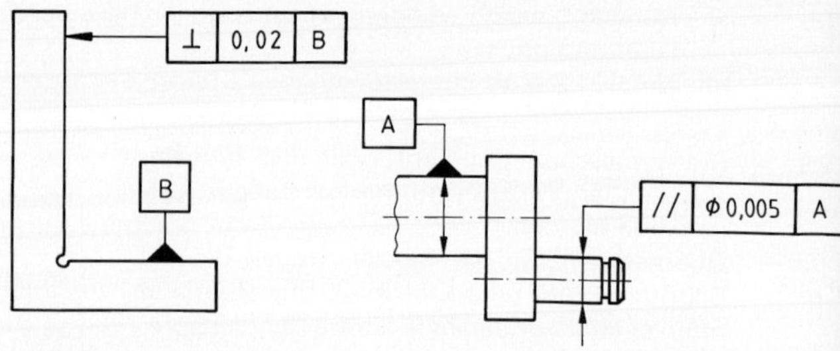

PT-18 Die Ebenheit einer Fläche soll gemessen werden. Machen Sie einen Vorschlag zur Messung der Ebenheit der gekennzeichneten Fläche.
Skizzieren Sie das Messverfahren.

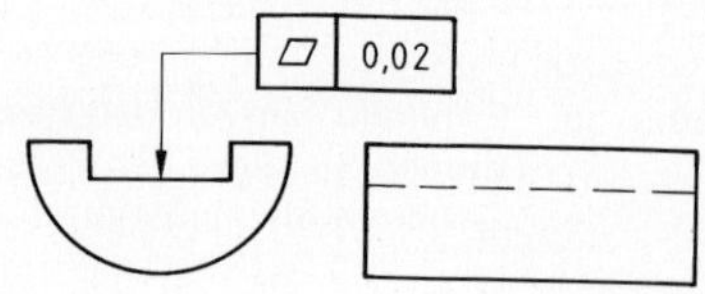

PT-19 Wie würden Sie die Geradheit der Bohrung prüfen? Skizzieren Sie das Messverfahren.

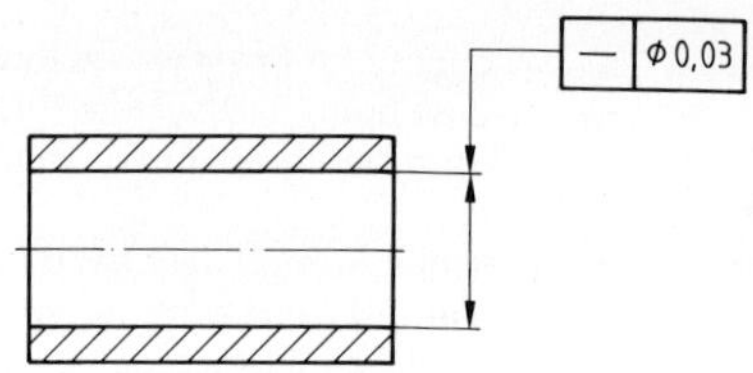

PT-20 Zur Prüfung der Neigung wurde der dargestellte Messaufbau verwendet.

Es wurden gemessen:

M_1 = 6,88 mm;
M_2 = 6,86 mm;
l_1 = 10,8 mm;
l_2 = 40,0 mm;

Ermitteln Sie die Neigungsabweichung der Bohrungsachse von der Senkrechten.

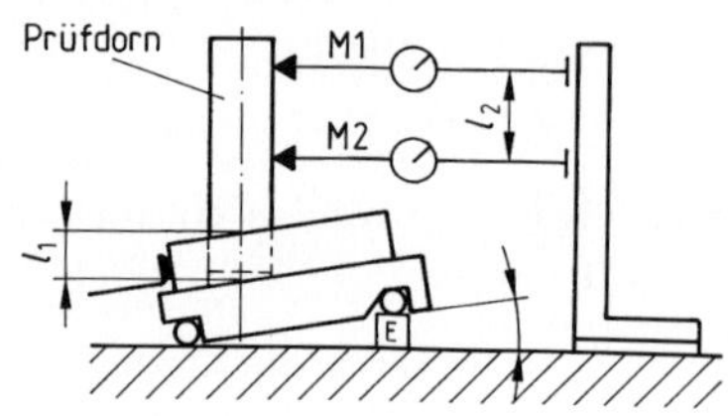

3 Einsatz numerisch gesteuerter Messmaschinen

PT-21 Nennen Sie die Vorteile, welche der Einsatz einer genau positionierten Werkstückaufspannung, z. B. mit Paletten, für Serienmessungen hat.

PT-22 **a)** Welches der Bilder zeigt die statische und welches Bild die dynamische Messwerterfassung?

A

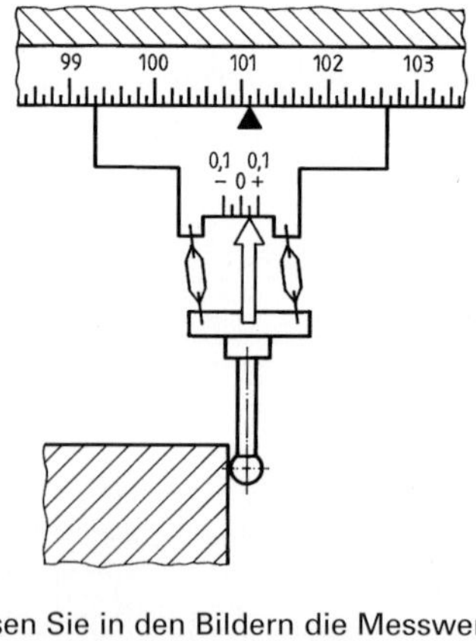

B

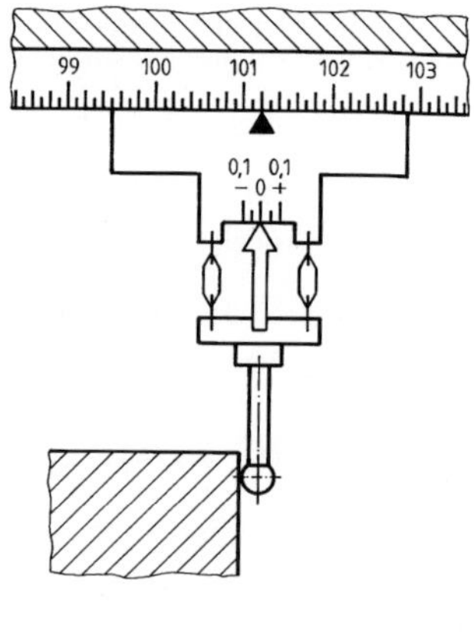

b) Lesen Sie in den Bildern die Messwerte ab.

c) Was versteht man in der Messtechnik unter „Scannen“?

d) Mit welcher der beiden Möglichkeiten zur Messwerterfassung kann nur ein Scannen erfolgen?

4 Qualitätsmanagement

PT-23 Im Beispiel des Lehrbuches – dem schematisch dargestellten Lebensweg des Produktes Motorrad – ist auch das Recycling einbezogen.
Warum muss sich ein Produzent von Motorrädern auch über die Entsorgung Gedanken machen?

PT-24 Die Zehnerregel ist sicherlich nicht in jedem Falle mathematisch zutreffend. Sie macht aber deutlich, wie sich Kosten sprunghaft erhöhen, wenn ein Fehler zu spät aufgedeckt wird.
Was würde nach dieser Regel ein verspannter Deckel auf einem Getriebegehäuse, der nicht mit einem Drehmomentschlüssel angezogen wurde – was etwa 2,00 EUR mehr in der Montage gekostet hätte – bei einer Rückrufaktion wegen austretenden Öls an Kosten verursachen?

PT-25 Die Firma H. hat ein sehr gut organisiertes System der Qualitätssicherung. Sie stellt für die Automobilindustrie Beleuchtungsanlagen her.
Welche Qualitätssicherungsnorm aus DIN EN ISO 9000 bis 9004 kann bei künftigen Lieferverträgen mit dieser Firma Grundlage der Vereinbarungen sein?
Geben Sie eine kurze Begründung.

PT-26 „Qualitätsmanagement ist Sache der Firmenleitung. Dafür werden die Bosse auch besser bezahlt. Ich mach' meine Arbeit so, wie mir gesagt wird. Für Mitdenken werd' ich nicht bezahlt."
In dieser Weise äußerte sich ein Kollege. Was halten Sie davon?

PT-27 Die dargestellten Gehäusedeckel sollen verschraubt werden.
Stellen Sie mit der Klasse ein Ishikawa-Diagramm zur Fehlerquellenanalyse auf. Es sollen möglichst viele Ideen festgehalten werden.

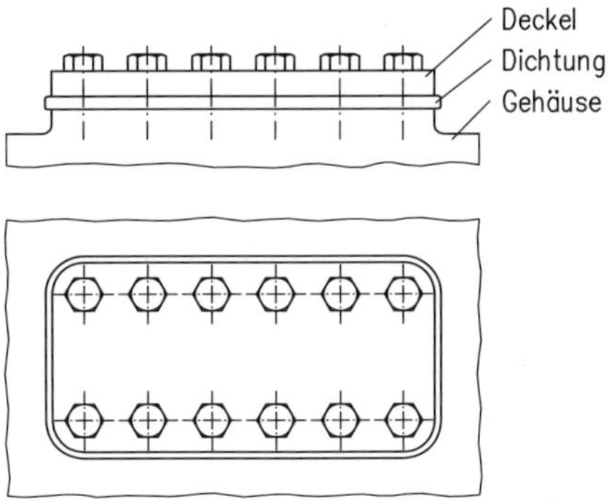

PT-28 Welche Untersuchungs- und Überwachungsverfahren werden unter dem Begriff „Statistische Prozessregelung" (SPC) zusammengefasst? Das Kürzel SPC steht für die englische Bezeichnung der statistischen Prozessregelung. Wofür stehen in diesem Fall die Buchstaben SPC?

PT-29 Wodurch unterscheiden sich die Untersuchungsbedingungen hinsichtlich der Ermittlung der Maschinenfähigkeit und der Prozessfähigkeit?

PT-30 Die Maschinen- und Prozessfähigkeitsuntersuchungen beinhalten u. a. den Schritt: Spezifische Fertigungsbedingungen herstellen.

a) Beschreiben Sie mindestens drei Merkmale einer optimalen Fertigung.

b) Geben Sie an, wodurch die realen Fertigungsbedingungen beeinflusst werden. Geben Sie mindestens drei konkrete Einflussgrößen an.

PT-31 Unterscheiden Sie Maschinen- und Prozessfähigkeit hinsichtlich der stichprobenartig mindestens zu entnehmenden Teilezahl.

PT-32 Die Fähigkeiten der Maschinen, die im Rahmen der Fertigungsaufträge 1 und 2 zum Einsatz kommen, sind nachzuweisen. Die Maschinen- und Prozessfähigkeitsuntersuchungen beinhalten die Schritte: Spezifische Fertigungsbedingungen herstellen, Fähigkeitsuntersuchung durchführen, Test auf Normalverteilung durchführen, Fähigkeitsindizes berechnen und Maschinen- und Prozessfähigkeit nachweisen. In jedem Schritt sind unterschiedliche Maßnahmen durchzuführen. In den Schritten 1 und 2 sind die in den nachfolgenden Messwertetabellen dokumentierten Ergebnisse in zwei unterschiedlichen Fertigungsprozessen für zwei unterschiedliche Fertigungsaufträge erzielt worden.

Fertigungsauftrag 1

Für die Fertigung wird ein Schleifautomat eingesetzt. Hier werden Wellenenden auf den Durchmesser 40 f7 geschliffen. Innerhalb von 10 Stichproben werden jeweils 5 Teile gemessen. Die Stichprobenentnahme begann um 14:30 Uhr. Die weiteren Stichproben wurden im Abstand von einer halben Stunde entnommen.

	Stichproben									
Messwerte	1	2	3	4	5	6	7	8	9	10
x1	39,963	39,963	39,959	39,967	39,965	39,968	39,968	39,963	39,974	39,973
x2	39,974	39,960	39,969	39,965	39,972	39,969	39,965	39,971	39,973	39,971
x3	39,972	39,974	39,966	39,968	39,966	39,965	39,971	39,969	39,967	39,969
x4	39,961	39,972	39,969	39,966	39,967	39,971	39,964	39,972	39,968	39,966
x5	39,969	39,971	39,971	39,962	39,963	39,967	39,974	39,968	39,967	39,972

Fertigungsauftrag 2

Bei diesem Fertigungsauftrag geht es um ein Drehteil mit mehreren Absätzen. Als Prüfmerkmal wurde der tolerierte Durchmesser $17^{\,0}_{-0,15}$ mm in 10 Stichproben mit jeweils 5 Teilen gemessen. Die Stichprobenentnahme begann um 06:00 Uhr. Die weiteren Stichroben wurden im Abstand von 15 Minuten entnommen.

	Stichproben									
Messwerte	1	2	3	4	5	6	7	8	9	10
x1	16,886	16,919	16,925	16,905	16,904	16,922	16,912	16,903	16,908	16,914
x2	16,902	16,902	16,902	16,920	16,913	16,907	16,910	16,913	16,925	16,907
x3	16,907	16,906	16,906	16,906	16,921	16,901	16,920	16,897	16,914	16,906
x4	16,927	16,900	16,920	16,903	16,908	16,901	16,913	16,934	16,929	16,929
x5	16,915	16,907	16,921	16,919	16,921	16,902	16,893	16,909	16,903	16,917

Die folgenden Teilaufgaben sind nacheinander für beide Fertigungsaufträge zu bearbeiten.

a) Bestimmen Sie anhand der Messwerte die für einen Test auf Normalverteilung notwendige Klassenzahl.

b) Berechnen Sie die Klassenweite w anhand der in a) bestimmten Klassenzahl.

c) Bestimmen Sie die jeweiligen Klassenober- und Klassenuntergrenzen.

d) Erstellen Sie unter Verwendung der vorliegenden Messwerte und der ermittelten Klassengrenzen eine Strichliste und berechnen Sie die absolute sowie die relative Häufigkeit der Messwerteverteilung.

e) Bewerten Sie die Strichliste hinsichtlich der Art der Messwerteverteilung.

f) Berechnen Sie die Maschinenfähigkeitsindizes c_m und c_{mk}.

g) Machen Sie eine Aussage zur Fähigkeit der eingesetzten Maschine.

PT-33 Die Prozessfähigkeit eines Drehautomaten zur Fertigung eines Wellenzapfens ist nachzuweisen. Als Prüfmerkmal ist der tolerierte Durchmesser $17^{\,0}_{-0,15}$ mm im Prüfprotokoll benannt. Die 20 Stichproben mit jeweils 5 Teilen wurden bereits entnommen und die Prüfergebnisse in der nachfolgenden Tabelle notiert. Die Stichprobenentnahme begann um 11:00 Uhr. Die weiteren Stichproben wurden im Abstand von 15 Minuten entnommen.

Stichproben										
Messwerte	1	2	3	4	5	6	7	8	9	10
x1	16,886	16,919	16,925	16,905	16,904	16,922	16,912	16,903	16,908	16,914
x2	16,902	16,902	16,902	16,920	16,913	16,907	16,910	16,913	16,925	16,907
x3	16,907	16,906	16,906	16,906	16,921	16,901	16,920	16,897	16,914	16,906
x4	16,927	16,900	16,920	16,903	16,908	16,901	16,913	16,934	16,929	16,929
x5	16,915	16,907	16,921	16,919	16,921	16,902	16,893	16,909	16,903	16,917

Stichproben										
Messwerte	11	12	13	14	15	16	17	18	19	20
x1	16,895	16,881	16,875	16,896	16,883	16,868	16,896	16,873	16,895	16,884
x2	16,899	16,891	16,870	16,888	16,907	16,905	16,877	16,858	16,867	16,891
x3	16,893	16,878	16,868	16,883	16,867	16,866	16,876	16,895	16,865	16,871
x4	16,874	16,862	16,867	16,891	16,886	16,904	16,884	16,915	16,890	16,869
x5	16,883	16,881	16,905	16,881	16,880	16,890	16,887	16,875	16,908	16,883

a) Bestimmen Sie anhand der Messwerte die für einen Test auf Normalverteilung notwendige Klassenzahl.

b) Berechnen Sie die Klassenweite w anhand der in a) bestimmten Klassenzahl.

c) Bestimmen Sie die jeweiligen Klassenober- und -Klassenuntergrenzen.

d) Erstellen Sie unter Verwendung der vorliegenden Messwerte und der ermittelten Klassengrenzen eine Strichliste und berechnen Sie die absolute sowie die relative Häufigkeit der Messwerteverteilung.

e) Bewerten Sie die Strichliste hinsichtlich der Art der Messwerteverteilung.

f) Berechnen Sie die Prozessfähigkeitsindizes c_p und c_{pk}.

g) Machen Sie eine Aussage zur Prozessfähigkeit.

PT-34 Während eines Fertigungsprozesses kommt es zu Störungen. Die Messwerte unterschiedlicher Stichproben bewegen sich in der nachfolgenden Weise zwischen den Toleranzgrenzen.

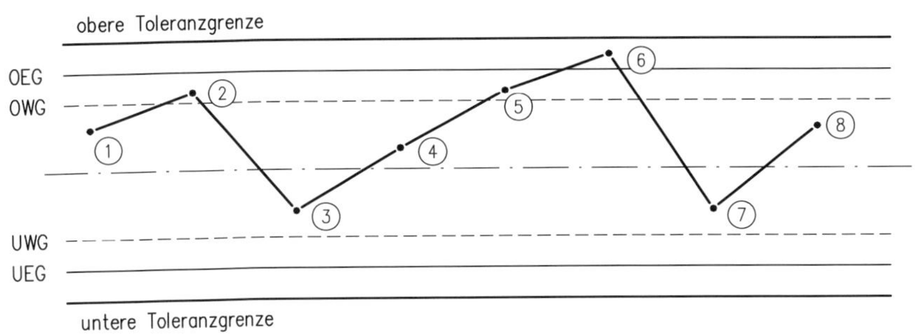

a) Ab welcher Stichprobennummer müssen Maßnahmen zur Qualitätssicherung ergriffen werden?

b) Was ist nach der Stichprobe Nr. 2 und 5 zu beachten?

PT-35 Unterscheiden Sie Mittelwert- und Spannweitenkarte hinsichtlich ihrer Aussagekraft.

PT-36 Erstellen Sie auf der Grundlage der Messwerte aus Aufgabe PT-32 (Fertigungsauftrag 1) eine $\overline{x}$ – R – Qualitätsregelkarte mit den folgenden Warn- und Eingriffsgrenzen (alle Maße in mm) für die

- Mittelwertkarte
  OEG = 39,971, UEG = 39,965, OWG = 39,970, UWG 39,966 und
- Spannweitenkarte
  OEG = 0,016, UEG = 0,002, OWG = 0,015, OWG = 0,019.

Übertragen Sie die Messwertetabelle aus Aufgabe PT-32 (Fertigungsauftrag 1) in Ihr Heft und ergänzen Sie Zeilen und Spalten für $\sum x$, $\overline{x}$ und R.

a) Berechnen Sie den Mittelwert und die Spannweite für jede Stichprobe.

b) Erstellen Sie nun anhand der berechneten Kennwerte die geforderte $\overline{x}$ – R – Qualltätsregelkarte.

c) Erstellen Sie eine $\overline{x}$ – R – Qualitätsregelkarte anhand der Messwerte aus Aufgabe PT-32 (Fertigungsauftrag 2).

PT-37 Bewerten Sie anhand von Bewertungskriterien die in Aufgabe PT-36 entstandenen Verläufe der Mittelwerte $\overline{x}$ aus den Fertigungsaufträgen 1 und 2 hinsichtlich der Beherrschbarkeit der Fertigungsprozesse.

Fertigungstechnik FT-1 bis FT-160

1 Fertigen mit Dreh-, Fräs- und Schleifmaschinen

FT-1 **a)** Für das dargestellte Werkstück sind folgende Eingangsgrößen zu wählen:
- Werkzeugmaschinen,
- Spannmittel,
- Rohteilmaße.

b) Welche Größen müssen an der Werkzeugmaschine eingestellt werden?

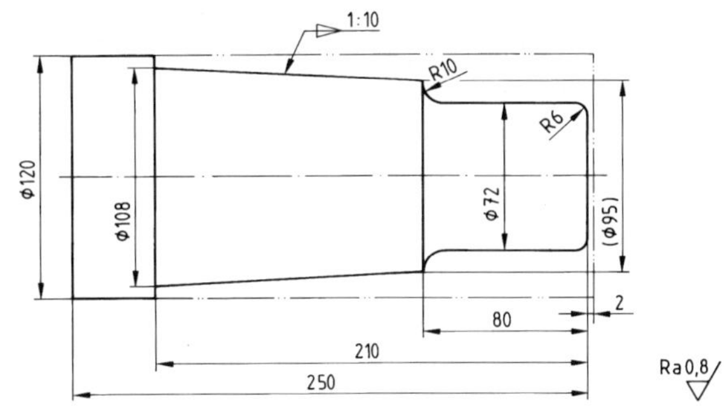

FT-2 Skizzieren Sie das Schema ab, und wählen Sie dabei die richtigen Aussagen für die Ausgangsgrößen aus.

Eingangsgrößen		Ausgangsgrößen
größerer Keilwinkel →	**maschinelle spanende Fertigung**	*(kürzere/längere)* Standzeit →
kleinerer Freiwinkel →		*(kleinere/größere)* Reibung →
größerer Spanwinkel →		*(geringere/bessere)* Oberflächenbeschaffenheit →

FT-3 Ein Drehmeißel arbeitet mit einem Vorschub von 0,5 mm je Umdrehung.
Der Schneidenradius beträgt 0,5 mm.
Zeichnen Sie maßstäblich mit 100facher Vergrößerung drei nebeneinander liegende Riefen. Messen Sie die Rautiefe ab, rechnen Sie diese in mm um, und geben Sie die Rautiefe in Mikrometer an.

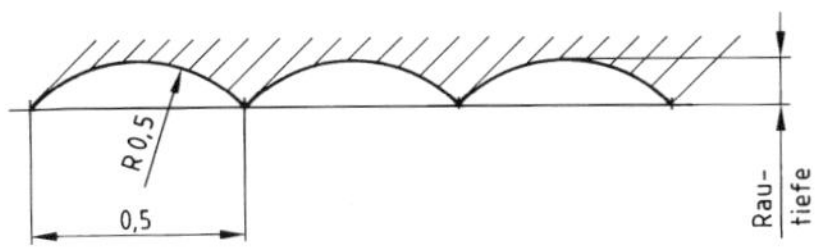

FT-4 Beim Spanen entstehen unterschiedliche Spanarten. Aus der Art des Spans kann man unter anderem eine Aussage über den Werkstoff machen.
Übernehmen Sie folgende Tabelle, und füllen Sie diese fachgerecht aus, indem Sie aus den vorgegebenen Antworten auswählen.

Spanarten			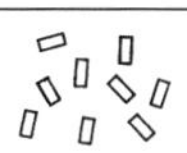
Benennung	?	?	?
Stauchung	gering mittel stark	gering mittel stark	gering mittel stark
Spanwinkel	klein mittel groß	klein mittel groß	klein mittel groß
Werkstoff	spröde zäh und leicht spröde zäh	spröde zäh und leicht spröde zäh	spröde zäh und leicht spröde zäh
Werkstück-oberfläche	glatt nicht so glatt rau	glatt nicht so glatt rau	glatt nicht so glatt rau

FT-5 Welche Spanart ist für eine störungsfreie Bearbeitung von Werkstücken anzustreben?

FT-6 Warum werden bei der Zerspanung von Stählen keine polykristallinen Diamanten eingesetzt?

FT-7 Legen Sie eine Tabelle nach Vorlage an, und füllen Sie diese stichwortartig aus:

	Schnellarbeitsstahl	Hartmetalle	Schneidkeramik
Zusammensetzung	?	?	?
Herstellungsverfahren	?	?	?
Härte	?	?	?
Zähigkeit	?	?	?
Standzeit	?	?	?
Warmstandfestigkeit	?	?	?
Schnittgeschwindigkeit	?	?	?
Spanungsquerschnitt	?	?	?
zu bearbeitender Werkstoff	?	?	?
Beschaffenheit des Rohteils	?	?	?
Anforderungen an Werkzeugmaschinen	?	?	?

FT-8 Für die Fertigbearbeitung des dargestellten Werkstückes ist das abgebildete Werkzeug ausgewählt worden.

a) Überprüfen Sie, ob die Kontur mit dem Werkzeug überdreht werden kann, wenn in der Werkzeugbezugsebene zwischen Werkstück und Nebenschneide ein Winkel von mindestens 3° vorhanden sein muss. Erbringen Sie den Nachweis zeichnerisch oder rechnerisch.

b) Geben Sie für die erforderliche Wendeschneidplatte den normgerechten Kennbuchstaben für die Grundform an.

c) Verschlüsseln Sie anhand von Zeichnung und Tabelle alle ablesbaren Kenngrößen mit den normgerechten Kennbuchstaben.

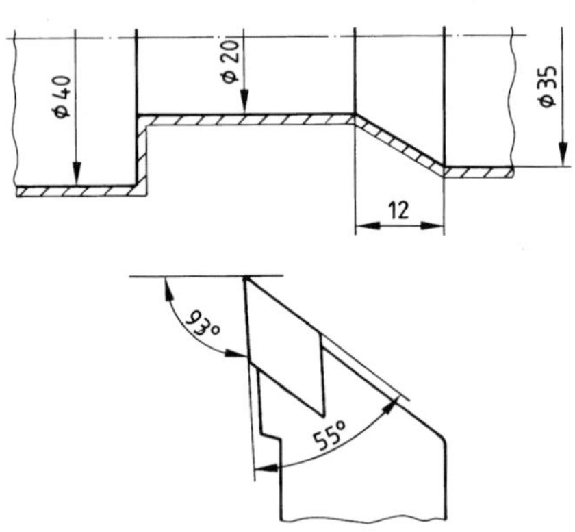

Wendeschneidplatte

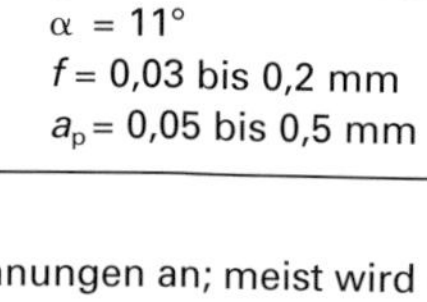

zum Feinschlichten vorgearbeiteter Stahlteile

α = 11°

f = 0,03 bis 0,2 mm

a_p = 0,05 bis 0,5 mm

FT-9 Geben Sie zu den dargestellten Drehverfahren die normgerechten Benennungen an; meist wird nur bei Innendrehverfahren das Wort „Innen-" vorangestellt.

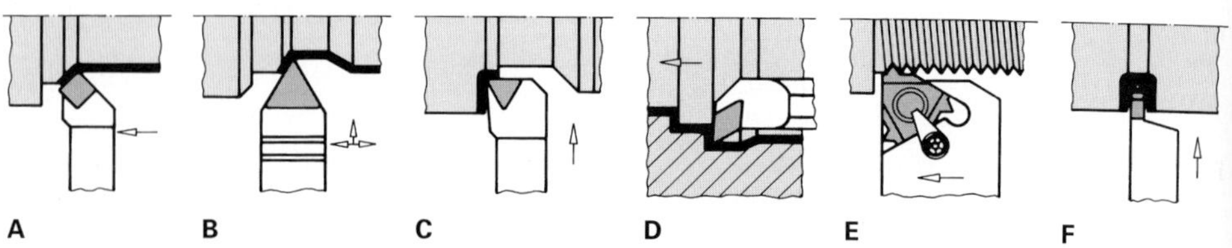

FT-10 **a)** Skizzieren Sie je eine Seitenansicht für einen Abstechdrehmeißel mit folgenden Winkeln:
Drehmeißel 1: $\alpha_0 = 3°$, $\gamma_0 = 35°$, Drehmeißel 2: $\alpha_0 = 3°$, $\gamma_0 = 5°$.
b) Berechnen Sie jeweils die Keilwinkel der Drehmeißel.
c) Schreiben Sie zu jeder Skizze eine kurze Aussage über die Eignung zum Drehen von Stahl und Kunststoff.

FT-11 **a)** Wie groß ist üblicherweise der Freiwinkel an einem Drehmeißel?
b) Welche Bedeutung hat der Freiwinkel für den Zerspanungsvorgang?

FT-12 Skizzieren Sie die Draufsicht folgender Drehmeißel:
Drehmeißel 1: Einstellwinkel $\varkappa_r = 90°$, Drehmeißel 2: Einstellwinkel $\varkappa_r = 30°$.
Begründen Sie anhand der Skizzen, welcher der Drehmeißel für Schrupparbeiten geeignet ist.

FT-13 Begründen Sie, weshalb zum Drehen langer, dünner Wellen der Einstellwinkel z. B. $\varkappa_r = 90°$ gewählt wird.

FT-14 **a)** Skizzieren Sie die Seitenansicht je eines Drehmeißels mit
I einem positiven Neigungswinkel, **II** einem negativen Neigungswinkel.
b) Geben Sie an, für welche Werkstoffe bzw. Schnittbedingungen diese Drehmeißel eingesetzt werden.

FT-15 Benennen Sie die dargestellten Drehverfahren und die verwendeten Drehmeißel.

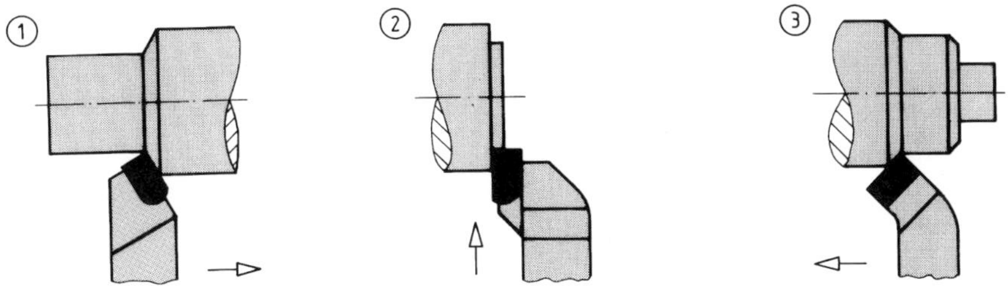

FT-16 Ordnen Sie die folgenden Werkstückformen in die Tabelle der Spannmöglichkeiten ein:
Rundstahl: Rd 30 x 200, Vierkantstahl: 4kt 40 x 100,
Sechskantstahl: 6kt 24 x 60, Rundstahl: Rd 120 x 90.
Achtkantprofil: 8kt 60 x 120.

Spannen im Dreibackenfutter	Spannen im Vierbackenfutter
?	?
?	?
?	?

FT-17 **a)** Beschreiben Sie die Wirkungsweise des Spannvorganges mit Spannzangen.
b) Charakterisieren Sie Werkstückformen, die zum Spannen mit Spannzangen besonders geeignet sind.

FT-18 Welche Fehler können beim Längs- Runddrehen auftreten?
a) Ein Werkstück ragt weit aus dem Futter. Es wird nicht durch eine Zentrierspitze gestützt.
b) Eine lange dünne Welle, die am Ende geführt ist, wird mit zu großer Zustellung bearbeitet.
c) Ein hohler und dünnwandiger Zylinder wird mit zu hoher Spannkraft im Futter eingespannt.

FT-19 **a)** Beschreiben Sie die Mitnahme eines zwischen zwei Zentrierspitzen gespannten Werkstückes
– beim Einsatz einer Mitnehmerscheibe, – beim Einsatz eines Stirnseitenmitnehmers.
b) Nennen Sie Vor- und Nachteile beider Spannmethoden.

FT-20 **a)** Wie werden die Werkstücke auf der Planscheibe zum Drehen ausgerichtet?
b) Beschreiben Sie den Aufspannvorgang eines Stehlagerböckchens, dessen Lagerbohrung bearbeitet werden soll. Gehen Sie auch auf die erforderlichen Hilfsteile ein.

FT-21
a) Unter welchen Bedingungen sind Setzstöcke beim Drehen erforderlich?
b) Wo wird ein feststehender Setzstock an der Drehmaschine befestigt?
c) Wo wird ein mitlaufender Setzstock an der Drehmaschine befestigt?
d) Wie ändert sich die Werkstückform, wenn man auf den notwendigen Einsatz eines Setzstockes verzichtet?

FT-22
a) Nennen Sie zwei verschiedene Verfahren zum Drehen von Kegeln.
b) Welche Verfahren eignen sich zum Drehen langer Kegel?
c) Welches Verfahren eignet sich besonders zum Drehen von Kegeln mit großem Kegelwinkel?

FT-23
Das dargestellte Teil ist auf einer Drehmaschine herzustellen.
a) Berechnen Sie die Kegelverjüngung.
b) Welchen Einstellwinkel muss der Zerspannungsmechaniker am Oberschlitten einstellen?

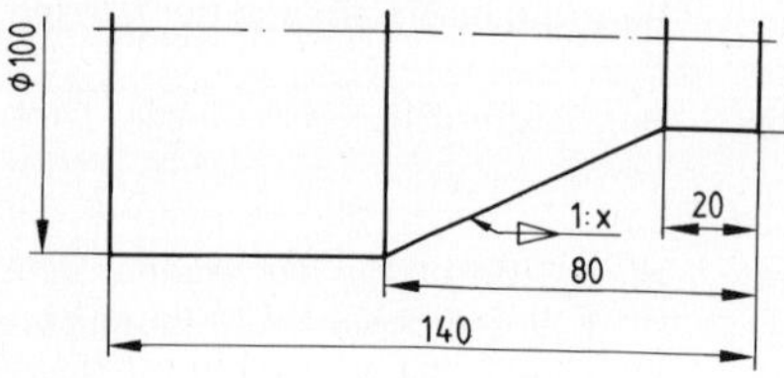

FT-24
In einer Zeichnung ist die Kegelverjüngung mit 1:10 angegeben:
a) Bestimmen Sie die Neigung für die Mantellinie des Kegels.
b) Berechnen Sie den Einstellwinkel.

FT-25
Beim Drehen hängt die erreichbare Rautiefe von den Schnittbedingungen und der Schneidengeometrie ab.
a) Geben Sie 5 Einflussgrößen auf die Rautiefe an.
b) Wie sind die 5 Einflussgrößen zu wählen, um eine möglichst geringe Rautiefe zu erreichen?
c) Erläutern Sie den Zusammenhang zwischen Aufbauschneidenbildung und Rautiefe.
d) Nennen Sie Maßnahmen, die zur Verringerung der Aufbauschneidenbildung führen.

FT-26
Eine Welle aus niedriglegiertem Stahl wird in zwei Arbeitsgängen überdreht. Die Schnitttiefe beim Schruppen beträgt 5 mm, beim Schlichten 1 mm.
a) Welchen Vorschub müssen Sie einstellen, wenn Sie folgende Regel anwenden:
– Vorschub beim Schruppen soll etwa 1/8 der Schnitttiefe sein,
– Vorschub beim Schlichten soll etwa 1/5 der Schnitttiefe sein?
b) Welche Vorschübe und Schnittgeschwindigkeiten sind hingegen bei Anwendung der Richtwerttabelle für die Schneidstoffe P 10 oder P 25 einzustellen? Geben Sie Mittelwerte an.

FT-27
Ermitteln Sie mit Hilfe des Drehzahl-Diagramms die einzustellende Umdrehungsfrequenz.

	Schnittgeschwindigkeit	Durchmesser	Umdrehungsfrequenz
a)	30 m/min	150 mm	?
b)	40 m/min	90 mm	?
c)	50 m/min	50 mm	?

FT-28
Eine Kolbenstange für einen Spezialzylinder soll vor dem Honen feinstgedreht werden. Die Rautiefe darf höchstens 12 μm betragen. Die Kolbenstange besteht aus hoch legiertem Stahl, hat einen Durchmesser von 120 mm und ist 950 mm lang.
a) Berechnen Sie für den letzten Schlichtvorgang den Vorschub, wenn das Schnittwerkzeug mit Hartmetall bestückt ist und der Schneidenradius 0,5 mm beträgt. (Vorschubstufungen von 0,1 mm/Umdrehung einhalten.)
b) Berechnen Sie die Hauptnutzungszeit für den Schlichtvorgang.
Anleitung: — Schnittgeschwindigkeit nach Tabellen bestimmen,
— Umdrehungsfrequenz berechnen,
— Umdrehungsfrequenz aus den möglichen Umdrehungsfrequenzen der Maschine auswählen (Umdrehungsfrequenzdiagramm),
— Hauptnutzungszeit berechnen.

FT-29 Bei einem Schruppvorgang auf einer Drehmaschine beträgt der Vorschub $f = 0{,}4$ mm, die Schnitttiefe $a_p = 5$ mm und der Einstellwinkel $\chi_r = 50°$.

a) Berechnen Sie den Spanungsquerschnitt.

b) Ermitteln Sie die Spanungsdicke h.

FT-30 Eine Welle aus E360 (St 70) von 300 mm Durchmesser muss überdreht werden. Der Schruppvorschub beträgt 0,8 mm, die Schnitttiefe 8 mm und der Einstellwinkel $\chi_r = 45°$. Als Schneidwerkstoff steht ein Hartmetall P 25 zur Verfügung.

Ermitteln und berechnen Sie die folgenden Größen:

a) Spanungsquerschnitt,

b) Schnittkraft,

c) Schnittgeschwindigkeit laut Tabelle,

d) notwendige Antriebsleistung der Maschine bei einem Wirkungsgrad von 0,6.

FT-31 Eine Drehmaschine hat einen Hauptantriebsmotor mit einer Leistungsaufnahme von 4,5 kW. Der Wirkungsgrad in der Maschine beträgt 0,45.

Berechnen Sie die Schnittkraft bei den folgenden Schnittgeschwindigkeiten.

a) $v_c = 40$ m/min (Schruppen), **b)** $v_c = 120$ m/min (Schlichten).

FT-32 Benennen Sie die dargestellten Fräsarbeiten nach der zu erzeugenden Fläche. Geben Sie die normgerechte Bezeichnung des Fräsverfahrens an.

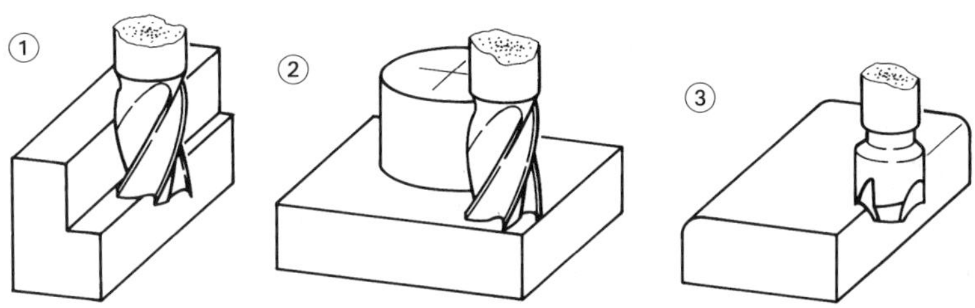

FT-33 **a)** Erläutern Sie den Unterschied zwischen Stirn- und Umfangsplanfräsen hinsichtlich der Spanbildung.

b) Geben Sie 3 Vorteile des Stirnplanfräsens gegenüber dem Unfangsplanfräsen an.

FT-34 Eine Gusseisenplatte soll durch Umfangs-Planfräsen bearbeitet werden.

a) Würden Sie die Erstbearbeitung der Gussoberfläche durch Gleich- oder Gegenlauffräsen durchführen? Begründen Sie Ihre Entscheidung.

b) Welches Verfahren wenden Sie bei der Schlichtbearbeitung an, wenn eine hohe Oberflächengüte gefordert wird? Begründen Sie ebenfalls Ihre Wahl.

FT-35 Auf einer Waagerecht-Fräsmaschine sollen Werkstücke aus AlCuMg 2 bzw. aus X 155 CrVMo 12-1 mit Walzenfräsern bearbeitet werden.

a) Wählen Sie für die Bearbeitung geeignete Fräsertypen aus. Begründen Sie die Auswahl.

b) Machen Sie eine allgemeine Aussage über die Größe von Keil- und Spanwinkel der ausgewählten Fräser.

FT-36 Ordnen Sie die nachfolgend aufgeführten Merkmale den beiden in der Tabelle angeführten Fräswerkzeugen zu:

- für große ebene Flächen / für kleine ebene Flächen,
- Schneidenzahl: 4–12 / Schneidenzahl: 6–60,
- mittlere Oberflächengüte / hohe Oberflächengüte,
- sehr hohe Zerspanleistung / geringe Zerspanleistung,
- Schneiden aus hoch legiertem Stahl als Bestandteil des Fräsers / auswechselbare Schneiden aus Hartmetall.

Walzenstirnfräser	Messerkopf
?	?
?	?

FT-37 Gleich große Walzenfräser können mit einer unterschiedlichen Anzahl von Schneiden ausgestattet sein.

a) Legen Sie dar, welcher Zusammenhang zwischen der Schneidenanzahl und der Spanraumgröße besteht.

b) Für welche Werkstoffe sind größere Spanräume erforderlich? Begründen Sie Ihre Antwort.

FT-38 **a)** Mit welchen Fräsern können die Nuten in den dargestellten Werkstücken gefertigt werden? Nennen Sie alle Möglichkeiten der Herstellung.

b) Geben Sie die Einsatzmöglichkeiten, Vorteile und Grenzen der Fräserarten an.

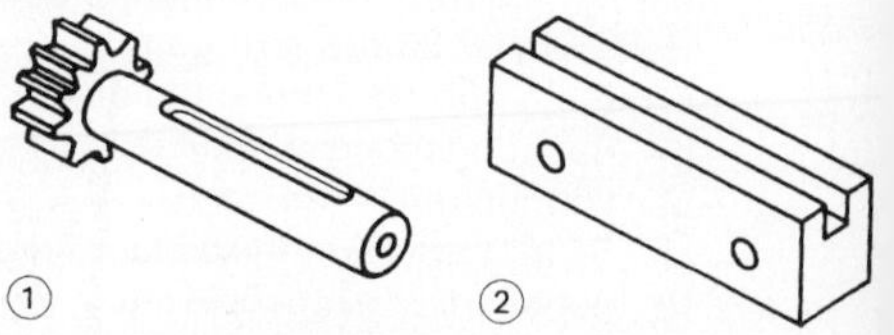

FT-39 **a)** Aus der Reparaturabteilung wurde eine bereits gedrehte Welle mit einer Skizze für das Einfräsen einer Nut hereingegeben. Für die Nut waren nur Länge und Tiefe eingetragen. Ermitteln Sie den Durchmesser des Scheibenfräsers, den Sie zur Herstellung der Nut einsetzen.

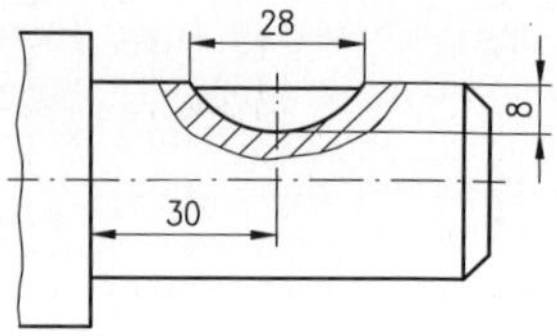

b) Wie gehen Sie vor, wenn der Scheibenfräser eine Breite von 6 mm hat und die Nutbreite 10 mm betragen soll?

FT-40 In eine Welle von 450 mm Länge wird mit einem Scheibenfräser von 125 mm Durchmesser eine 6 mm breite und 8 mm tiefe Nut in einem Schnitt gefräst.
Der Fräser hat 10 Zähne. Der Vorschub je Zahn soll f_z = 0,1 mm betragen. Die Schnittgeschwindigkeit soll 30 m/min sein.

a) Berechnen Sie den Mindestanlaufweg l_a

b) Ermitteln Sie die Hauptnutzungszeit. (Der Fräser soll 2 mm aus dem Werkstück herausfahren.)

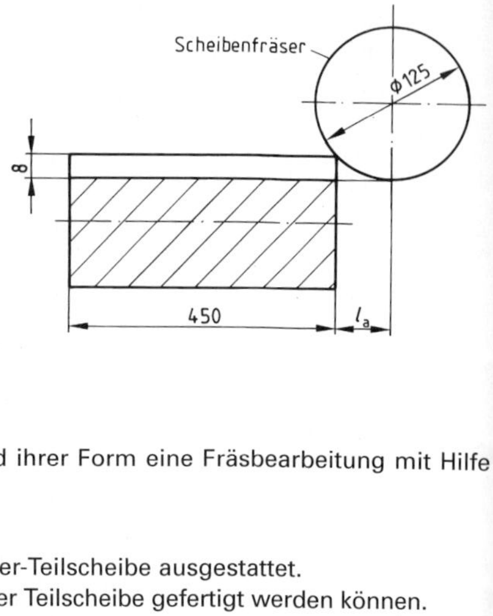

FT-41 Nennen Sie verschiedene Werkstücke, bei denen aufgrund ihrer Form eine Fräsbearbeitung mit Hilfe eines Teilapparates erforderlich ist.

FT-42 Ein einfacher Teilapparat für direktes Teilen ist mit einer 36er-Teilscheibe ausgestattet.
Bestimmen Sie vier regelmäßige Vielecke, die mit Hilfe dieser Teilscheibe gefertigt werden können.

FT-43 Ein Zahnrad mit 34 Zähnen soll durch indirektes Teilen gefräst werden.

a) Berechnen Sie die Anzahl der Teilkurbelumdrehungen.

b) Wählen Sie aus dem Lochscheibensatz einen Kreis mit geeigneter Lochzahl aus.

c) Wie viele Löcher sind mit Hilfe der Teilschere bei jeder Verstellung als Bruchteil einer vollen Umdrehung zusätzlich zu verstellen?

FT-44 Bestimmen Sie für die Herstellung von Lochkreisen mit
a) 15 Bohrungen, **b)** 22 Bohrungen, **c)** 33 Bohrungen.
die Teilkurbelumdrehungen, die Lochscheiben und die einzustellenden Lochabstände.

FT-45 **a)** Welche Arten von Schleifmaschinen sind in Ihrer Firma im Einsatz?

b) Nennen Sie typische Schleifarbeiten, die mit den folgenden Maschinen durchgeführt werden:
1. Schleifblock und 2. Winkelschleifer

FT-46 **a)** Nennen Sie vier verschiedene Schleifmittel und ordnen Sie diese nach der zunehmenden Härte.
b) Welche Schleifmittel werden zum Schleifen von

- Baustählen,
- Hartmetallen eingesetzt?

FT-47 Schleifscheiben werden zur Bearbeitung von unterschiedlichen Werkstoffen und für unterschiedliche Fertigungsverfahren durch die Wahl der Schleif- und Bindemittel angepasst.
Übernehmen Sie die Tabelle, und ermitteln Sie die fehlenden Angaben.

Einsatz der Schleifscheibe	Bindung	Kurzzeichen	Eigenschaften der Schleifscheibe
Maschinelles Schleifen für Werkstoffe mit mittlerer Festigkeit	?	?	?
Feinstschleifen harter Werkstoffe	?	?	?
Trennschleifen	?	?	?
Schleifen von Hartmetallen	?	?	?

FT-48 Schreiben Sie den folgenden Merksatz mit den richtigen Aussagen ab.
Bei der Schleifbearbeitung von harten Werkstoffen werden die Schleifkörner *(langsam/schnell)* stumpf. Die Härte der Schleifscheibe muss daher *(gering/groß)* sein, damit die stumpfen Körner *(langsam/schnell)* ausbrechen. Man bezeichnet in diesem Fall die Schleifscheibe als *(weich/hart)*. Der große Kennbuchstabe für diese Härte steht mehr am *(Anfang/Ende)* des Alphabets.

FT-49 Der innere Aufbau einer Schleifscheibe wird als Gefüge bezeichnet.
Übernehmen Sie die Tabelle, und tragen Sie nur die zutreffenden Antworten ein.

	dichtes Gefüge	offenes Gefüge
Porenanteil	*(hoch/niedrig)*	*(hoch/niedrig)*
abzutragende Spanmenge	*(groß/klein)*	*(groß/klein)*
Arbeitsverfahren	*(Schruppen/Schlichten)*	*(Schruppen/Schlichten)*
Oberflächengüte	*(hoch/niedrig)*	*(hoch/niedrig)*
zu bearbeitender Werkstoff	*(hart/weich)*	*(hart/weich)*
Kennziffer	*(2/6)*	*(2/6)*

FT-50 Berechnen Sie die einzustellende Umdrehungsfrequenz für eine Schleifscheibe beim Außenrundschleifen von Stahlwellen. Entnehmen Sie den niedrigsten Wert aus der Richtwerttabelle für Umfangsgeschwindigkeiten. Die Schleifscheibe hat einen Durchmesser von 200 mm.

FT-51 Die Unfallgefahren sind wegen der hohen Umdrehungsfrequenzen bei Schleifscheiben sehr groß. Nennen Sie Unfallverhütungsvorschriften, die beim Einsetzen von neuen Schleifscheiben eingehalten werden müssen.

FT-52 Unterscheiden Sie Umfangsplan- und Außenrundschleifen hinsichtlich der Schnittbewegung.
Bei beiden Verfahren soll im Gegenlauf geschliffen werden.
a) Übertragen Sie die Skizzen auf ihr Arbeitsblatt.

b) Ordnen Sie diesen die Bezeichnung des Schleifverfahrens zu.
c) Zeichnen Sie durch Pfeile die Bewegungen ein, welche die Schnittbewegung erzeugen.
d) Formulieren Sie einen Merksatz über die Schnittbewegung beim Rundschleifen.

FT-53 Übertragen Sie den Merksatz, indem Sie nur die zutreffenden Aussagen einsetzen.
„Beim spitzenlosen Außenrundschleifen läuft die Schleifscheibe mit *(größerer/kleinerer)* Geschwindigkeit als die *(größere/kleinere)* Regelscheibe. Die *(härtere Schleifscheibe/weichere Regelscheibe)* bremst die Drehbewegung des Werkstücks und erteilt durch ihre Neigung dem Werkstück die *(Schnittbewegung/Vorschubbewegung)*. Dieses Schleifverfahren ist besonders für *(kurze/lange) Werkstücke mit (großem/kleinem)* Durchmesser geeignet."

FT-54 Die Spindel einer Schleifmaschine hat eine Umdrehungsfrequenz von 2 800 1/min. Die höchste Schleifgeschwindigkeit soll 30 m/s und die geringste 20 m/s betragen.
Berechnen Sie den zulässigen größten und den zulässigen kleinsten Durchmesser der einzusetzenden Schleifscheibe.

2 Abtragende Fertigungsverfahren

FT-55
a) Skizzieren Sie die Untersicht eines Schneidbrennerkopfes, und benennen Sie die Düsenöffnungen nach ihrer Funktion.
b) Beschreiben Sie, welche unterschiedlichen Aufgaben die aus den Düsen austretenden Gase beim Brennschneidvorgang haben.

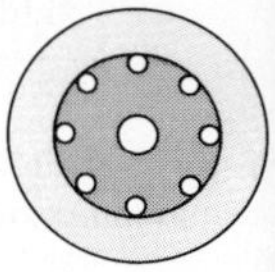

FT-56 Formulieren Sie einen Merksatz zur Eignung von Metallen zum autogenen Brennschneiden mit Aussagen über:
Entzündungstemperatur, Schmelztemperatur und Wärmeleitfähigkeit von Metallen.

FT-57 Ein Produktionsbetrieb möchte das Ablängen von Rohteilen für die Fertigung hochbeanspruchter Werkstücke möglichst durch autogenes Brennschneiden ausführen lassen.
Die Arbeitsvorbereitung ist beauftragt, zu den aufgelisteten Werkstoffen anzugeben, ob diese zum Brennschneiden — unbegrenzt geeignet, — begrenzt geeignet, — nicht geeignet sind.

Werkstoffe	
1. Einsatzstahl	17 CrNiMo 6
2. Einsatzstahl	20 MnCr 5
3. Vergütungsstahl	C 55
4. Federstahl	60 SiMn 5
5. Unlegierter Baustahl	E 360 (St 70)
6. Warmarbeitsstahl	X 32 CrMoV 3-3
7. Kaltarbeitsstahl	X 40 CrMnMoS 6-8
8. Nicht rostender Stahl	X 6 CrNiMoTi 17-12-2

Ordnen Sie die Werkstoffe in eine Tabelle nach dem nebenstehenden Muster ein.

Geeignet	Begrenzt geeignet (mit Vorwärmen)	Ungeeignet

FT-58 Auf einer CNC-Brennschneidmaschine sollen aus 10 mm dicken Blechtafeln 24 Ronden geschnitten werden. Diese sollen durch Schleifen des Randes auf 615 mm Durchmesser gebracht werden. Als Werkstoff wird S 235 (St 37) verwendet, die Größe der Blechtafeln ist 2 000 x 4 000.

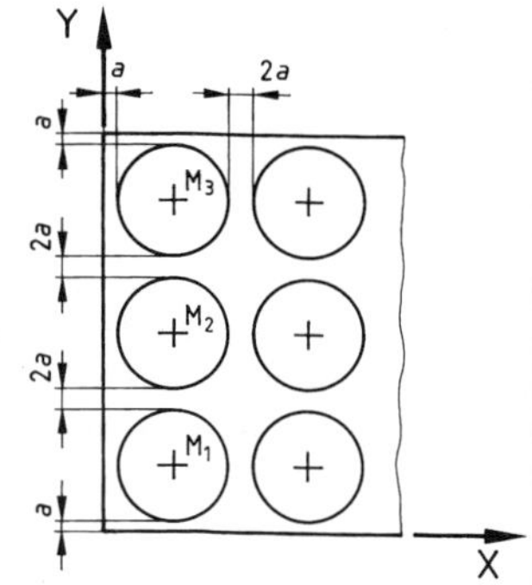

a) Entnehmen Sie den Tabellen des Lehrbuchs die nachfolgenden Einstellwerte für den Brennschnitt:
- Brennschneiddüsen: Schneiddüsen-Nr. und Heizdüse-Nr.
- Brennerabstand zum Werkstück,
- Heizflammeneinstellung: Acetylendruck und Heizsauerstoffdruck,
- Schneidsauerstoffdruck,
- Vorschubgeschwindigkeit.

b) Ermitteln Sie unter Berücksichtigung der Bearbeitungszugabe den Rohdurchmesser der Ronden d_{Roh} und die Schnittfugenbreite b.
c) Berechnen Sie die Brennschnittlänge für 24 Ronden.
d) Berechnen Sie die Schneidzeit für den gesamten Auftrag, wenn der Schnitt gleichzeitig mit 3 Brennern ausgeführt wird.
e) Berechnen Sie den Sauerstoff- und Acetylenverbrauch in m³ für den gesamten Auftrag.

FT-59 Beurteilen Sie die abgebildeten Schnittflächen, indem Sie möglichst detailliert die Ursachen der einzelnen Schnittfehler aufzeigen.

①
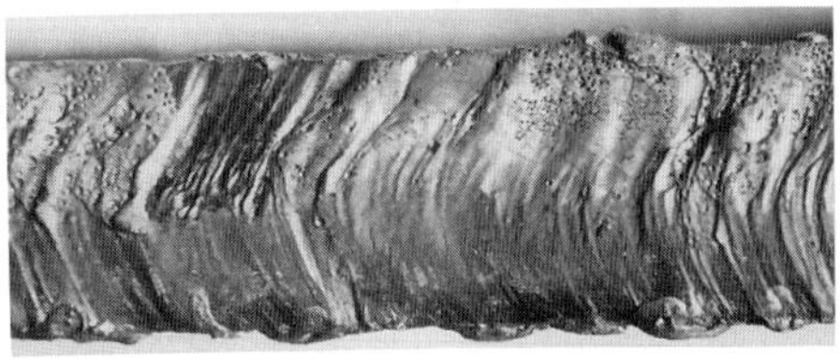

②
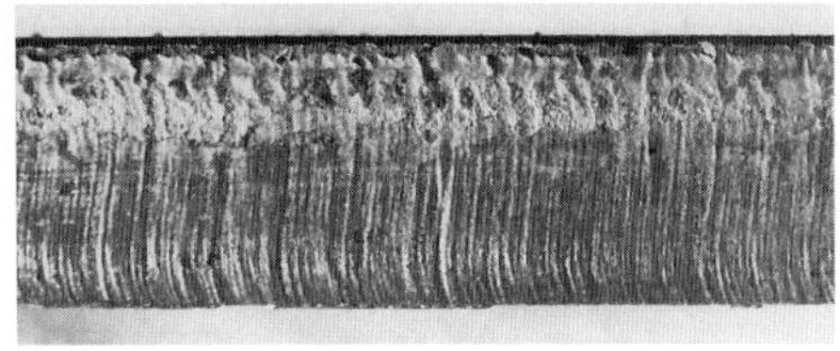

FT-60 In der Heimwerkerabteilung eines Kaufhauses hörte ich ein Verkaufsgespräch mit. Der Verkäufer nannte die Vorteile eines angebotenen Plasmaschweißgerätes. Als der Kunde jedoch fragte, ob „die Sache mit dem Plasma so wie beim Schutzgasschweißen" sei, sagte der Verkäufer schnell: „Ja, ja", und ging schnell wieder auf Leistungsdaten ein.
Wie würden Sie als Fachmann einem Laien „die Sache mit Plasmastrahl und dem Plasma" erklären?

FT-61 Übertragen Sie die Prinzipskizze des Plasmaschneidens. Ordnen Sie der Skizze die unten aufgeführten Begriffe zu.

- ⑦ Wolframelektrode
- ⑦ Düse
- ⑦ Arbeitsgas
- ⑦ Kühlwasser
- ⑦ Pilotstromquelle
- ⑦ Schneidstromquelle
- ⑦ Plasmastrahl
- ⑦ Heißgasmantel

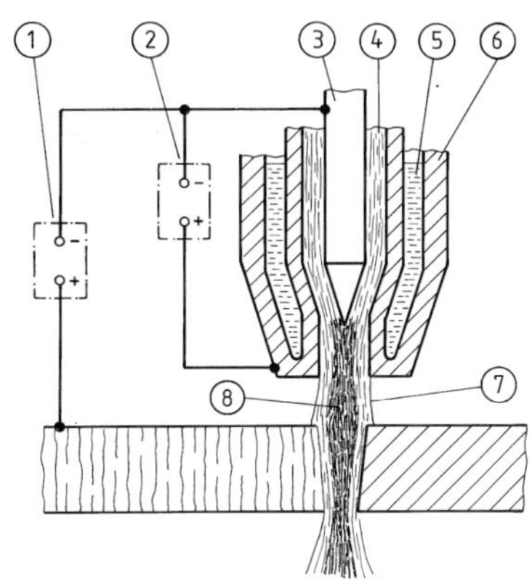

FT-62 Sie erhalten den Auftrag, ein Übergangsstück für eine Rohrleitung aus nicht rostendem Stahl (X 6 CrNiTi 18-10) herzustellen.
Die Abwicklung soll mit einer Plasmaschneidanlage von Hand ausgeschnitten werden.

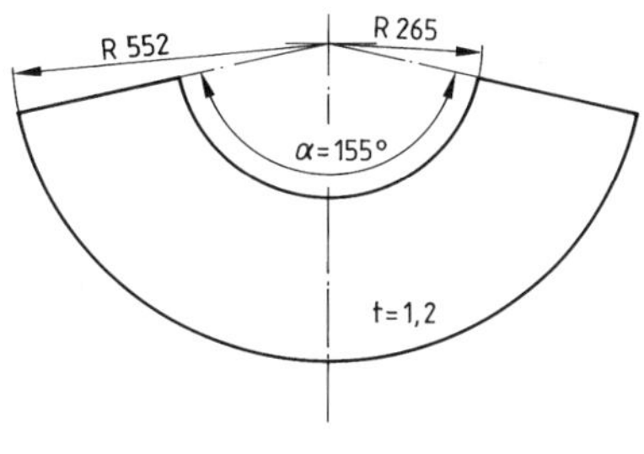

a) Geben Sie für die Verwendung einer Düse mit 1 mm Durchmesser die folgenden Einstellwerte an:
- Druck des Plasmagases (Druckluft),
- Stromstärke,
- Volumenstrom des Plasmagases.

b) Welche Vorschubgeschwindigkeit wird bei der angegebenen Blechdicke etwa zu erreichen sein? (*Hinweis:* Die Vorschubgeschwindigkeit nimmt etwa gleichmäßig mit der Blechdicke ab.)

c) Berechnen Sie die Hauptnutzungszeit für das Ausschneiden von 8 Blechen.

FT-63 **a)** Wählen Sie für die dargestellten Teile jeweils ein geeignetes thermisches Trennverfahren aus.

b) Begründen Sie Ihre Wahl, indem Sie die Eignung des Verfahrens bzw. die Vorzüge für die jeweilige Fertigungsaufgabe darlegen.

Ablängen eines Stranggussbarrens	**Ausschneiden** eines Rohres	**Beschneiden** von 1000 Verkleidungsblechen
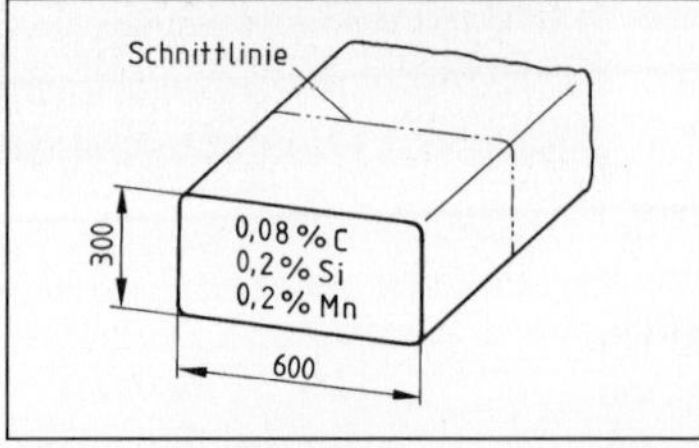	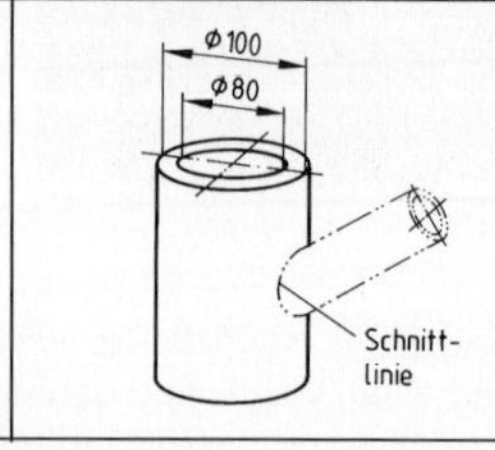	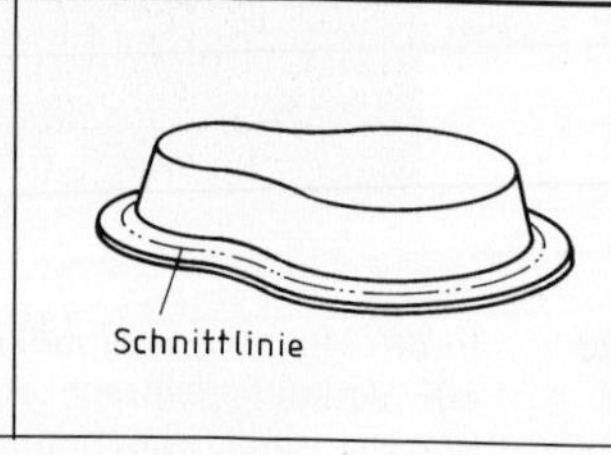

FT-64 In einer Unterrichtsstunde zum Thema „Trennen mit Laserstrahlen" wurde an der Tafel eine Zusammenfassung zu Laserstrahlen entwickelt.
Übernehmen Sie das „verwischte Tafelbild" und ergänzen Sie die fehlenden Stellen.

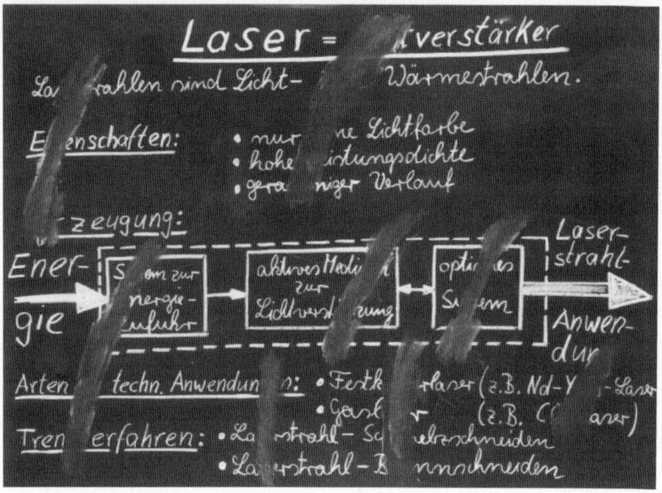

FT-65 **a)** Unter welchen Bearbeitungsbedingungen ist der Einsatz von Abtragverfahren im Vergleich zu den spanenden Verfahren vorteilhaft?

b) Erläutern Sie das Funktionsprinzip des funkenerosiven Abtragens.

FT-66 Erstellen Sie eine Skizze, die den Bereich um den Arbeitsspalt beim funkenerosiven Abtragen herum stark vergrößert zeigt. Benennen Sie alle wesentlichen Bestandteile in Ihrer Skizze. Beschreiben Sie nun, wie die Funkenentladung in einer Funkenerosionsanlage erzeugt wird.

FT-67 Skizzieren Sie zu den Werkstücken die Elektrodenformen, die zur Planetärerosionen eingesetzt werden können. In den Elektrodenskizzen sind die notwendigen Verfahrbewegungen durch Pfeile zu kennzeichnen.

①

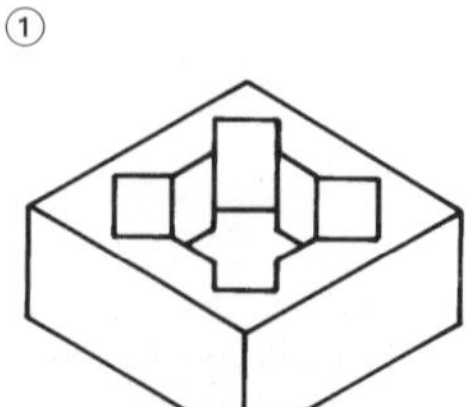

②

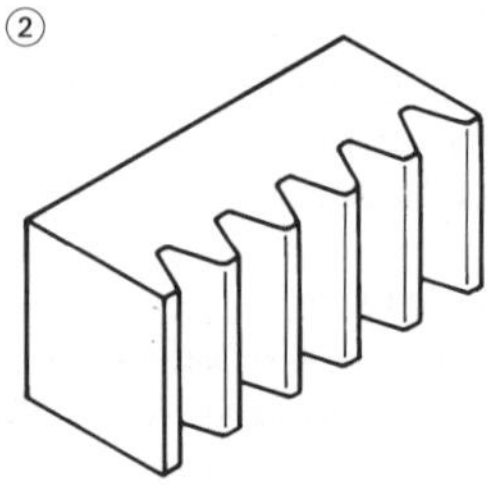

③

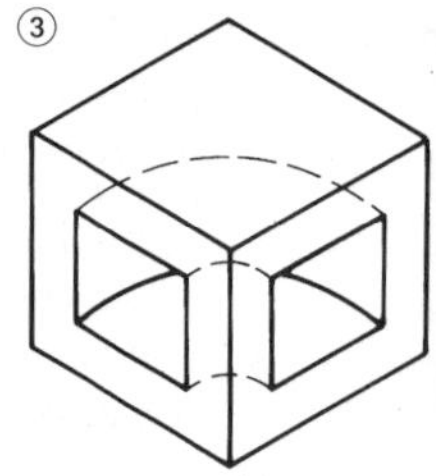

FT-68 Nennen Sie einen wesentlichen Vorteil des funkenerosiven Schneidens gegenüber dem funkenerosiven Senken.

FT-69 Der Durchbruch in der nebenstehenden Schneidplatte soll durch funkenerosives Schneiden hergestellt werden.

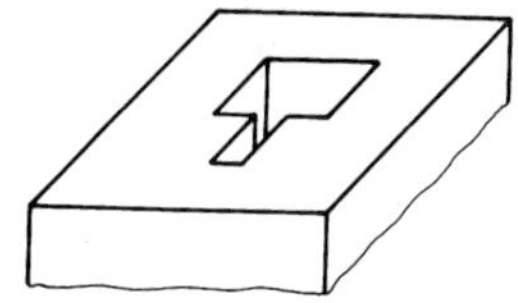

a) Skizzieren Sie die Darstellung ab und erweitern Sie Ihre Skizze um das entsprechende Ausfallteil. Ergänzen Sie nun beide Skizzen um wesentliche Details, die sich durch das Verfahren „funkenerosives Schneiden" ergeben. Beachten Sie dabei, dass das Einspannteil als Werkstück vorgesehen ist. Die skizzierten Details sind zu benennen.

b) Beschreiben Sie das Verfahren „funkenerosives Schneiden" anhand Ihrer Skizzen.

3 Fertigungsverfahren des Urformens

FT-70 Nennen Sie drei Gussteile, die Bestandteile eines Motorrads sind. Geben Sie auch das Grundmetall der für die Bauteile verwendeten Legierungen an.

FT-71 **a)** Welche Formen bezeichnet man
- als verlorene Formen,
- als Dauerformen?

b) Aus welchen Werkstoffen werden diese Formen hergestellt?

FT-72 Vergleichen Sie die Zeichnung, den Modellriss und das Modell eines Werkstücks.

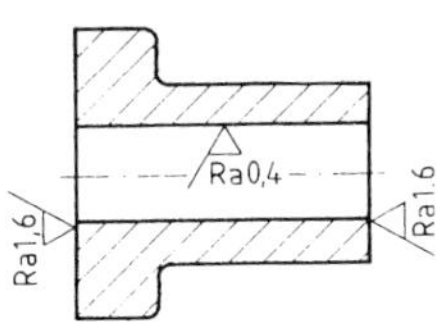

Zeichnung

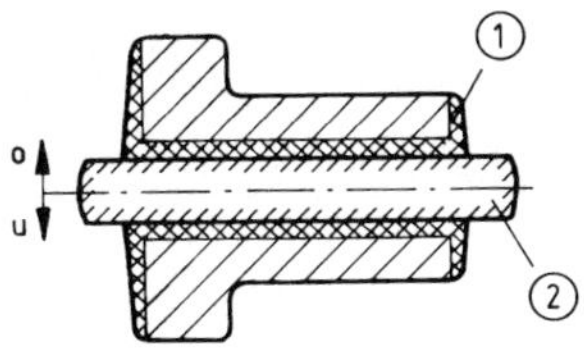

Modellriss

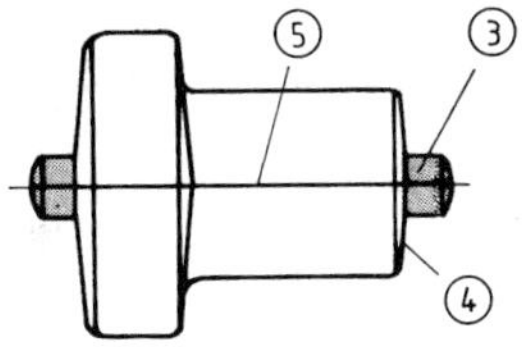

Modell

a) Welche gießtechnischen Merkmale sind in den Zeichnungen mit Zahlen gekennzeichnet? Schreiben Sie die Merkmale hinter die Zahlen auf Ihr Lösungsblatt.

b) Wodurch werden Hohlräume in einem Gussstück erzeugt?

c) Welche Aufgabe haben die Kernmarken am Modell?

d) Wozu sind Formschrägen an diesem Modell erforderlich?

e) Wie groß ist das Schwindmaß für Gusseisen?

f) Welchen Durchmesser hat das Modell, wenn der Werkstückdurchmesser 250 mm werden soll?

g) Aus welchen Werkstoffen könnte das Modell gefertigt werden, wenn es für mehrere Abgüsse verwendet wird?

FT-73 Das Bild zeigt ein Gussstück, wie es der Form entnommen wurde.

a) Bezeichnen Sie die Teile ① bis ⑤.

b) Welche Nacharbeiten am Gussstück sind noch im Gießereibetrieb nach dem Gießen vorzunehmen?

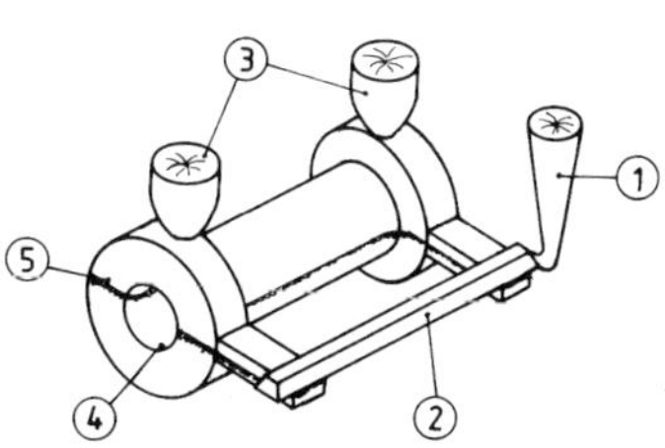

FT-74 Schreiben Sie aus der folgenden Aufstellung diejenigen form- und gießtechnischen Maßnahmen heraus, die bei der Verwendung eines Modells aus Styropor im Vollformverfahren entfallen können. Ein Modell aus Styropor bleibt im Vollformverfahren in der Form und vergast beim Gießen.

- Formschräge • Bearbeitungszugabe • Schwindmaß • Formteilung • Abrundungen

FT-75 Worin unterscheiden sich das Maskenform- und das Wachsausschmelzverfahren hinsichtlich:
- des Modellwerkstoffes und der Wiederverwendbarkeit des Modells,
- des Herstellungsverfahrens der Form,
- der Anzahl der gleichzeitig hergestellten Gussteile?

FT-76 Zeigen Sie die einzelnen Fertigungsschritte auf, die zur Herstellung von Bauteilen durch Spritzgießen notwendig sind. Gehen Sie dabei auch auf typische Werkstückformen und geeignete Kunststoffe ein.

FT-77 Wie werden Steckdosen aus duroplastischen Kunststoffen gefertigt?

FT-78 **a)** Beschreiben Sie die Fertigungsschritte für das durch Sintern hergestellte Filter.
b) Wodurch entsteht beim Sintern der für ein Filter notwendige Gefügebau?

4 Fertigungsverfahren des Umformens

FT-79 Etwa 70 % der Stahlproduktion wird zu Halbzeugen umgeformt.
Nennen Sie mindestens zwei Umformverfahren zur Herstellung von U-Profil, Rundmaterial und Sechskantmaterial.

FT-80 Mit welchen Umformverfahren werden nahtlose Rohre aus NE-Metallen hergestellt?

FT-81 Schreiben Sie aus der folgenden Aufstellung die Umformvorgänge heraus, bei denen eine Kaltumformung zweckmäßig ist:
- Wickeln einer Zugfeder
- Schmieden einer Kurbelwelle
- Ausbeulen eines Autokotflügels
- Walzen eines T-Trägers
- Biegen eines Kastens aus 1-mm-Blech

FT-82 Zu einer Abkantpresse gehören folgende Werkzeuge:

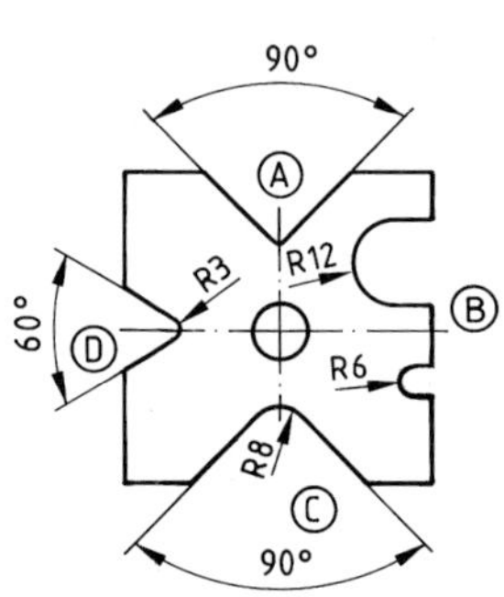

Unterwerkzeug

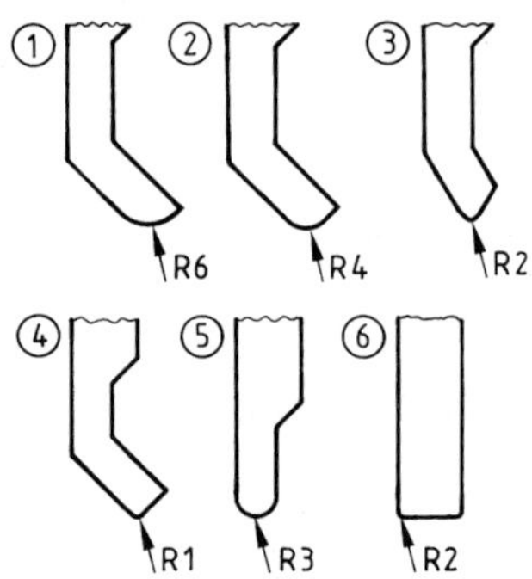

Oberwerkzeuge

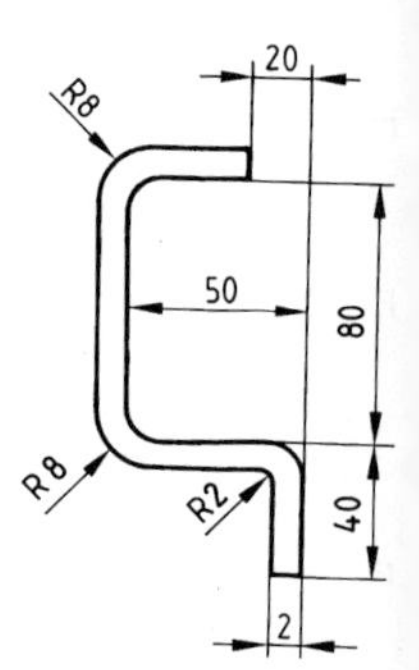

Profil aus Aluminiumblech

Skizzieren Sie die Folge der einzelnen Biegeschritte, und geben Sie die einzusetzenden Oberwerkzeuge sowie die Seite des Unterwerkzeugs an.

FT-83 Berechnen Sie den Verschnitt in % für die folgenden Werkstücke.

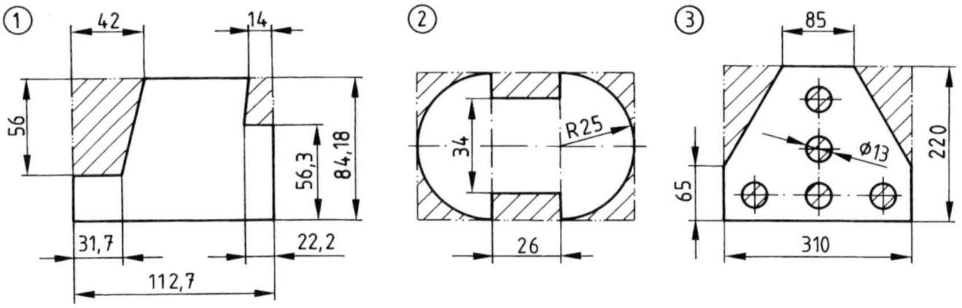

FT-84 Eine Außentüre besteht aus einem Metallrahmen mit einseitiger Verkleidung aus 1 mm dickem Blech. Das Blech ist 850 mm breit und 2 000 mm hoch.
Die Verkleidung soll durch Sicken versteift und gefälliger gestaltet werden.
Zeichnen Sie die Verkleidung im Maßstab 1:10 und entwerfen sie die Gestaltung durch Sicken.

FT-85 **a)** Was versteht man unter Bördeln?
b) Bestimmen Sie die maximale Bördelhöhe für 1,5 mm dickes Blech.

FT-86 **a)** Schildern Sie Zweck und Herstellung eines ebenen Falzes.
b) Ermitteln Sie die Blechzugaben für einen Falz, wenn dieser eine Breite von 15 mm haben soll und die Blechdicke 0,8 mm beträgt.

FT-87 Warum zählt das Tiefziehen zu den Zug-Druck-Umformverfahren, obwohl in der Benennung nur das Ziehen genannt wird?

FT-88 Berechnen Sie für die dargestellten Werkstücke die erforderlichen Rondendurchmesser und das jeweilige Zielverhältnis.

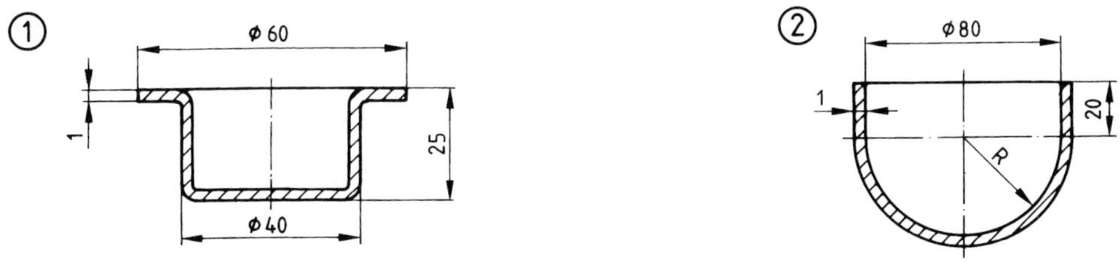

FT-89 **a)** Worin besteht der Unterschied zwischen Freiform- und Gesenkschmieden?
b) Für welche Schmiedearbeiten wird heute noch das Freiformschmieden angewandt?

FT-90 Welche Eigenschaften muss der Werkstoff für die Gesenke haben, damit das Gesenk beim Schmieden der hohen Temperatur und der schlagartigen Belastung gewachsen ist?

FT-91 Beim Gesenkschmieden muss der Schmiederohling ein größeres Volumen als das Schmiedefertigteil haben.
a) Wo verbleibt der überschüssige Werkstoff?
b) Was soll durch den überschüssigen Werkstoff erreicht werden?

FT-92 Nennen Sie die Arbeitsschritte, die zur Fertigung des Ringschlüssels durch Gesenkschmieden erforderlich sind.

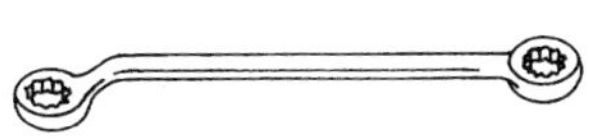

FT-93 Das Gesenkschmieden ist wegen seiner Vorzüge gegenüber dem Freiformschmieden ein Fertigungsverfahren der Massenproduktion.
Nennen Sie mindestens drei Vorzüge.

FT-94 Berechnen Sie für die folgenden Aufgaben die Rohlängen.

	Rohling Form	Maße	wird umgeformt zu Form	Maße in mm	Abbrand	Länge des Rohlings
a)	ø	d = 25 mm	Vierkantzapfen	18 x 18 x 60	6 %	L_R = ?
b)	ø	d = 12 mm	zylindrischer Kopf	ø 20 x 10	5 %	L_R = ?
c)	□	a = 30 mm	Vierkantzapfen	□ 20 x 100	7 %	L_R = ?
d)	□	a = 27 mm	zylindrischer Kopf	ø 36 x 25	7 %	L_R = ?
e)	▭	60 x 20	zylindrischer Zapfen	ø 18 x 120	5 %	L_R = ?
f)	ø	d = 15 m	Sechskantkopf	SW 24 x 12 hoch	4 %	L_R = ?

FT-95
a) Benennen Sie die Teile ① – ④ des Fließpresswerkzeugs.
b) Benennen Sie das Fließpressverfahren nach der Wirkrichtung des Stempels.
c) Welche Eigenschaften muss der umzuformende Werkstoff haben?
d) Nennen Sie Beispiele von Teilen, die durch Fließpressen hergestellt sein könnten.

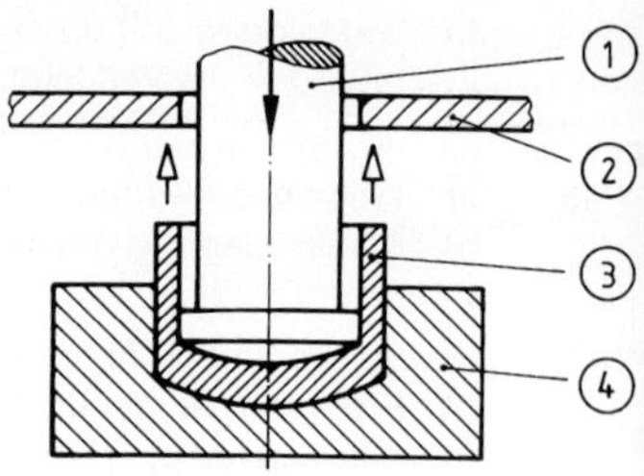

FT-96 Die verbogenen Profile sollen durch Wärmewirkung gerichtet werden.
Skizzieren Sie erst die verborgenen Teile. Zeichnen Sie dann die Wärmekeile so ein, dass die Bauteile gerichtet werden.

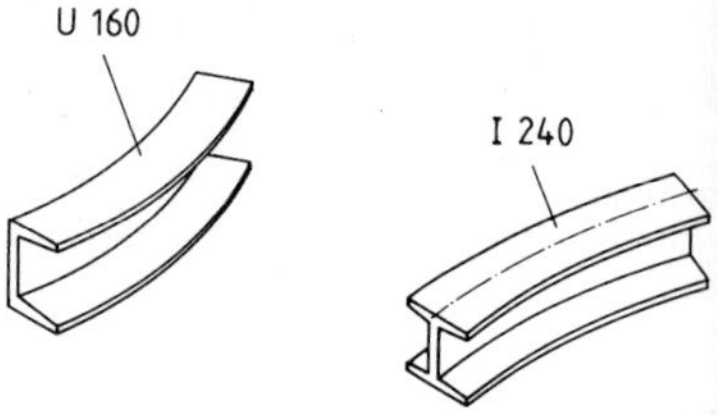

FT-97 Stellen Sie auf einer Holzplatte einen Yoghurtbecher in den auf 140 °C (maximal 160 °C) eingestellten Backofen. Berichten Sie über Ihre Beobachtung.

FT-98 Beschreiben Sie die im Lehrbuch als Bildfolge dargestellte Herstellung einer Flasche als Fachbericht.

5 Fertigungsverfahren des Fügens

FT-99 Die Einzelteile eines Schraubstockes sind
- *lösbar* oder *unlösbar,*
- *beweglich* oder *fest* miteinander verbunden.

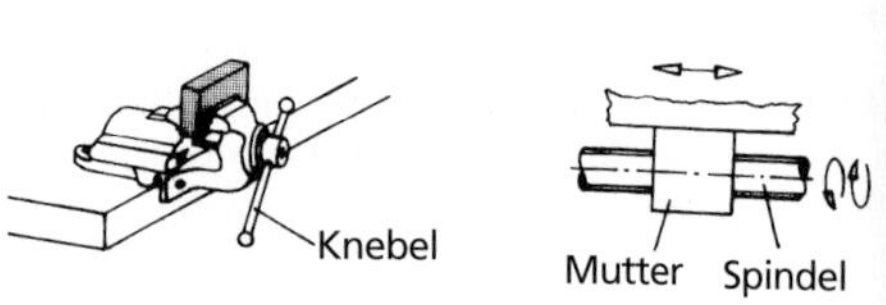

Ordnen Sie den Verbindungen die obigen Merkmale zu.
– Mutter und Spindel, – Knebel und Spindel, – Werkbank und Schraubstock.

FT-100 Untersuchen Sie Reibungskräfte im Hinblick auf Werkstoffpaarung und Reibungsart. Übernehmen Sie dazu die folgende Tabelle, und füllen Sie diese sinngemäß aus.

Fall	Werkstoff-paarung	Reibungsart	Reibungszahl μ (vgl. Tabelle Buch)
Bremswirkung einer Scheibenbremse	?	?	?
Kraftübertragung : Riemenscheibe – Riemen	?	?	?
Bremsen mit blockierenden Reifen	?	?	0,8
Kraftübertragung : Reifen – Straße	?	?	?
Sitz eines Kugellagers auf einer Welle	?	?	?
Spannen eines Bohrers im Bohrfutter	?	?	?
Kraftübertragung : Spindel-Bohrer mit kegeligem Schaft	?	?	?

FT-101 Ein Werkzeugschlitten mit der Gewichtskraft von 5 000 N wurde nacheinander mit unterschiedlichen Werkstoffen für die Gleitschienen ausgerüstet und auf einer Gleitbahn aus Stahl horizontal verschoben. Man stellte jeweils folgende Reibungskräfte fest:
Werkzeugschlitten mit Gleitschiene aus
a) Stahl F_{R1} = 750 N, **b)** Gusseisen F_{R2} = 900 N, **c)** Bronze F_{R3} = 800 N.
Berechnen Sie jeweils die Reibungszahlen für die Gleitbewegung.

FT-102 Untersuchen Sie die Kraftzerlegung am Schrauben-Keil-Modell.
Zeichnen Sie dazu die vorgegebene Abbildung des Keiles ab, und zerlegen Sie zeichnerisch die Umfangskraft F_u in die Normalkraft F_N und die Spannkraft F_v.

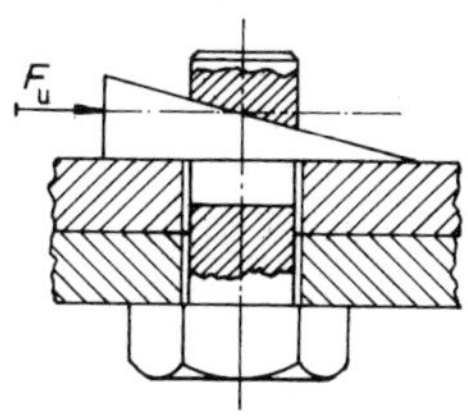

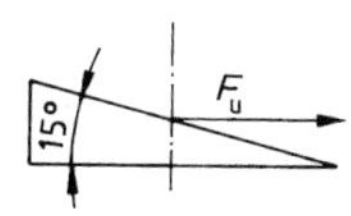

F_u = 1200 N

Kräftemaßstab: 1 cm ≙ 1000 N

FT-103 **a)** Warum benutzt man mehrgängige Gewinde?
b) Woran erkennt man ein dreigängiges Gewinde?
c) Ein mehrgängiges Gewinde hat eine Steigung von 11 mm, die Teilung beträgt 2,75 mm. Ermitteln Sie die Zahl der Gänge.

FT-104 Nennen Sie jeweils mindestens ein Anwendungsbeispiel für die gebräuchlichen Bewegungsgewindeprofile.

FT-105 Berechnen Sie die Spannkraft F_v in einer Schraube mit dem Gewinde M 20 (Flankendurchmesser d_2 = 18,38 mm), die mit einer Handkraft F = 180 N angezogen wird. Der wirksame Hebel am Schraubenschlüssel hat eine Länge l = 300 mm. (η = 0,13)

FT-106 **a)** Ein Zahnrad soll mit einem zylindrischen Wellenende verbunden werden. Von der Verbindung wird eine hohe Laufgenauigkeit erwartet. Wählen Sie eine entsprechende Wellen-Naben-Verbindung aus und begründen Sie Ihre Auswahl.
b) Ein Zahnrad soll mit einem kegelstumpfförmigen Wellenende verbunden werden. Wählen Sie eine entsprechende Wellen-Naben-Verbindung und skizzieren Sie diese.

FT-107 **a)** Beschreiben Sie, wie eine Warmnietung durchgeführt wird.
b) Welche Vorteile hat die Warmnietung gegenüber der Kaltnietung?

FT-108 Durch Warmnietung entsteht eine kraftschlüssige Verbindung.
Wodurch halten in der skizzierten warmgenieteten Verbindung die Bleche zusammen?
Geben Sie eine ausführliche Erläuterung.

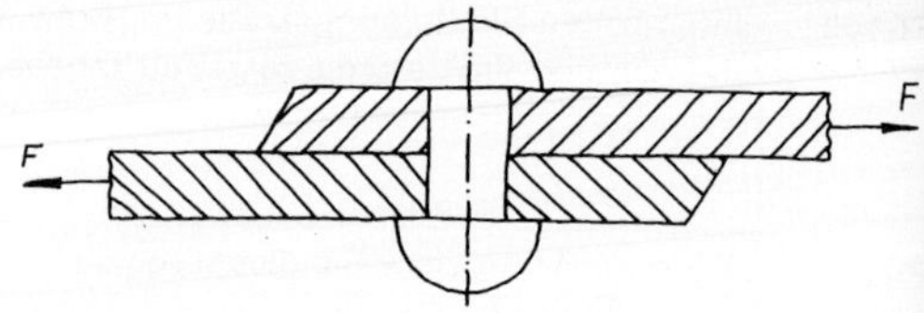

FT-109 **a)** Wie kann bei Blindnieten der Schließkopf gebildet werden?
b) Nennen Sie Arbeitsbereiche, bei denen Blindnieten besonders häufig vorkommen.

FT-110 **a)** Welche Eigenschaften müssen Nietwerkstoffe haben?
b) Welcher Nietwerkstoff sollte möglichst gewählt werden, um elektrochemische Korrosion auszuschließen?

FT-111 Wie entsteht beim Löten an den Grenzen zwischen Lot und Grundwerkstoff der Zusammenhang?

FT-112 **a)** Wie werden die Werkstückoberflächen an der Lötstelle zum Löten vorbereitet?
b) Welche Aufgaben haben Flussmittel beim Lötvorgang?

FT-113 Warum soll der Spalt zwischen den Bauteilen an der Lötstelle möglichst eng sein?
Geben Sie die günstige Breite an.

FT-114 **a)** Wie unterscheidet man die Lötverfahren nach der Höhe der Arbeitstemperatur?
b) Worauf ist bei der Auswahl eines Flussmittels für einen Lötvorgang besonders zu achten?

FT-115 Zwei Rohre sollen gelötet werden.
Untersuchen Sie die vorgelegten Vorschläge zur Gestaltung der Verbindung im Hinblick auf löttechnische Probleme und mögliche Kraftübertragung.

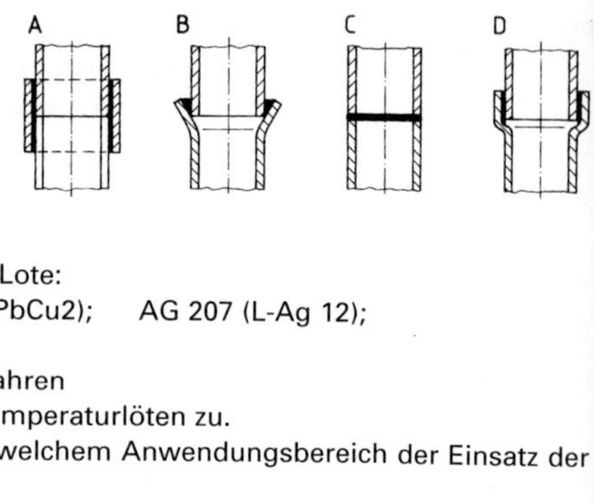

FT-116 **a)** Entschlüsseln Sie die Zusammensetzung folgender Lote:
S-Pb50Sn50 (L-Sn50Pb); S-Sn60Pb38Cu2(L-Sn60PbCu2); AG 207 (L-Ag 12);
CU 301 (L-CuZn 40); NI 105 (L-Ni 5).
b) Ordnen Sie die oben aufgeführten Lote den Lötverfahren
- Weichlöten; • Hartlöten und • Hochtemperaturlöten zu.

c) Finden Sie heraus, zu welchen Werkstoffen und zu welchem Anwendungsbereich der Einsatz der Lote geeignet ist.

FT-117 Welche Gesichtspunkte sind bei der Auswahl eines Flussmittels von Bedeutung?

FT-118 Übertragen Sie die beiden Merksätze über Schweißen, und ergänzen Sie diese durch die zutreffenden Aussagen aus den Klammern.
- Durch Schweißen werden *(gleichartige/völlig verschiedene)* Werkstoffe in *(flüssigem oder plastischem/in festem)* Zustand zu einem gemeinsamen Gefüge vereinigt.
- Schweißen ist ein *(lösbares/unlösbares)* Fügen durch *(Formschluss/Stoffschluss).*

FT-119 Die skizzierte Konsole aus 6 mm dicken Blechen aus S 235 (St 37) soll wie dargestellt geschweißt werden. Sie dient zur Befestigung eines Motors.

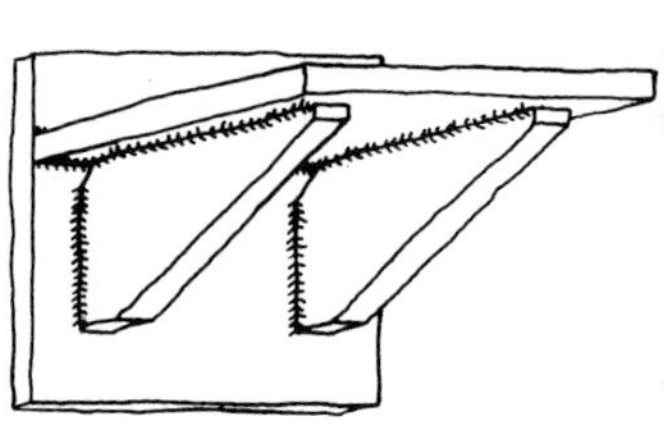

a) Durch welche anderen Fertigungsverfahren könnte eine solche Konsole hergestellt werden?
Nennen Sie mindestens eine andere Herstellungsart.
b) Vergleichen Sie diese Herstellung mit dem Arbeitsaufwand für die Schweißkonstruktion.
c) Zeigen Sie anhand des Beispiels Vorteile der Schweißkonstruktion auf.

FT-120 Skizzieren Sie, wie Bleche bei folgenden Schweißstößen zusammentreffen:
- bei Stumpfstoß,
- bei Mehrfachstoß,
- bei Überlappstoß.

Benennen Sie die Skizzen.

FT-121 Skizzieren Sie den Nahtquerschnitt
- einer X-Naht,
- einer V-Naht,
- einer U-Naht,
- einer Doppelkehlnaht.

Schreiben Sie zu jeder Skizze die Benennung und das Sinnbild der Naht.

FT-122 Skizzieren Sie die dargestellten Schweißpositionen ab. Schreiben Sie zu jeder Skizze die normgerechte Bezeichnung der Schweißposition; geben Sie dazu das Kurzzeichen für die Schweißposition an.

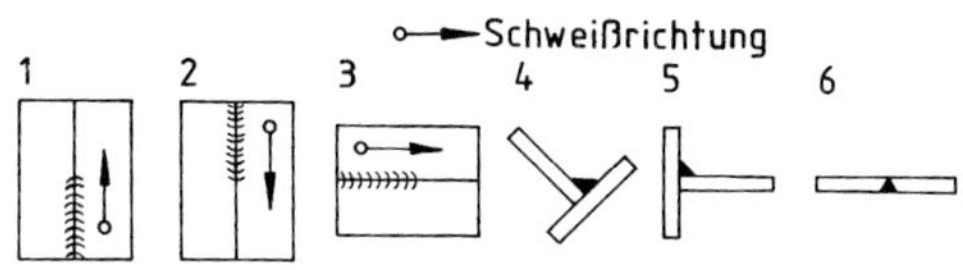

FT-123 Für das Dünnblechschweißen war das Gasschmelzschweißen lange Zeit das bevorzugte Schweißverfahren; im Rohrleitungsbau kommt das Verfahren auch heute noch zum Einsatz. Nennen Sie die Vorzüge dieses Verfahrens für die genannten Einsatzbereiche.

FT-124
a) Wie wird Sauerstoff und wie wird Acetylen in Stahlflaschen gespeichert?
b) Begründen Sie kurz, warum Acetylen nicht in gleicher Weise wie Sauerstoff in Stahlflaschen gespeichert werden kann.

FT-125
a) Ordnen Sie unter der Überschrift „Bestandteile des Schweißbrennens" den Kennbuchstaben Ⓐ bis Ⓕ die folgenden Begriffe zu:
- Griffstück,
- Ventile für Brenngas und Sauerstoff,
- Mischdüse,
- Schweißeinsatz,
- Mischrohr,
- Schweißdüse.

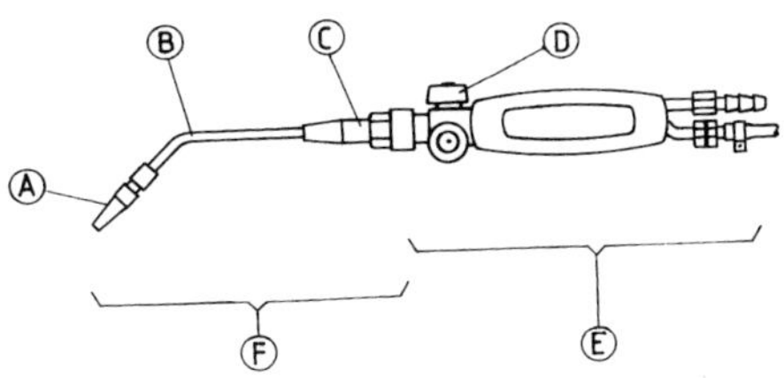

b) Erklären Sie, auf welche Art im Injektionsbrenner Brenngas und Sauerstoff miteinander gemischt werden.
c) In welcher Reihenfolge sollen beim Injektionsbrenner das Brenngasventil und das Sauerstoffventil zum Anzünden der Schweißflamme geöffnet werden?

FT-126
a) Skizzieren Sie die Schweißflamme nach Vorlage ab; beschriften Sie die Skizze an den angegebenen Stellen mit
- Bereich der vollständigen Verbrennung,
- Bereich der unvollständigen Verbrennung.

b) Markieren Sie durch farbiges Ausmalen die eigentliche Schweißzone innerhalb der Schweißflamme. Geben Sie die Temperatur in der Schweißzone an.

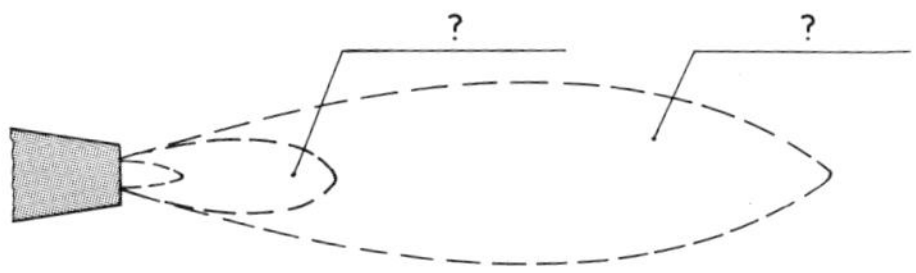

FT-127
a) Was versteht man bei einer Schweißflamme unter neutraler Einstellung?
b) Für welche Arbeiten ist Acetylenüberschuss erforderlich?
Wie ist die richtige Einstellung der Flamme in einem solchen Fall zu erkennen?

FT-128 Erklären Sie die unterschiedliche Eignung von Gleichstrom und Wechselstrom zum Schweißen. Berücksichtigen Sie dabei
- Temperaturen im Lichtbogen,
- Eigenschaften des Lichtbogens,
- Führung des Lichtbogens.

FT-129 **a)** Übernehmen Sie die nebenstehende Darstellung und tragen Sie die folgenden Begriffe ein:
- Stromquellenkennlinie,
- Lichtbogenkennlinie,
- Arbeitspunkt.

b) Wie verändert sich der Arbeitspunkt bei länger werdendem Lichtbogen?

c) Begründen Sie den Einsatz von Stromquellen mit steil fallender Kennlinie für das Lichtbogenhandschweißen und das Wolfram-Schutzgasschweißen.

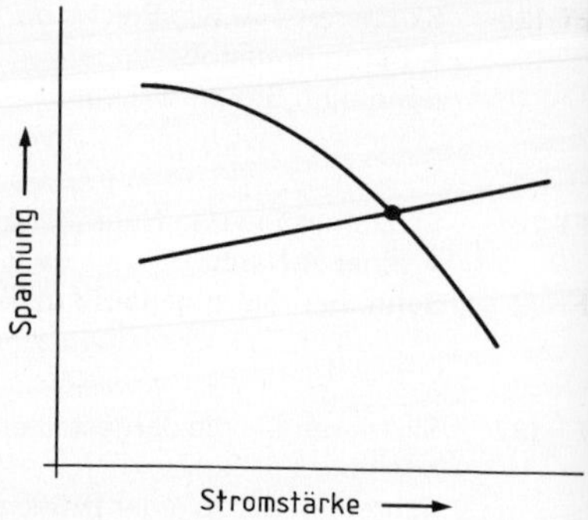

FT-130 **a)** Warum werden Elektroden mit unterschiedlichen Kernstabdurchmessern benutzt?

b) Ermitteln Sie die Kernstabdurchmesser für das Lichtbogenhandschweißen von 2 mm, 4 mm und 10 mm Blechen.

FT-131 Nennen Sie mindestens 3 Aufgaben, die die Zusatzwerkstoffe in der Umhüllung von Schweißelektroden erfüllen.

FT-132 Die nachfolgend dargestellten Bauteile sollen durch Schweißen gefügt werden.
Wählen Sie geeignete Stabelektrodentypen aus und begründen Sie Ihre Auswahl.

① Träger

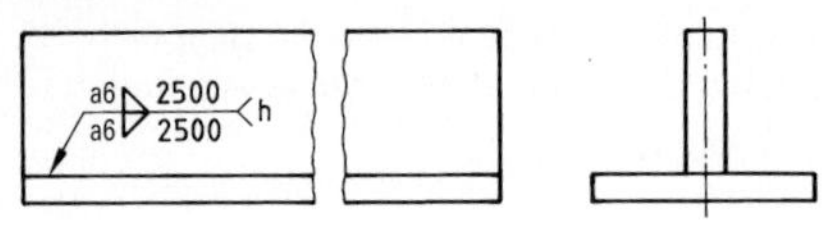

② Rohr

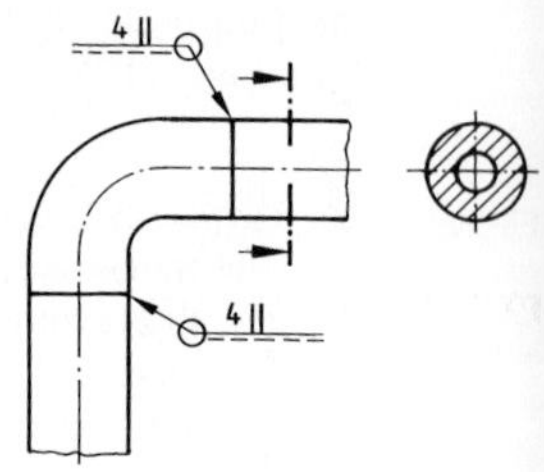

③ Zugstange

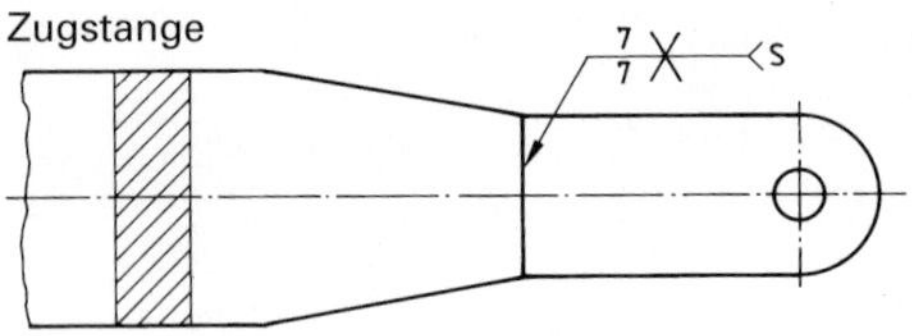

FT-133 **a)** Erklären Sie, warum es beim Lichtbogenschweißen mit Gleichstrom zu einer Blaswirkung kommt.

b) Skizzieren Sie die Abbildung auf Ihr Lösungsblatt. Deuten Sie an, an welcher Stelle Sie die Kabelklemme befestigen. Begründen Sie Ihre Entscheidung.

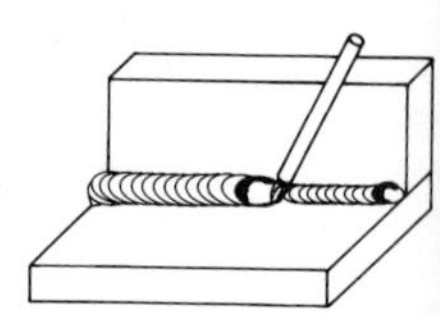

FT-134 Vergleichen Sie die Schutzgasschweißverfahren. Übertragen Sie dazu die Tabelle, und ergänzen Sie diese durch Ankreuzen der zutreffenden Art des Schutzgases und der Elektrode.

	Schutzgas		Elektrode	
	inert	aktiv	nicht abschmelzend	abschmelzend
MIG	?	?	?	?
MAG	?	?	?	?
WIG	?	?	?	?

FT-135 **a)** Welche Anlage zum Schutzgasschweißen ist dargestellt?

b) Was befindet sich im Innern des Schlauchpaketes?

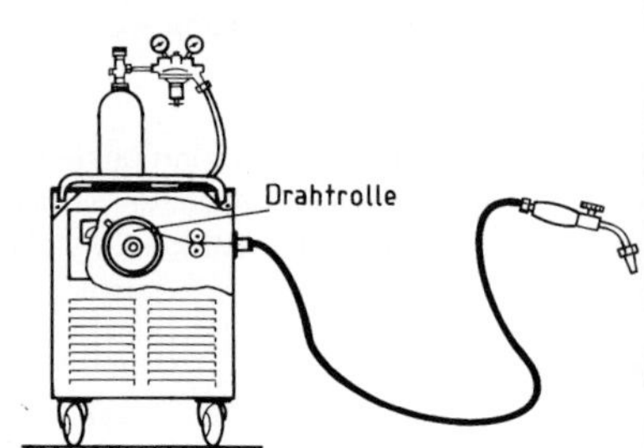

FT-136 Zum Metall-Schutzgasschweißen werden Gleichrichter und zunehmend Impuls-Schweißstromquellen eingesetzt.

a) Stellen Sie für beide Schweißstromquellen den Stromverlauf über der Zeit dar.

b) Erläutern Sie die Auswirkung des Stromverlaufes auf den Tropfenübergang.

c) Wodurch lässt sich die Abschmelzleistung beim Schweißen mit einer Impuls-Schweißstromquelle vergrößern?

FT-137 Beim Metall-Schutzgasschweißen unterscheidet man:

- inerte Gase,
- aktive Gase und
- Mischgase.

a) Welche allgemeinen Aufgaben haben Schutzgase?

b) Wodurch unterscheiden sich inerte und aktive Gase?

c) Ordnen Sie folgende Schutzgase den drei Schutzgasarten zu:

- Schutzgas 92 % Argon und 8 % Kohlendioxid;
- Schutzgas 30 % Argon und 70 % Helium;
- Schutzgas 99,996 % Argon;
- Schutzgas 99,5 % CO_2.

FT-138 In die Rohrböden von Wärmetauschern aus chemisch beständigem Chrom-Nickel-Stahl sollen Rohre eingeschweißt werden.
Begründen Sie für diese Aufgabe den Einsatz des WIG-Verfahrens.

FT-139 Die Elektroden für das WIG-Verfahren haben einen Durchmesser von 2,4 mm und die Werkstoffbezeichnung WT.

a) Was bedeutet die Werkstoffbezeichnung WT?

b) Folgende Gasdüsen stehen zur Verfügung: 6,5 mm, 11,0 mm, 15,5 mm.
Wählen Sie die geeignete Gasdüse für die oben genannte Elektrode aus.

c) Während der Schweißarbeiten zeigt sich an der Elektrodenspitze die nebenstehende Abnutzung.
Welche Einstellung an der Schweißstromquelle würden Sie verändern?

FT-140 **a)** Wie verhalten sich Metalle hinsichtlich ihres Volumens

- beim Erwärmen,
- beim Abkühlen?

b) Wie verzieht sich das geschweißte Werkstück nach dem vollständigen Abkühlen?

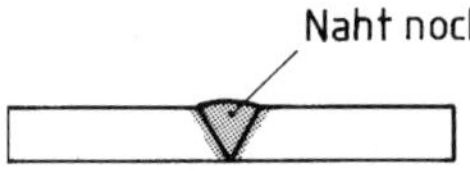

FT-141 Die Wurzellage einer V-Naht ist, wie nebenstehend dargestellt, MAG geschweißt.

a) Welcher Schweißnahtfehler kann beim Schweißen der nachfolgenden Lage auftreten?

b) Welche Maßnahme muss der Schweißer vor dem Schweißen der folgenden Lage durchführen, um den Fehler zu vermeiden?

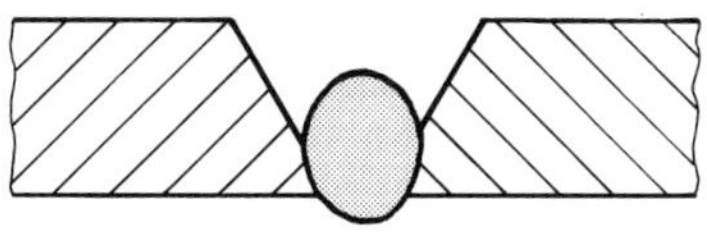

FT-142 Aus 4 mm dicken PVC-Platten soll die skizzierte Abdeckung durch Zuschnitt, Biegen und Verschweißen hergestellt werden. Erstellen Sie einen Vorschlag zur Fertigung.

a) Skizzieren und bemaßen Sie die Einzelteile, die gefertigt werden müssen.

b) Beschreiben Sie die Schweißnahtvorbereitung.

c) Welche Schweißtemperatur ist einzustellen?

d) Geben Sie die Reihenfolge der Schweißungen an.

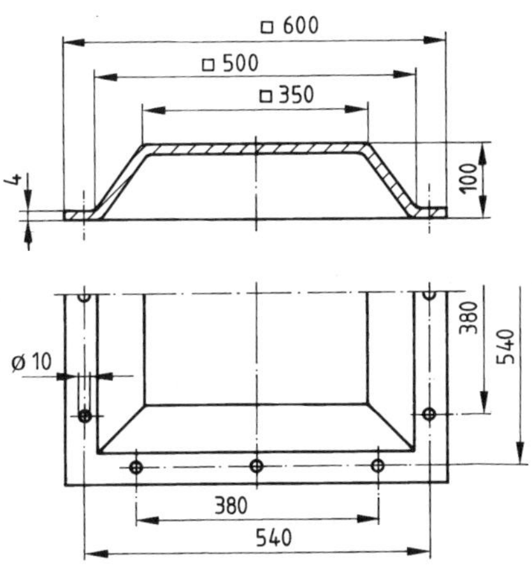

FT-143 Bei Instandsetzungsarbeiten müssen zwei PE-Rohre (80 mm Durchmesser, 5 mm Wanddicke) verschweißt werden. Es steht ein Rohrschweißgerät entsprechend der Abbildung im Lehrbuch zur Verfügung.
Erstellen Sie einen Plan über die Arbeitsschritte.

FT-144 Welche Vorteile hat das Kleben gegenüber dem Löten hinsichtlich
- der Fügetemperatur,
- der Werkstoffe der zu fügenden Bauelemente,
- der elektrischen Eigenschaft der Klebestelle,

FT-145 Warum wird in der Luft- und Raumfahrtindustrie das Metallkleben besonders häufig eingesetzt?

FT-146 **a)** Warum dürfen beim Kleben keine Fett- oder Schmutzteilchen an der Klebestelle sein?
b) Warum sollen in einer Klebeverbindung möglichst nur Scherspannungen auftreten?

FT-147 Zwei Platten aus Stahl sollen durch verschiedene Fügeverfahren gefügt werden.
Zeichnen Sie die Tabelle ab, und füllen Sie diese aus.

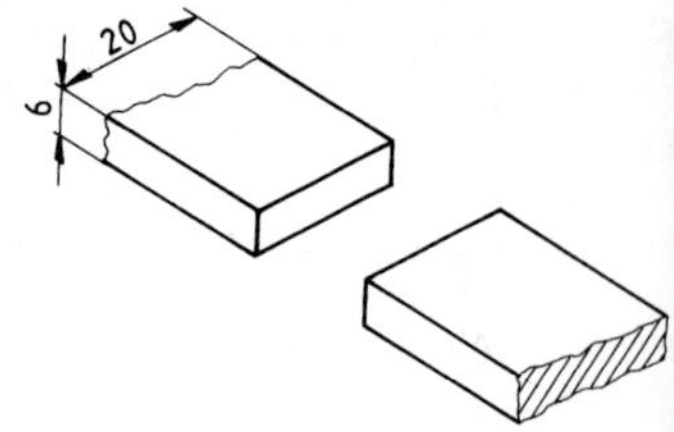

	Fügen durch Schweißen	Fügen durch Löten	Fügen durch Kleben	Fügen durch Schrauben	Fügen durch Nieten
Gestaltung der Fügestelle (Skizze für je ein Beispiel)	?	?	?	?	?
Fügeverfahren (Lösbarkeit)	?	?	?	?	?
Art der Kraftübertragung (Schluss)	?	?	?	?	?
Verzug der Bauelemente (stark, gering, nicht vorhanden)	?	?	?	?	?
Mögliche Betriebstemperatur über bzw. unter 200 °C oder 700 °C	?	?	?	?	?

FT-148 In Klebeverbindungen sollen möglichst nur Scherspannungen auftreten.
Durch welche konstruktiven Maßnahmen erreicht man eine günstige Gestaltung von Klebeverbindungen für folgende Klebeprobleme:

① Blechverbindungen für Schaltkästen

(Bleche sind zugeschnitten)

② Rohrverbindungen

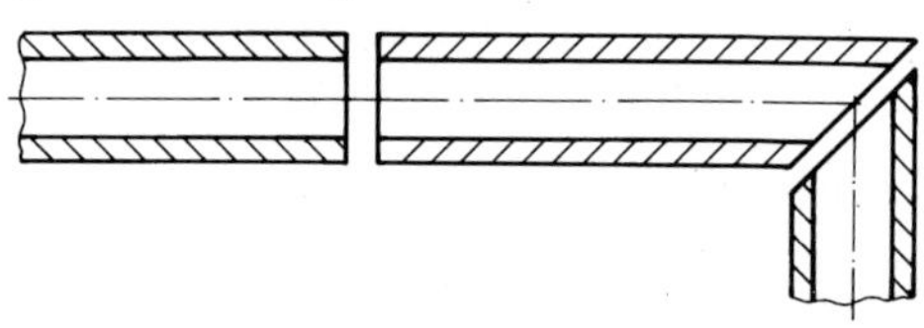

FT-149 Zeichnen Sie die nebenstehende Tabelle ab, und vervollständigen Sie diese jeweils durch drei Merkmale.

Unfallgefahren beim Kleben	Schutzmaßnahmen beim Kleben
?	?

FT-150 Auf Dosen für Lösungsmittel und für Kleber können Sie die dargestellten Warnhinweise finden.

a) Erklären Sie die Bedeutung dieser Warnhinweise.

b) Welche Vorsichtsmaßnahmen müssen Sie beim Gebrauch einhalten?

Warnzeichen

FT-151 Bestimmen Sie für folgende Beispiele die Abbindemechanismen der Kleber:

a) Ein Fahrradschlauch wird mit Hilfe von Gummilösung geflickt.

b) Holz-, Metall-, Glasteile werden mit „Alleskleber“ einseitig bestrichen, Klebeteile angedrückt und evtl. nachkorrigiert.

c) Mit einer Klebepistole wird ein Klebestift geschmolzen. Der Kleber wird auf die Fügestelle eines Stuhlbeins aufgetragen und dann einige Minuten mit dem Stuhl in der richtigen Lage zusammengefügt.

d) Ein Metallgriff wird auf eine Glasplatte geklebt. Dazu wird der pastenförmige Binder mit Härter-Pulver verrührt. Das Kunststoffgemisch wird auf beide Klebeflächen dünn aufgetragen. Die Teile werden ohne Druck zusammengefügt und ca. 15 min fixiert.

6 Arbeitssicherheit und Unfallschutz

FT-152 An einer Drehmaschine hat der dort tätige Mechaniker versehentlich die NOT-AUS-Taste gedrückt.

a) Wie ist der Ablauf zur erneuten Inbetriebnahme?

b) Warum kann man nicht durch erneutes Drücken der NOT-AUS-Taste die Maschine in Betrieb setzen?

FT-153 An einer Schleifmaschine ist das Zeichen für „Augenschutz tragen“ angebracht.
Darf der Träger einer normalen Brille ohne weitere Schutzmaßnahmen hier arbeiten? Begründen Sie Ihre Antwort.

FT-154 An einer sehr lauten Maschine trägt der Maschinenbediener keinen Gehörschutz. Er begründet dies damit, dass er so die Maschine akustisch besser überwachen könne und zudem schade der Lärm auch nicht.
Äußern Sie sich zu dieser Einstellung.

FT-155 Auf einer Schleifscheibe steht „... $v_{max} = 25$ m/s ...“.
Darf die Schleifscheibe von 400 mm Durchmesser auf einem Schleifbock mit $n = 3\,000$ 1/min betrieben werden?

FT-156 „Wegen der paar Spritzer beim E-Schweißen ziehe ich mir doch keine Schweißhandschuhe und keine Gamaschen an“, verkündet furchtlos ein Auszubildender.
Welchen Gefahren setzt er sich aus?

FT-157 Nennen Sie 2 Gefahren beim Umgang mit Kühlschmierstoffen.

FT-158 Beim Bohren eines Blechstreifens löst sich die Aufspannung und der Auszubildende wird durch das herumschleudernde Blech an der linken Hand verletzt.
Schildern Sie die Sofortmaßnahmen, die Sie als erste Hilfe vornehmen.

7 Umweltschutz

FT-159 In Ihrem Betrieb hat sich eine beachtliche Menge unbrauchbarer Schmier- und Kühlschmiermittel angesammelt. Ihr Kollege macht den Vorschlag, die gefüllten Fässer bei der nächsten Mülldeponie abzugeben.
Was antworten Sie Ihrem Kollegen?

FT-160 **a)** Welche Belastungen der Umwelt treten durch den Gebrauch von Autos auf?

b) Welche Möglichkeiten sehen Sie, die Umweltbelastung durch das Auto zu verringern?

Grundlagen der CNC-Technik CT-1 bis CT-34

1 CNC-Werkzeugmaschinen

CT-1 In einer CNC-Drehmaschine werden die über das Programm eingegebenen Befehle in Schaltvorgänge oder in Werkzeugbewegungen umgesetzt.
Legen Sie eine Tabelle an, und ordnen Sie die Vorgänge den „Schaltinformationen“ und „Weginformationen“ zu.
Drehbewegung ein / Werkzeug im Eilgang in Startposition fahren / Stirnfläche plandrehen / Rechtslauf der Arbeitsspindel / Kühlmittel ein / Gewinde in mehreren Schnitten drehen / Umdrehungsfrequenz einstellen / Übergangsradius drehen / Zapfen drehen / Vorschub einstellen / Längsdrehen / Werkzeug zum Einsatz bringen / Maschinenhalt / kegelförmigen Zapfen drehen

CT-2 **a)** Skizzieren Sie die Lage der Koordinatensysteme für die drei gezeichneten Werkstücke ab. Tragen Sie die jeweils fehlende Achse nach der „Rechten-Hand-Regel“ ein.

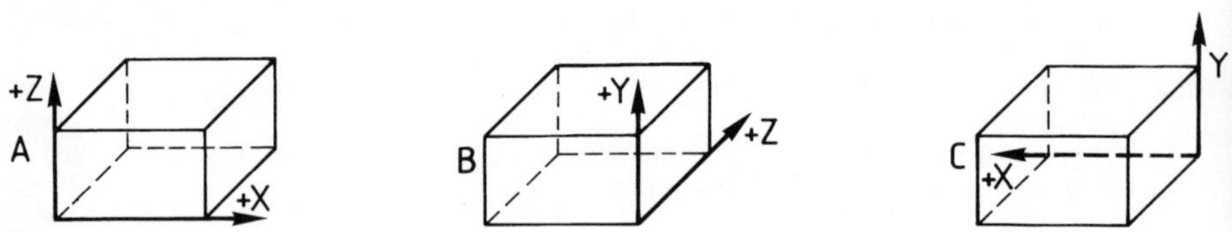

b) Geben Sie an, nach welchem Gesichtspunkt die Lage der Z-Achse bei allen Werkzeugmaschinen festgelegt ist.

c) Beschreiben Sie, nach welchem Gesichtspunkt die positive Richtung der Z-Achse bestimmt wird.

CT-3 Skizzieren Sie das Werkstück ab, und bemaßen Sie die Skizze absolut. Gehen Sie vom linken unteren Eckpunkt aus.

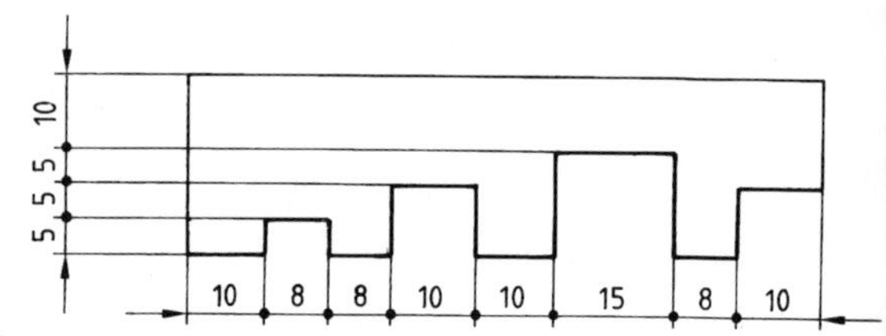

CT-4 Die Abbildung zeigt ein absolut codiertes Lineal. Zeichnen Sie die Fortführung des Lineals bis zum Wert 20. Die waagerechten Spuren haben den jeweils links angegebenen Wert, der sich aus Zweierpotenzen ergibt. Jede Zahl ist die Summierung der in den Spuren geätzten Einzelwerte.

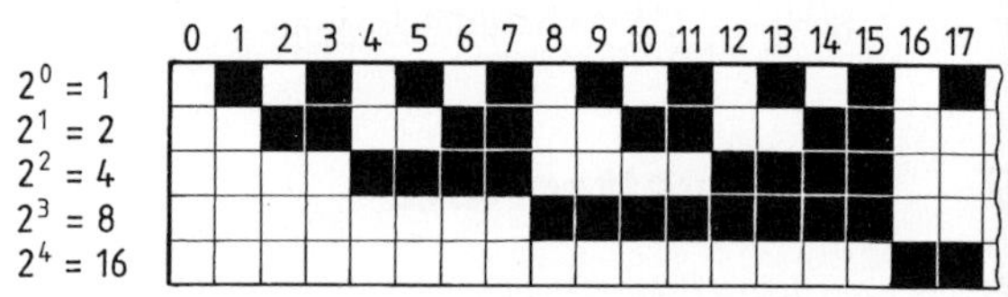

CT-5 Wodurch unterscheiden sich Messlineale an CNC-Maschinen zum inkrementalen Messen von denen zum absoluten Messen?

2 Grundlagen zur manuellen Programmierung

CT-6 Bei der Absolutbemaßung geht man von Bezugsflächen und Bezugskanten oder Symmetrielinien aus. Skizzieren Sie die Werkstücke (A, B, C) ab, wählen Sie den Werkstücknullpunkt. Begründen Sie die Wahl.

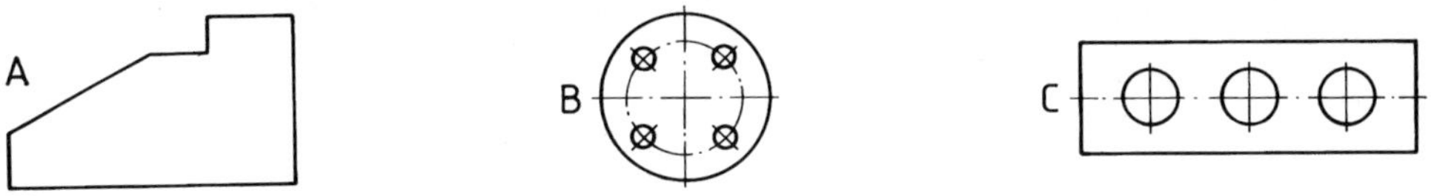

CT-7 Die Form des dargestellten Bleches wird einer CNC-Brennschneidmaschine durch die Koordinaten der jeweiligen Streckenendpunkte eingegeben.
Skizzieren Sie die Form des Bleches und die Tabelle ab.
Vervollständigen Sie die Tabelle durch Eintragung der Koordinaten der Punkte P1 bis P7.

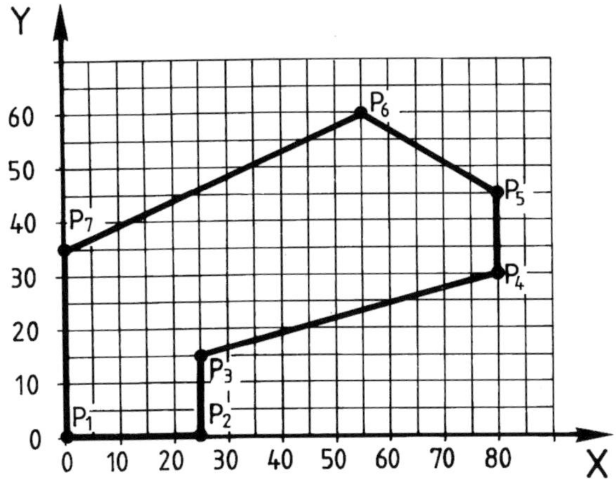

	G 90	
	X	Y
P_1	?	?
→ P_2	X25	?
→ P_3	?	Y15
→ P_4	?	?
→ P_5	?	?
→ P_6	?	?
→ P_7	?	?

CT-8 Die Abbildung zeigt eine bemaßte Platte.
Übernehmen Sie die Zeichnung.

a) Bemaßen Sie die Zeichnung inkremental.

b) Mit welchem Befehlswort wird eine Inkrementalbemaßung programmiert?

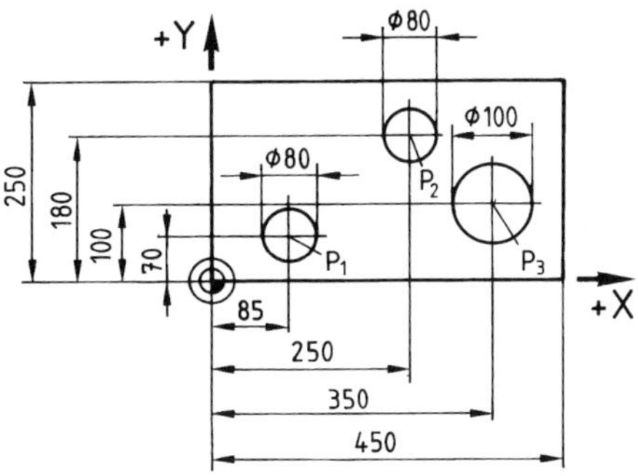

CT-9 In einer humorvoll gestalteten Anweisung zum Programmieren einer älteren Fräsmaschine mit DIN und Zyklenprogrammierung steht neben einem sehr wichtigen Satz über eine Grundlage des Programmierens die nebenstehende Abbildung.
Formulieren Sie den Satz, der mit diesem Bild erläutert werden sollte.

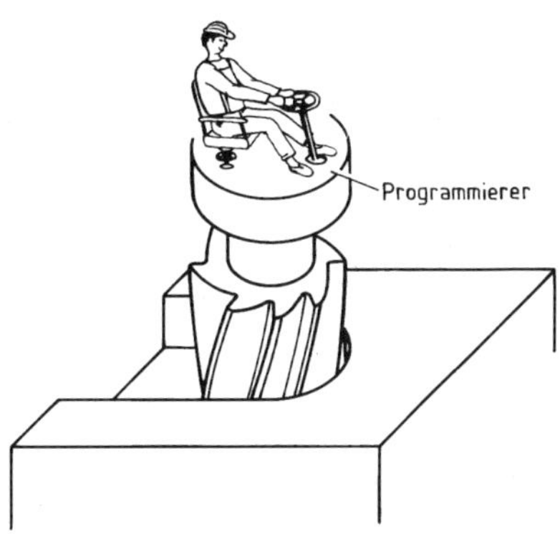

CT-10 Geradlinige Bewegungen an CNC-Maschinen mit dem Werkzeug im Eingriff werden mit G 01 (G 1) programmiert. An einer Laserschneidmaschine erfolgt die Konturbeschreibung vom Punkt P_0 über P_1, P_2 bis zu P_0 zurück (Werkzeugwechselpunkt X – 100; Y – 100).
Bei der verwendeten Steuerung soll die Wegbedingung G 01 bis zu einem Änderungsbefehl wirksam sein.

a) Skizzieren Sie das Werkstück und die Tabelle ab; ergänzen Sie die fehlenden Programmschritte.

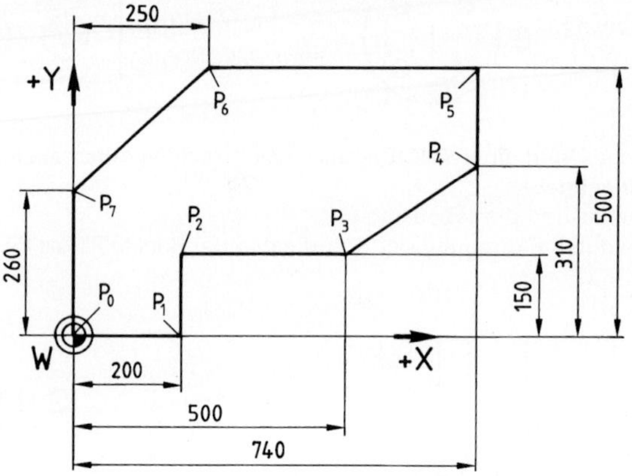

G 90

	G	X	Y
→ P_0	?	X0	Y0
→ P_1	G 01	X200	Y0
→ P_2	?	?	?
→ P_3	?	?	?
→ P_4	?	?	?

b) Skizzieren Sie das Werkstück nochmals ab, und bemaßen Sie es inkremental. Beschreiben Sie in einer Tabelle die Wege von P_0 über P_1 usw. bis zurück zu P_0 inkremental.

CT-11 Die Wegbedingungen für Kreisbögen werden mit den G-Worten G 02 und G 03 programmiert.

a) Skizzieren Sie die Zeichnungen und Tabellen ab. Ergänzen Sie die Tabelle bis → P4.

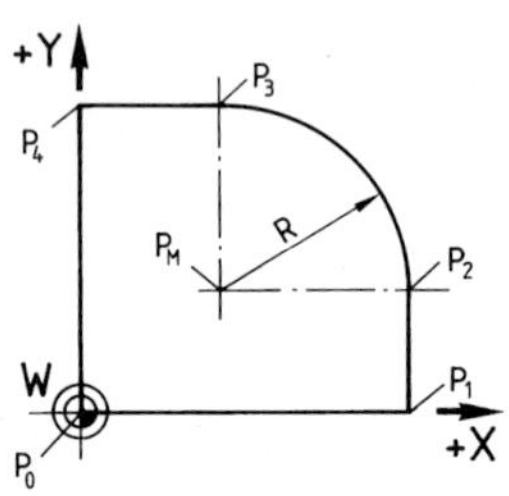

	G	X	Y	I	J
P_0	G 90	?	?	?	?
→ P_1	G 01	?	?	?	?

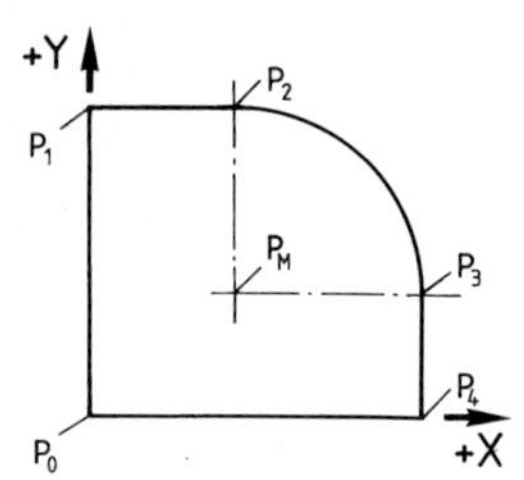

	G	X	Y	I	J
P_0	G 91	?	?	?	?
→ P_1	G 01	?	?	?	?

b) Bemaßen Sie die Werkstücke. Der Kreismittelpunkt liegt in 25 mm Abstand von der X-Achse und in 30 mm Abstand von der Y-Achse. Der Radius beträgt 40 mm.

c) Beschreiben Sie ausgehend von P0 die Kontur bei Umlauf rechts herum. Der Kreismittelpunkt soll so programmiert werden, wie es mit G 90 und G 91 angegeben ist.

CT-12 In einem CNC-Programm für ein Drehteil müssen Schaltinformationen verschlüsselt werden. Schreiben Sie die folgenden Zeilen ab, und ergänzen Sie diese durch die entsprechenden Befehle.

Längs-Runddrehen:	Durchmesser 120 mm	G__?__	S__?__
	Spindeldrehzahl n = 1 000 1/min	G__?__	F__?__
	Vorschub f = 0,4 mm		
Drehen einer Wendelnut:	Durchmesser 116 mm	G__?__	S__?__
	Spindeldrehzahl n = 100 1/min	G__?__	F__?__
	Steigung 10 mm → f = __?__		

3 Programmieren zur Fertigung von Drehteilen

CT-13 Das Koordinatensystem von Werkzeugmaschinen ist an der Lage der Führungsbahnen orientiert und auf das Werkstück bezogen. Auf CNC-Drehmaschinen wird mit Werkzeugen gefertigt, die sich entweder vor der Drehmitte oder hinter der Drehmitte befinden.

a) Welche Achse des Koordinatensystems läuft parallel zur Spindelachse?

b) Welche Regel gilt in allen Fällen für die Festlegung der positiven X-Richtung?

c) Skizzieren Sie die folgenden Bilder ab, und tragen Sie in die Skizzen die Richtungen + X und + Z ein.

① 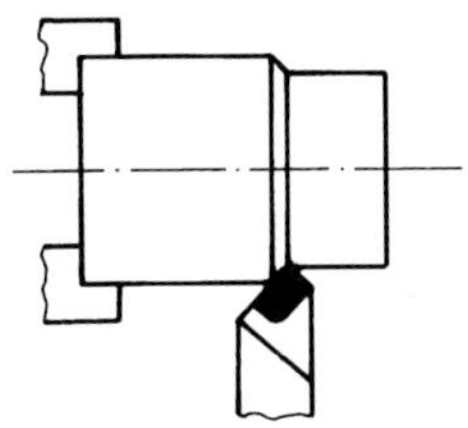

② 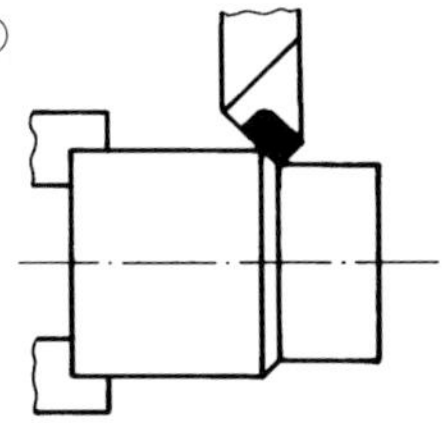

CT-14 **a)** Skizzieren Sie die Zeichnung ab. Stellen Sie dabei die Bemaßung auf eine programmiergerechte Absolutbemaßung in steigender Bemaßung um.

b) Übernehmen Sie die Tabelle, und beschreiben Sie die Kontur des Drehteils ausgehend von P1 bis P7. Fügen Sie die Wegbedingung hinzu.

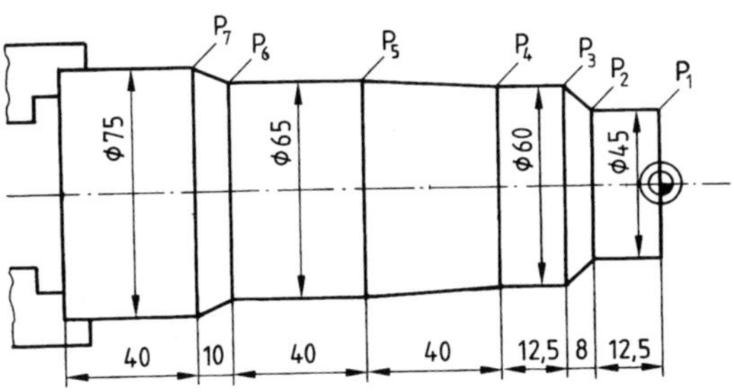

	G	X	Z
	G ?	?	?
→ P_1	G 01	?	?
→ P_2	?	?	?

CT-15 Im Kurs über Programmieren streiten sich zwei Teilnehmer bei folgender Darstellung: Einer der Teilnehmer sagt, hier bewege sich der Drehmeißel auf einer Kreisbahn im Uhrzeigersinn. Der andere widerspricht.

a) Wer hat recht? Ist die Bewegung mit G 02 oder mit G 03 zu programmieren?

b) Wie lautet die Regel zur Festlegung des Richtungssinns bei kreisförmigen Werkzeugbewegungen?

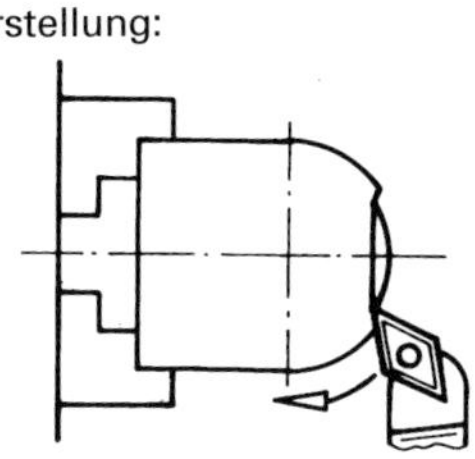

CT-16 Beschreiben Sie die Konturen der dargestellten Werkstücke zur Fertigung auf einer CNC-Drehmaschine, deren Steuerung die Eingabe des Radius möglich macht.
Übernehmen Sie dazu die nebenstehende Tabelle.

N	G	X	Z	R
?	?	?	?	?

① 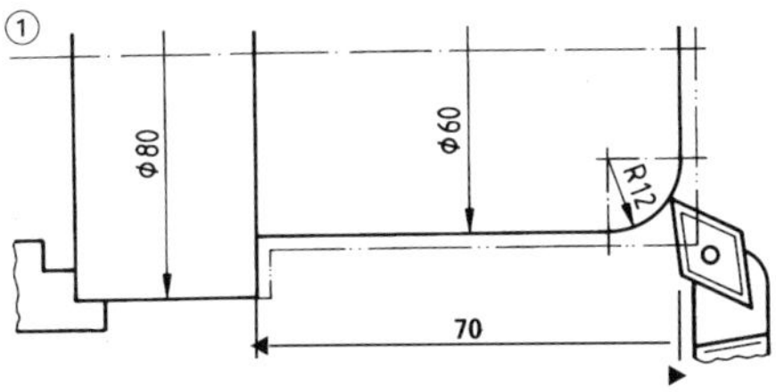

② 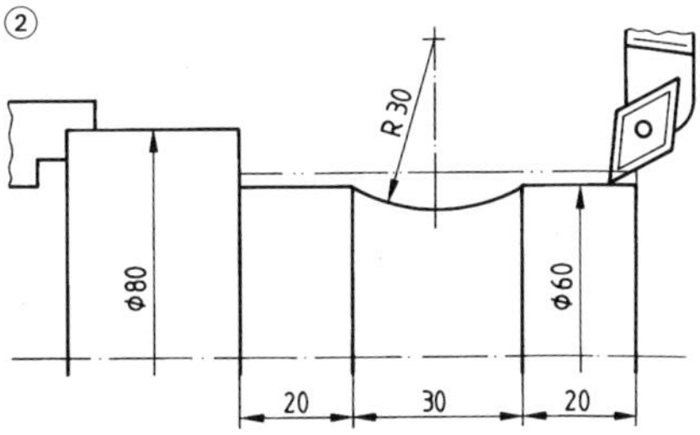

CT-17 Die Lage der Schneide eines Drehwerkzeuges muss der Steuerung mit dem Platz im Revolverkopf und mit Bezug auf den Werkzeugeinstellpunkt eingegeben werden.

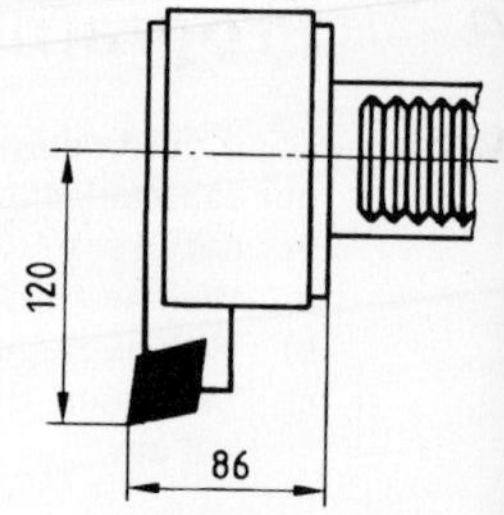

a) Beschreiben Sie die Lage des Werkzeugeinstellpunktes für Drehwerkzeuge mit Werkzeughalter nach DIN.
b) Durch welchen Adressbuchstaben wird das Werkzeug aufgerufen?
c) Durch welche Zusatzfunktion erfolgt der Werkzeugwechsel?
d) Schreiben Sie die folgenden Sätze mit den richtigen Angaben heraus:

Das Maß 120 mm gibt die *Querablage Q/Länge L* der Werkzeugschneide vom Werkzeugeinstellpunkt an. Das Maß wird in *X-Richtung/Z-Richtung* gemessen.
Das Maß 86 mm gibt die *Querablage Q/Länge L* der Werkzeugschneide vom Werkzeugeinstellpunkt an. Das Maß wird in *X-Richtung/Z-Richtung* gemessen.

CT-18 **a)** Skizzieren Sie die folgenden Bearbeitungsbeispiele ab. Tragen Sie neben jedem Beispiel das G-Wort für die Schneidenradiuskompensation und den Wegbefehl für die Bearbeitung ein.
b) Durch welchen Wegbefehl wird die Schneidenradiuskompensation aufgehoben?

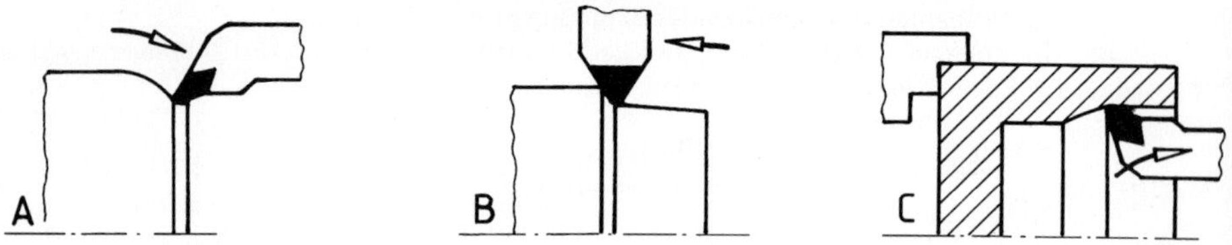

CT-19 Die dargestellten Werkstücke sollen von zylindrischen Rohlingen ausgehend geschruppt werden. Die maximale Schnitttiefe für einen Schnitt beim Schruppen soll 5 mm nicht überschreiten. Alle Schnitte beim Schruppen sollen mit gleicher Schnitttiefe erfolgen. Nach dem Schruppen soll noch eine Schlichtzugabe von 1 mm verbleiben.

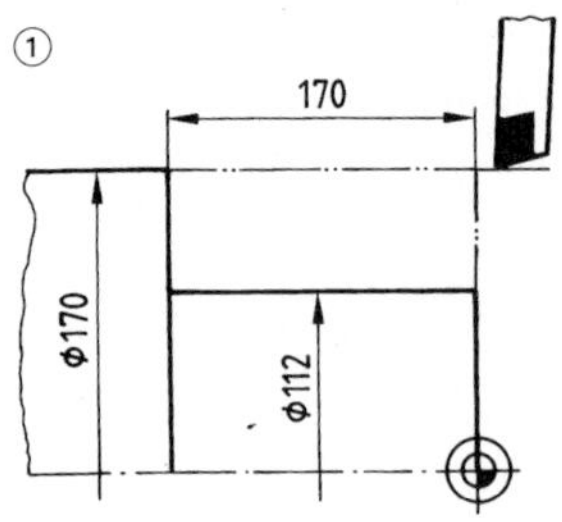

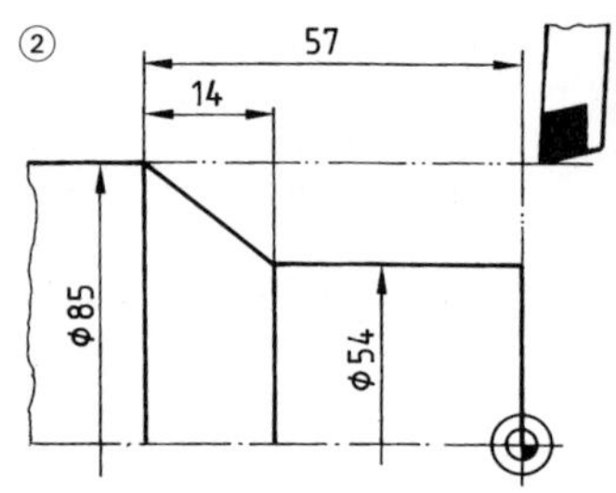

Programmieren Sie für beide Werkstücke den Abspanzyklus längs mit der Zustellung in X-Richtung.

CT-20 Programmieren Sie das Gewindedrehen mit dem Gewindezyklus längs mit Zustellung in X-Richtung.
Ermitteln Sie den Anlaufweg für n = 900 1/min.

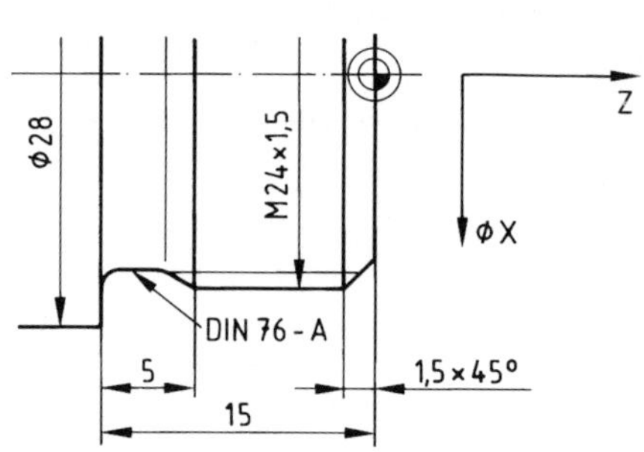

4 Programmieren zur Fertigung von Frästeilen

CT-21 **a)** Skizzieren Sie die Werkstücke ab und wählen Sie eine günstige Lage der Werkstücknullpunkte. Zeichnen Sie diesen mit dem entsprechenden Symbol ein.

b) Begründen Sie jeweils die gewählte Lage des Nullpunktes.

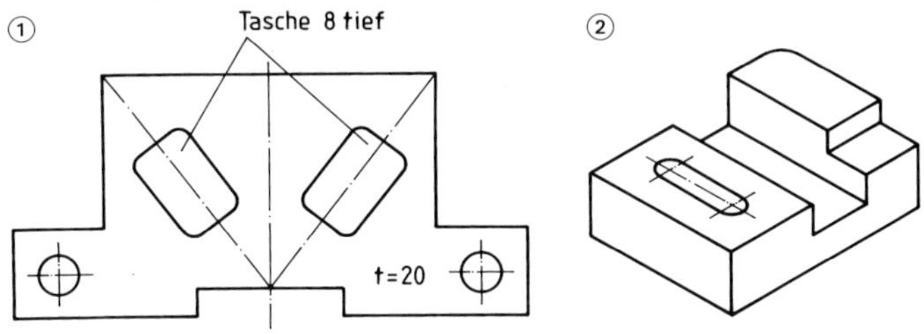

CT-22 **a)** Schreiben Sie für die Fertigung der Zwischenplatte nur den Programmsatz für die Nullpunktverschiebung von W1 zu W2.

b) Beschreiben Sie anhand des Beispiels die Vorteile, die eine Nullpunktverschiebung bei der Programmierung bietet.

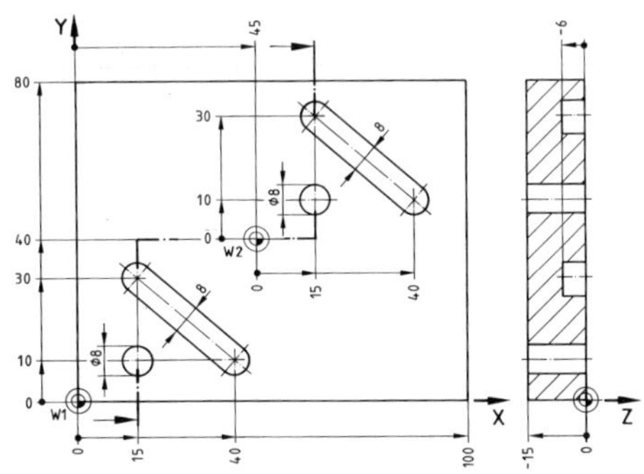

CT-23 Bei Bahnsteuerungen wird die Werkzeugbahn mit den Befehlen G 41 und G 42 korrigiert. Skizzieren Sie die Vorderansicht des Werkstücks ab, und geben Sie die G-Wörter für die Bahnkorrektur an den gekennzeichneten Stellen an.

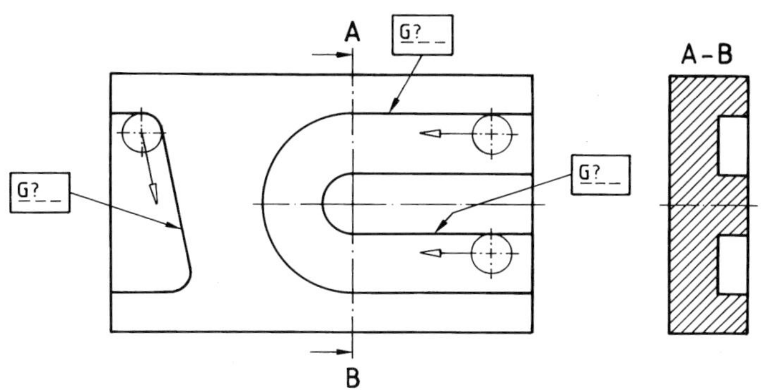

CT-24 Programmieren Sie für beide Werkstücke das Bohren der Lochmuster auf den Teilkreisen mit dem Teilkreisbohrzyklus. Beginnen Sie mit dem Anfahren des Startpunktes im Eilgang.
Beim Programmieren der Bohrungstiefe ist zusätzlich die Bohrerspitze zu berücksichtigen.

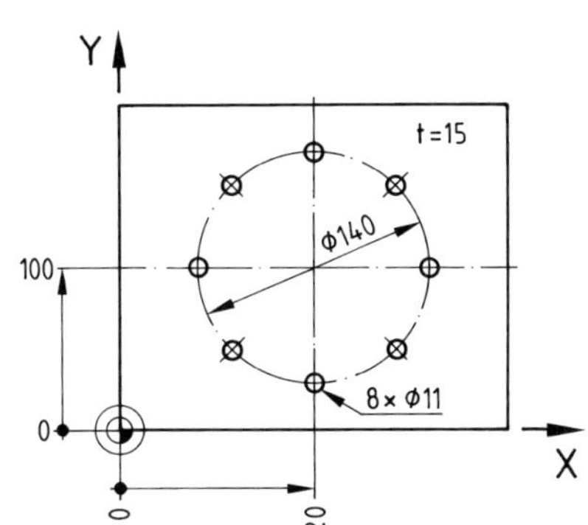

CT-25 Programmieren Sie das Fräsen der Rechtecktaschen mit dem Taschenfräszyklus. Beginnen Sie mit dem Anfahren des Startpunktes im Eilgang und programmieren Sie nur die Weginformationen.

Zusatzinformationen:
- Der Fräserhalbmesser muss jeweils dem geforderten Radius der Rechtecktasche entsprechen.
- Als maximale Schnitttiefe des Fräsers ist im Arbeitsspeicher 5 mm eingegeben, der Programmierer hat die Einzelschnitttiefe zu ermitteln.

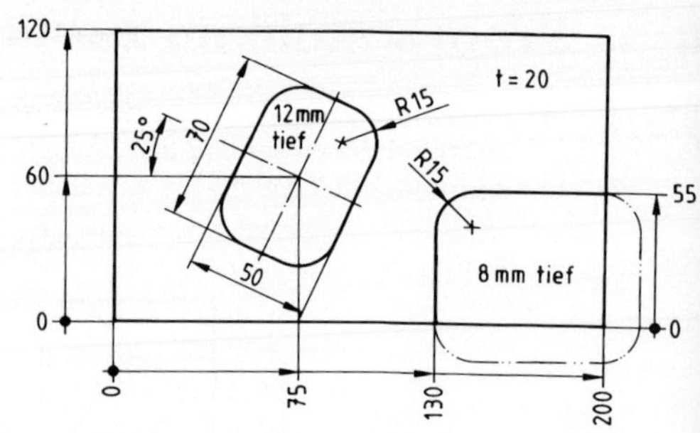

CT-26 Für einen Bearbeitungsvorgang sind die folgenden Daten festgelegt:

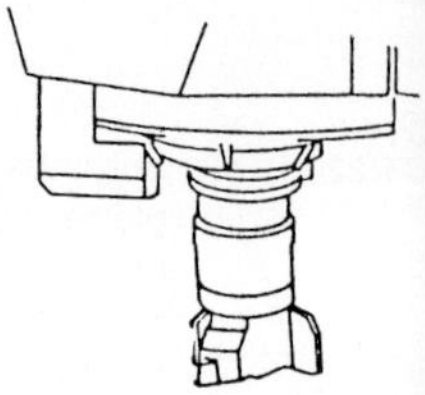

Vorschub je Zahn: f_z = 0,05 mm
Zähnezahl: z = 3
Fräserdurchmesser: d = 60 mm
Schnittgeschwindigkeit: v_c = 45 m/min
Werkzeug: T 02
Kühlmitteleinsatz

Schreiben Sie die nachfolgende Aufstellung der entsprechenden Wegbefehle und Schaltfunktionen ab und ergänzen Sie diese durch die Codierungen der oben angegebenen Daten.

Vorschub in mm/Umdrehung: G__?__ __?__
Spindeldrehzahl: G__?__ __?__
Drehrichtung der Spindel: __?__

Kühlmitteleinsatz: __?__
Werkzeug: __?__

CT-27 Auf einer Senkrechtfräsmaschine mit Bahnsteuerung soll eine Platte zur Aufnahme eines Schnittstempels ausgefräst werden. Die Platte wird so aufgespannt, dass der Werkstücknullpunkt sich auf der Plattenoberseite an der angegeben Stelle befindet. Es wird nur die Innenkontur in einem Schrupp- und einem Schlichtarbeitsgang gefräst.
Für die Schlichtbearbeitung ist die Fräserradiuskompensation zu berücksichtigen.
Erstellen Sie ein Programm mit allen Weg- und Schaltinformationen für die gesamte Bearbeitung der Innenkontur.

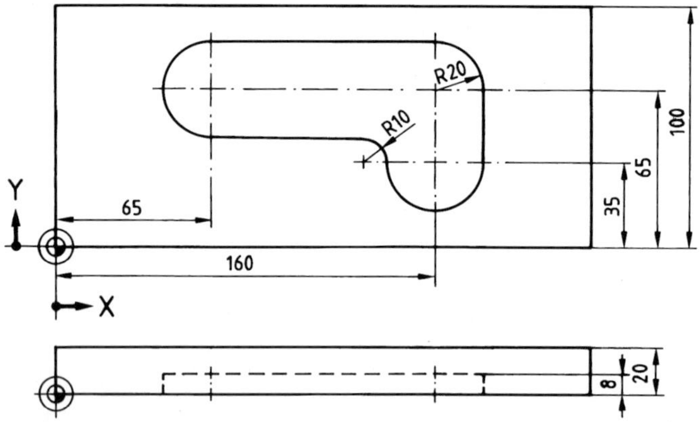

Werkzeugwechselpunkt:
X 250 Y 200 Z 100

Werkstoff des Frästeils:	80WCrV8	Schruppen:	v_c = 14 m/min
Fräserdurchmesser:	d = 38 mm		f_z = 0,1 mm
Schneidenzahl des Fräsers:	z = 6	Schlichten:	v_c = 18 m/min
Schneidenwerkstoff:	HSS-Stahl		f_z = 0,04 mm

CT-28 In einem Werkzeugmagazin für ein Bearbeitungszentrum sind 180 Werkzeuge abgelegt. Welchen Vorteil hat dabei die Werkzeugcodierung gegenüber einer Platzcodierung?

5 Werkzeugüberwachungssysteme

CT-29 Werkzeugüberwachungssysteme sind an CNC-Maschinen von Vorteil, in flexiblen Fertigungssystemen unerlässlich. Drohende Störungen durch Schneidenverschleiß werden über Sensoren erfasst.

a) Welche Messgrößen können bei der Werkzeugüberwachung durch Sensoren gemessen werden?

b) Schildern Sie die Arbeitsweise eines Werkzeugüberwachungssystems, nach der bei einem Werkzeugbruch ein Maschinenstop herbeigeführt wird.

6 Werkstückspannsysteme

CT-30 In einer flexiblen, automatisierten Fertigung mit CNC-Bearbeitungsstationen werden folgende Anforderungen an Aufspannsysteme gestellt:

- Planbarkeit der Aufspannung,
- variabler Aufbau,
- Positioniergenauigkeit,
- sicheres Spannen während der Bearbeitung,
- Wiederholgenauigkeit für eine Vielzahl gleicher Werkstücke und bei erneutem Zusammenbau der Spannvorrichtung,
- Automatisierbarkeit.

Beschreiben Sie, in welcher Weise das Rasterspannsystem nach dem Baukastenprinzip in nebenstehendem Bild die genannten Anforderungen erfüllt.

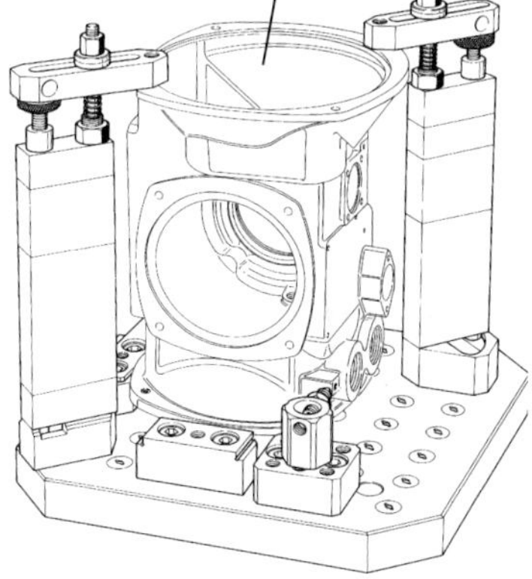

CT-31 Ein Werkstück wird von einem Universalspannzylinder für eine Fräsbearbeitung gespannt. Das Hydrauliköl wirkt auf einen Kolben mit dem Durchmesser 40 mm, die maximale Hublänge beträgt 60 mm. Das Pumpenaggregat erzeugt einen Betriebsdruck von 20 bar und liefert einen Förderstrom von 1,5 l/min.

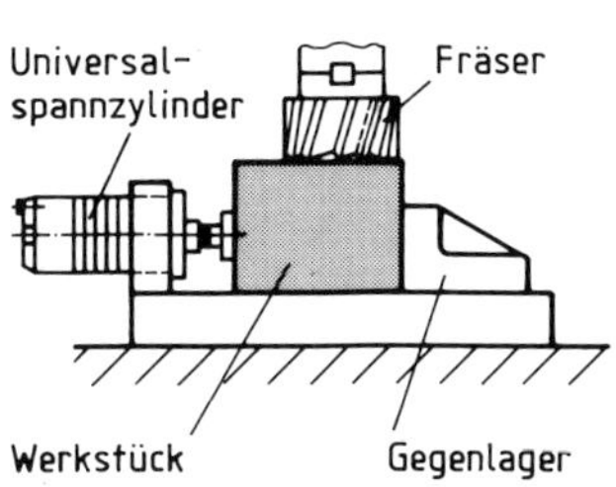

Werkstückeinspannung

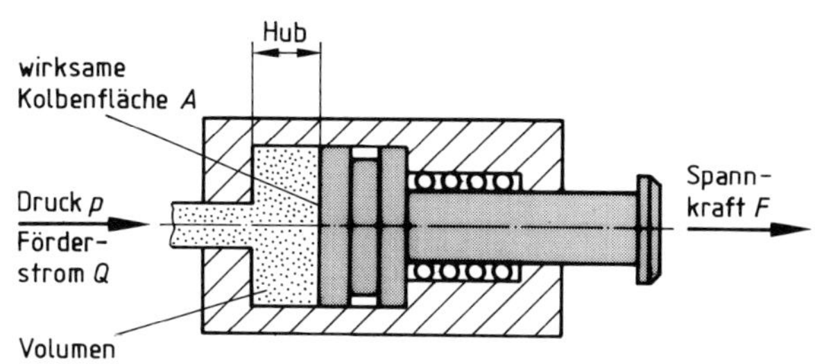

Spannzylinder im Schnitt

a) Berechnen Sie die Spannkraft des Spannkolbens.

b) Berechnen Sie das gesamte Hubvolumen des Zylinders.

c) Berechnen Sie die Zeit, die der Kolben benötigt, um beim Spannvorgang 25 % seiner Hublänge auszufahren.

d) Beschreiben Sie die besondere Eignung hydraulischer Spannsysteme für den Einsatz in der flexiblen Fertigung im Vergleich mit mechanischen Spannsystemen. Berücksichtigen Sie bei der Beurteilung der Spannsysteme auch die zuvor errechneten Werte.

7 Grafische Konturerstellung (GKE)

CT-32 Die obere Werkstückhälfte eines Drehteils ist nachfolgend im Schnitt dargestellt. Geben Sie vom angegebenen Startpunkt aus die Reihenfolge der Piktogrammtasten (Bildzeichen) zur Konturerstellung nach der Lösungsvorgabe an. Auf der zur grafischen Konturerstellung notwendigen Eingaben der Maße wird hier verzichtet. Die Übergangsradien sind jeweils durch Betätigen einer Piktogrammtaste zu erzeugen.

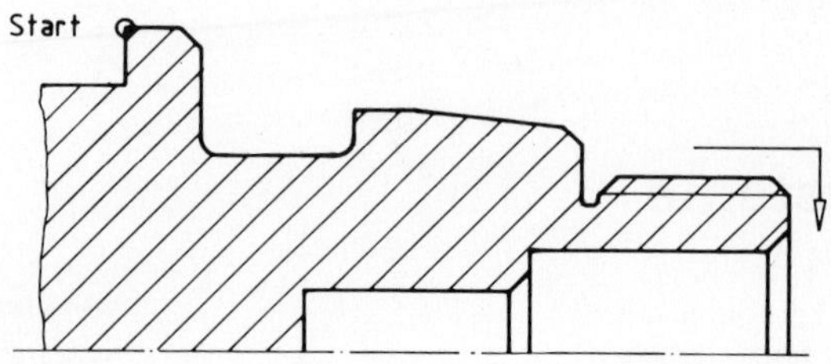

Drehteil

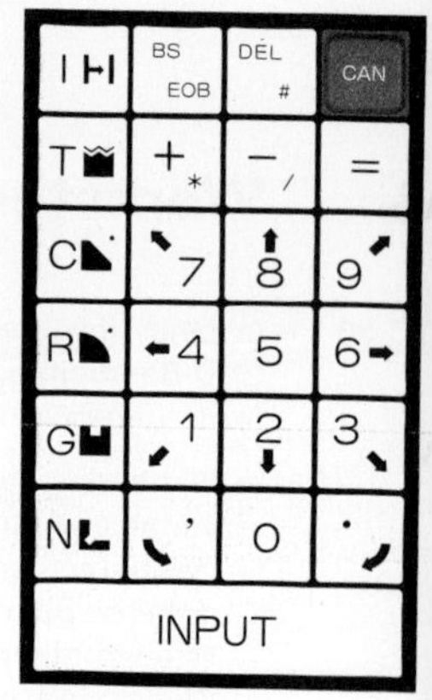

Tastenfeld

Lösungsvorgabe:

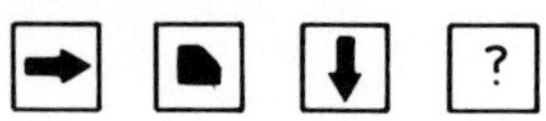

CT-33 Durch Bestätigen der nachfolgenden Piktogrammtasten mit Eingabe der zugehörigen Maße wird von der Steuerung auf dem Bildschirm die Kontur eines Drehteils erzeugt. Übernehmen Sie das Koordinatensystem nach Vorgabe vom angegebenen Startpunkt aus. Zeichnen Sie die durch die Eingaben beschriebene Kontur.

Eingaben zur Erstellung der Kontur auf dem Bildschirm:
Startpunkt: SDX = 100; SZ = 20

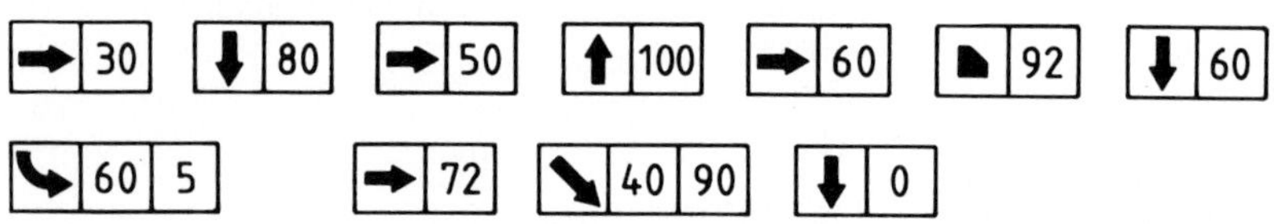

Lösungsvorgabe:

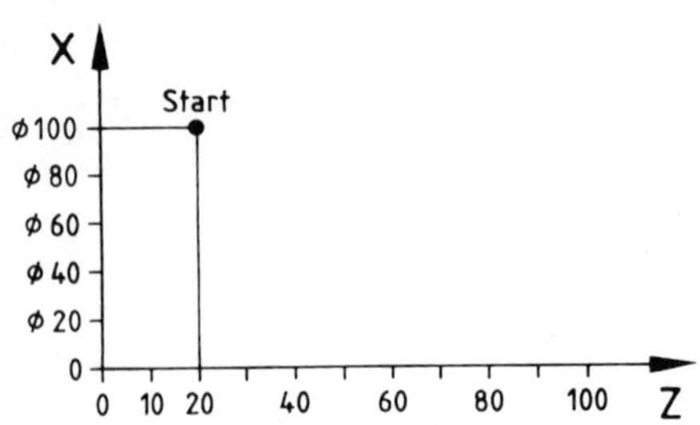

CT-34 Welche Vorteile ergeben sich aus dieser automatischen Programmerstellung mithilfe von Piktogrammen gegenüber einer herkömmlichen Programmierung nach DIN 66 025?

Werkstofftechnik WT-1 bis WT-83

1 Aufbau metallischer Werkstoffe

WT-1 Ein Stück Aluminium besteht aus vielen Aluminiumionen.
Wie werden diese Aluminiumionen zusammengehalten?

WT-2 Metalle werden als elektrische Leiter, z. B. in Elektrokabeln, verwendet.
Warum leiten Metalle den elektrischen Strom?

WT-3 Wie verhalten sich die kleinsten Teilchen eines Metallstückes

a) beim Erwärmen des Metallstückes,
b) beim Aufschmelzen des Metallstückes,
c) in der Metallschmelze?

WT-4 Um den Erstarrungspunkt von Kupfer zu ermitteln, wurden in einem Versuch nebenstehende Werte ermittelt.

Zeit in min	0	5	15	30	40	45	60
Temperatur °C	1 300	1 190	1 083	1 083	1 083	1 020	860

a) Stellen Sie aus den gegebenen Messwerten ein Diagramm auf, in dem die waagerechte Achse die Zeit in Minuten und die senkrechte Achse die Temperatur von 900 bis 1 400 °C enthält. Zeichnen Sie einen Kurvenzug.
b) Bestimmen Sie aus dem Diagramm die Erstarrungstemperatur von Kupfer.

WT-5 Rundmaterial aus Messing soll grobkorngeglüht werden.

a) Welche Eigenschaft soll damit verbessert werden?
b) Welche Eigenschaft wird mit Sicherheit verschlechtert?

WT-6 Zeichnen Sie die Tabelle ab, und ordnen Sie die aufgeführten Metalle nach ihrer Umformbarkeit in die Tabelle ein:

zufriedenstellend umformbar	gut umformbar	sehr gut umformbar
?	?	?

Chrom (krz) · Magnesium (hex) · Zink (hex) · Eisen (erwärmt) (kfz) · Aluminium (kfz) · Kupfer (kfz)

WT-7 In einem Metall sind die Metallionen gemäß der nebenstehenden Zeichnung angeordnet.
Fertigen Sie eine Skizze entsprechend der Vorlage an, und geben Sie den Gittertyp an.
Verbinden Sie zur besseren Übersicht die Mitte eines Ions mit den Mitten seiner Nachbarionen.

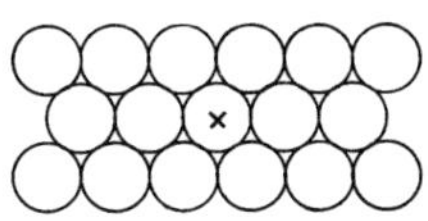
Draufsicht auf den Kristall

WT-8 Übernehmen Sie das Schema und ergänzen Sie die vorgegebenen Lücken.

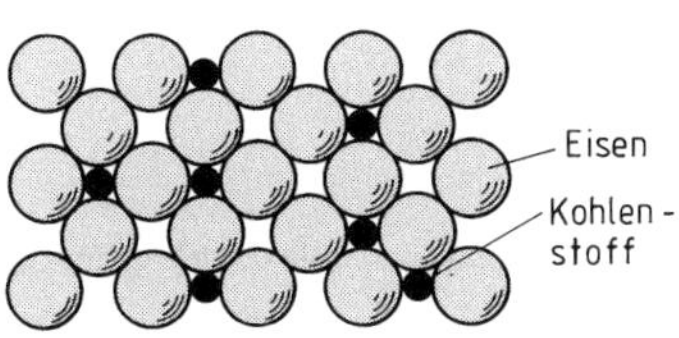

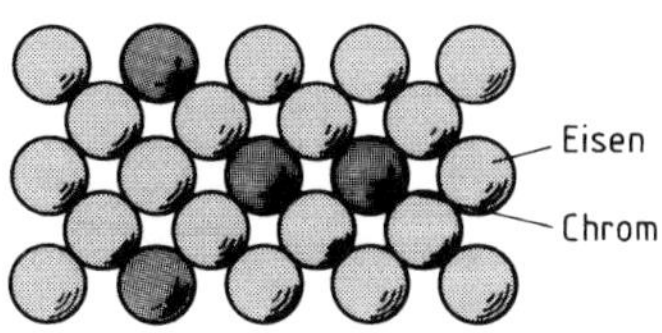

__?__ mischkristall   __?__ mischkristall

Anforderungen an die Fremdatome

__?__   1. __?__ 2. __?__

WT-9 Welche Eigenschaften haben Legierungen mit Mischkristallen?

WT-10 Es sind nebeneinander Abkühlungskurven ermittelt worden.

a) Übernehmen Sie diese Kurven, und zeichnen Sie das dazugehörige Zustandsdiagramm.

b) Beschriften Sie die einzelnen Felder des Diagramms.

c) Bestimmen Sie für eine Legierung mit 40 % Ni den Beginn und das Ende der Erstarrung.

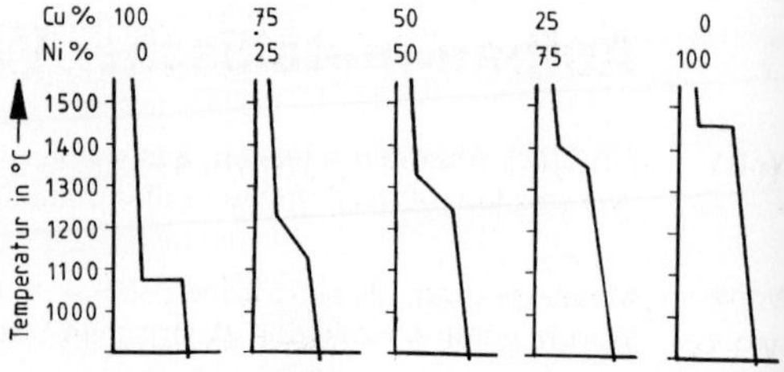

WT-11 Gusseisen eignet sich gut als Werkstoff für Gleitlager, für Führungsbahnen sowie für Kolbenringe in Kraftfahrzeugmotoren.
Erklären Sie dies anhand des Gefüges.

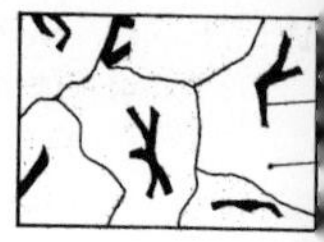

WT-12 Von den Blei-Zinn-Legierungen hat die eutektische Legierung die Zusammensetzung von 62 % Zinn und 38 % Blei. Im Folgenden ist eine Legierung mit 60 % Blei und 40 % Zinn zu untersuchen.

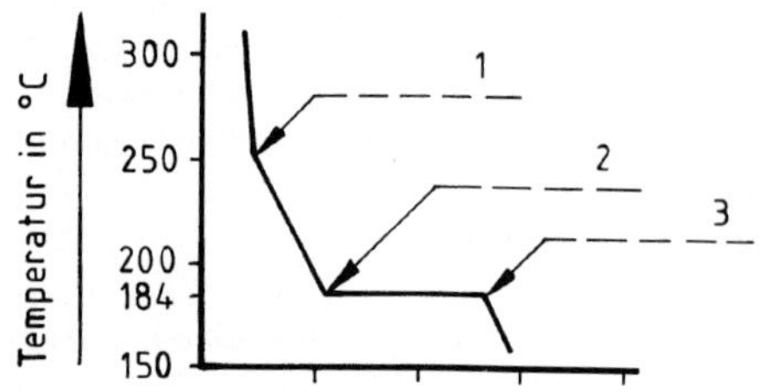

a) Welcher Bestandteil ist in dieser Legierung gegenüber der eutektischen Legierung im Überschuss?

b) Welcher Bestandteil der Legierung beginnt zuerst zu erstarren?

c) Zeichnen Sie die vorgegebene Abkühlungskurve dieser Legierung ab, und beschriften Sie die angegebenen Stellen.

d) Beschreiben Sie den Erstarrungsvorgang dieser Legierung. Die Erstarrung beginnt bei 250 °C und endet bei 184 °C.

WT-13 Bei einer Untersuchung von Blei-Zinn-Legierungen wurden folgende Abkühlungskurven aufgenommen:

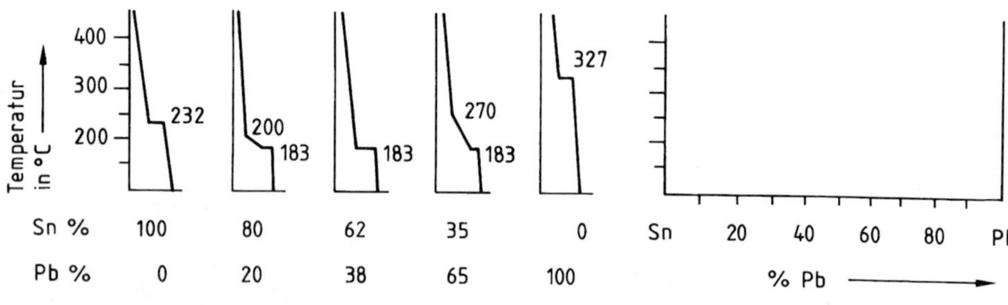

a) Übernehmen Sie diese Abkühlungskurven, und zeichnen Sie das zugehörige Zustandsdiagramm mit allen Beschriftungen.

b) Beim Löten in der Elektro- und Elektronikindustrie benötigt man möglichst niedrig schmelzende Lote, die schnell erstarren.
Welche Pb-Sn-Legierung empfehlen Sie nach dem Zustandsdiagramm?

c) Zum Löten von Kabelmänteln benötigt man Lote, die sich im breiigen Zustand „schmieren" lassen. Zwischen Beginn und Ende der Erstarrung soll ein Temperaturunterschied von 70 °C liegen.
Welche Zusammensetzung muss das Lot haben?

2 Eisenwerkstoffe

WT-14 Die Metallgewinnung erfolgt in Stufen.

a) Nennen Sie die Stufen der Metallgewinnung.
b) Geben Sie die Aufgaben jeder Stufe an.

WT-15 Im Hochofen wird aus den aufbereiteten Eisenerzen Roheisen gewonnen.
Durch welchen chemischen Vorgang wird aus den chemischen Verbindungen des Eisens Roheisen gewonnen?

WT-16 Erläutern Sie den Unterschied zwischen Roheisen und Stahl

a) in der Zusammensetzung und
b) in den Eigenschaften Schmiedbarkeit und Schweißbarkeit.

WT-17 Die Roheisenschmelze wird bei LD-Verfahren mit etwa 1 300 °C in den Tiegel gegeben. Warum wird die Schmelze im Tiegel bei der Umwandlung zu Stahl nicht fest, obwohl Stahl einen Schmelzpunkt von etwa 1 500 °C hat?

WT-18 Welche Vorteile bietet das Stahlgewinnungsverfahren im Lichtbogenofen gegenüber dem LD-Verfahren im Hinblick auf:

a) Verunreinigung durch den Energieträger,
b) Zusammensetzung des Endproduktes,
c) die Möglichkeit zu legieren?

WT-19 Der erzeugte Stahl kann zu Blöcken oder zu Strängen vergossen werden.
Vergleichen Sie Block- und Strangguss miteinander, indem Sie die folgenden Gesichtspunkte berücksichtigen:

- Umfang der Walzarbeit zur Herstellung von Halbzeugen,
- die Umstellung auf unterschiedliche Querschnitte,
- das Gefüge,
- die Anlagekosten.

WT-20 Suchen Sie aus der Tabelle „Übersicht über die Wirkungen von Begleit- und Legierungselementen" diejenigen Elemente heraus, welche bei Eisen und Stahl

- die Warmfestigkeit,
- die Korrosionsbeständigkeit erhöhen.

WT-21 Ein unlegierter Stahl mit 0,65 % C ist auf 1 000 °C erwärmt worden.

a) Liegt bei dieser Temperatur ein Kristallgemenge oder ein Mischkristallgefüge vor?
b) Welche Bezeichnung trägt dieses Gefüge?
c) Wie ist der Gitteraufbau?
d) Wie liegt der Kohlenstoff im Gefüge vor?
e) Wie verhält sich das Gefüge beim Umformen?

WT-22 In einem Untersuchungsbericht eines Metalllabors über eine Metallprobe heißt es u. a.: „... das Gefüge weist zu etwa gleichen Teilen Ferrit und Perlit auf."

a) Welchen Kohlenstoffgehalt hat der Stahl?
b) Welchen Gitteraufbau hat Ferrit?

WT-23 Das nebenstehende Gefügebild zeigt das Gefüge eines Stahles mit 0,8 % Kohlenstoffgehalt.

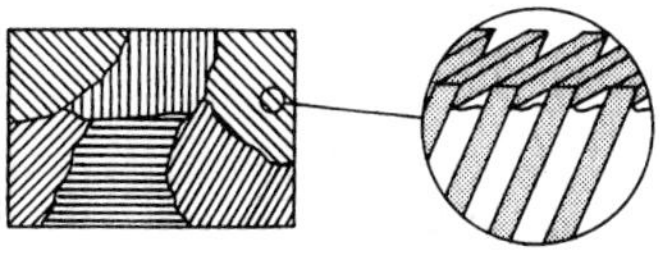

a) Wie bezeichnet man dieses Gefüge?
b) Das streifenförmige Aussehen kommt dadurch zustande, dass zwei einzelne Bestandteile fein verteilt nebeneinander liegen.
Wie nennt man diese beiden Bestandteile?
c) Welche chemische Formel hat der kohlenstoffreichere Bestandteil?
d) Welche Eigenschaften haben die einzelnen Bestandteile?

WT-24 Eine Schweißkonstruktion aus Stahl ist spannungsarm zu glühen.
Schreiben Sie eine Glühanweisung.

WT-25 Ein Stahlgussgehäuse mit 20 mm Wanddicke aus GP24OH mit 0,25 % C wurde falsch vergütet. Es soll deswegen normalisiert werden.
Schreiben Sie eine Glühanweisung.

WT-26 Übernehmen Sie die folgende Beschreibung über das Härten einer Meißelschneide. Setzen Sie dabei die in den Klammern zur Auswahl stehenden Begriffe richtig ein:
Die Meißelschneide wird auf 800 °C erwärmt. Es entsteht *(das Kristallgemenge/das Mischkristallgefüge)* Austenit mit *(krz/kfz)*-Gitter. Der Kohlenstoff ist dabei in das Gitter *(eingebaut/nicht eingebaut)*. Anschließend wird die Meißelschneide *(schnell/langsam)* abgekühlt. Aus dem *(krz/kfz)*-Gitter des Austenits wird ein *(krz/kfz)*-Gitter. Durch die *(schnelle/langsame)* Abkühlung werden die Kohlenstoffatome *(im Gitter eingeschlossen/aus dem Gitter herausgehalten)*. Dies bewirkt *(eine Verzerrung des Gitters/einen regelmäßigen Gitteraufbau)*. Dadurch wird die Meißelschneide wesentlich härter.

WT-27 Prüfen Sie einen „Stahlnagel" (ca. 0,5 % C) und einen etwa gleich großen „normalen" Nagel (ca. 0,1 % C) bei unterschiedlichen Wärmebehandlungszuständen.

a) Erhitzen Sie beide Nägel in der Flamme eines Bunsenbrenners bis zur Weißglut, und halten Sie diese Temperatur etwa 1 Minute lang. Lassen Sie dann die Nägel an der Luft langsam abkühlen.
Beurteilen Sie die Härte der Nägel durch Befeilen. Wie sind die Gefüge beider Nägel nach der langsamen Abkühlung aufgebaut?

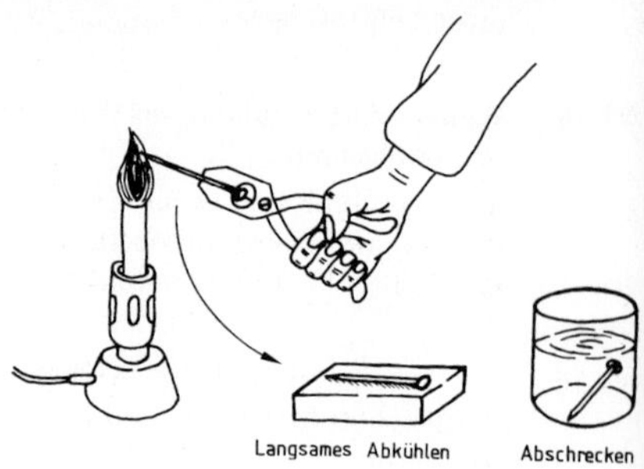

b) Erhitzen Sie beide Nägel erneut bis zur Weißglut, und schrecken Sie die Nägel anschließend sofort in Wasser ab.
Beurteilen Sie wieder die Härte durch Befeilen. Welche Gefüge liegen jetzt in den Nägeln vor?

WT-28 **a)** Auf einem Meißel steht „Lufthärter". Welche Bedeutung hat diese Aufschrift?
b) Warum härten dickwandige Werkstücke aus unlegierten Stählen nicht durch?

WT-29 **a)** Eine Schneidplatte aus unlegiertem Werkzeugstahl mit 1 % C soll gehärtet werden. Das Aufheizen soll in 2 Stufen erfolgen.
Erstellen Sie eine Glühanweisung mit Temperaturen, Zeiten und Abschreckmitteln.
b) Nach dem Härten wird die Schneidplatte angelassen. Bestimmen Sie die Anlasstemperatur.
Was geschieht im Werkstoff bei diesem Anlassen?

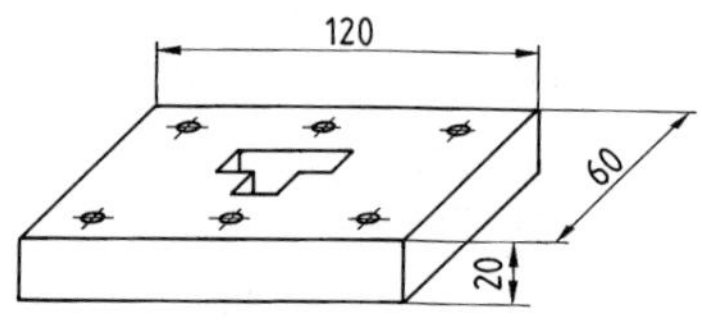

WT-30 **a)** Bei welcher Temperatur ist eine Welle aus C 60 (Stahl mit 0,6 % C) zu vergüten, damit 900 N/mm² Zugfestigkeit erreicht werden?
b) Ein Schalthebel aus C 35 soll entsprechend der Glühanweisung bei 500 °C vergütet werden. Welche Zugfestigkeit ist zu erwarten?
c) Um wie viel % ist die Zugfestigkeit eines C 45 wahrscheinlich abgefallen, wenn er statt bei 450 °C versehentlich bei 500 °C angelassen wurde?

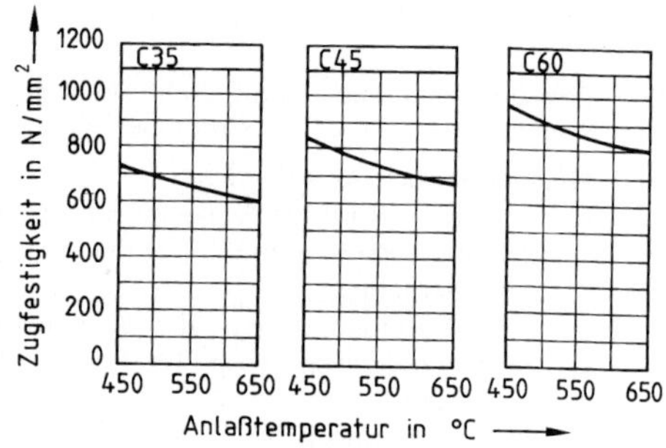

Vergütungsschaubilder

WT-31 Welche Vorteile bietet das Randschichthärten von Werkstücken gegenüber dem Durchhärten?

WT-32 Vergleichen Sie die Randschichthärteverfahren Flammhärten und Induktionshärten hinsichtlich

- Anlagekosten,
- Einhärtetiefe und
- möglichen Formen der zu härtenden Werkstücke.

	Flammhärten	Induktionshärten
Anlagekosten	?	?
Einhärtetiefe	?	?
Form der zu härtenden Werkstücke	?	?

Zeichnen Sie dazu obenstehende Tabelle ab, und ergänzen Sie diese, indem Sie aus den vorgegebenen Aussagen entsprechend einsetzen:
hoch, niedrig, beliebig, mindestens 1 mm, ab etwa 0,1 mm, gleichmäßig, ungleichmäßig, abhängig von der Form der Spule.

WT-33 Stäbe aus C 20 für Sicherheitsgitter werden einsatzgehärtet.

a) Bestimmen Sie die Einsatztemperatur.
b) Der Stahl soll in der Randschicht 0,6 % C erreichen.
Bestimmen Sie den notwendigen CO-Gehalt der Glühatmosphäre.
c) Von welcher Temperatur soll abgeschreckt werden?

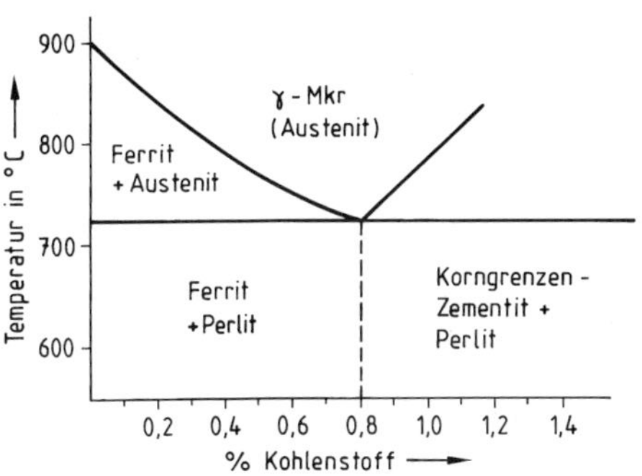

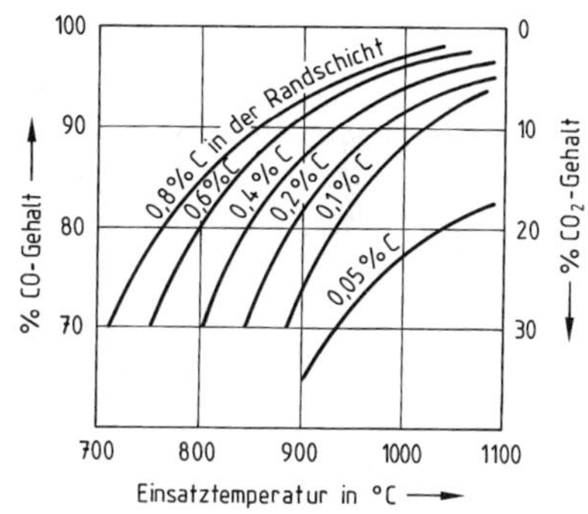

WT-34 **a)** Mit welchen Legierungselementen sind in der Regel Nitrierstähle legiert?
b) Wodurch entsteht die hohe Härte beim Nitrieren?
c) Nennen Sie Vor- und Nachteile des Randschichthärtens durch Nitrieren gegenüber dem Abschreckhärten.

WT-35 Motorengehäuse und Werkzeugmaschinenständer werden meist aus Gusseisen mit Lamellengraphit gegossen.

a) Welche Eigenschaften des Gusseisens mit Lamellengraphit begünstigen die Herstellung dieser Bauteile durch Gießen?
b) Welchen Einfluss haben die Graphitlamellen im Gusseisen auf die fertigen Motoren und Werkzeugmaschinen?

WT-36 Worin unterscheiden sich Gusseisen mit Lamellengraphit und Gusseisen mit Kugelgraphit hinsichtlich

- Gefügeaufbau,
- Zugfestigkeit,
- Dehnbarkeit?

3 Sinterwerkstoffe

WT-37 Entwerfen Sie in groben Zügen ein Presswerkzeug zur Fertigung des skizzierten Werkstückes aus Sintereisen.

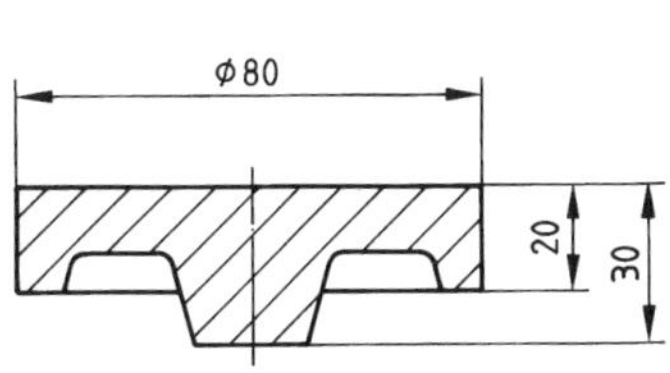

WT-38 Geben Sie jeweils den Grund für die Fertigung der folgenden Bauteile durch Sintern an:

a) Schneidplatte aus Hartmetall,
b) Lagerbuchse für einen Plattenspielermotor,
c) Filter aus Messing für das Filtern von Lösungsmitteln,
d) Zahnräder für einen Handrasenmäher.

WT-39 Das skizzierte grobporige Filter aus gesinterter Bronze ist im Durchmesser *d* zu groß. Es müssen 3 mm abgedreht werden. Planen Sie diese Arbeit und begründen Sie die von Ihnen beabsichtigten Maßnahmen.

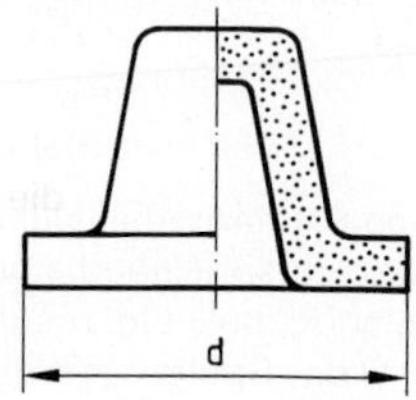

WT-40 Schlüsseln Sie folgende Normbezeichnungen für Sinterteile auf:

a) SINT-B 20 isostatisch gepresst
b) SINT-G 40
c) SINT-D 10 sintergeschmiedet

WT-41 **a)** Unterscheiden Sie tabellarisch Hartmetalle HW und HTC.
b) Welche Auswirkungen hat ein höherer Co-Anteil auf die Biegefestigkeit von Hartmetall-Wendeschneidplatten?

WT-42 Wählen Sie ein Hartmetall zum Zerspanen von Gehäusen aus Stahlguss GS-X6 CrNiMo 18-10 aus. Es soll wegen teilweise unterbrochenem Schnitt besonders zäh sein.

WT-43 Ein Pumpenkolben aus Al_2O_3 hat einen Durchmesser von 29,887 mm. Der Kolben bewegt sich in einem Stahlzylinder mit 30,008 mm Innendurchmesser. Die Maße wurden bei 20 °C gemessen. Berechnen Sie das Spiel für eine Betriebstemperatur von 80 °C (α_{Stahl} = 0,000 012 1/K).

WT-44 An der Einführung des Metallstreifens in ein Werkzeug entsteht starker Verschleiß. Der Verschleiß soll durch Einsetzen einer Keramikleiste vermindert werden.
Planen Sie die Durchführung dieses Auftrages.

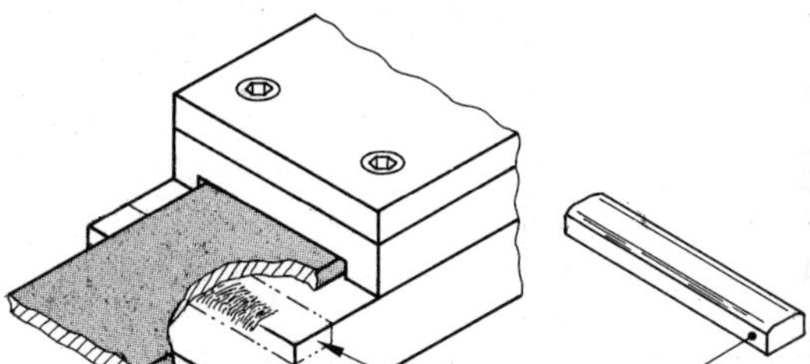

4 Verbundwerkstoffe

WT-45 Übernehmen Sie die Tabelle und geben Sie die Art des Verbundwerkstoffs an.

Bauteile	Art des Verbundwerkstoffes
Stahlbeton	?
Verbundglasscheibe	?
Drahtglas	?
Sinterlager	?
Angelrute	?
Schleifscheibe	?

VT-46 In Stahlgürtelreifen sind Stahldrähte in Gummi eingebettet.

a) Um welche Art von Verbundwerkstoff handelt es sich hier?

b) Ist die Kombination von Stahldraht und Gummi für einen Verbundwerkstoff ideal? Begründen Sie Ihre Antwort.

5 Korrosion und Korrosionsschutz

WT-47 Auspuffanlagen an Kraftfahrzeugen korrodieren sehr leicht von innen.

a) Wie bezeichnet man diese Art der Korrosion?

b) Welche Maßnahmen werden ergriffen, um die Korrosion in Auspuffanlagen zu verringern?

WT-48 Übernehmen Sie die nebenstehende Abbildung eines galvanischen Elementes aus Stahl und Messing.

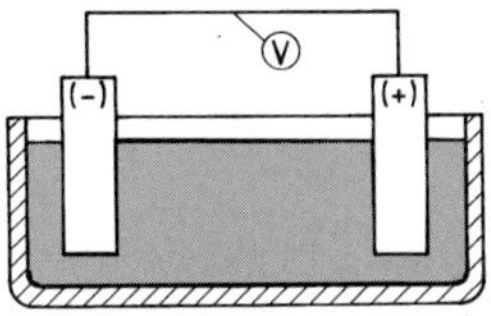

a) Kennzeichnen Sie die Stahl- und die Messingplatte.

b) Welche Spannung würde sich etwa ergeben, wenn dieses Element unter den Bedingungen der Spanungsreihe betrieben wird?

WT-49 Vor einiger Zeit erzählte mein Freund folgende Geschichte:
An einer Elektrostation beobachtete er zwei Männer, die einen Magnesiumstab neben einer Erdungsschiene eingruben. Er fragte die Männer, was sie dort vergrüben. Auf ihre Antwort hin, dies sei eine Opferanode, habe er zunächst gelacht. An okkultistische Handlungen mochte er nicht glauben. Da fielen ihm plötzlich Korrosion und Korrosionsstromkreis ein und er stellte fest, dass die Bezeichnung Opferanode treffend gewählt war.

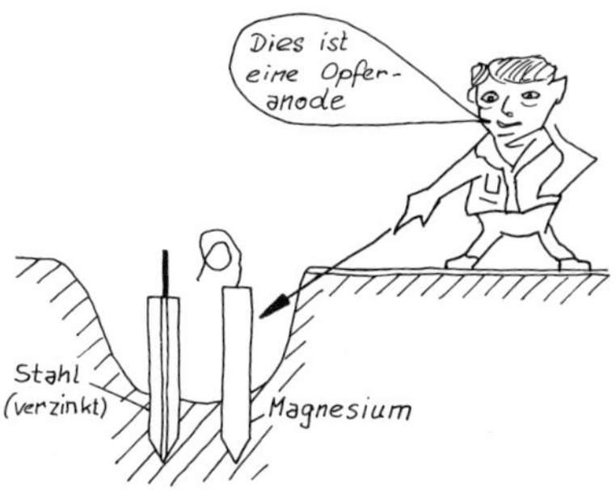

Vollziehen Sie die Überlegungen meines Freundes nach. Überlegen Sie auch, was mit dem Draht geschehen muss, der an der Opferanode befestigt ist.

6 Kunststoffe

WT-50 Die folgenden Abbildungen zeigen zwei Handbandschleifmaschinen. Ein Modell hat ein Aluminiumgehäuse, das andere ein Gehäuse aus Kunststoff.

Maschine mit Kunststoffgehäuse **Maschine mit Aluminiumgehäuse**

a) Vergleichen Sie beide Gehäuse hinsichtlich Gewicht, elektrischer Isolierfähigkeit und mechanischer Festigkeit.

b) Welche Maschine würden Sie bei häufigem Arbeiten im Freien – auch im Winter – vorziehen? Geben Sie eine kurze Begründung.

c) Worin unterscheiden sich die beiden Werkstoffe in ihrem inneren Aufbau?

WT-51 Teflon® ist ein bekannter Handelsname für einen Beschichtungsstoff aus Polytetrafluorethylen.
Das Monomer ist das Tetrafluorethen.
Berichten Sie über die Polymerisation des Monomers zum Kunststoff mit Hilfe chemischer Formeln entsprechend dem Beispiel im Lehrbuch.
Verwenden Sie zur Darstellung des Vorgangs fünf Monomere.

Tetrafluorethen

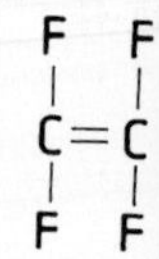

WT-52 Eine große Maschine muss abgedeckt werden. Die zu verwendende Plane besteht aus 0,4 mm dickem Polyehtylen.

a) Berichten Sie über den inneren Aufbau dieses Kunststoffes.

b) Die Plane ist zu kurz, um die Maschine zu überdecken. Es müssen zwei Teile zusammengefügt werden. Schlagen Sie ein geeignetes Fügeverfahren vor.

c) Ein Mitarbeiter sagt: „Das Verbrennen von Resten dieser Folie ergibt bestimmt giftige Gase." Ein anderer entgegnet, das könne nicht stimmen, weil dieser Kunststoff nur aus Wasserstoff und Kohlenstoff besteht. Äußern Sie sich zu den Meinungen.

WT-53 PVC-Abfälle werden von Müllverbrennungsanlagen nicht übernommen, weil bei der Verbrennung eine Säure entsteht, welche die Ausmauerung der Kamine zerstören kann.

a) Aus welchen Elementen ist PVC aufgebaut?

b) Welche Säure kann bei der Verbrennung entstehen? Schreiben Sie die Formel und die Bezeichnung.

WT-54 Aus PVC-Plattenmaterial mit 5 mm und 10 mm Dicke soll ein Lüftungskasten entsprechend nebenstehender Skizze hergestellt werden.
Bei der Herstellung soll möglichst wenig geschweißt werden und der Materialverbrauch soll ebenfalls gering sein.
Beschreiben Sie den Ablauf der Fertigung und geben Sie die Maße für den Zuschnitt der Teile an.

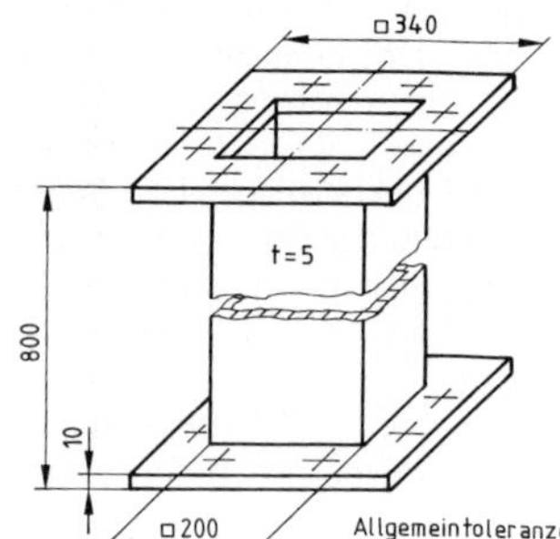

WT-55 Untersuchen Sie den Werkstoff eines Jogurtbechers.

a) Machen Sie zunächst die Brennprobe und identifizieren Sie den Kunststoff.

b) Im Maschinenbau wird dieser Kunststoff in reiner Form zur Herstellung von Gehäusen u. Ä. nicht genutzt. Begründen Sie diese Tatsache nach näherer Untersuchung der Eigenschaften des Materials.

c) Nennen Sie einen weiteren Kunststoff, an dem das Monomere, aus dem der Kunststoff des Jogurtbechers entstand, ebenfalls beteiligt ist, und der zu konstruktiven Zwecken eingesetzt wird.

WT-56 Ein Polyamid wird aus folgenden Monomeren gebildet:

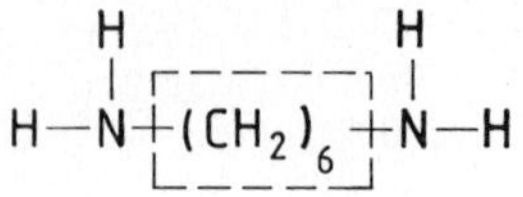

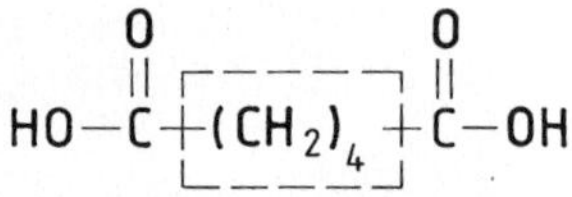

Schreiben Sie die Formeln jeweils so hintereinander, wie die Moleküle zu einem Polyamid reagieren.
Kreisen Sie die Teile des Moleküls farbig ein, die bei der Polykondensation Wasser bilden.
Schreiben Sie darunter das entsprechende Stück des Polymeren.

WT-57 Schreiben Sie eine Anleitung zur Herstellung einer Wanne aus glasfaserverstärktem Kunststoff (GFK-UP). Benutzen Sie bei Ihrer Beschreibung die folgenden Stichworte:
Form, Trennmittel, eingefärbtes Polyesterharz, Glasmatte, Polyesterharz, Aushärtung, Trennen.

WT-58 Die skizzierte Zuglasche aus PA6 muss bei einer Temperatur von maximal 40 °C eine Zugkraft von 4 kN aufnehmen.

Die Lasche soll einen Stahlbolzen von 16 mm Durchmesser erhalten.

a) Berechnen Sie die erforderliche Dicke *h* der Lasche. Sie richtet sich nach der zulässigen Flächenpressung für diesen Werkstoff.
Im folgenden Diagramm kann die zulässige Flächenpressung p_{zul} abgelesen werden.

b) Berechnen Sie das Maß *b*. Die zulässige Zugspannung beträgt 60 N/mm².

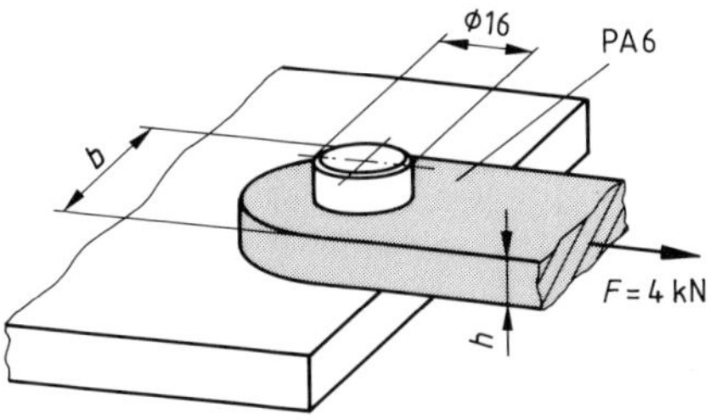

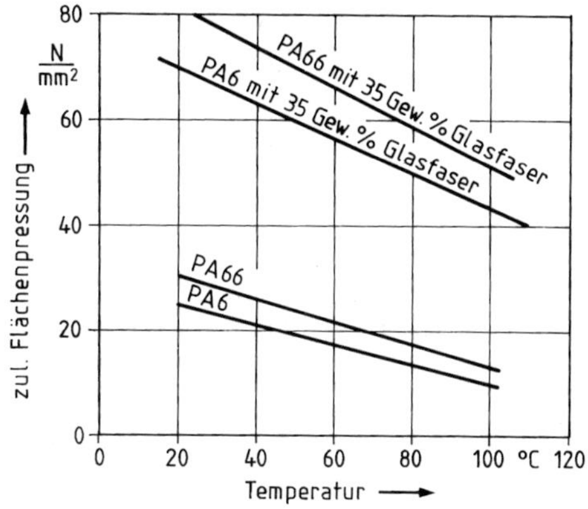

WT-59 Die Käfige von Wälzlagern werden häufig aus Polyurethanen hergestellt.

a) Welche Aufgaben hat der Käfig und welche Anforderungen ergeben sich daraus an den Werkstoff?

b) Welcher Werkstoff außer PUR kann die gestellten Bedingungen ebenfalls erfüllen?

WT-60 Polyurethan- und auch Epoxidharze kann man als Lacke oder Kleber beliebig dick auftragen. Sie härten immer durch.
Geben Sie eine Begründung für dieses Verhalten.

WT-61 Untersuchen Sie folgende Bauteile auf die Art des vorliegenden Kunststoffes:

a) einen Abschnitt der Folie einer Plastiktüte,

b) ein Stück eines Mauerdübels,

c) einen Abschnitt eines Yoghurtbechers und

d) die Isolierung eines Elektrokabels.

7 Schmierstoffe

WT-62 **a)** Welche Aufgabe hat das Öl in Getrieben zu übernehmen?

b) Warum ist Wasser zum Schmieren der metallischen Bauelemente, die aufeinander gleiten, ungeeignet?

WT-63 Wie wirkt sich eine Erhöhung der Viskosität des Schmieröles in einer Zentralschmieranlage auf folgende Größen aus:

- auf die Schmierfilmdicke, die sich auf Führungen bilden kann,
- auf die Reibungsverluste in Lagern,
- auf Verluste im Leitungssystem,
- auf den Energiebedarf der Schmierölpumpe?

WT-64 **a)** Schreiben Sie einen Bericht über den Einfluss der Temperatur auf die Fließeigenschaft von Ölen und ihre Neigung, brennbare Gase zu bilden. Verwenden Sie in Ihrem Bericht Fachausdrücke.

b) Warum ist das Luftabscheidevermögen bei Hydraulikölen eine wichtige Größe?

c) In Zentralschmieranlagen verwendet man hauptsächlich Stahlrohre als Werkstoff für festverlegte Leitungen.
Begründen Sie die Werkstoffwahl.

WT-65 **a)** Was unterscheidet synthetische Öle von Mineralölen?

b) Die Lager in der Fördereinrichtung einer Einbrennanlage wurden bisher mit Mineralöl geschmiert. Die Betriebstemperatur der Anlage soll bei einer Produktionsumstellung auf 160 °C erhöht werden. Was ist bei der Umstellung auf die höhere Betriebstemperatur hinsichtlich der Umstellung der Schmierung zu beachten?

WT-66 Neben den kalkverseiften und natronverseiften Schmierfetten gibt es auch lithiumverseifte Fette. Diese lithiumverseiften Schmierfette besitzen die guten Eigenschaften sowohl von den kalkverseiften als auch von den natronverseiften Fetten.
Geben Sie die Eigenschaften der lithiumverseiften Fette an.

WT-67 Das Getriebe eines Stellantriebes (i = 150 : 1) für einen Lufteinlass ist ständig der Witterung ausgesetzt. Der Motor hat eine Leistung von 20 W. Das Getriebe wird fettgeschmiert.
Welches Fett schlagen Sie für die Getriebeschmierung vor?

8 Werkstoffprüfung

WT-68 Die folgenden Diagramme sind Kraft-Verlängerungs-Schaubilder zweier verschiedener Stähle. Beide Probestäbe hatten einen Durchmesser d_o = 10 mm und eine Anfangsmesslänge von L_0 = 50 mm.

a) Ermitteln Sie für die Probe II die Streckgrenze R_{eH}.

b) Berechnen Sie die Zugfestigkeit R_m der Proben I und II.

c) Zeichnen Sie die folgende Tabelle ab und tragen Sie die ermittelten Ergebnisse ein.

	Probe I	Probe II
Streckgrenze R_{eH} in N/mm²	–	?
Zugfestigkeit R_m in N/mm²	?	?

d) Welcher Werkstoff ist für eine Umformung, z. B. durch Biegen, besser geeignet? Begründen Sie Ihre Antwort.

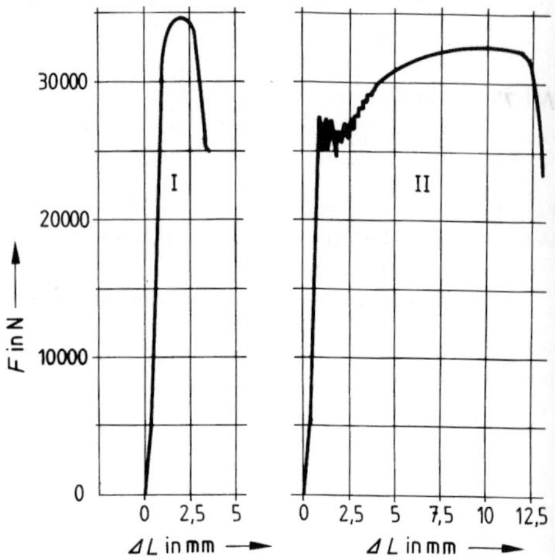

WT-69 Bei einem Zugversuch an einer Probe mit einem Anfangsquerschnitt von 50 mm² zeigt der Kraftmesser im Augenblick eine Kraft von 18 140 N an. Die Probe hatte eine Anfangsmesslänge von 40 mm. Im Augenblick zeigt das Längenmessgerät eine Länge von 46,5 mm an.

a) Berechnen Sie die im Augenblick auftretende Spannung.

b) Berechnen Sie die zur Zeit auftretende Dehnung.

WT-70 Ein Zugversuch wurde an einer Probe von d_o = 8 mm und einer Anfangsmesslänge von L_o = 40 mm durchgeführt.

Die Messergebnisse betrugen: Höchstkraft: F_m = 22 142 N,
Kraft an der Streckgrenze: F_S = 13 218 N,
Länge nach Bruch: L_u = 45,8 mm.

Werten Sie den Zugversuch aus. Berechnen Sie

a) Streckgrenze, **b)** Zugfestigkeit, **c)** Bruchdehnung.

WT-71 Bei einem Brinellversuch an einem Pumpengehäuse aus EN-AC-CuAl 10 Ni mit einer Prüfkraft von 10 000 N bei 10 mm Prüfkugeldurchmesser ergab sich ein Eindruckdurchmesser von 3,35 mm. Die Prüfdauer betrug 10 Sekunden. Berechnen Sie die Härte.

WT-72 Bei der Brinellhärteprüfung eines Stahles mit einer Hartmetallkugel von $D = 5$ mm ergab sich folgender Eindruck:

a) Berechnen Sie die Brinellhärte.

b) Welche Zugfestigkeit wird der Stahl annähernd haben?

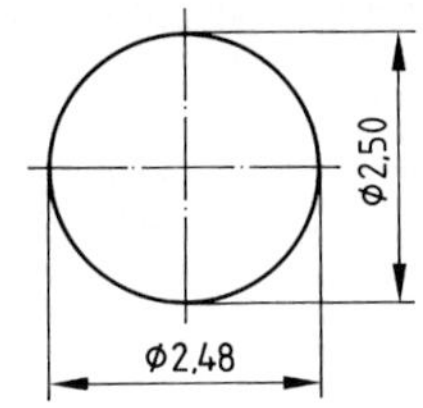

WT-73 **a)** Bei einem 37 Mn Si 5 wurde nach einer Belastung mit einer Prüfkraft von 294,2 N folgender Eindruck ausgemessen:
Berechnen Sie die Vickershärte.

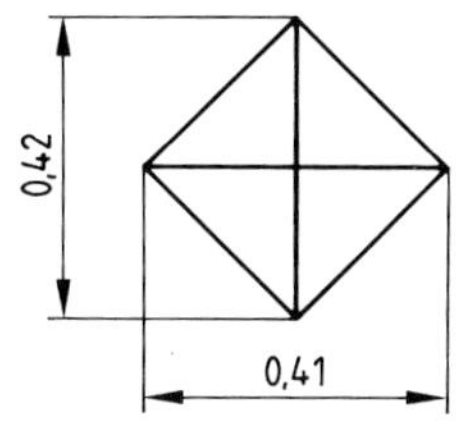

b) Gusseisen darf nicht mit der Vickers-Härteprüfung geprüft werden. Begründen Sie diese Forderung.

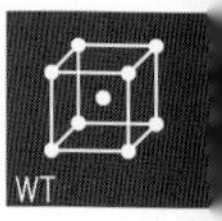

WT-74 **a)** Nennen Sie die Bedeutung des Kerbschlag-Biegeversuchs.

b) Welcher Kennwert eines Werkstoffes wird im Kerbschlag-Biegeversuch ermittelt?

WT-75 Für Behälter zum Transport tiefgekühlter, verflüssigter Gase sucht man geeignete Stähle. Sollte der Steilabfall für den Werkstoff bei hoher oder bei sehr tiefer Temperatur liegen?

WT-76 Das Diagramm zeigt die Mindesttiefung, die Feinbleche aus dem zu prüfenden Werkstoff aufweisen müssen.
Im Werkstofflabor wurde ein 1 mm starkes Blech im Tiefungsversuch geprüft. Es wurde eine Tiefe von 10,8 mm gemessen.

a) Welchen Mindestwert der Tiefung müsste das Blech nach DIN EN 10131 erreichen?

b) Genügt das Blech hinsichtlich seiner Tiefung den Normanforderungen?

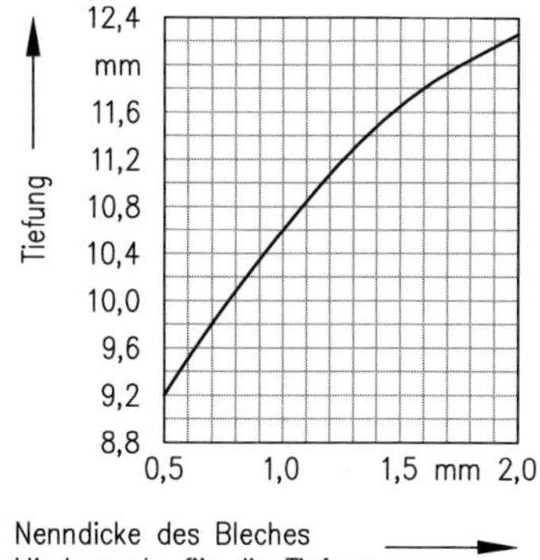

Mindeswerte für die Tiefung

WT-77 Das nebenstehende Bild zeigt die Röntgenaufnahme einer fehlerhaft geschweißten X-Naht.

a) Warum erscheint die Schweißnaht auf dem Film heller als das Blech?

b) Welchen typischen Schweißfehler erkennen Sie?

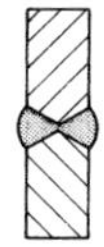

Schnitt durch die Schweißstelle

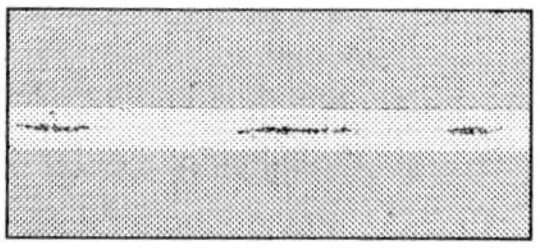

Film

WT-78 Schreiben Sie aus der folgenden Aufstellung diejenigen Fehler heraus, die mit Kapillar-Verfahren sichtbar gemacht werden können:

a) Lunker im Innern eines Maschinenständers

b) Oberflächenriss an einem Zahnrad

c) Flockenriss im Innern einer Schwungscheibe aus Stahlguss

d) Mikrolunker an einem Gussgehäuse, die mit der Oberfläche in Verbindung stehen

e) Riss in einer Schweißnaht

WT-79 Blattfedern aus Stahl wurden im oberen Teil mit Kunststoff beschichtet.
Bei einigen wurden im Gebrauch Anrisse im Bereich der Ausklinkung festgestellt. Nun sollen alle mit einfachen Mitteln untersucht werden.
Machen Sie einen detaillierten Vorschlag.

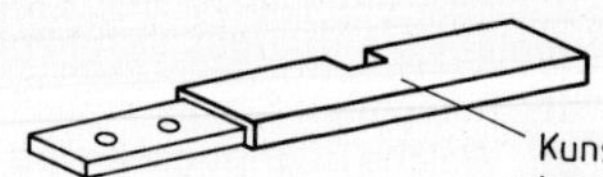

WT-80 Ein Stranggussbarren wird mit Ultraschall geprüft. Welches Bild erscheint in der dargestellten Stellung des Prüfkopfes auf dem Bildschirm?
Skizzieren Sie sich das Schirmbild vergrößert auf.

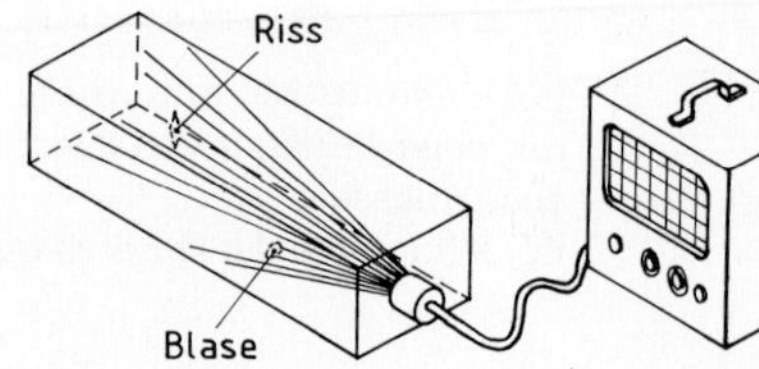

WT-81 Vergleichen Sie die unterschiedlichen zerstörungsfreien Prüfverfahren.
Zeichnen Sie dazu das folgende Schema ab.
Tragen Sie durch Ankreuzen ein, welche Fehler mit dem jeweiligen Verfahren geprüft werden können.

	Röntgen-Verfahren	Kapillar-Verfahren	Ultraschall-Verfahren	Magnetpulverprüf-Verfahren
Lunker in Stranggussbarren	?	?	?	?
Härteriss in einem oberflächengehärteten Bolzen	?	?	?	?
Schlacke in einer Schweißnaht	?	?	?	?
Riss in einem Aluminiumgussstück an der Oberfläche	?	?	?	?
Risse in gegossenen Anhängerkupplungen aus GJS	?	?	?	?

WT-82 Bestimmen Sie für folgende fünf Fälle einer schwingenden Beanspruchung die fehlenden Werte. Übertragen Sie dazu die Tabelle und tragen Sie die Werte ein.

Nr.	Mittelspannung N/mm²	Spannungsausschlag N/mm²	Oberspannung N/mm²	Unterspannung N/mm²
1	100	40	?	?
2	80	?	140	?
3	?	30	180	?
4	?	60	– 40	?
5	20	?	?	– 100

WT-83 Erstellen Sie die Wöhlerkurve aus folgenden Versuchsergebnissen zur Ermittlung eines Dauerfestigkeitswertes von PVC. Geben Sie den Dauerfestigkeitswert an.

σ_m = 7 N/mm²	relative Luftfeuchtigkeit: 60 % · Temperatur: 20 °C · Schwingfrequenz 10 Hz	
Spannungsausschlag σ_A (N/mm²)	Lastspielzahl bis zum Bruch	Bemerkung
40	5 126	
30	10 244	
20	61 088	
17,5	410 348	
15	kein Bruch	Versuch nach 10^7 Schwingungen abgebrochen
12,5	kein Bruch	

Maschinen- und Gerätetechnik MT-1 bis MT-93

1 Festigkeitsberechnungen von Bauelementen

MT-1 Ein Gelenklager ist an der Decke befestigt. Die Stange wird auf Zug und Druck beansprucht. Geben Sie die Beanspruchungs- und Belastungsarten an für

a) Bolzen
b) Schraubenschaft
c) Schraubenkopf

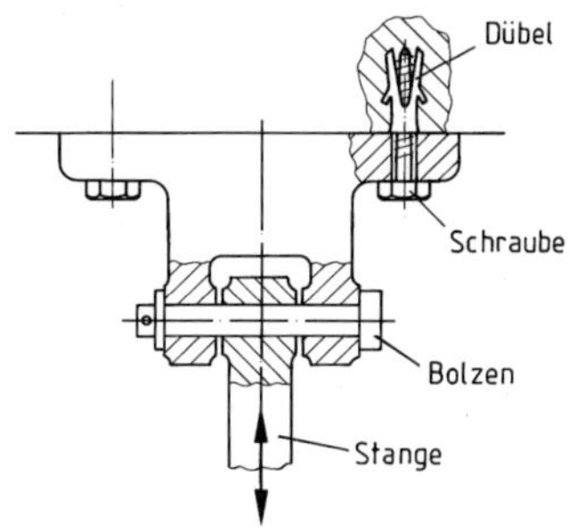

MT-2 Berechnen Sie die fehlenden Werte für folgende Zugstäbe.

	a) Rundstab	**b)** Winkelprofil	**c)** Vierkantstab
Maße	Ø ? mm	L 45 x 30 x 5 mm	▭ ? x 12 mm
F_{max}	65 kN	45 kN	64,7 kN
σ_{zzul}	63,4 N/mm²	?	180 N/mm²

MT-3 Welche Zugkraft kann eine Gliederkette aus E 295 (St 50) aufnehmen, wenn die Glieder der Kette aus Rundmaterial mit 5 mm Durchmesser gefertigt sind?

MT-4 Ein 5 m hoher Mast wird mit einem Seil unter 30° abgespannt.
Berechnen Sie den tragenden Querschnitt des Seiles, wenn die zulässige Spannung des Werkstoffes 320 N/mm² beträgt.

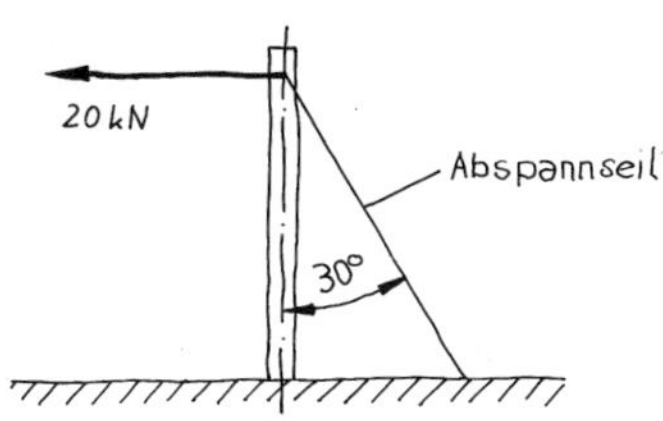

MT-5 Berechnen Sie die zulässige Druckkraft F_{zul} in N für die gegebenen Druckstäbe.

	a) Vierkantstab	**b)** Quadratstab	**c)** Rundstab
Maße	▭ 40 x 16 mm	□ 16 mm	Ø 25 mm
$\sigma_{d\ zul}$	110 N/mm²	85 N/mm²	75 N/mm²
F_{zul}	?	?	?

MT-6 Auf einen Hydraulikkolben von 60 mm Durchmesser wirkt ein Druck von 30 bar.

a) Welche Spannung tritt in der Kolbenstange auf, die einen Durchmesser von 25 mm hat?
b) Wie ändert sich die Spannung in der Kolbenstange, wenn der Zylinder doppelt wirkend ist und eine beidseitige Kolbenstange hat?

MT-7 Ein quadratischer Maschinenständer aus Grauguss soll eine Druckkraft von 250 kN auf den Hallenboden übertragen (p_{zul} = 12,5 N/mm²).
Berechnen Sie die Größe der Auflagefläche und die Kantenlänge des Maschinenständers.

MT-8 Ein Zapfen mit einem Durchmesser von 40 mm wird bis 125 kN beansprucht.
Auf welcher Länge muss der Zapfen aus S 235 (St 37) aufliegen, wenn dies der schwächste Werkstoff ist?

MT-9 Bestimmen Sie die Zahl der Schnitte und berechnen Sie den Bolzendurchmesser für τ_{zul} = 80 N/mm².

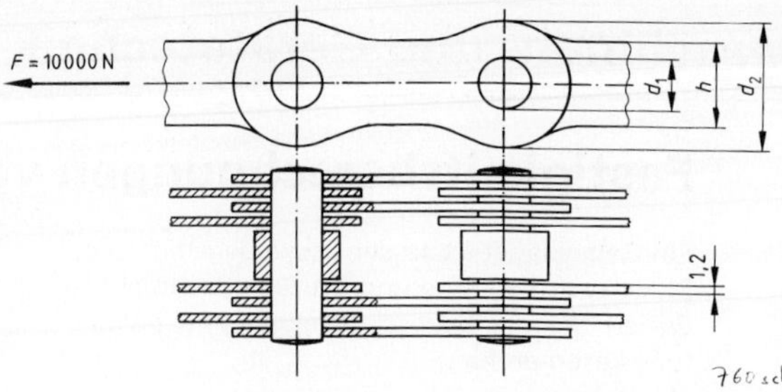

MT-10 Übernehmen Sie die folgende Tabelle, und ermitteln Sie die fehlenden Größen für eine Schraube ohne Vorlast.

F_B	Festigkeitsklasse	R_{eH}	ν	σ_{zzul}	S_s (berechnet)	Gewinde (gew.)
21 500 N	6.6	?	2	?	?	?

MT-11 Die Zugstangen eines Antennenmastes werden mit Spannschlössern gespannt. Die Schraubhaken sind aus S 235 (St 37) gefertigt.

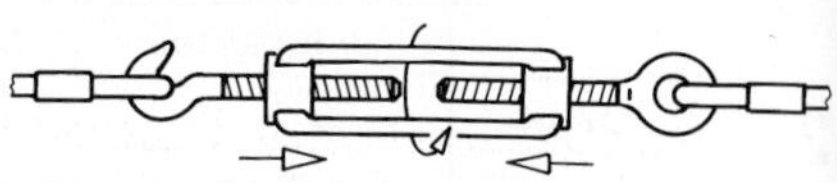

Berechnen Sie den Spannungsquerschnitt S_s der Schraubhaken, wenn von jedem Spannschloss maximal eine Spannkraft von 11 kN aufzunehmen ist, und wählen Sie das entsprechende Gewinde.

MT-12 Eine Handkurbel wird durch einen Zylinderstift drehsicher mit der Welle verbunden. Die entsprechenden Werte sind der Abbildung zu entnehmen.

a) Berechnen Sie die Scherkraft am Zylinderstift.

b) Welcher Stiftdurchmesser ist erforderlich, wenn die zulässige Scherspannung 130 N/mm² beträgt?

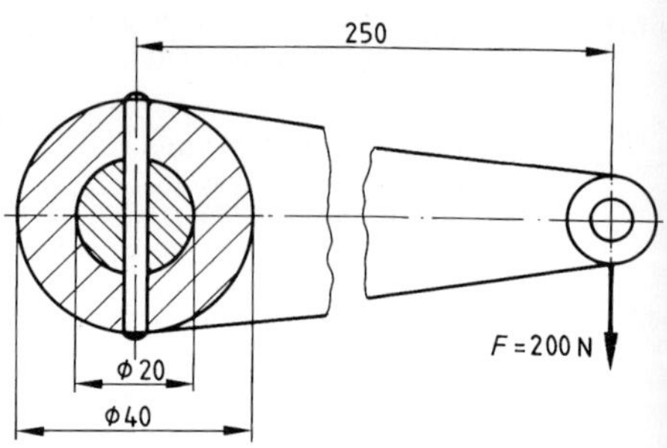

MT-13 In den beiden dargestellten Fällen dient jeweils ein Zylinderstift als Sicherungsstift.
Mit welcher Kraft F können jeweils die Baueinheiten maximal belastet werden, wenn die Zylinderstifte aus E 295 (St 50) sind?

a)

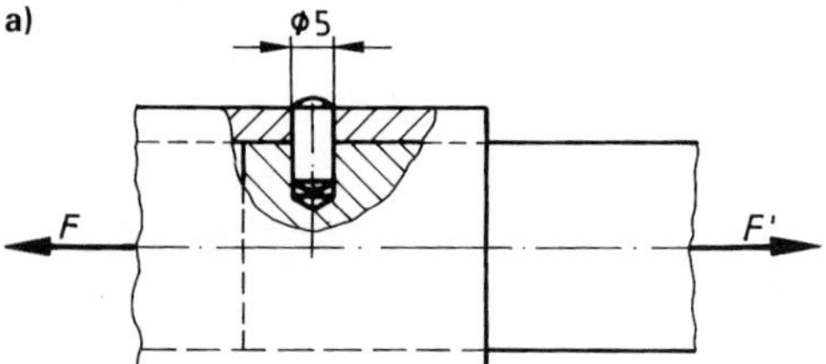

b)

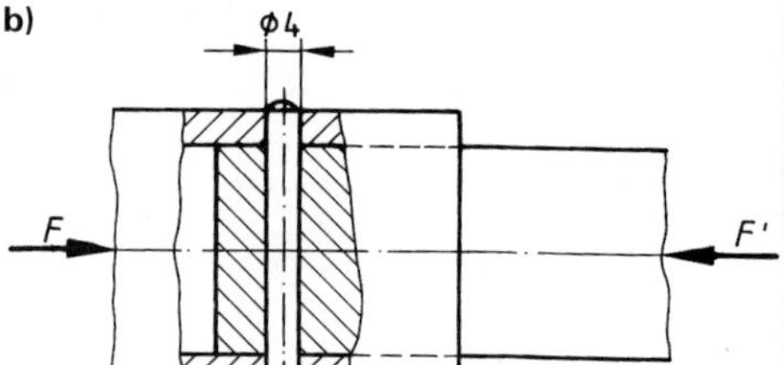

MT-14 Mit einer Welle aus E 335 (St 60) ∅ 28 mm, ist eine Riemenscheibe aus Stahlguss durch eine Passfeder aus E 295 (St 50) zu verbinden. Es soll ein Drehmoment von 50 Nm übertragen werden.

a) Welche Nabenbreite ist mindestens erforderlich?

b) Welche Abmessungen muss eine Passfeder Form B haben?

MT-15 Ein Zahnrad aus 25 CrMo 4, das auf einer Welle aus E 360 (St 70) verschoben werden kann, ist durch eine Passfeder mit der Welle verbunden.

a) Welches maximale Drehmoment lässt sich mit dieser Feder aus E 295 (St 50) übertragen?

b) Wie groß ist die Umfangkraft am Teilkreis des Zahnrades?

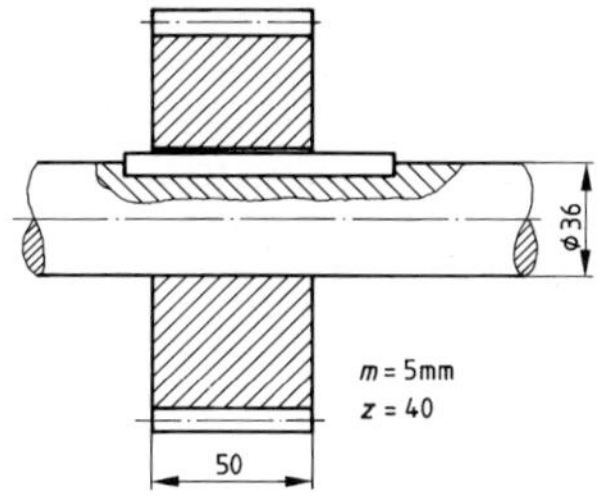

MT-16 30 mm breite Aluminiumbleche sollen durch Überlappung geklebt werden.
Berechnen Sie für eine Zugkraft von 1 800 N die erforderliche Überlappungslänge, wenn der Kleber eine zulässige Scherspannung von 8,5 N/mm² hat.

MT-17 Bei einer Weichlötung hat das Lot eine zulässige Scherspannung von 18 N/mm². Die Überlappungslänge beträgt 40 mm, die Breite 25 mm.
Welche Zugkraft kann die Lötstelle übertragen?

2 Elektrische Antriebstechnik

MT-18 **a)** Skizzieren Sie die Pole der Hufeisenmagnete mit den stromdurchflossenen Leitern ab. Tragen Sie die Feldlinien der sich überlagernden Felder und die zu erwartenden Bewegungsrichtungen ein.

b) Ziehen Sie aus Ihrer Skizze Schlüsse hinsichtlich der Schaltung zur Umkehrung der Drehrichtung bei Gleichstrommotoren.

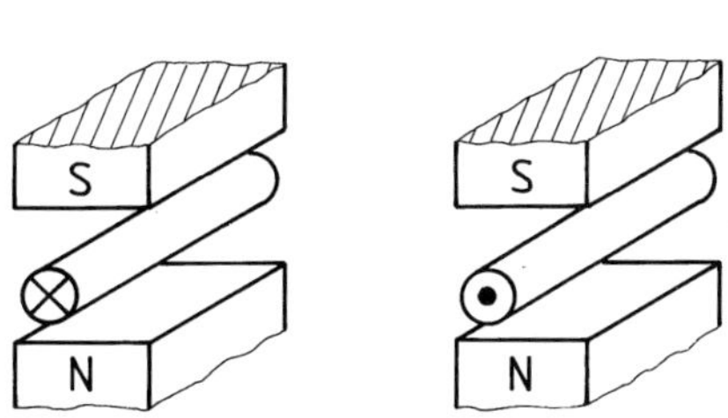

MT-19 Zeichnen Sie die Verbindung der Spannungsquelle mit dem Motor und dem Schalter in der richtigen Weise.
Skizzieren Sie dazu die Bauteile ab und ergänzen Sie die fehlenden Verbindungsleitungen.

Nebenschlussmotor

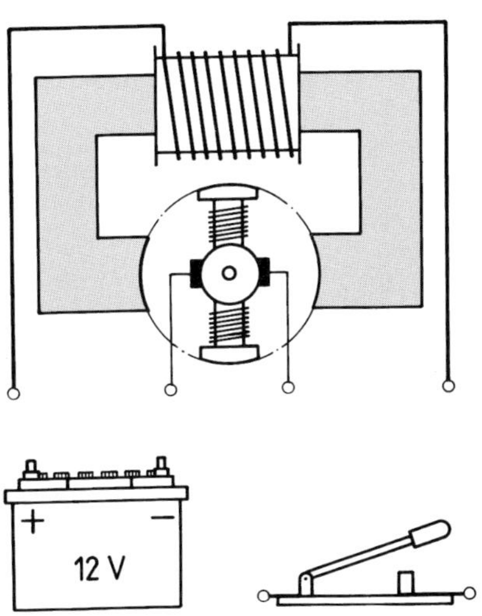

Reihenschlussmotor

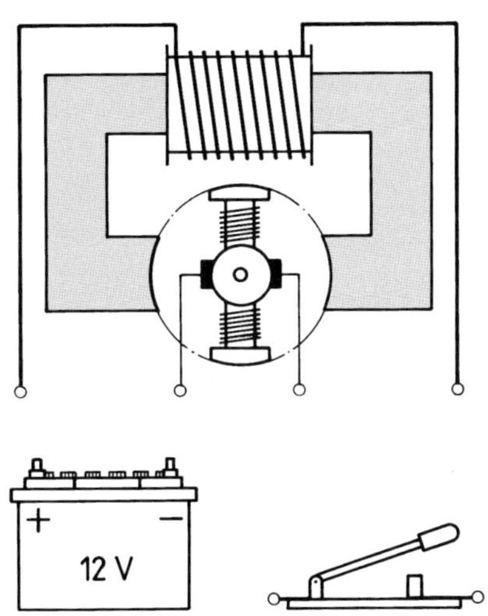

MT-20 Elektromotoren unterscheiden sich u. a. durch ihr Verhalten beim Anlaufen und bei Überlastung sowie ihre Eignung zur Drehzahländerung.
Beschreiben Sie folgende Merkmale des Synchronmotors:

a) das Verhalten beim Anlaufen,
b) das Verhalten bei Überlastung,
c) die Eignung zur Drehzahländerung.

MT-21 Eine Bohrmaschine und ein großer Schleifbock werden durch Asynchronmotoren angetrieben.
Die Bohrmaschine kann direkt eingeschaltet werden. Der Schleifbock hingegen muss in zwei Stufen eingeschaltet werden.

a) Was kann man aufgrund des einfachen Anlassens über die Leistung des Bohrmaschinenantriebs sagen?
b) Was geschieht beim zweistufigen Einschalten des Schleifbockmotors hinsichtlich der Schaltung der Ständerwicklungen des Motors?
c) Was wird geschehen, wenn man beim Einschalten des Schleifbocks sofort auf die zweite Stufe durchschaltet?

MT-22 **a)** Welche Drehrichtung sollte sich für einen Drehstrommotor ergeben, wenn er durch einen Stecker ans Netz angeschlossen wird?
b) Durch welche Schaltungsmaßnahme kann die Drehrichtung eines Drehstrommotors umgekehrt werden?
c) Darf ein Industriemechaniker im Betrieb eine Änderung der Verdrahtung zum Zweck der Drehrichtungsumkehr durchführen?

MT-23 Drehstrommotoren können auch mit Wechselstrom betrieben werden, sofern nur kleine Leistungen gefordert werden.
Finden Sie aus den Schaltplanbildern im Lehrbuch eine Regel heraus, nach welcher der zum Betrieb notwendige Kondensator zu schalten ist.

MT-24 Ein Schrittmotor macht 72 Winkelschritte bei einer vollen Umdrehung. Er ist mit einem Getriebe mit $i = 1:4$ verbunden.
Wie groß ist ein Winkelschritt am Ausgang des Getriebes in Grad?

3 Getriebetechnik

MT-25 Auf einer Motorwelle wurde ein Prisma mit einer Messuhr aufgespannt.

a) Beim Drehen der Getriebewelle zeigte die Messuhr einen geringen Ausschlag.
Welche Fehler liegen vor?
b) Beim Vorschieben der Messuhr in Längsrichtung zeigt die Messuhr in der Position 2 einen größeren Wert an als in Postition 1. Welcher Fehler liegt vor?

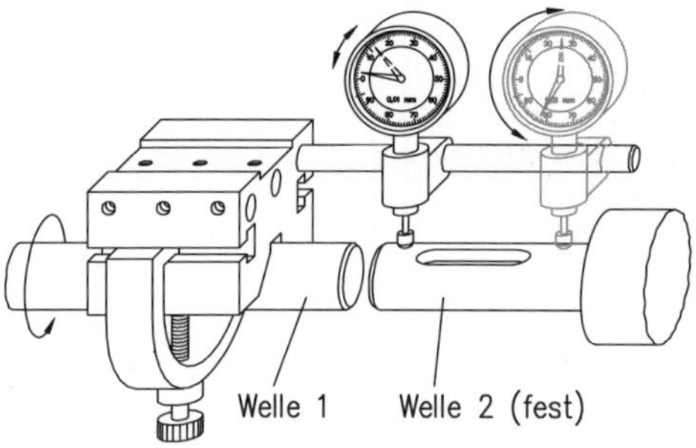

c) Mit welcher Art von Kupplung lassen sich diese Abweichungen der Drehachsen überbrücken?
d) Welche anderen Maßnahmen bei der Motormontage könnten einen Ausgleich bewirken?

MT-26 Bei einfachen Kegelkupplungen tritt im eingekuppelten Zustand eine Kraft in Achsrichtung auf.
Wie müßte eine Kegelkupplung gestaltet werden, damit diese Kraft entfällt?
Skizzieren Sie Ihren Vorschlag.

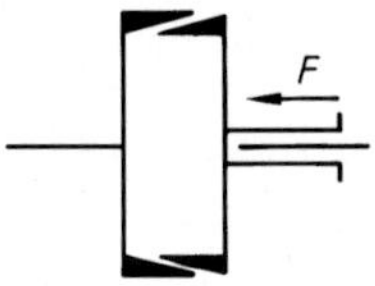

MT-27 Beschreiben Sie die Arbeitsweise der im Lehrbuch dargestellten, elektrisch geschalteten Lamellenkupplung.

MT-28 Beschreiben Sie die prinzipielle Funktion einer Überlastkupplung.

MT-29 Der Freilauf am Fahrrad ist eine richtungsbetätigte Schaltkupplung.
Erklären Sie, unter welchen Bedingungen der Freilauf einkuppelt und welche Bedingungen zum Auskuppeln führen.

MT-30 Berechnen Sie die fehlenden Werte in der Tabelle für Stirnröder.

	a)	b)	c)	d)	e)
p	?	?	?	?	?
m	2,5 mm	?	3 mm	?	?
d	?	240 mm	240 mm	?	?
d_a	?	?	?	?	260 mm
d_f	?	?	?	94 mm	?
h	?	?	?	?	?
h_a	?	?	?	?	3,25 mm
h_f	?	?	?	?	?
z	80	60	?	40	?

MT-31 Ein Zahnrad in einem Zahnradgetriebe muss ersetzt werden. Im Ersatzteillager findet sich ein Zahnrad, das zwar die gewünschte Zähnezahl hat, jedoch einen geringfügig abweichenden Modul.
Können Sie dieses Zahnrad einbauen? Begründen Sie Ihre Antwort.

MT-32 An einem beschädigten Zahnrad ließ sich lediglich die Zähnezahl mit 61 und der Kopfkreisdurchmesser mit 126 mm ermitteln,
Es sind die Größen d; p; m; d_f zu ermitteln.

MT-33 Bei einem Stirnradgetriebe ist ein beschädigtes Zahnrad auszuwechseln (Modul m = 0,8 mm). Der Teilkreisdurchmesser des unbeschädigten Zahnrades beträgt 37,6 mm. Das Übersetzungsverhältnis der beiden Räder beträgt 2,617 : 1. Das treibende Zahnrad ist beschädigt.
Berechnen Sie für das neue Zahnrad die Zähnezahl, die Teilung, den Kopfkreisdurchmesser und den Fußkreisdurchmesser.

MT-34 Zwei gradverzahnte Stirnräder mit dem Modul 8 mm und den Zähnezahlen 17 und 84 stehen im Eingriff.
Wie groß ist der Achsabstand der beiden Räder?

MT-35 Vergleichen Sie tabellarisch geradverzahnte und schräg verzahnte Stirnräder miteinander.

	geradverzahntes Stirnrad	schräg verzahntes Stirnrad
Wirkungsgrad	?	?
Kräfteverteilung in den Wellen	?	?
Laufruhe	?	?
Auswirkung geringer Fertigungsfehler	?	?
Eignung für hohe Drehzahlen	?	?

MT-36 Ein Planetengetriebe hat folgende Zähnezahlen:

- Hohlrad 109
- Sonnenrad 37
- Planetenrad 35

Das Hohlrad steht fest. Der Antrieb erfolgt über das Sonnenrad, der Abtrieb über den Planetenträger. Ermitteln Sie das Übersetzungsverhältnis.

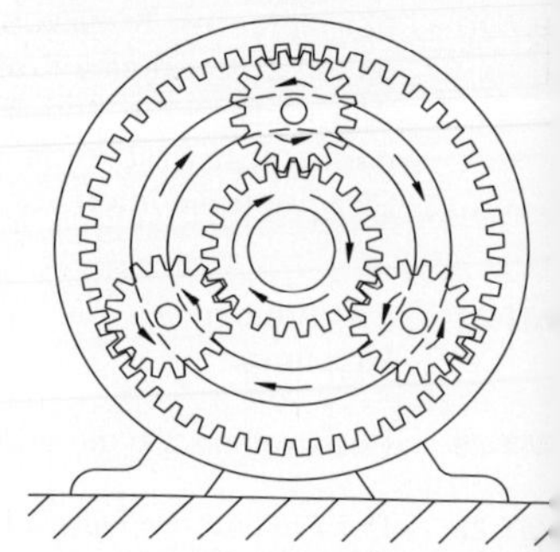

MT-37 Die Zeichnung zeigt den Querschnitt eines Harmonic-Drive Getriebes in einem Roboterarm.

a) Bennenen Sie die gekennzeichneten Bauteile.
b) Beschreiben Sie den Verlauf der Drehbewegung von Antrieb bis zum Abtrieb.

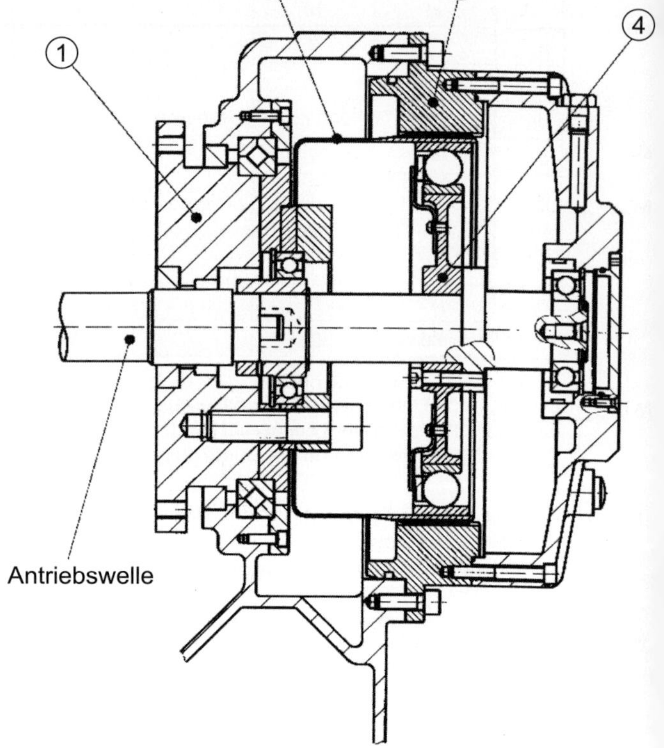

MT-38 Eine doppelte Zahnradübersetzung hat Räder mit $d_1 = 60$ mm, $d_2 = 150$ mm, $d_3 = 72$ mm, $d_4 = 288$ mm,

a) Errechnen Sie Einzelübersetzungen i_1 und i_2.
b) Bestimmen Sie Gesamtübersetzung i_{ges}.

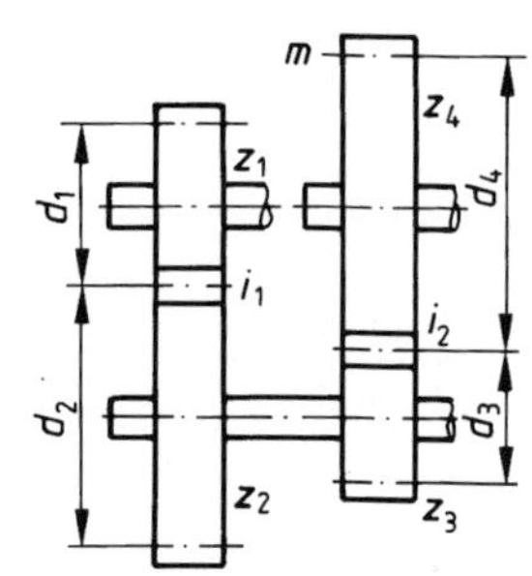

MT-39 Mit der dargestellten Winde wird eine Masse von 400 kg gehoben.

a) Berechnen Sie die Kraft F_1 am Umfang des großen Rades.

b) Welche Handkraft ist erforderlich?

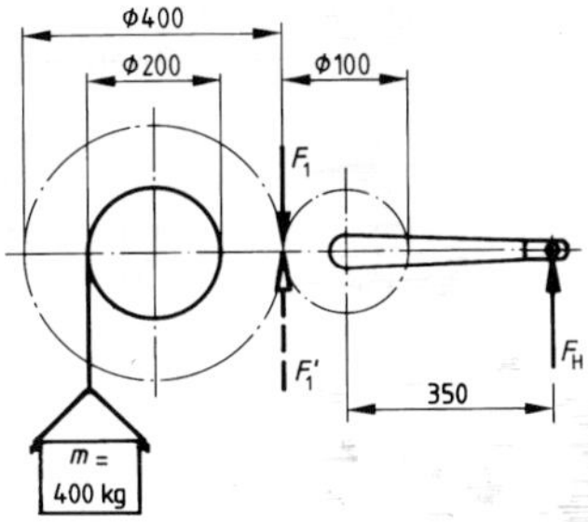

MT-40 An einer Drehmaschine wird ein Span mit der Schnittkraft von 2 200 N abgetrennt. Das Werkstück hat 80 mm Durchmesser. Die Umdrehungsfrequenz beträgt 1 000 1/min.

a) Welches Drehmoment entsteht am Werkstück?

b) Berechnen Sie die Leistung an der Spindel.

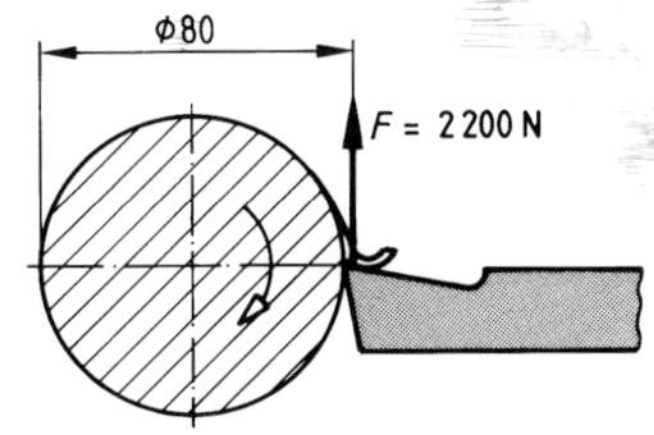

4 Montagetechnik

MT-41 Die Tätigkeiten zur Baugruppenmontage lassen sich in die Haupttätigkeiten Fügen, Prüfen, Handhaben und Sondertätigkeiten einteilen.
Übertragen Sie die Tabelle und ordnen Sie die folgenden Montagetätigkeiten richtig zu:

- Richten eines geschweißten Rohres
- Schraube, Mutter und Unterlegscheibe zusammenführen
- Wälzlager reinigen
- Rundlauf einer Welle prüfen
- Grundplatte aus einem Magazin entnehmen
- Einhängen einer Zugfeder
- Getriebe mit Öl füllen
- Arbeitsablauf einer pneumatischen Steuerung überwachen
- Spannen einer Zugstange
- Erwärmen eines Wälzlagers
- Nacharbeiten einer Passfeder
- Lagerschale einpressen

Haupttätigkeiten			Sondertätigkeiten
Fügen	Prüfen	Handhaben	

MT-42 An einem Getriebegehäuse soll ein Deckel befestigt werden. Es stehen Stift- oder Einziehschrauben zur Auswahl.

a) Geben Sie Gründe an, die für bzw. gegen diese Schrauben sprechen.
Für welche Schraube würden Sie sich entscheiden?

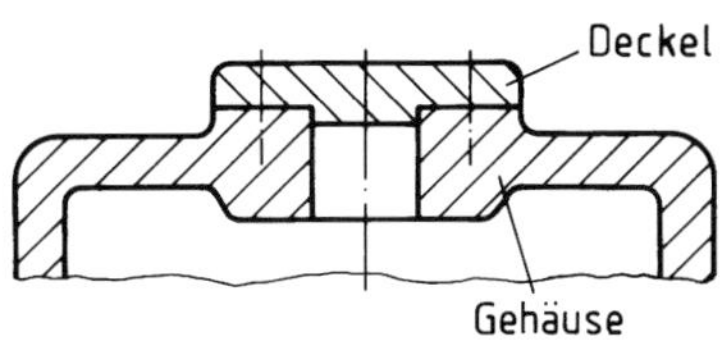

b) Schreiben Sie die notwendigen Arbeitsschritte zur Herstellung der von Ihnen gewählten Schraubenverbindung auf.

MT-43 Das Ende einer Druckleitung soll durch einen aufgeschraubten Deckel verschlossen werden.
Es wird über das Anziehen der Schrauben diskutiert. Einer schlägt Anziehen bis kurz vor die Streckgrenze der Schrauben vor, dann sei die Leitung dicht. Ein anderer schlägt vorsichtiges Anziehen vor, damit der Deckel eben gut anliegt, dann könnten die Schrauben unter Belastung auch nicht abreißen.
Was würden Sie vorschlagen? Begründen Sie Ihre Antwort.

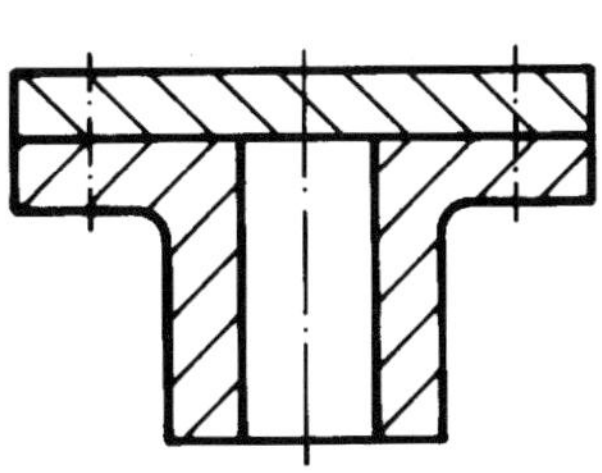

MT-44 **a)** Was versteht man unter dem „Setzen" einer Schraubenverbindung?
b) Durch welche Maßnahmen können Setzerscheinungen klein gehalten werden?

MT-45 Schwellend belastete Schraubenverbindungen, wie z. B. Verschraubungen von Zylinderköpfen an Verbrennungsmotoren, werden mit Dehnschrauben ausgeführt.
a) Skizzieren Sie eine Dehnschraube mit zwei Führungszylindern und kennzeichnen Sie die besonderen Merkmale einer Dehnschraube.
b) Warum sollten Dehnschrauben mindestens die Festigkeitsklasse 10.9 besitzen?

MT-46 Ein Druckbehälter mit 50 bar Innendruck wird durch einen Deckel verschlossen. Er ist mit 4 Schrauben M10 aus 8.8, 40 mm lang, befestigt.
a) Bestimmen Sie die Vorspannkraft für gering schwellende Belastung. Die Oberflächen sind geschlichtet.
b) Ermitteln Sie das Anzugsmoment für Schrauben mit einem Wirkungsgrad von 0,14 im Gewinde.

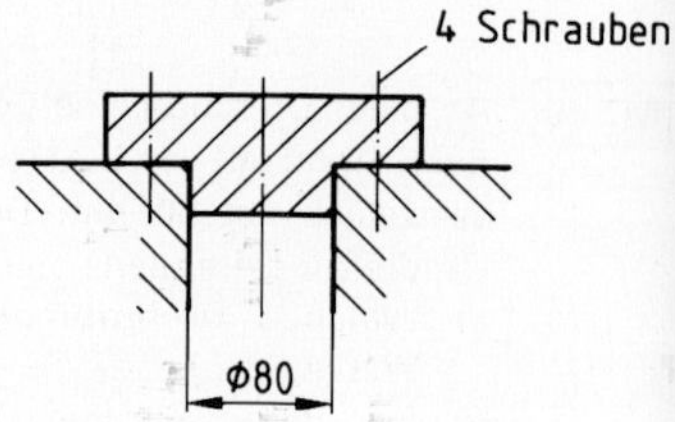

MT-47 Schraubenverbindungen können mit Hilfe von Drehmomentschlüsseln oder mit dem Winkelanzugsverfahren auf eine bestimmte Vorspannkraft angezogen werden.
Warum ist das Winkelanzugsverfahren genauer als das Anziehen mit einem Drehmomentschlüssel?

MT-48 Skizzieren Sie die Deckelverschraubung einer Zahnradpumpe ab.
a) Begründen Sie, warum zur Verschraubung des Deckels mit dem Pumpengehäuse kein Dichtungsmittel eingesetzt wird.
b) Legen Sie die Anziehfolge der Schrauben durch Eintragen von Zahlen fest.
c) Beschreiben Sie den Anziehvorgang.

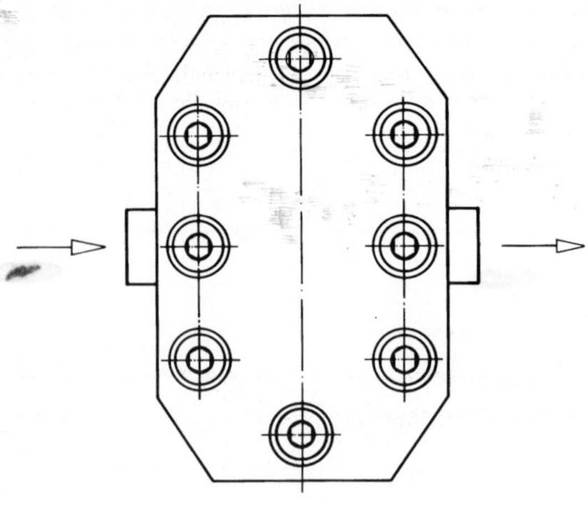

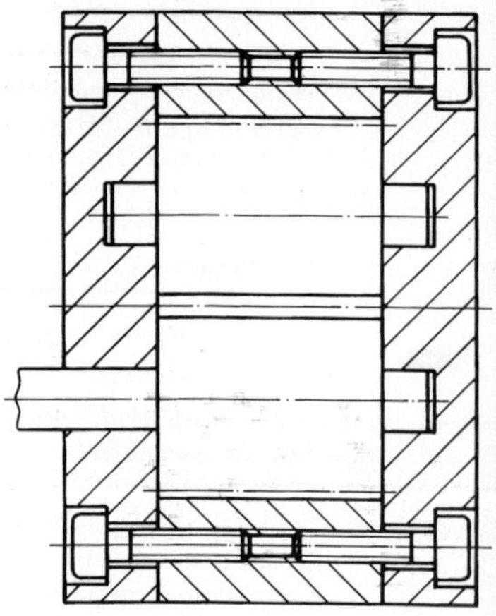

MT-49 Eine Welle aus E 335 (St 60) mit dem Durchmesser $d = 80$ mm wird über einen Riementrieb angetrieben. Die Riemenscheibe aus EN-GJL-250 ist zur einfacheren Montage geteilt. Die beiden Riemenscheibenhälften werden mit vier Schrauben verbunden. Berechnen Sie die Spannkraft, mit der jede Schraube mindestens angezogen werden muss, wenn am Riemen eine Kraft $F = 12\,000$ N angreift und der Riemenscheibendurchmesser 500 mm beträgt, $\mu = 0{,}20$.

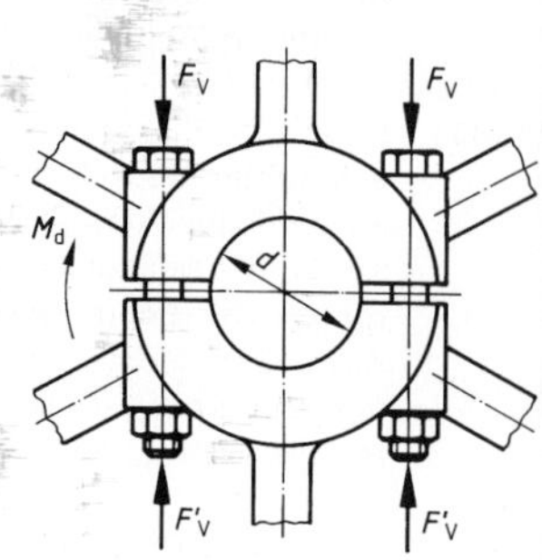

$$F_v = \frac{M_d}{i \cdot d \cdot \mu}$$

MT-50 Ein Zahnrad mit einer Nabenbreite von 60 mm soll mit einer Ringfeder-Spannverbindung (Auswahl, siehe Markierung in der Tabelle) auf einer Welle mit 65 mm Durchmesser befestigt werden. Der noch herzustellende Druckflansch soll mit einer Schraube M16 angepresst werden.
Zahnrad und Welle sind entsprechend der Skizze vorgefertigt.
Fertigen Sie eine Zeichnung für den Zerspanungsmechaniker an, nach der die Welle, die Nabe sowie der Druckflansch bearbeitet werden können.

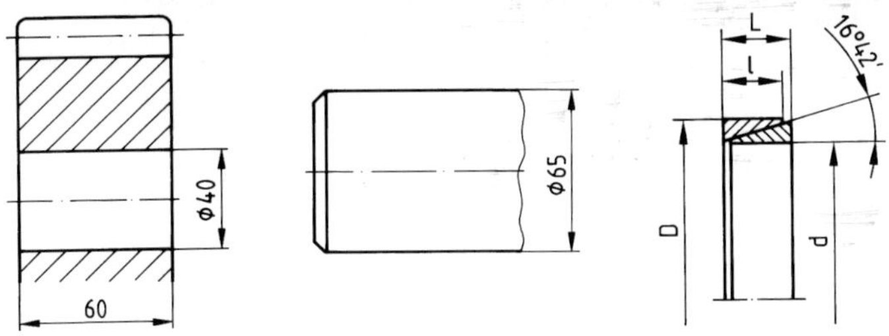

d x *D* mm	*L* mm	*l* mm
60 x 68	12	10,4
63 x 71	12	10,4
65 x 73	12	10,4
70 x 79	14	12,2
71 x 80	14	12,2
75 x 84	14	12,2

MT-51 Ein Hebel soll mit einer Welle durch eine Pressverbindung gefügt werden. An der Welle wird ein Durchmesser von 20,24 mm gemessen. Die Bohrung ist mit 20 H7 gerieben.

a) Wie muss das Wellenende vorbereitet werden?

b) Was ist beim Einpressen zu beachten?

MT-52 Ein Zahnrad aus C 60 soll auf eine Welle aus C 60 mit dem Durchmesser 40 mm aufgeschrumpft werden.
Die Bohrung des Zahnrades hat das Passmaß 45H7, die Welle das Passmaß 45s6.
Berechnen Sie die erforderliche Erwärmung bzw. Abkühlung der Bauteile, wenn beim Fügen ein Spiel von 15 μm vorhanden sein soll.

(Hinweis: Verwenden Sie die entsprechende Tabelle für gebräuchliche Presspassungen sowie eine ISO-Passmaßtabelle).

MT-53 Das Rad eines Schienenfahrzeuges soll repariert werden. Hierzu muss ein Reifen aus E 335 (St 60) auf den Radkörper aus EN-GJL-200 warm aufgezogen werden. Der Außendurchmesser des Radkörpers beträgt 60,000 mm. Die Bauteile sollen vor dem Fügen ein Übermaß von 20 μm haben.
Bestimmen Sie, auf welchen Innendurchmesser der Reifen gedreht werden muss und weisen Sie durch Rechnung nach, ob bei einer Erwärmung um $\Delta T = 90$ K das zum Fügen erforderliche Spiel von 15 μm gegeben ist.

MT-54 **a)** Das dargestellte Aufsteckgetriebe enthält sechs Wälzlager.
Ordnen Sie den Lagern die folgenden Bezeichnungen zu:
- Rillenkugellager DIN 625 – 6306
- Zylinderrollenlager DIN 5412 – NU 304 E
- Zweireihiges Schrägkugellager DIN 628 – 3204 B
- Zylinderrollenlager DIN 5412 – NU 204 E
- Rillenkugellager DIN 625 – 16013

b) Jede der drei Getriebewellen ist mit einem Fest- und einem Loslager ausgestattet.
Geben Sie für jede Teilenummer an, ob das Lager als Fest- oder Loslager eingebaut ist.

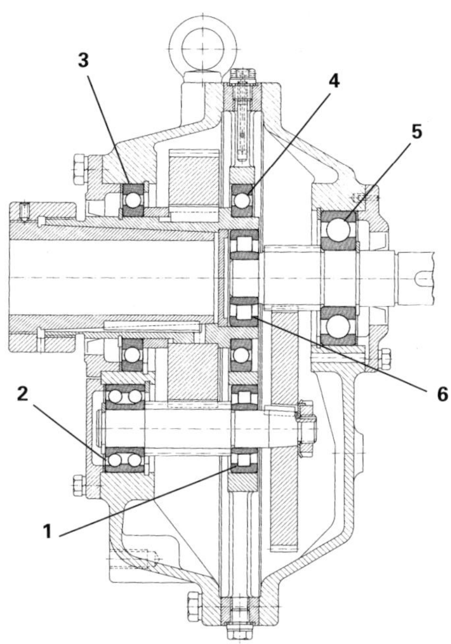

MT-55 Die folgenden Bilder zeigen Beispiele für unsachgemäßen Einbau von Wälzlagern.

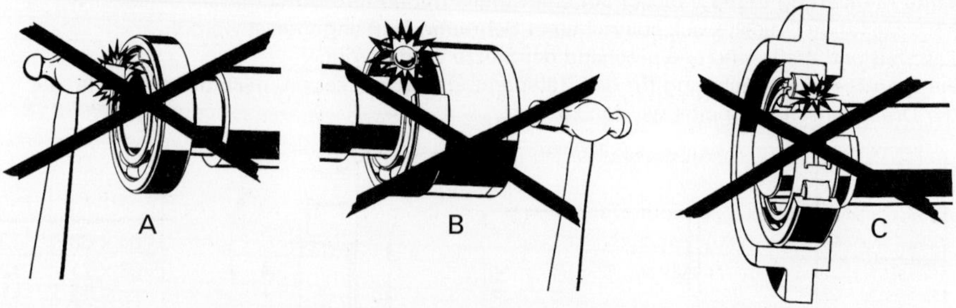

a) Geben Sie an, welche Fehler jeweils gemacht werden.

b) Welche Schäden werden durch den fehlerhaften Einbau der Wälzlager hervorgerufen?

c) Beschreiben Sie jeweils Möglichkeiten für den sachgemäßen Einbau dargestellten Wälzlager.

MT-56 **a)** Warum sollten Wälzlager, die mit Hilfe thermischer Verfahren gefügt werden, nicht über 120 °C erwärmt werden?

b) Die Wälzlager können auf einer Anwärmplatte, im Ölbad oder mit einem induktiven Erwärmungsgerät erwärmt werden.
Nennen Sie Vor- und Nachteile der einzelnen Verfahren.

MT-57 Ordnen Sie die nachfolgend beschriebenen Arbeitsgänge für den Einbau von Kegelrollenlagern in Kraftfahrzeug-Radnaben so, dass eine einwandfreie Montage gewährleistet ist:

1 Kronenmutter
2 Stoßscheibe
3 äußeres Lager
4 Nabe
5 Achsschenkel
6 Wellendichtring
7 Zwischenring
8 inneres Lager
9 Schutzkappe

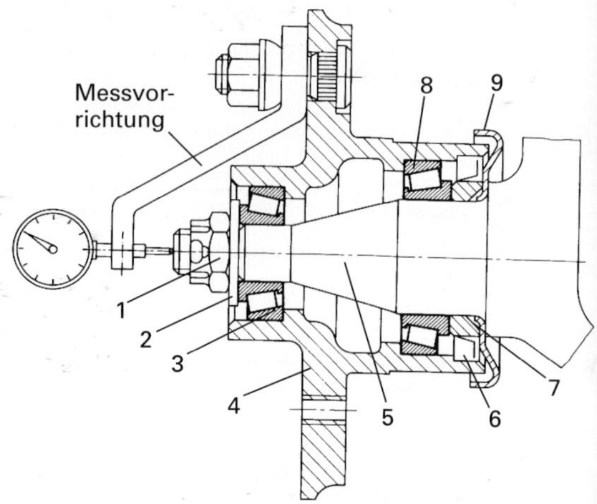

a) Innenring gut einfetten und in die Nabe einsetzen.

b) Stoßscheibe aufsetzen.

c) Nabenkörper reinigen.

d) Nabe auf den Achsschenkel schieben.

e) Deckel aufsetzen.

f) Innenring des äußeren Lagers gut fetten und auf den Achsschenkel schieben.

g) Sitzstellen leicht einölen und die beiden Außenringe einpressen.

h) Schutzkappe und Zwischenring auf den Achsschenkel aufsetzen.

i) Kronenmutter aufschrauben und bei gleichzeitigem Drehen der Radnabe anziehen.

j) Axialluft mit Messvorrichtung prüfen.

MT-58 Begründen Sie, warum die Radialluft vor dem Lagereinbau zwischen der obersten Rolle und dem Außenring (Bild A) bzw. während des Aufpressens zwischen der untersten Rolle und dem Außenring (Bild B) gemessen wird.

MT-59 In eine Konstruktion wurde ein 3 m langer Träger eingeschweißt. Beim Schweißen erwärmten sich die Enden auf ca. 250 mm Länge um durchschnittlich 600 K.

a) Berechnen Sie die Längenänderung die eingetreten wäre, wenn eine ungehinderte Ausdehnung möglich gewesen wäre.

b) Welche Spannungen treten auf, da die Längenänderung behindert ist?

MT-60 **a)** Nennen Sie Maßnahmen gegen Verzug beim Schweißen von einseitigen Kehlnähten und mehrlagigen Doppel-Kehlnähten.

b) Skizzieren Sie die folgenden Darstellungen ab und wählen Sie eine Schweißfolge, durch welche die Schweißspannungen im Werkstück gering gehalten werden. Kennzeichnen Sie die Schweißfolge durch Zahlen an den Schweißnähten.

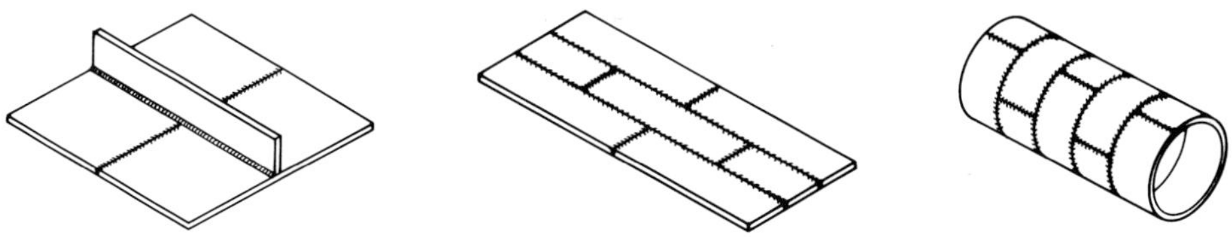

MT-61 Legen Sie für die dargestellte Keilwelle mit Mutter die statischen Prüfungen und die erforderlichen Prüfmittel fest.
Übertragen und ergänzen Sie hierzu die untenstehende Tabelle.

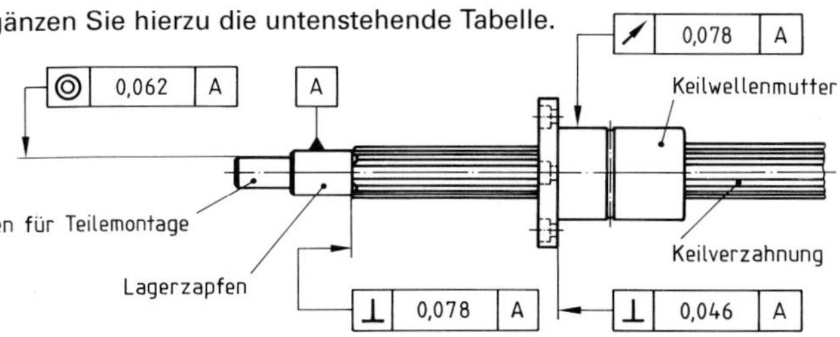

Lfd. Nr.	Montageprüfung	Genauigkeit in µm	Prüfmittel
1	?	?	?

MT-62 Nach dem Aufstellen eines Waagerecht-Fräswerkes wurden nach einer Probebearbeitung folgende Fehler vermutet:

- Fläche A und Fläche D sind wahrscheinlich nicht rechtwinklig zueinander,
- Fläche C und Fläche B sind vermutlich nicht parallel.

a) Geben Sie mögliche Prüfmittel an, mit denen die Fehler an der Maschine genau festgestellt werden können.

b) Beschreiben Sie den Prüfvorgang.

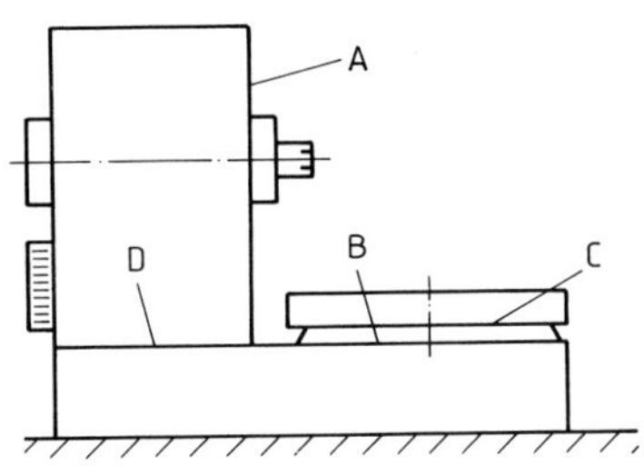

MT-63 Die abgebildete Bohrmaschine wird preiswert als gebrauchte Maschine angeboten.
Welche geometrischen Prüfungen sollte ein Kaufinteressent durchführen, bevor er sich zum Kauf der Bohrmaschine entschließt?

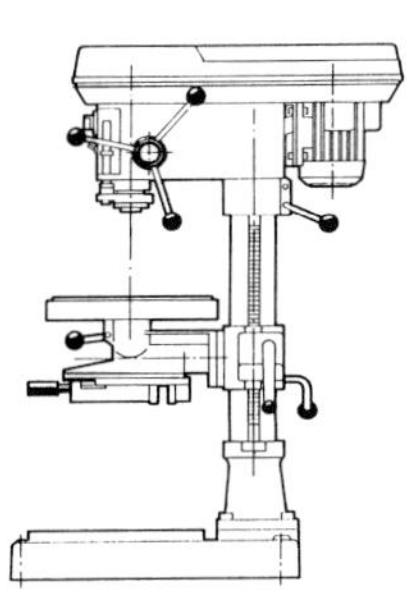

MT

MT-64 Auf einer Montagestraße sollen in Lagerböcke Wälzlager eingesetzt werden. Die Lagerböcke sollen auf einem Band zur Montagestation transportiert werden. Der breitere Fuß muss immer in Transportrichtung nach links weisen, damit die weitere Montage ohne neue Orientierung ablaufen kann.
Planen Sie ein System, das die richtige Lage der Werkstücke überprüfen und falsch liegende Werkstücke vom Band stoßen kann.

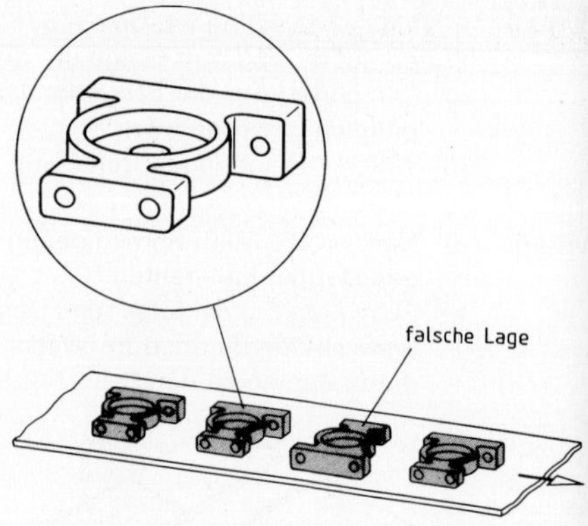

MT-65 In einem Bunker sind Kugeln gespeichert. Es sollen jeweils 12 Kugeln in einen Kasten gefüllt werden.

a) Entwerfen Sie schematisch eine Vorrichtung zum entsprechenden Verändern der Menge.
b) Benennen Sie präzise die Handhabungsfunktion.

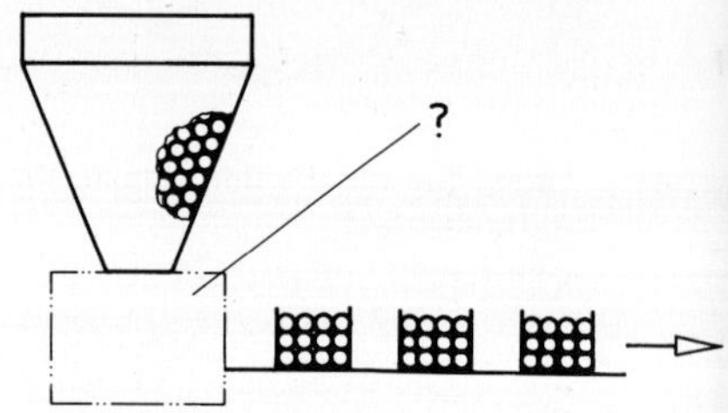

MT-66 Übernehmen Sie die Teilfunktionen und analysieren Sie den dargestellten Handhabungsablauf, indem Sie die Sinnbilder ergänzen und die Teilfunktionen benennen.

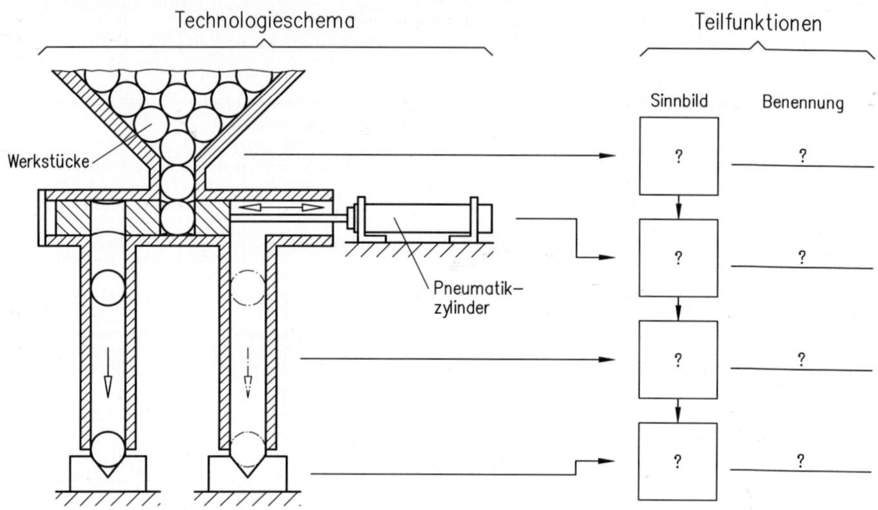

MT-67 Machen Sie Vorschläge zur Ausführung von Greifern eines Roboters für folgende Handhabungsvorgänge:

1. Auflegen geschnittener Blechplatten auf ein Rollenband

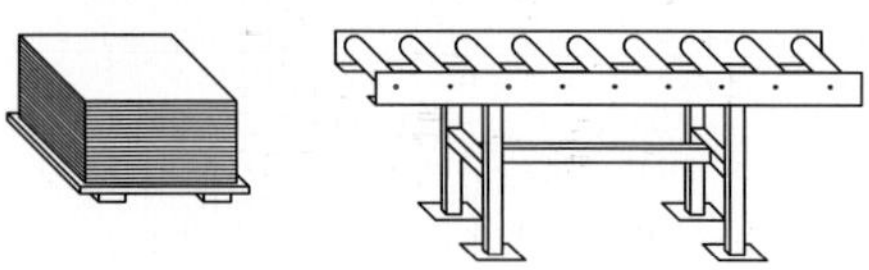

2. Einlegen von Schleifscheiben in einen Karton

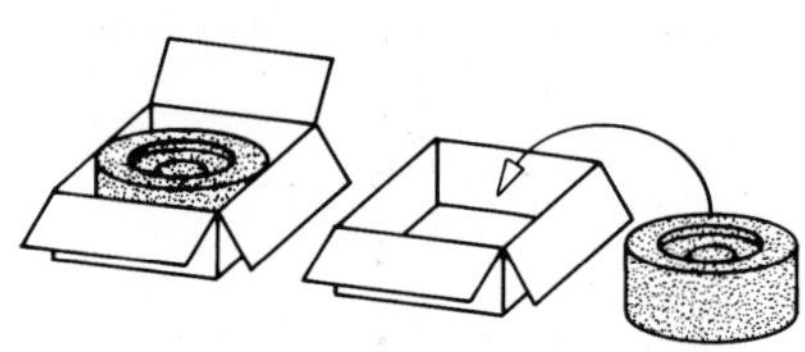

MT-68 **a)** Wann spricht man bei Anpassungsarbeiten während der Montage von Nacharbeiten und wann von Justieren?

b) Geben Sie je zwei Beispiele für die sechs Justagearten an.

MT-69 Ein Motor soll auf einen Rahmen mit einer bereits montierten Pumpe über eine Kupplung verbunden werden.
Von der Pumpenwelle wurde ein Fluchtungsfehler von 0,05 mm in 100 mm Abstand von der Wellenvorderseite des Motors gemessen.
Wie sind die Füße des Motors zu unterlegen, damit Pumpen- und Motorwelle fluchten?

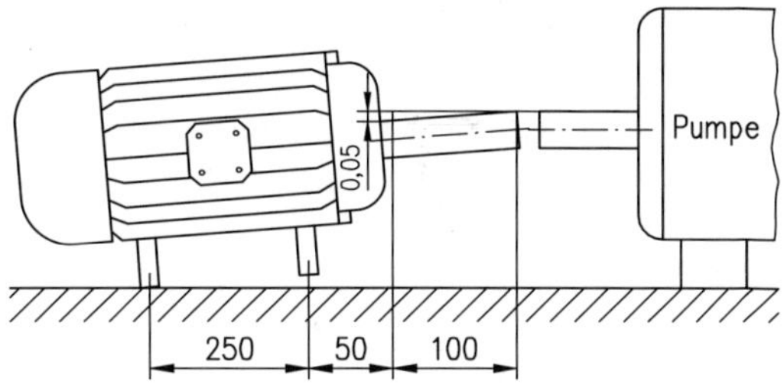

MT-70 **a)** Die Abbildung zeigt eine Welle, auf der Zahnräder montiert sind. Um das vorgeschriebene Montagemaß zu erhalten, wurde eine Distanzbuchse eingesetzt.
Begründen Sie, warum das Justieren in diesem Fall sehr aufwendig ist.

b) Wie könnten die Zahnräder justagetechnisch günstiger auf der Welle befestigt werden?

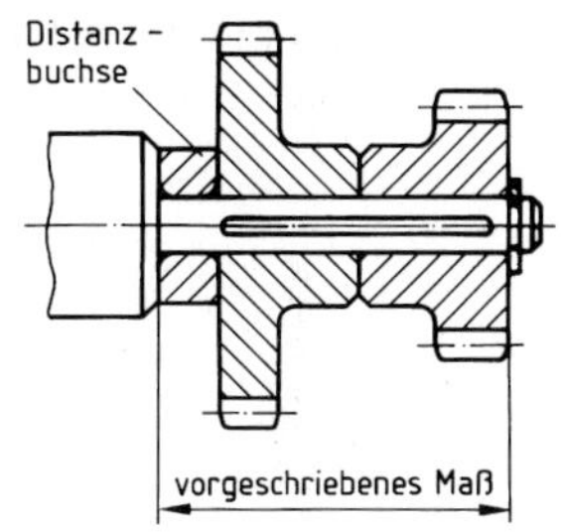

MT-71 Eine Unwucht wird durch einseitig wirkende Fliehkräfte an rotierenden Bauteilen bewirkt. Die Fliehkräfte berechnet man nach der Formel:

$$F = \frac{m \cdot v^2}{r}$$

a) Von welchen Größen hängt die durch eine Unwucht hervorgerufene Fliehkraft ab?

b) Welche Größe beeinflusst die Unwucht am stärksten?

c) Nennen Sie Ursachen für das Auftreten einer Unwucht an rotierenden Bauteilen, wie z. B. Turbinenrädern, Riemenscheiben.

d) Welche Fliehkraft erzeugen 5 Gramm Masse, die an einer Turbine auf einem Radius von 150 mm eine Unwucht bewirken? Umdrehungsfrequenz $n = 6\,000$ 1/min.

MT-72 An einer Kupplungsscheibe ist eine Unwucht (Fliehkraft F) gemessen worden.

a) Welche grundsätzlichen Möglichkeiten gibt es, diese Unwucht zu beseitigen?

b) Übertragen Sie die dargestellte Kupplungsscheibe und zeichnen Sie die Möglichkeiten zur Beseitigung der Unwucht ein.

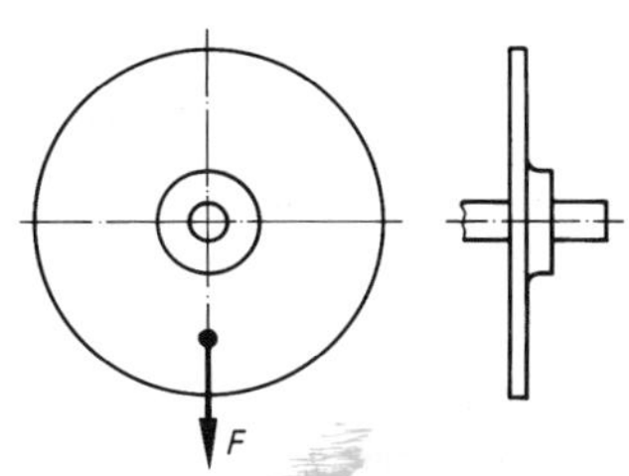

MT-73 Ein Verpackungsbetrieb erhält den Auftrag, 60 000 Kleinteilmagazine zu füllen. Ein Magazin besteht aus 3 gleichen Schubfächern mit jeweils 4 Unterteilungen.
Schubfach 1 soll mit 4 Sorten Nägeln, Schubfach 2 mit 4 Sorten Schrauben und Schubfach 3 mit 4 Sorten Dübeln gefüllt werden.
Schlagen Sie eine Anordnung von verketteten Montageplätzen vor.

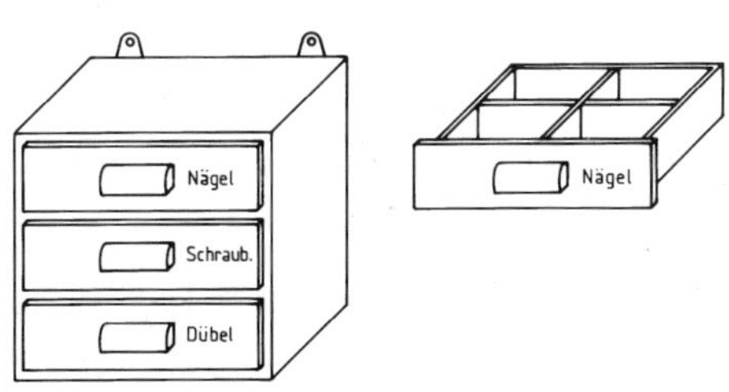

MT

MT-74 Am nebenstehenden manuellen Montageplatz werden von Frauen kleinere Einzelteile für pneumatische Ventile durch Schrauben montiert.

a) Bestimmen Sie die Arbeitshöhe *H*.

b) Legen Sie die erforderliche Beleuchtungsstärke fest.

c) Welche Lärmschutzmittel muss der Betrieb für den Montageplatz vorsehen, wenn der Lärmpegel 90 dB überschreitet?

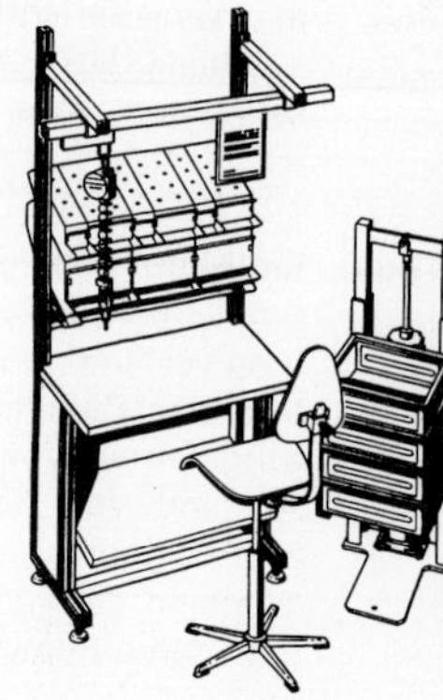

5 Fertigungssystemtechnik

MT-75 Der skizzierte Fuß für ein Ständerregal soll 80 mal gefertigt werden. Wählen Sie für diesen Auftrag ein wirtschaftliches Fertigungssystem aus. Die Auswahl ist zu begründen.

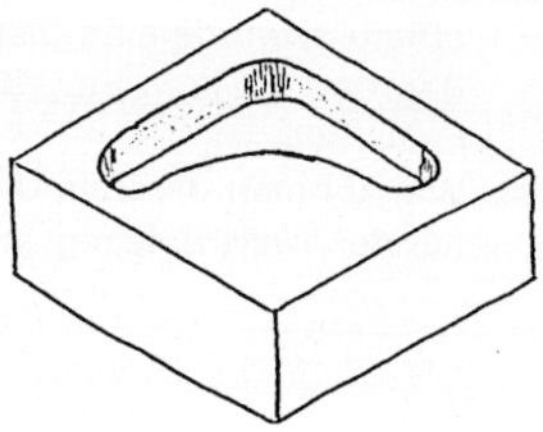

MT-76 Die Qualität der Ständerregalfüße aus der Aufgabe 5/3 hat die Firma „Stapelfix" so beeindruckt, dass die Geschäftsbeziehungen ausgebaut werden sollen. Ein neuer Auftrag umfasst die Fertigung unterschiedlichster prismatischer Regalteile, die in ihrer Größenordnung den Ständerregalfüßen entsprechen. Der Gesamtauftrag umfasst 40 verschiedene Regalteile – zwei Teile sind in der nebenstehenden Skizze dargestellt –, von denen jeweils 800 Stück gefertigt werden sollen.

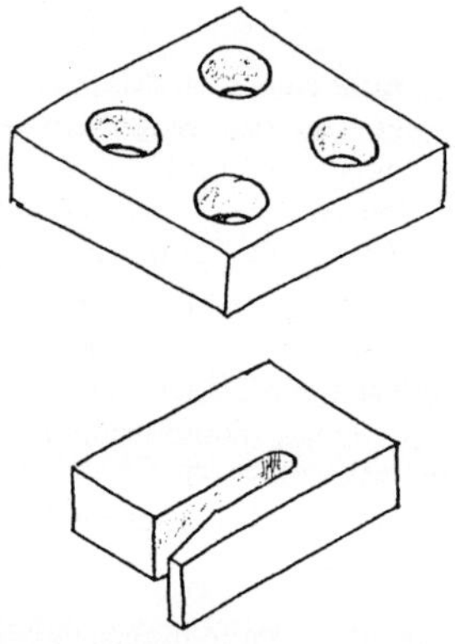

a) Wählen Sie ein wirtschaftliches Fertigungssystem aus. Begründen Sie Ihre Auswahl.

b) Beschreiben Sie den Fertigungsablauf in dem gewählten System. Fertigen Sie zu diesem Zweck zunächst eine Systemskizze an, die alle wesentlichen Teilsysteme zeigt. Die Teilsysteme sind zu benennen.

MT-77 **a)** Geben Sie die möglichen Teilsysteme eines flexiblen Fertigungssystems an.

b) Wie müssen die Teilsysteme verknüpft sein, damit eine automatische Fertigung von Teilen aus einer bestimmten Teilefamilie durchgeführt werden kann?

MT-78 Welche Informationen benötigt ein automatisch arbeitendes Fertigungssystem?

MT-79 **a)** Erläutern Sie den Begriff Handhaben an einem praktischen Beispiel.

b) Beschreiben Sie den Werkzeugwechsel vom Magazin zur Spindel bei einem Kettenmagazin und einem Kassettenmagazin.

MT-80 **a)** In einer Verpackungsanlage soll ein Handhabungsgerät runde Teile in Kästen einlegen. Analysieren Sie den Ablauf eines Einlegevorgangs. Ergänzen Sie dazu die folgende Aufstellung.

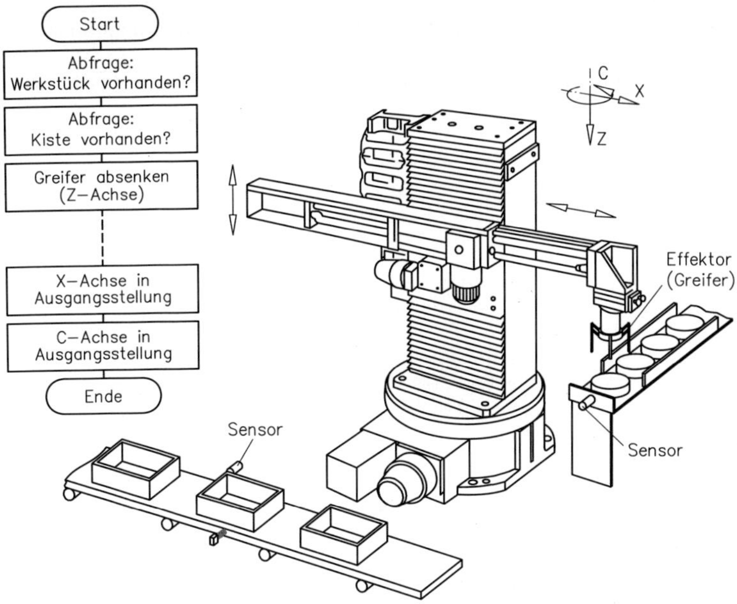

b) Welcher Art Steuerung würden Sie für das Handhabungsgerät empfehlen?

MT-81 **a)** Wie bezeichnet man den dargestellten Roboter?

b) Für welche Aufgaben wird er vorwiegend eingesetzt?

c) Wie viel rotatorische und translatorische Achsen besitzt der dargestellte Roboter?

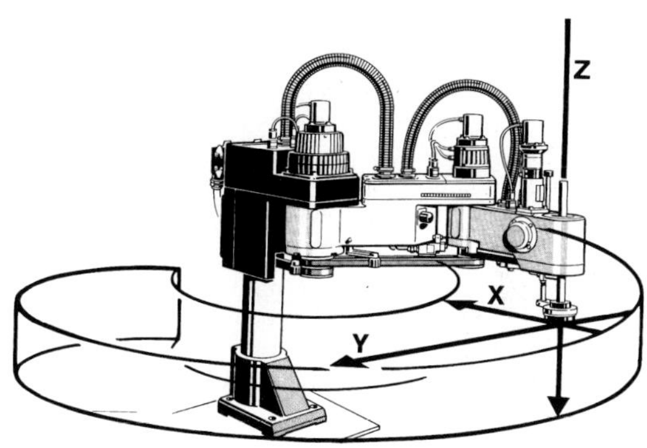

MT-82 Geben Sie je zwei Einsatzbeispiele für drei unterschiedliche Greiferarten an. Fertigen Sie zu diesem Zweck eine Tabelle in der dargestellten Art an.

Greiferart	Einsatzbeispiele (Skizze) Beispiel 1	Beispiel 2
Zangengreifer		

MT-83 Ein Roboter muss Bauteile über ein Hindernis transportieren und dahinter ablegen. Der Programmierer setzt einen Stützpunkt über dem Hindernis an. Ein hinzu kommender Kollege sagt: „Mir wär' das zu riskant, ich hätte mehrere Stützpunkte gewählt." Äußern Sie sich dazu.

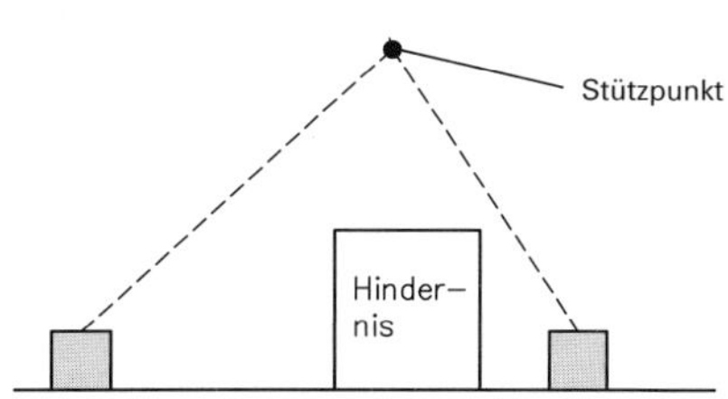

MT

MT-84 Zur Playback-Programmierung verwendet man auch sogenannte Phantomroboter. Dies sind Geräte, di sehr leicht gebaut sind und in ihren Maßen, Achsen und dem Messsystem genau dem Roboter entspre chen.
Welche Vorteile hat der Einsatz eines solchen Phantomroboters bei der Programmierung?

MT-85 Zur Teachin-Programmierung kann die Steuerung von Robotern über Richtungstasten oder mit einen Joystick bedient werden.
Welche Vorteile hat ein solcher Joystick bei der Programmierung?

6 Maschinenschaden

MT-86 Die Lebensdauer von Wälzlagern kann für ideale Einsatzbedingungen bestimmt werden.
a) Nennen Sie mindestens vier Einflussgrößen, die die Lebensdauer verkürzen.
b) Wodurch wird die Funktionsfähigkeit von Wälzlagern beeinträchtigt?

MT-87 An Leitungen im Rücklauf der Kühlschmieranlage einer Flächenschleifmaschine wird starker Verschleiß festgestellt. Ein Mechaniker kommentiert dies so:
„Gegen Verschleiß durch schmirgelnde Teilchen helfen nur härteste Werkstoffe."
Was ist von dieser Meinung zu halten?

MT-88 Bei einem von vier gleichen Hydraulikventilen in einer Anlage werden an der Steuerkante Kavitationsschäden festgestellt. Ein Mechaniker macht den Vorschlag, alle vier Ventile auszutauschen.
Gibt es einfachere und kostengünstigere Lösungen?
Machen Sie Vorschläge und begründen Sie Ihre Antworten.

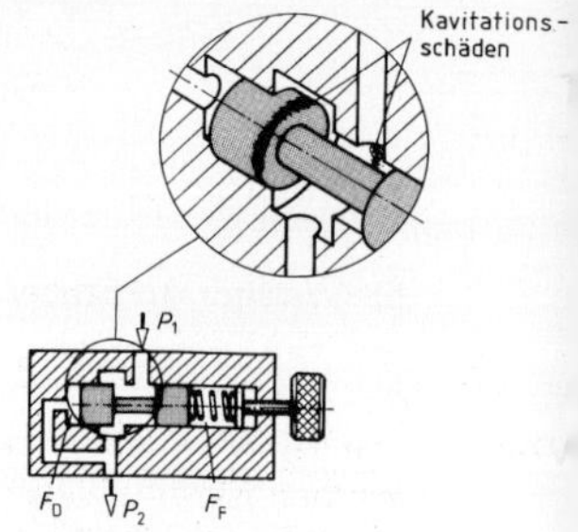

MT-89 An einer Zugstange aus S 235 (St 37) ist infolge Überlastung ein Gewaltbruch entstanden. Schildern Sie das Aussehen der Bruchfläche und ihrer Umgebung.

MT-90 In einer Verkleidung tritt ein Riss auf, der langsam weiterreißt. Ein Mechaniker macht den Vorschlag, den Riss durch eine Bohrung mit 5 mm Durchmesser an seinem Ende zu stoppen.
Nehmen Sie zu diesem Vorschlag Stellung.

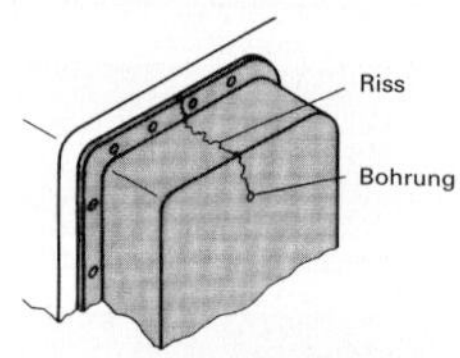

MT-91 Analysieren Sie die dargestellte Bruchfläche eines Werkzeugteiles.
a) Welche Beanspruchung hat stattgefunden?
b) Wie hoch war die Beanspruchung im Verhältnis zur Festigkeit?
c) Wo begannen die Anrisse?

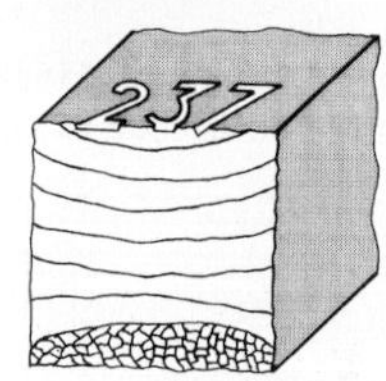

MT-92 **a)** Nennen Sie die Stellen des dargestellten Wellenbereichs, die Ausgangspunkte für Dauerbrüche werden können.
b) Machen Sie Vorschläge, wie man den gezeigten Wellenbereich unter der Berücksichtigung der Gefahr von Dauerbrüchen verändern kann.

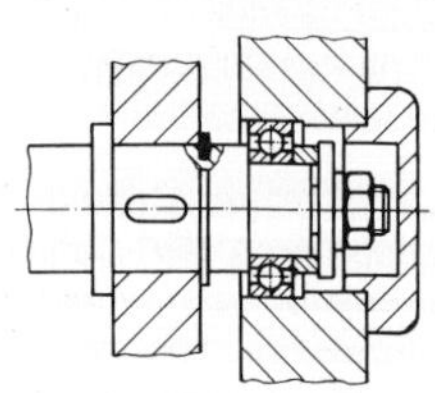

CIM-Konzept

MT-93 **a)** Erläutern Sie die Abkürzungen CIM, CAD, CAM und PPS.
b) Geben Sie drei Ziele an, die mit der Einführung von CIM in einem Unternehmen verfolgt werden.

Vorrichtungstechnik VT-1 bis VT-30

1 Die Vorrichtung als Fertigungsmittel

VT-1 Beschreiben Sie für die dargestellte Bohrvorrichtung, durch welche Elemente die Grundfunktionen Positionieren, Spannen und Stützen erfüllt werden.

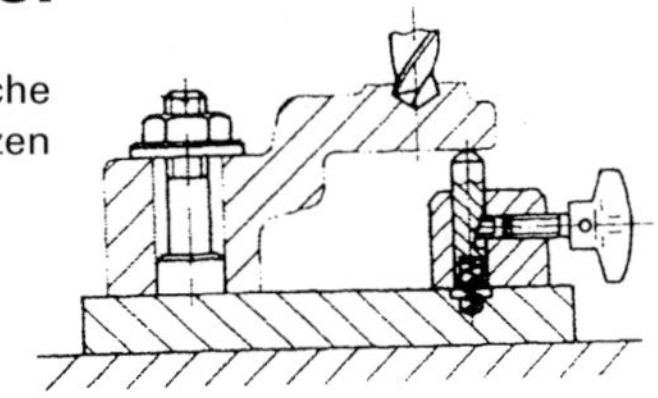

VT-2 Es müssen 30 Rahmen aus Profilstahl geschweißt werden. Das Ausrichten dauert bei Einzelfertigung 8 Minuten. Die Fertigungskosten werden mit 36,80 EUR/Stunde veranschlagt. Bei Einsatz einer einfachen Vorrichtung würden das Einlegen und Spannen nur 1,5 Minuten dauern. Die Vorrichtung würde 245,40 EUR kosten.

a) Lohnt sich der Kauf der Vorrichtung?

b) Berechnen Sie die Grenzstückzahl.

VT-3 In der Arbeitsvorbereitung einer Firma stellt sich folgendes Problem:
Es ist eine Spannvorrichtung für das Fräsen von Hebeln vorhanden, bei der mechanisch gespannt wird.
Die Fertigungskosten liegen zurzeit bei 6,40 EUR/Stück.
Die Umrüstung der Vorrichtung auf pneumatisches Spannen würde 930,60 EUR kosten.
Die Fertigungskosten würden mit dieser Spanneinrichtung auf 930,60 EUR/Stück sinken.
Bei welcher Stückzahl lohnt sich die Umrüstung?

VT-4 Die dargestellten Scheiben sind zunächst gedreht worden und sollen nun auf eine Schlüsselweite von 32 mm gefräst werden.

a) Wie ist die Aufgabe mit einem Maschinenschraubstock zu lösen, wenn auf einer Senkrechtfräsmaschine gearbeitet wird?

b) Entwerfen Sie eine Vorrichtung, die es erlaubt, die beiden Flächen mit einem Fräsersatz auf einer Waagerechtfräsmaschine gleichzeitig zu fräsen.

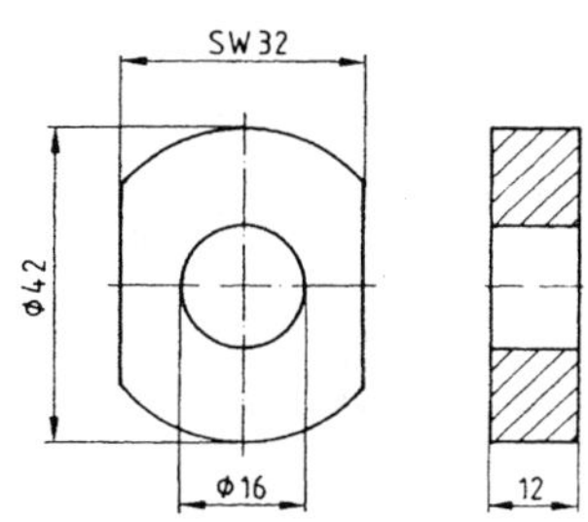

VT-5 Eine flexible Vorrichtung besteht aus Einzelteilen im Wert von etwa 10 225,80 EUR. Ihre Montage und Demontage kostet jeweils etwa 434,60 EUR. Die Vorrichtung wird jährlich für einen Monat gebraucht. Alle Einzelteile können sofort für andere Vorrichtungen eingesetzt werden. Lohnt es sich, die Vorrichtung montiert stehen zulassen, wenn die Kapitalkosten jährlich 9,25 % des Wertes der Einzelteile betragen?

2 Die Vorrichtung als technisches System

VT-6 Welche Positionierungen – Halbpositioniert, Positioniert, Vollpositioniert – sind in den folgenden Fällen notwendig?

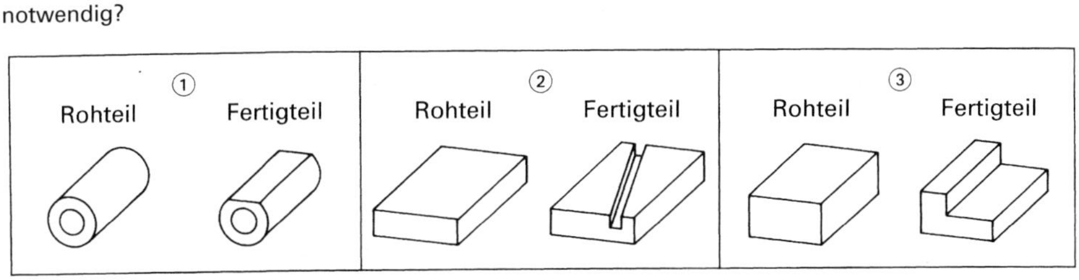

VT-7 **a)** Warum ist das Werkstück zum Bohren der Bohrungen auf einer CNC-Maschine überpositioniert?

b) Wo müssten Positionierelemente angesetzt werden? Machen Sie einen Vorschlag.

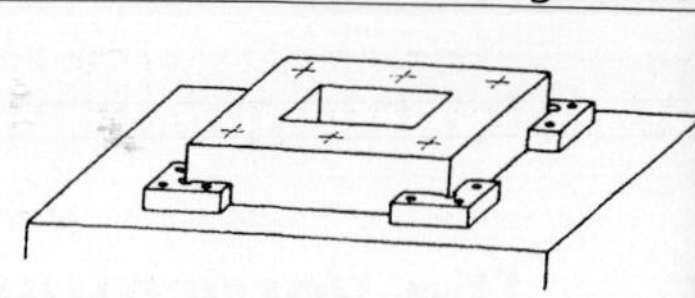

VT-8 Das dargestellte Werkstück soll in einer Bohrvorrichtung gebohrt werden.
Schlagen Sie die Positionierung vor.

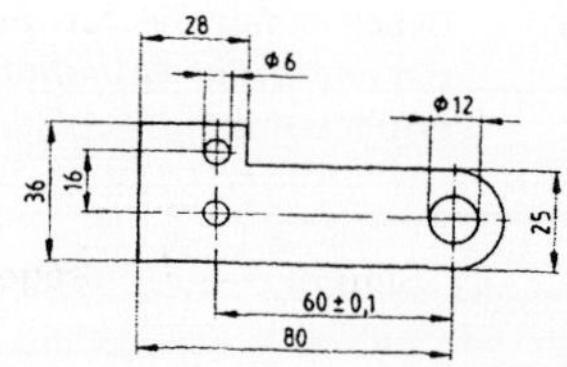

VT-9 Weisen Sie zeichnerisch nach, wie sich die Exzentrizität bei Rundteilen – Außendurchmesser 30 ± 1 mm – in den dargestellten Prismen bemerkbar macht.
Zeichnen Sie die Prismen und Werkstücke im Maßstab 2 : 1.

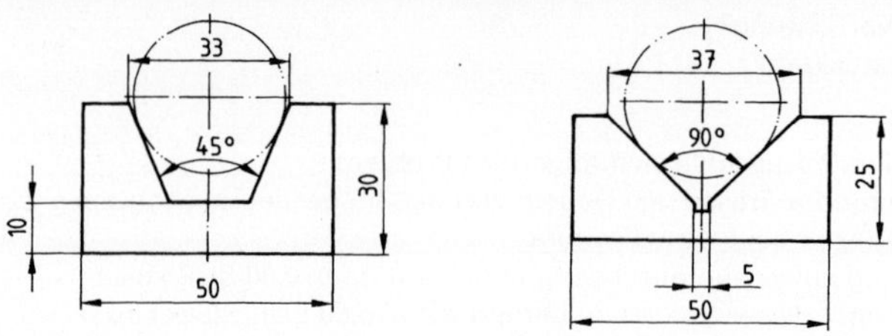

VT-10 Der gegossene und unbearbeitete Lagerblock soll bearbeitet werden

a) Welche Flächen müssen bearbeitet werden?

b) In welcher Reihenfolge soll die Bearbeitung erfolgen?

c) Wie soll der Lagerbock für das Bohren der Schraubenlöcher positioniert werden?

d) Wie soll der Lagerbock für das Ausdrehen der Lagerbohrung positioniert werden?

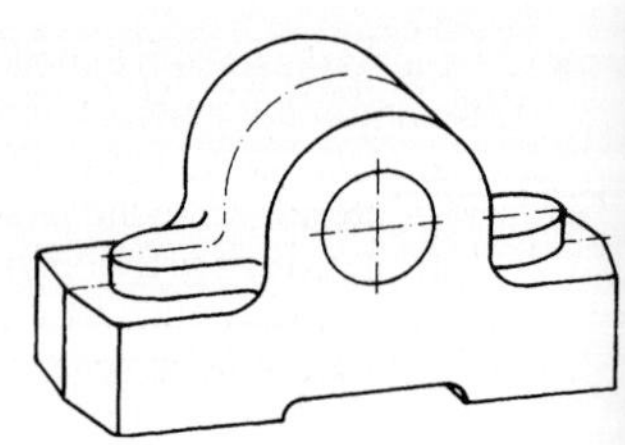

VT-11 In Leisten sollen jeweils drei Nuten entsprechend Zeichnung eingefräst werden.
Machen Sie einen Vorschlag für das Positionieren der Werkstücke zum Dreiteilen.

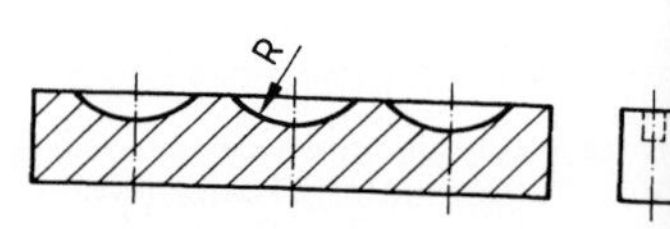

VT-12 Als Schweißvorrichtung, in der Rahmen von Hand geschweißt werden können, wurde diese Konstruktion vorgeschlagen. Verbessern Sie die Konstruktion.

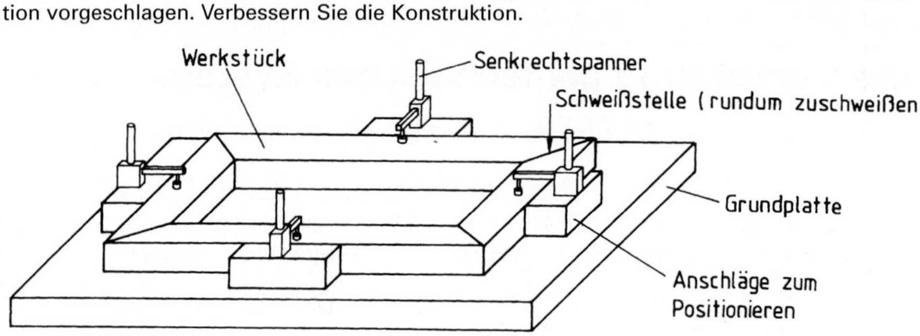

VT-13 Vergleichen Sie tabellarisch mittelbares und unmittelbares Spannen.

VT-14 Ein Deckel wird in einer Bohrvorrichtung in der dargestellten Weise auf der Grundplatt positioniert und gespannt. Verbessern Sie die Vorrichtung so, dass mittelbar mit einem Spannelement gespannt werden kann.

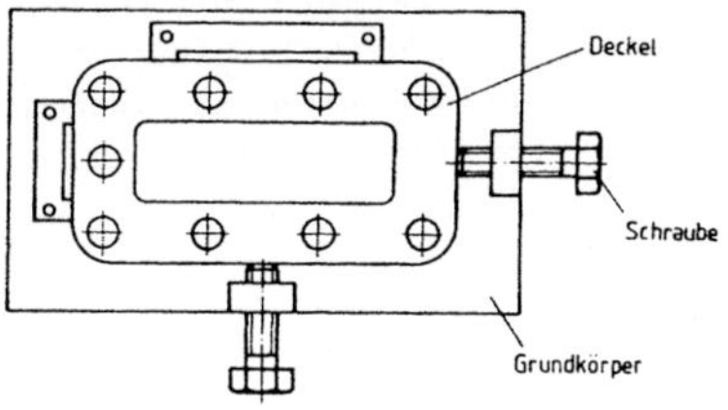

VT-15 *„Eigentlich ist jedes Spannen ein elastisches Spannen – nur bei dem, was wir starres Spannen nennen, sind die elastischen Verformungen sehr klein."*
Stimmt diese Aussage? Geben Sie eine begründete Antwort.

VT-16
a) Berechnen Sie das Maß x für den Keil, damit er sich nicht selbsttätig löst.
b) Mit welcher Kraft wird das Werkstück angedrückt, wenn der Keil mit einer Kraft von 2000 N eingetrieben wird?

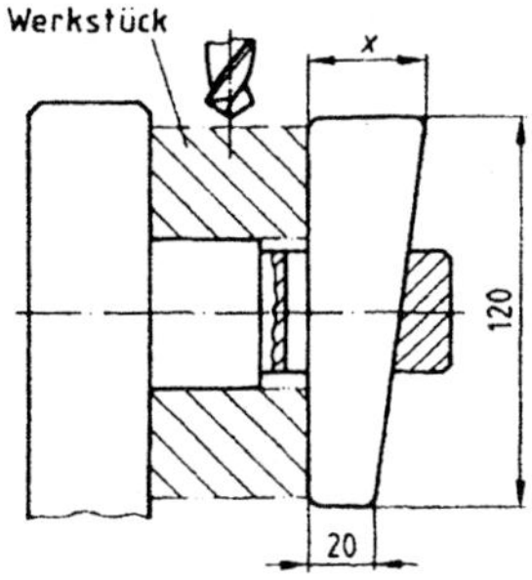

VT-17 Ein Werkzeugmechaniker sagt:
„Eigentlich sollte man statt M 24 mit der Festigkeitsklasse 10.9 andere Schrauben, nämlich M 20 mit der Festigkeitsklasse 12.9, zum Eindrehen in die Nutensteine einsetzen. Die Vorrichtung würde dann leichter."
Äußern Sie sich zu dem Vorschlag.

VT-18 Entwerfen Sie die Verschlusshülse mit dem Führungsschlitz für den skizzierten Bajonettspanner. Dieser soll einen 1/4-Gewindegang haben, und die Steigung soll 4° sein.
Die Verschlusshülse muss abziehbar sein. Fertigen Sie eine Zeichnung in drei Ansichten an.

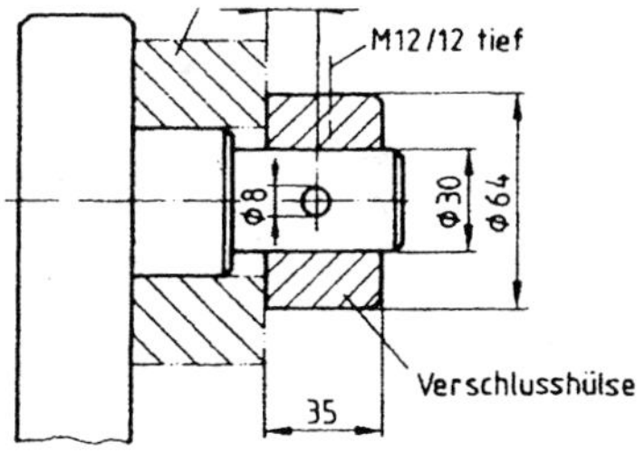

VT-19 Für eine Spannvorrichtung ist ein Kreisexzenter geplant. Der Konstrukteur hat eine flüchtige Skizze gemacht. Entwerfen Sie den Exzenter und zeichnen Sie ihn in drei Ansichten. Das Verhältnis von Durchmesser zu Exzentrizität soll 20 sein.

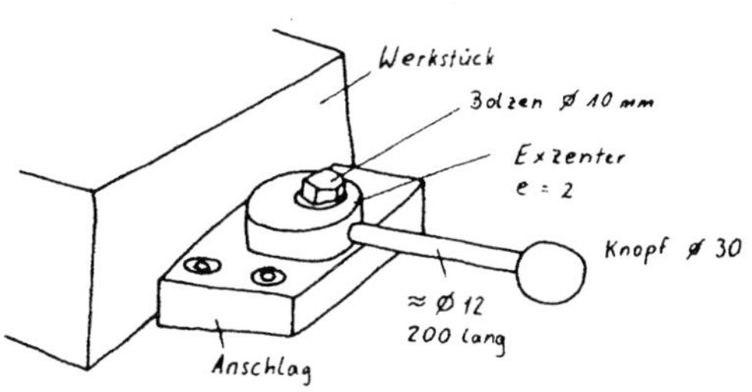

VT-20 Ein Kniehebelspanner steht in der dargestellten Position.
a) Welche Kräfte wirken in den Streben?
b) Mit welcher Kraft wird das Werkstück bei dieser Stellung angepresst?

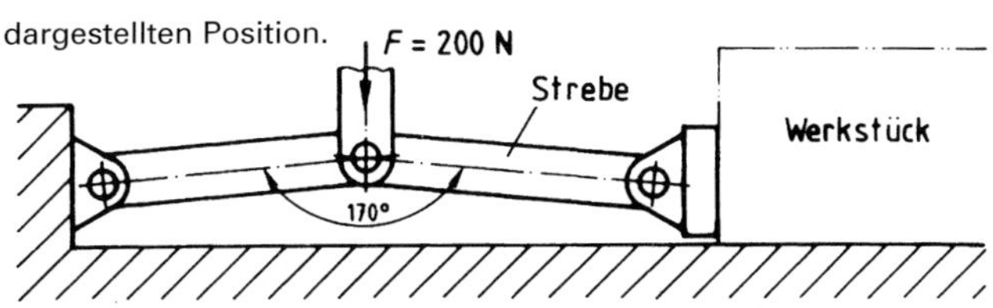

VT-21 In einer Vorrichtung, deren Grundkörper aus einem gegossenen Rahmen besteht, sollen Teile aus Rundstahl zum Fräsen gespannt werden. Zum Spannen soll eine plastische Masse verwendet werden. Der Kolbendurchmesser ist mit 20 mm geplant.
Skizzieren Sie einen Querschnitt durch den oberen Teil des Rahmens mit der Spannvorrichtung. Beachten Sie dabei die Möglichkeiten der Fertigung.

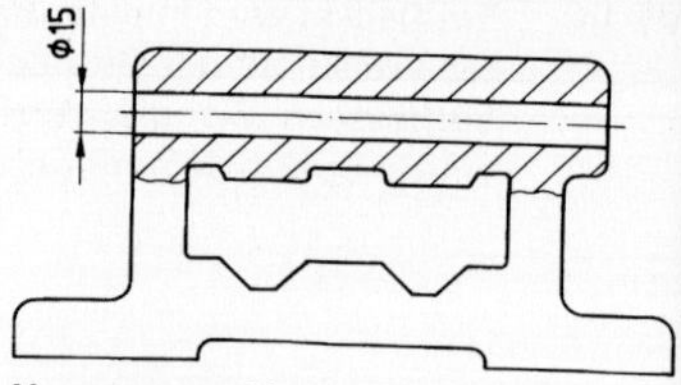

Vorgegossener Vorrichtungskörper (unbearbeitet)

VT-22 Mit der dargestellten Vakuumspannvorrichtung werden dünne Kunststoffscheiben auf einer Drehmaschine gespannt (1 bar ≙ 0,1 N/mm²).

a) Bestimmen Sie die Ansaugfläche.

b) Berechnen Sie die maximale Spannkraft.

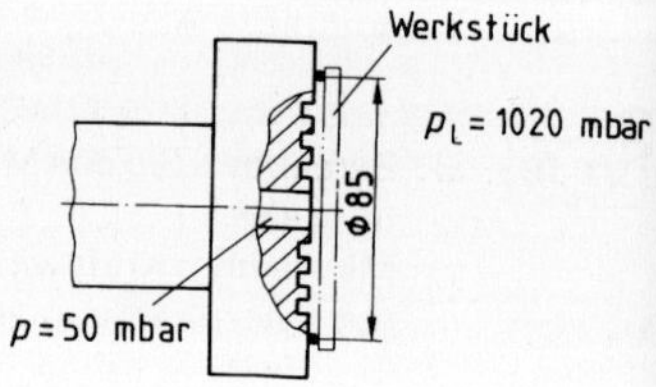

VT-23 Eine Serie von hochglanzpolierten Messingkugeln ist falsch gebohrt worden. Statt 8 mm Durchmesser wurden sie mit 6 mm Durchmesser gebohrt.
Entwickeln Sie eine Vorrichtung zum schonenden Spannen. Überlegen Sie sich auch ein einfaches Hilfsmittel zum Positionieren.

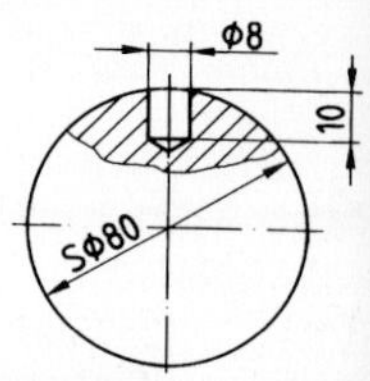

VT-24 Ermitteln Sie zeichnerisch die Kräfte, mit denen die Werkstücke angepresst werden. Die Zugkraft in der Schraube beträgt 8 000 N.

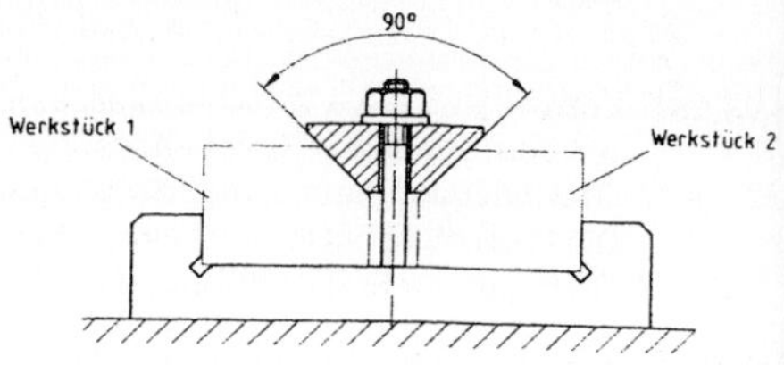

VT-25 In der dargestellten Vorrichtung sollen drei Rohre mit gleicher Spannkraft von einer Spannstelle aus gespannt werden. Die Vorrichtung soll mit mechanischen Bauelementen gestaltet werden.
Skizzieren Sie eine Lösung.

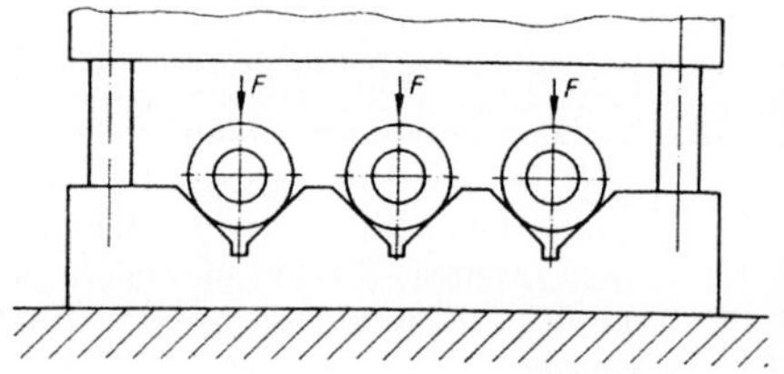

VT-26 Die Zeichnung zeigt einen Schnitt durch eine Fräsvorrichtung. Die Kraftübertragung geschickt durch eine plastische Masse.

a) Erläutern Sie die Funktion und Handhabung der Vorrichtung.

b) Beurteilen Sie die zum Stützen und Spannen gewählte Lösung. Ändern Sie gegebenenfalls die Vorrichtung.

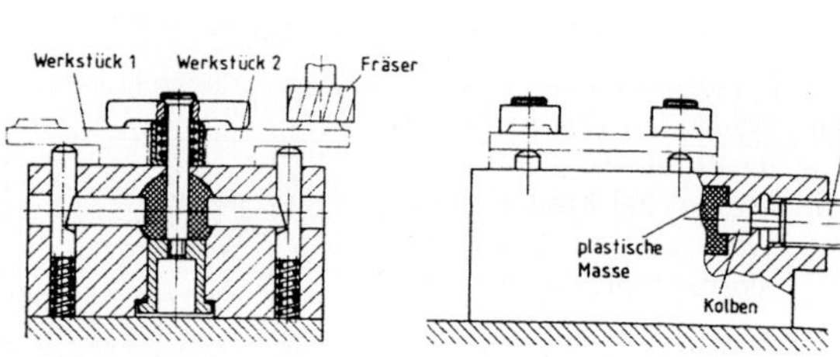

VT-27 In 200 ringförmige Werkstücke sind entsprechend der Abbildung Löcher zu bohren.
Entwerfen Sie eine einfache Vorrichtung zum Spannen.

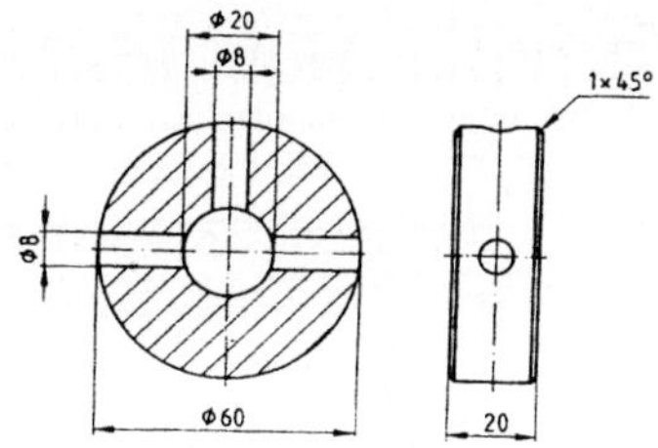

3 Vorrichtungen als Teilsysteme einer Maschine oder Anlage

VT-28 Ein Werkzeugmechaniker empfiehlt für eine runde Vorrichtung drei Füße zu verwenden, da solche Vorrichtungen nicht wackeln.
Äußern Sie sich zu dem Vorschlag.

4 Arbeitsplanung zur Herstellung einer Vorrichtung

VT-29 Es sollen achtzig rohrförmige Stützen auf tellerförmige Füße verschweißt werden.

a) Planen Sie eine einfache Vorrichtung und erläutern Sie ihre Handhabung.
b) Zeichnen und bemaßen Sie die Einzelteile.
c) Erstellen Sie eine Zusammenstellungszeichnung.

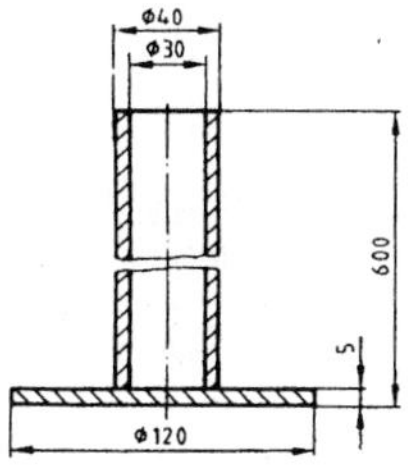

VT-30 Entwerfen Sie eine Vorrichtung zum Bohren der Mittenbohrung mit 25 mm Durchmesser für den geschmiedeten Kipphebel. Es ist noch keine Fläche bearbeitet.
Skizzieren Sie eine Vorrichtung.

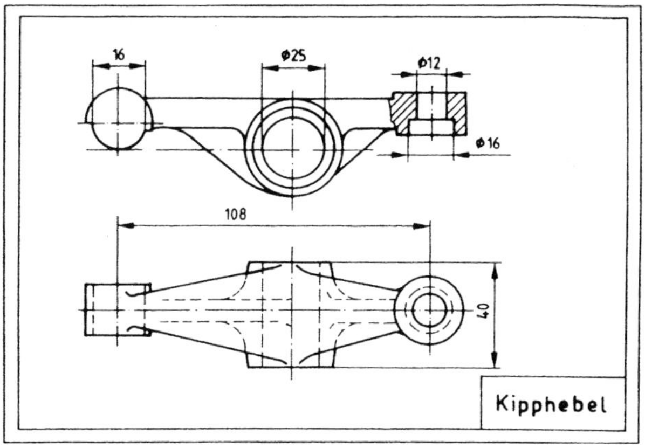

Steuerungs- und Regelungstechnik ST-1 bis ST-155

1 Pneumatische Steuerungen

ST-1 In einer halb automatischen Klebe- und Bohrvorrichtung sollen Werkstücke unter Druck geklebt und anschließend gebohrt werden. Das Profilteil wird von Hand auf die Werkstückaufnahme gelegt (1A ist eingefahren) und anschließend wird die mit Reaktionskleber beschichtete Auflage auf dem Profilteil justiert.

a) Beschreiben Sie den Steuerungsablauf in Schritten.

b) Zeichnen Sie das Funktionsdiagramm mit Signallinien.

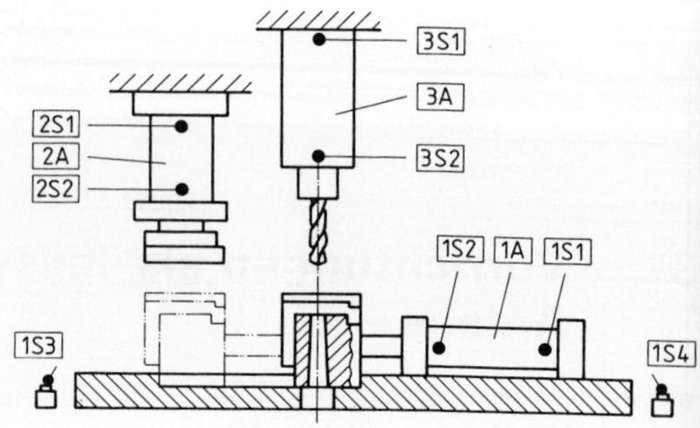

Planungsunterlagen zu den Aufgaben ST-2 bis ST-4

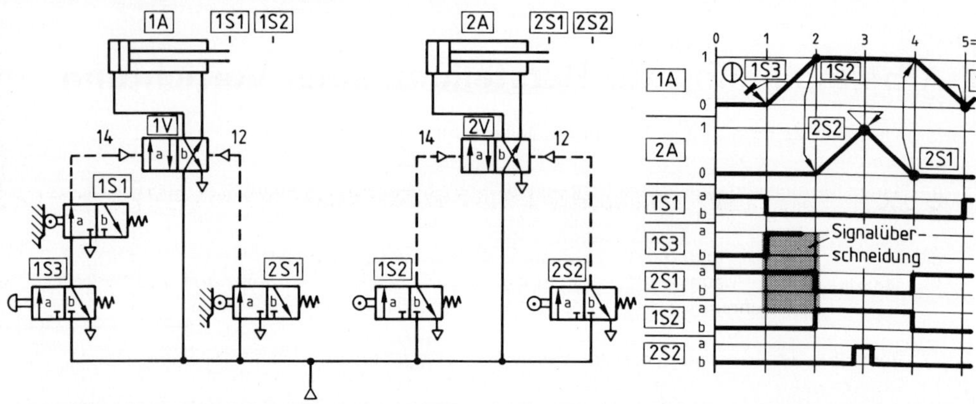

ST-2 Warum liegt in dem Schaltplan auch eine Signalüberschneidung zwischen den Ventilen 1S2 und 2S2 vor?

ST-3 Aus den Planungsunterlagen kann man verschiedene Informationen entnehmen.
Welche Bedeutung haben die Ziffern 0 und 1 bzw. die Buchstaben a und b im Funktionsdiagramm, die bei den Kurzzeichen für die Bauglieder stehen?

ST-4 Testen Sie die Schaltung im Pneumatiklabor. Schalten Sie dabei die Dauersignale von 2S1 und 1S2 über Verzögerungsventile ab.

ST-5 In Verzögerungsventilen sind Drosselrückschlagventile eingebaut.

a) Beschreiben Sie die Aufgabe der Drossel.

b) Erklären Sie die Funktion des Rückschlagventiles.

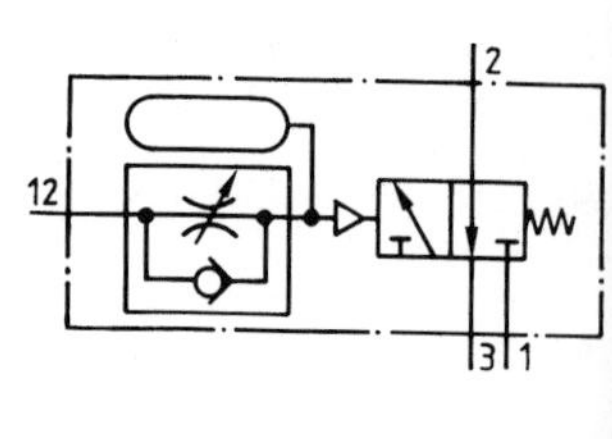

Planungsunterlagen zu den Aufgaben ST-6 bis ST-8

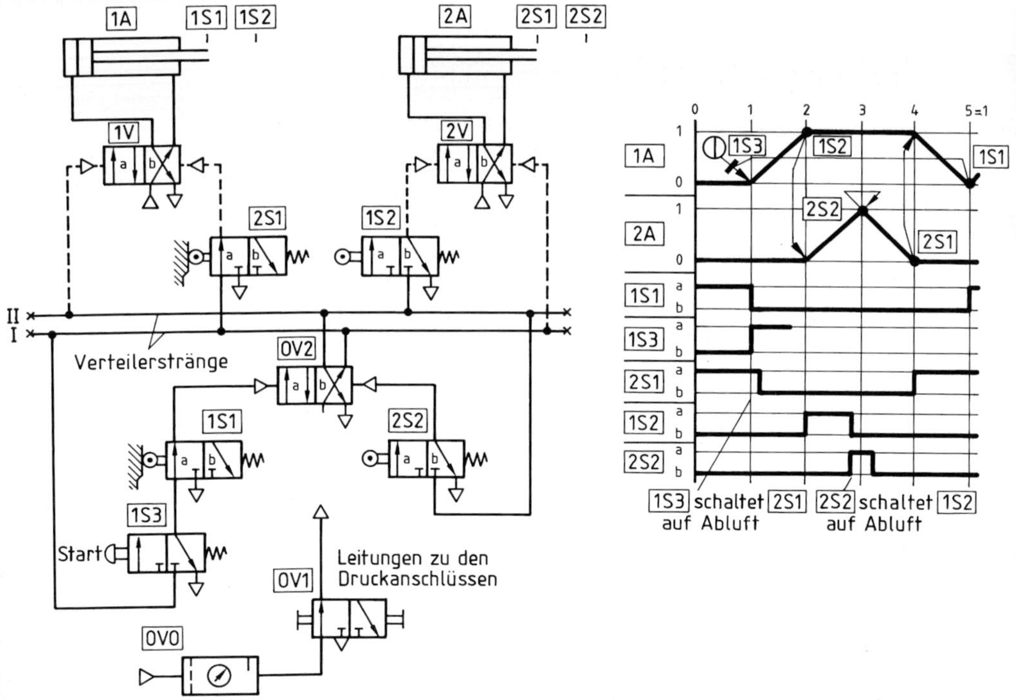

ST-6 a) Kopieren oder zeichnen Sie den Pneumatikschaltplan möglichst vergrößert.

b) Stellen Sie im Pneumatiklabor die notwendigen Ventile zusammen, und übertragen Sie die Anschlussbezeichnungen der Ventile in den Pneumatikschaltplan.

ST-7 a) Bauen Sie die Steuerung nach den Planungsunterlagen im Pneumatiklabor auf, und testen Sie die Steuerung auf ihre Funktionstüchtigkeit. Erstellen Sie ein Prüfprotokoll.

b) Nach einer Reparatur sind die Anschlüsse von dem Umschaltventil 0V2 an die Verteilerstränge vertauscht worden.
Was passiert, wenn die Anlage über das Hauptventil 0V1 mit Druckluft versorgt wird?

ST-8 Analysieren Sie die Aufgabe des Signalgliedes 1S1 in der Schaltung nach den vorliegenden Planungsunterlagen. Beschreiben Sie Ihre Feststellungen.

2 Elektropneumatik

ST-9 Das mechanische Öffnen bzw. Schließen eines Ventiles erfolgt mit Hilfe des elektrischen Stromes. Erklären Sie diesen Vorgang.

ST-10 Welche Teile eines grafischen Symbols für ein elektromagnetisch betätigtes Wegeventil sind im Pneumatikschaltplan und im Stromlaufplan gleich, und welche sind unterschiedlich?

ST-11 Zeichnen Sie das grafische Symbol für ein 3/2-Wegeventil in Sperr-Ruhestellung, elektromagnetisch betätigt mit Vorsteuerung und Federrückstellung.

ST-12 Aus welchem Grund benutzt man beim Einsatz von Magnetventilen vorzugsweise solche mit Vorsteuerung?

ST-13 Welche Aufgabe hat die Handhilfsbetätigung bei Magnetventilen?

ST-14 Erläutern Sie folgende Fachbegriffe:

a) EP-Wandler, **b)** PE-Wandler.

ST-15 Erklären Sie die Aufgabe und Wirkung eines RC-Gliedes.

ST-16 Entschlüsseln Sie die folgenden Kennzeichen nach VDE 0470:

a) IP 20, **b)** IP 22, **c)** IP 54.

ST-17 **a)** Untersuchen Sie Magnetventile in elektropneumatischen Steuerungen aus Ihrem Betrieb oder aus dem Pneumatiklabor auf die Schutzart.

b) Welchen Hinweis auf Personenschutz finden Sie im Kennzeichen für die Schutzart?

ST-18 Warum bevorzugt man in elektropneumatischen Steuerungen bei Magnetventilen die Spannung von 24 V?

ST-19 Bei welchem Näherungsschalter können nicht metallische Körper den Schaltvorgang auslösen?

ST-20 Welche besonderen Vorteile bieten fotoelektronische Grenztaster?

ST-21 Wie unterscheiden sich Schütz und Relais:

— im Aufbau, — in ihrer Leistung, — in der zeichnerischen Darstellung?

ST-22 Zeichnen Sie das grafische Symbol für ein Relais nach DIN EN 60617

a) mit drei Öffnern,

b) mit einem Öffner und einem Schließer.

c) Ergänzen Sie jeweils die Anschlusskennzeichen an den Relais.

ST-23 **a)** In welche Richtung ist der Signalfluss im Stromlaufplan vereinbart und wie ist die Polung festgelegt?

b) Wie wird der Energiefluss im Pneumatikschaltplan angenommen?

ST-24 Zeichnen Sie anhand des gegebenen Leistungsteils eines Stromlaufplanes das Weg-Schritt-Diagramm. Achten Sie insbesondere auf die Kurzschreibweise der Zylinderbewegungen.

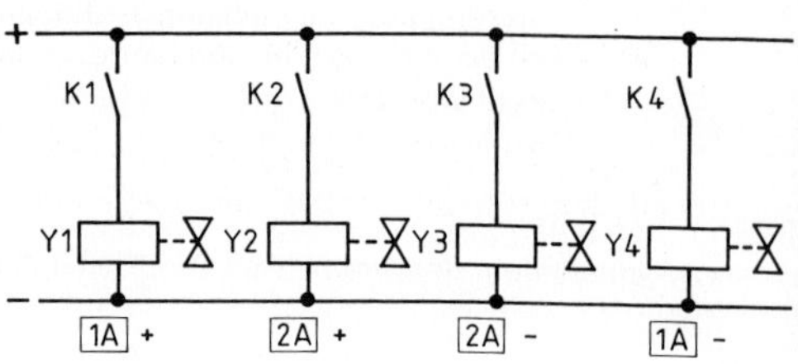

ST-25 Übernehmen Sie den folgenden Stromlaufplan, und ergänzen Sie die Skizze durch die Schaltgliedertabellen.

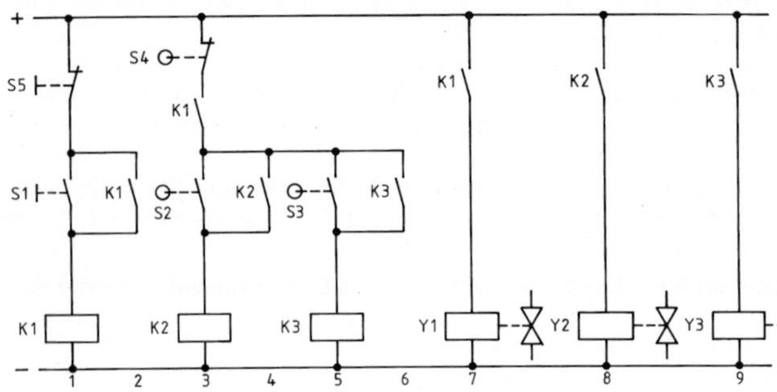

ST-26 Zeichnen Sie den gegebenen Stromlaufplan ab, und erweitern Sie diesen Plan um einen 5. Schritt. In diesem 5. Schritt ist eine entsprechende Schaltung wie in den vorhergehenden Schritten vorzusehen.

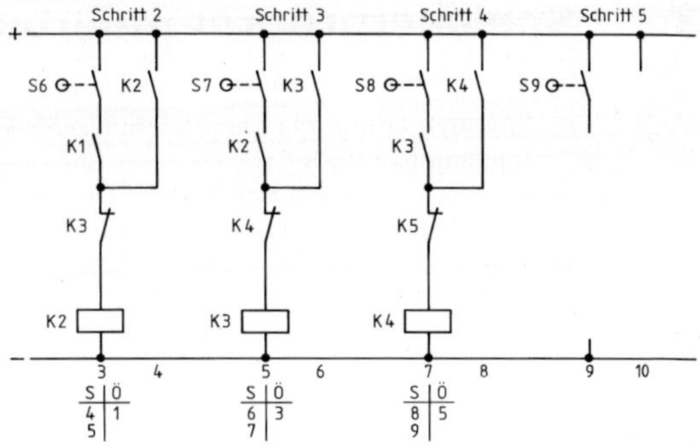

ST-27 Im Stromlaufplan nach Aufgabe ST-26 ist im Strompfad 5 die Abzweigung für die Selbsthaltung von Schütz K3 irrtümlich oberhalb von Schließer K2 angebracht worden.
Analysieren Sie die Folgen dieses Irrtums.

ST-28 Skizzieren Sie für den gegebenen Logikplan den Stromlaufplan.

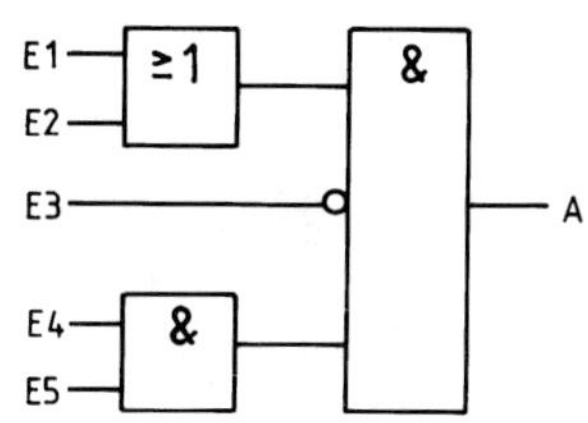

ST-29
a) Wie muss man 5/2-Wegeventile elektropneumatisch ansteuern, damit sie Signale speichern?
b) Aus welchem Grunde benötigen solche Speicherventile einen Mindestbetriebsdruck zum Durchschalten?

ST-30 Ein 5/2-Wegeventil soll von zwei Stellen eingeschaltet und von einer Stelle ausgeschaltet werden können.

Zeichnen Sie die betreffenden Ausschnitte vom Pneumatikschaltplan und vom Stromlaufplan.

ST-31 Ein einfach wirkender Zylinder soll mit einer Schützschaltung auf Tastendruck ausfahren und in der Endlage selbsttätig zum Einfahren schalten.
Zeichnen Sie den Pneumatikplan und den Stromlaufplan.

ST-32 Zwei übereinander angeordnete Rüttelsiebe werden von doppelt wirkenden Zylindern angetrieben. Auf Tastendruck beginnen die Siebe zu rütteln, nach einer einstellbaren Zeit hört die Vorrichtung auf zu arbeiten.
a) Entwickeln Sie das Zustands-Schritt-Diagramm.
b) Zeichnen Sie den Pneumatikplan.
c) Zeichnen Sie den Stromlaufplan.
d) Geben Sie eine stichwortartige Funktionsbeschreibung.

ST-33 In einer halb automatischen Klebe- und Bohrvorrichtung sollen Werkstücke unter Druck geklebt und anschließend gebohrt werden. Entsprechend dem Technologieschema wird das Profilteil von Hand auf die Werkstückaufnahme gelegt und anschließend die mit Reaktionskleber beschichtete Auflage auf dem Profilteil justiert. (Skizze siehe Aufgabe ST-1).
a) Die Beschreibung des Steuerungsablaufes und das Funktionsdiagramm entnehmen Sie der Lösung von Aufgabe ST-1.
b) Zeichnen Sie den elektropneumatischen Schaltplan.
c) Zeichnen Sie den Stromlaufplan.

3 Speicherprogrammierbare Steuerungen (SPS)

ST-34

a) Wodurch erfolgt die Verwirklichung der Steueranweisungen bei „verbindungsprogrammierbaren Steuerungen (VPS)"?

b) Wie wird die Veränderung der Steueranweisungen in „verbindungsprogrammierbaren Steuerungen (VPS)" vorgenommen?

c) Wie wird die Veränderung des Steuerungsablaufes in „speicherprogrammierbaren Steuerungen (SPS)" vorgenommen?

ST-35

In einer Vorrichtung werden Werkstücke gebördelt. Dazu werden die Werkstücke in eine Werkstückaufnahme gegeben und mit Hilfe eines Pneumatikzylinders 1A zugestellt und genau positioniert. Ein zweiter Pneumatikzylinder 2A fährt aus und bördelt das Werkstück. Nach dem Bördelvorgang schaltet sich der Zylinder selbst um und fährt in seine Ausgangslage zurück. Wenn der zweite Zylinder ganz eingefahren ist, wird der erste Zylinder zurückgestellt.

Übernehmen Sie den Funktionsplan und vervollständigen Sie ihn, indem Sie dabei folgende Begriffe verwenden:

– *für die Befehle:* Bördeln, Zurücksetzen (Werkzeug), Zurücksetzen (Werkstück), Zustellen.

Ergänzen Sie die Befehle mit der Kurzbeschreibung für die Zylinderbewegungen (1A+; 1A–; 2A+; 2A–).

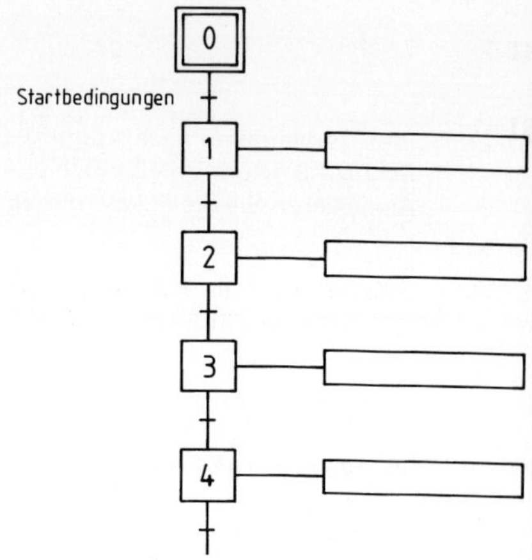

ST-36

Zeichnen Sie für die angeführten Beispiele jeweils den Funktionsplan.

a) In einem Treppenhaus ist die Beleuchtung von drei Etagen aus einschaltbar.

b) Der Brenner eines Härteofens kann erst dann gezündet werden, wenn die Ofentür geschlossen ist.

c) Das Signalhorn in einer automatischen Fertigungsstraße ertönt aus unterschiedlichen Gründen:
– das Werkstückmagazin ist leer, – die Taktzeit weicht vom Sollwert ab.

d) Die Nebelschlussleuchte am PKW lässt sich nur einschalten, wenn die Beleuchtung eingeschaltet ist.

ST-37

Der 5. Schritt in einer Steuerung – das Spannen – darf nur ausgeführt werden:

– wenn ein Weiterschaltsignal (S4) vom Schritt zuvor erfolgt ist,
– wenn ein Sicherheitsschalter betätigt wurde,
– wenn das Werkstückmagazin noch nicht leer ist.

Zeichnen Sie den Ausschnitt aus dem zugehörigen Funktionsplan.

ST-38

Die Startbedingungen für eine Steuerung sind im folgenden Zustands-Schritt-Diagramm dargestellt. Zeichnen Sie für diese Startbedingungen den Funktionsplan.

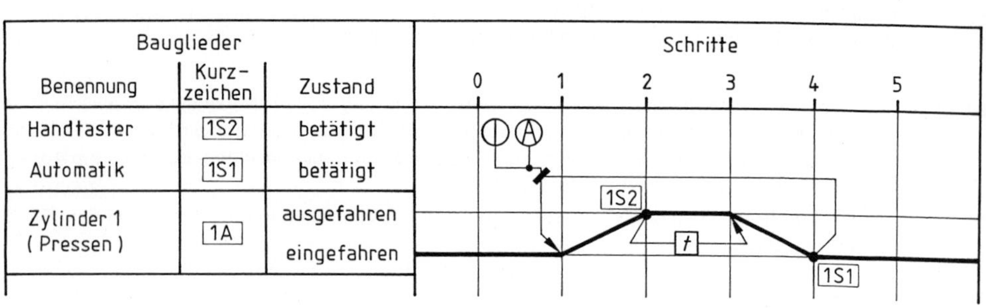

ST-39 Eine Biegevorrichtung für Bleche arbeitet mit einem Pneumatikzylinder. Dabei wird der Zylinder schnell zugestellt, während der Biegevorgang selbst langsam erfolgt.

a) Erstellen Sie für den Pneumatikzylinder das Zustands-Schritt-Diagramm.

b) Tragen Sie die Signalglieder und die Signallinien in das Zustands-Schritt-Diagramm ein, wenn folgendes bekannt ist:

- Der Zylinder betätigt im eingefahrenen Zustand den Endtaster 1S1.
- Bei gleichzeitiger Betätigung der Handtaster S4 und S5 fährt der Zylinder schnell aus.
- Am Ende der Zustellung betätigt der Zylinder den Endschalter 1S2 und schaltet so auf den langsameren Biegevorgang um.
- Nach dem Biegevorgang betätigt der Zylinder den Endschalter 1S3 und schaltet sich selbst um.
- Im eingefahrenen Zustand fährt der Zylinder wieder auf den Endschalter 1S1.

ST-40 Zeichnen Sie für die Biegevorrichtung nach Aufgabe ST-39 den Funktionsplan.

ST-41 Ein Garagentor wird auf unterschiedliche Art geöffnet bzw. geschlossen. Mit der Betätigung des Garagentores werden gleichzeitig die Beleuchtung und ein Ventilator geschaltet.
In den folgenden Funktionsplänen sind die Reihenfolge und die Dauer der Schaltvorgänge dieser Steuerungen gegeben.

a) Beschreiben Sie die Steuerung beim Öffnen des Tores.
(S1 – Tor öffnen)

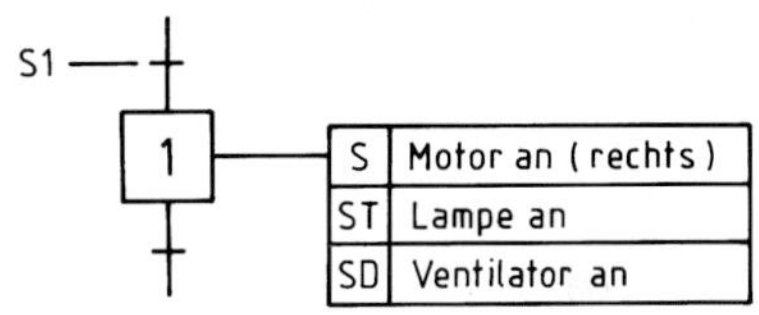

b) Beschreiben Sie die Steuerung beim Schließen des Tores.
(S2 – Tor schließen)

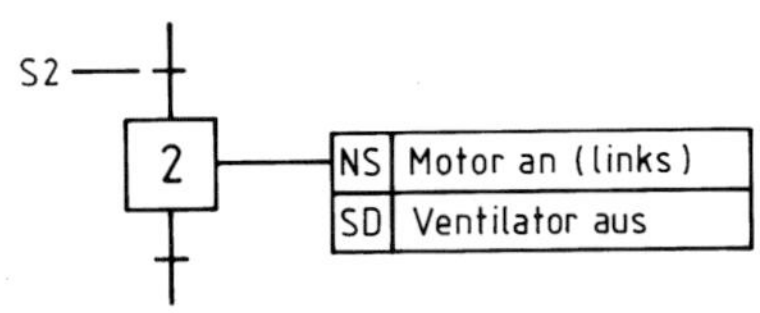

ST-42 In einer halbautomatischen Pressvorrichtung werden zwei Bauteile zu einem Werkstück zusammengepresst. Man legt die einzelnen Teile von Hand ein und entnimmt das gefügte Werkstück ebenfalls von Hand.
Durch die gleichzeitige Betätigung von zwei der drei Taster auf dem Rundtisch schaltet dieser um 120° weiter. Anschließend presst der Zylinder 1A1 die Bauteile zusammen und bleibt für eine einstellbare Zeit in dieser Stellung stehen.
Zeichnen Sie den vollständigen Funktionsplan. Beachten Sie dabei folgende Gesichtspunkte:

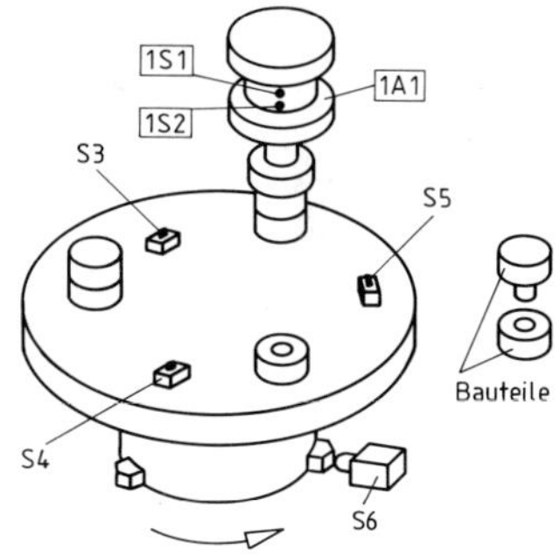

- ein neuer Zyklus darf nur erfolgen, wenn der Zylinder 1A1 eingefahren ist und der Endschalter 1S1 betätigt ist,
- die Verstellung des Rundtisches wird mit einem Schrittmotor durchgeführt und in der jeweiligen Stellung mit dem Endschalter S6 rückgemeldet,
- Zylinder 1A1 betätigt im ausgefahrenen Zustand Endschalter 1S2.

ST-43 Zeichnen Sie für die Klebe- und Bohrvorrichtung nach Aufgabe ST-33 den Funktionsplan.

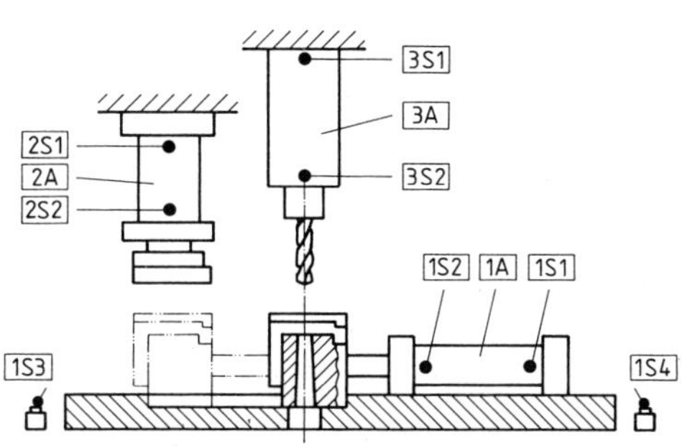

ST-44 Beschreiben Sie in einem kurzen Fachbericht die Programmierung von Automatisierungsgeräten in der SPS unter dem Gesichtspunkt des On-line bzw. Off-line Betriebes. Benutzen Sie dazu – soweit erforderlich – auch die nachfolgend angeführten Begriffe aus einem Fachlexikon.

on line rechnerabhängig, verbunden, mitlaufend, angeschlossen, direkt [gekoppelt]
off line rechnerunabhängig [arbeitend], nicht angeschlossen (verbunden), selbstständig [betrieben], indirekt

ST-45 In einem Firmenkatalog finden sich folgende Aussagen:

– „Die meisten Automatisierungsgeräte in der SPS besitzen serienmäßig einen RAM-Speicher, der über eine Batterie gepuffert ist."
– „Automatisierungsgeräte für die Ausbildung in der SPS sind vorteilhafter mit einem EEPROM als Speicher ausgerüstet."

Analysieren Sie diese Aussagen im Hinblick auf die angesprochenen Speicher.

ST-46 Die halbschematisch dargestellte Steuerung hat als Signalverarbeitungsgerät ein Automatisierungsgerät. Mit Hilfe dieses Gerätes sind unterschiedliche Steuerungsabläufe möglich, ohne dass die Anschlüsse geändert werden müssen.
Ersetzen Sie die speicherprogrammierbare Steuerung durch eine entsprechende elektropneumatische Steuerung. Folgende Verknüpfung wird angenommen:

– Start auf Tastendruck nur möglich bei eingefahrenem Kolben.
– Rückhub nur möglich, nachdem der Kolben ganz ausgefahren ist und ein Tastendruck erfolgt.

Zeichnen Sie dazu den Stromlaufplan und den Pneumatikschaltplan.

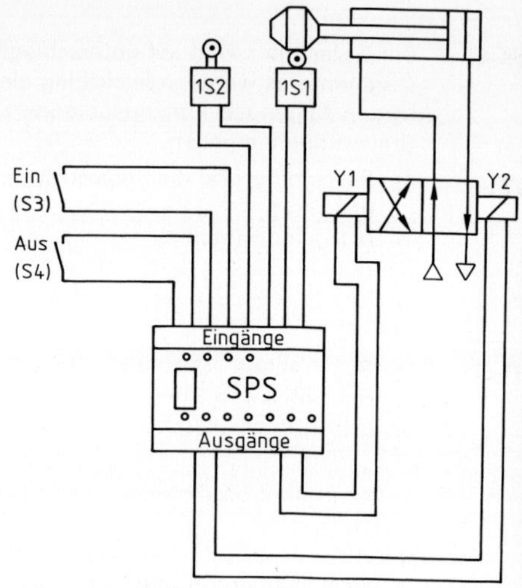

ST-47 Erklären Sie den Begriff „Zykluszeit" in der SPS.

ST-48 Ergänzen Sie den nachfolgenden Text an den Leerstellen sinngemäß mit den Worten „Eingangssignale" oder „Ausgangssignale".

„Die ...?... an einem Automatisierungsgerät ändern sich durch die Betätigung der Sensoren in der Steuerung. Die Steuerung der Aktoren erfolgt durch die ...?... der SPS. In der SPS werden ...?... erst gesetzt, wenn der Mikroprozessor alle Programmschritte ausgeführt hat und dabei alle ...?... abgefragt wurden."

ST-49 Setzen Sie die unten gezeichneten Schaltplanausschnitte gemäß dem nebenstehenden Beispiel jeweils in eine Textbeschreibung und in eine Anweisungsliste um.

Beispiel für die Entwicklung einer Anweisungsliste

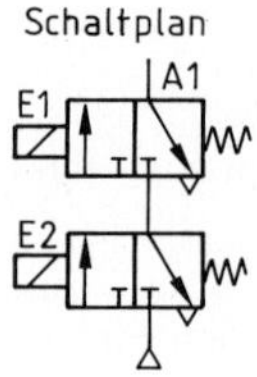

Textbeschreibung	Anweisungsliste	
Und Eingang 1	U	E 1
Und Eingang 2	U	E 2
ergibt Ausgang 1	=	A 1

a)

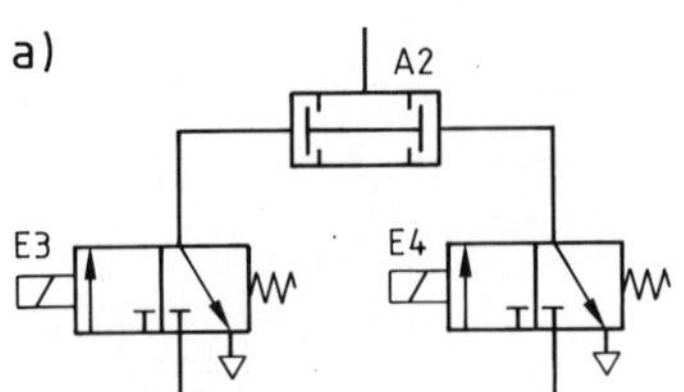

b)

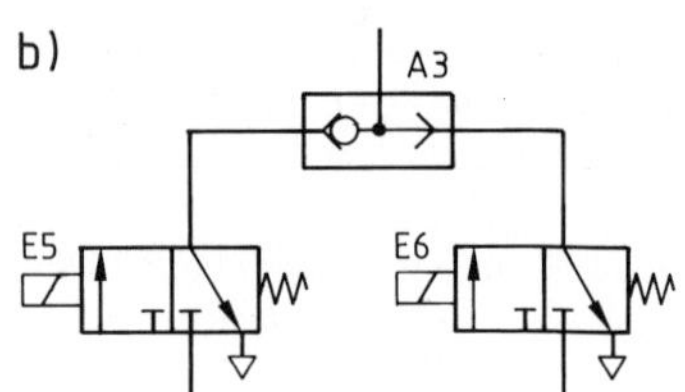

ST-63 Der 5. Schritt in einer Steuerung – das Spannen (A1) – darf nur ausgeführt werden:

- wenn ein Weiterschaltsignal (S4) vom Schritt zuvor erfolgt ist,
- wenn ein Sicherheitsschalter (S5) betätigt wurde,
- wenn das Werkstückmagazin (S6) noch nicht leer ist.

Zeichnen Sie den Ausschnitt aus dem zugehörigen Funktionsplan als Planungsunterlage und entwickeln Sie daraus für die Steuerung in der SPS den FUP und die AWL.

ST-64 Der Biegevorgang in einer Presse soll erst dann beginnen, wenn folgende Bedingungen erfüllt sind:

- Zwei Handtaster S1 und S2 müssen gleichzeitig gedrückt sein.
- Statt der Handtaster kann auch ein entfernt liegender Fußtaster S3 betätigt werden.
- Das Schutzgitter, kontrolliert durch den Schalter S4, muss geschlossen sein.
- Eine Lichtschranke S5 im Arbeitsbereich darf nicht unterbrochen sein.

a) Stellen Sie die Zuordnungsliste auf.
b) Zeichnen Sie den Funktionsplan (Ausschnitt für den Start).
c) Entwickeln Sie jeweils die Programme in FUP ohne Merker und in FUP mit Merkern (Startvorgang).
d) Entwickeln Sie jeweils die Programme in AWL mit Klammern und in AWL mit Merkern (Startvorgang).
e) Entwickeln Sie ein Programm in KOP (Startvorgang).

ST-65 Ein einfach wirkender Zylinder soll entsprechend dem gegebenen vereinfachten Schema geschaltet werden.
Durch die Betätigung eines Handtasters S1 schaltet man den Strom für die Spule des Magnetventiles ein. Durch die Betätigung eines zweiten Handtasters S2 wird das Magnetventil stromlos.

a) Stellen Sie die Schaltung, die in der SPS vorliegen muss, im FUP dar. Benutzen Sie dazu einen Speicherbaustein mit dominantem Rücksetzsignal.
b) Übersetzen Sie den FUP in die AWL.
c) Wie reagiert die Steuerung, wenn beide Taster gleichzeitig gedrückt werden?
d) Übersetzen Sie den FUP in den KOP.

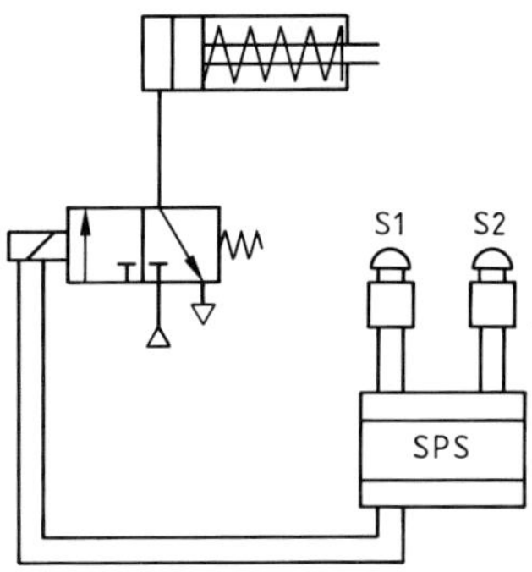

ST-66 Ein doppelt wirkender Zylinder 1A wird über ein Magnetventil mit Federrückstellung angesteuert. Durch kurzen Druck auf Taster S0 fährt die Kolbenstange aus und schaltet in der Endlage den Endschalter 1S2. Durch erneuten Tastendruck auf S0 fährt die Kolbenstange wieder ein.

a) Zeichnen Sie den Pneumatikschaltplan.
b) Schreiben Sie eine Zuordnungsliste.
c) Stellen Sie die Schaltung, die in der SPS vorliegen muss, im FUP dar. Benutzen Sie dazu einen Speicherbaustein.
d) Übersetzen Sie den FUP in die AWL.
e) Wie reagiert die Steuerung, wenn der Taster beim Startvorgang mehrmals gedrückt wird?

ST-67 Entwickeln Sie aus den gegebenen Unterlagen „Ausschnitt aus einer Ablaufsteuerung" den ensprechenden Programmausschnitt im FUP.

Sensor	Eingang
S3	E3
S4	E4
S5	E5

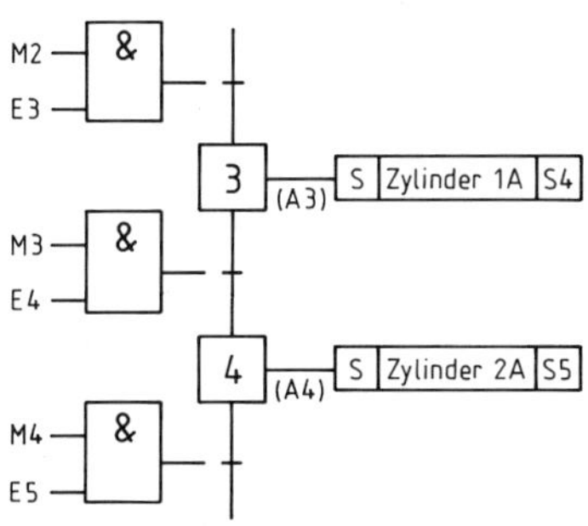

Ausschnitt aus einer Ablaufsteuerung

```
U   M2
U   E3
=S  M3     } Bedingungen im Schritt 3
U   M4
=R  M3
U   M3     } Befehlsausgabe im Schritt 3
=   A3
U   M3
U   E4
=S  M4     } Bedingungen im Schritt 4
U   M5
=R  M4
U   M4     } Befehlsausgabe im Schritt 4
=   A4
```

ST-68 In der Anweisungsliste nach Aufgabe ST-67 sind die Programmschritte Setzen und Rücksetzen in der dritten und fünften Zeile vertauscht worden (siehe den rechts dargestellten Ausschnitt aus der AWL).
Welche Folgen hat dieser Irrtum für den Ablauf der Steuerung?

```
    U   M2
    U   E3
──► =R  M3
    U   M4
──► =S  M3
    U   M3
    =   A3
```

ST-69 In der Anweisungsliste nach Aufgabe ST-67 ist die Befehlsausgabe im Schritt 3 unterschiedlich möglich. So kann die Ausgabe lauten: = A3 oder = S A3.

a) Welche Wirkung hat die bestehende Befehlsausgabe = A3 auf die Magnetspule zum Stellglied für den Zylinder 1A, wenn Zylinder 2A ausgefahren ist?

b) Welche Wirkung hat die geänderte Befehlsausgabe = S A3 auf die Magnetspule zum Stellglied für den Zylinder 1A, wenn Zylinder 2A ausgefahren ist?

ST-70 Die Steuerung für die Klebe- und Bohrvorrichtung nach Aufgabe ST-33 und Aufgabe ST-43 ist als speicherprogrammierbare Steuerung auszuführen.

a) Schreiben Sie eine Zuordnungsliste.

b) Entwickeln Sie das Programm in AWL und in FUP.

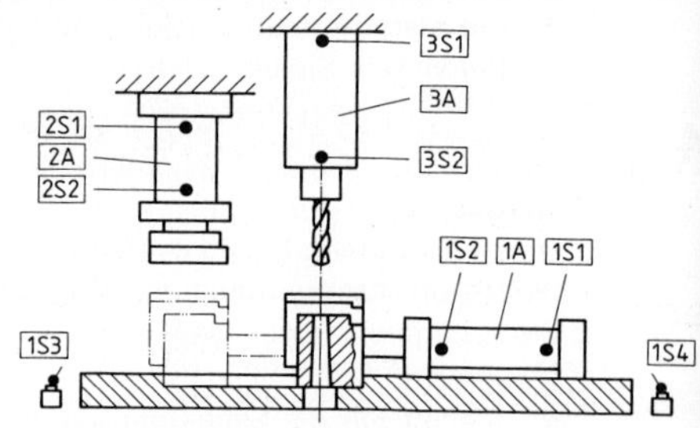

ST-71 Die Steuerung für die Schellen-Biegevorrichtung aus dem Lehrbuch, Kapitel 3.1.3, soll als speicherprogrammierbare Steuerung ausgeführt werden.

a) Schreiben Sie eine Zuordnungsliste.

b) Entwickeln Sie das Programm in AWL und in FUP.

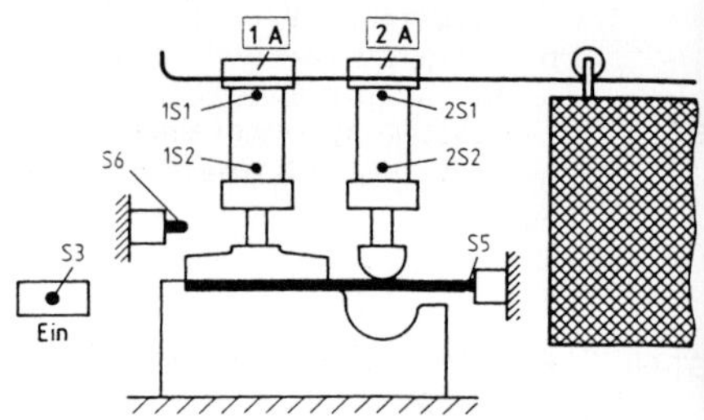

ST-72 Erweitern Sie die Bohrvorrichtung um den Zylinder Z1 zum Zuführen der Werkstücke. (Nachdem der Zylinder Z1 für die Werkstückzufuhr ausgefahren ist, beginnt der Spannvorgang, danach der Bohrvorschub.)

Aufgabenstellung

Einer Bohrvorrichtung sollen Werkstücke aus einem Magazin automatisch zugeführt werden. Sie werden danach pneumatisch gespannt und anschließend selbstständig gebohrt. Die gebohrten Werkstücke werden durch die nachfolgenden Werkstücke aus der Vorrichtung geschoben.
Sobald sich das Magazin leert, soll ein akustisches Signal erfolgen.

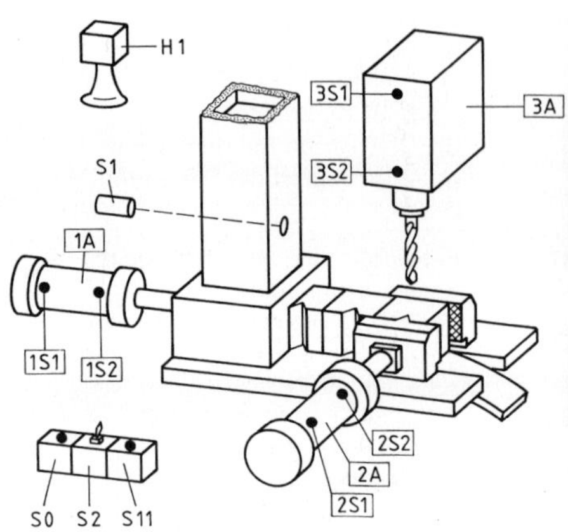

Hinweis

Die Bezeichnungen aller Sensoren und Aktoren sowie deren Beschaltung über die Eingänge und Ausgänge am Automatisierungsgerät sollen mit dem bisherigen Projekt „Bohrvorrichtung" übereinstimmen.

Analyse der Steuerung nach dem EVA-Prinzip

Eingabe (Sensoren)		**Verarbeitung** (Prozessor)	**Ausgabe** (Aktoren)
– Starttaster	S0	Speicherprogrammierbare Steuerung	– Stellglied und Zylinder 1A für Werkstückzufuhr
– Lichtschranke	S1		– Stellglied und Zylinder 2A zum Spannen
– Automatik Ein/Aus	S2		– Stellglied und Zylinder 3A für Bohrvorschub
– Endschalter für eingefahrene Zylinder	1S1, 2S1, 3S1	**SPS**	– Signalhorn H1
– Endschalter für ausgefahrene Zylinder	1S2, 2S2, 3S2		
– Halt-Taster	S11		

a) Zeichnen Sie den Pneumatikschaltplan und das Funktionsdiagramm für die Bohrvorrichtung.

b) Schreiben Sie eine Zuordnungsliste.

c) Erstellen Sie einen erweiterten Funktionsplan entsprechend dem Beispiel, und entwickeln Sie daraus das Programm in AWL.

d) Testen Sie das Programm an einem Simulationsmodell. Erstellen Sie ein Prüfprotokoll.

4 Inbetriebnahme von elektropneumatischen Steuerungen

ST-73 **a)** Beschreiben Sie die Gefahren für das Instandsetzungspersonal, die zu Beginn der Reparatur an einer stillgesetzten elektropneumatischen Steuerungsanlage bestehen.

b) Geben Sie notwendige Sicherheitsmaßnahmen an, die bei der Demontage oder beim Umrüsten einer Anlage eingehalten werden müssen.

c) Nehmen Sie Stellung zu dem Hinweis: „Diese Anlage muss vor Inbetriebnahme vom TÜV abgenommen werden."

ST-74 Eine Steuerung wurde einer gründlichen Inspektion unterzogen und soll wieder in Betrieb genommen werden. Ordnen Sie die Einzelanweisungen zur Inbetriebnahme so, dass die Anlage unfallfrei angefahren werden kann.

A Aktoren in Grundstellung bringen
B Spannung anlegen und Arbeitsdruck langsam erhöhen
C Anlage drucklos und spannungslos schalten
D Drosselventile schließen
E Probelauf ohne Werkzeug und ohne Werkstück durchführen
F Druckeinstellungen und Geschwindigkeiten optimieren
G Funktion der Anlage in Schritten prüfen (Drosselventile langsam öffnen)
H Ventile mit Speicherverhalten über die Handhilfsbetätigung in die vorgesehene Stellung bringen
I Testlauf mit allen geforderten Daten durchführen
K Probelauf mit Werkzeug und Werkstück vornehmen
L Sicherheitsventile auf niedrigst zulässigen Betriebsdruck einstellen

5 Hydraulik

ST-75 Untersuchen Sie, warum sich in den genannten Systemen die Hydraulik bzw. Pneumatik als Technologie durchgesetzt hat.

a) Hydraulische Vorschubeinheit in einer Fräsmaschine.

b) Hydraulisch angetriebene Schaufel an einem Bagger.

c) Pneumatisches Transportsystem zum Verpacken von Zucker.

d) Hydraulisch betriebene Schließeinheit an einer Spritzgießmaschine.

e) Pneumatisch arbeitende Milchabfüllanlage.

f) Suchen Sie weitere Beispiele aus Ihrem Betrieb.

ST-76 Zeichnen Sie das gegebene Schema ab und vervollständigen Sie dieses, indem Sie die folgenden Begriffe einordnen:

Vorschubeinheit, Druckbegrenzungsventil, Hydraulikzylinder, Elektromotor mit Zahnradpumpe, Hydraulikleitung, 4/2-Wegeventil.

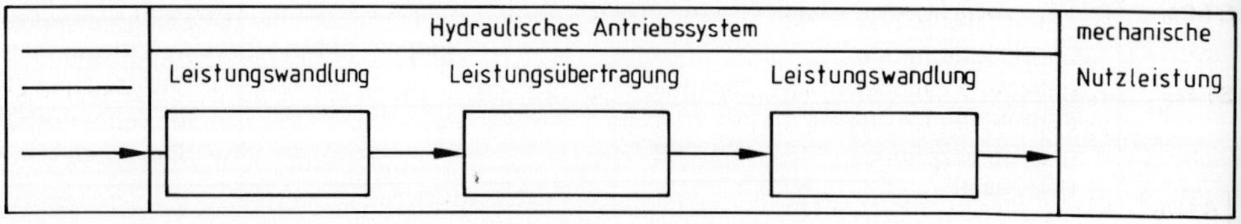

ST-77 Berechnen Sie die fehlenden Werte für eine Hydraulikanlage.

	Volumenstrom in l/min	in cm³/s	in m³/s	Druck in bar	in N/cm²	in N/m²	Leistung in kW
a)	?	?	$2 \cdot 10^{-3}$	?	?	$12 \cdot 10^5$	?
b)	36	?	?	?	?	$80 \cdot 10^5$	?
c)	4	?	?	200	?	?	?
d)	?	?	0,001	?	?	?	4
e)	?	?	?	135	?	?	0,85
f)	7,2	?	?	?	?	?	1,4

ST-78 Der Durchmesser eines Hydraulikkolbens beträgt 63 mm. Der Kolben soll eine Last von 8 500 N über eine Strecke von 0,8 m in 3,5 Sekunden bewegen.
Berechnen Sie (ohne Reibungsverluste und Beschleunigungsanteile):

a) Kolbenfläche, **b)** Druck, **c)** Volumenstrom, **d)** Hydraulische Leistung.

ST-79 Eine Hydraulikanlage wird durch einen Elektromotor angetrieben, der eine Anschlussleistung von 4 kW hat.

a) Welche hydraulische Leistung kann am Arbeitselement wirksam werden, wenn in der Anlage ein Verlust von 45 % auftritt?

b) Wie hoch ist der maximale Druck am Arbeitszylinder, wenn die Pumpe 15 l/min fördert und dabei der Leistungsverlust berücksichtigt wird (Angabe in Pa und in bar)?

ST-80 Der Hydraulikkolben für einen Lastenaufzug hat einen wirksamen Durchmesser von 100 mm. Die Hydraulikanlage betreibt man mit einem maximalen Druck von 350 bar. Die Last soll mit einer Geschwindigkeit von 14 m/min gehoben werden.

a) Welche maximale Last kann mit dem Hydraulikkolben gehoben werden?

b) Wie groß muss die elektrische Leistung bei einem Wirkungsgrad von 0,6 sein?

ST-81 Berechnen Sie mit Hilfe der Kontinuitätsgleichung die fehlenden Größen:

a) Durch ein Rohr mit einem Querschnitt von 20 cm² fließt Hydrauliköl mit der Geschwindigkeit von 1,5 m/s. Wie groß wird die Geschwindigkeit, wenn sich der Querschnitt auf 30 cm² vergrößert?

b) Hydrauliköl strömt in ein Ventil mit der Geschwindigkeit von 0,8 m/s hinein. Das Anschlussrohr hat einen Innendurchmesser von 15 mm. Welche Fließgeschwindigkeit tritt in einer Engstelle im Ventil auf, wenn diese einen Querschnitt von 30 mm² hat?

ST-82 Begründen Sie, warum Hydraulikleitungen bei Richtungsänderungen mit möglichst großen Radien verlegt werden müssen.

ST-83 In einem Ventil sind Kavitationsschäden aufgetreten.

a) Nennen Sie Ursachen, die zur Kavitation führen.
b) Schlagen Sie Maßnahmen vor, durch die man die Kavitation weitgehend vermeiden kann.

ST-84 Welche Vorteile und welche Nachteile haben Hydrauliköle mit niedriger Viskosität?

ST-85 In einer Zahnradpumpe treten während des Betriebes Verluste auf. Unterscheiden Sie die auftretenden Verluste in volumetrische und hydraulisch-mechanische Verluste.

ST-86 Der Wirkungsgrad in einer Hydraulikpumpe ist druckabhängig. Die volumetrischen Verluste in einer Zahnradpumpe betragen bei 100 bar etwa 10 % und bei 200 bar etwa 25 %. Die mechanisch-hydraulischen Verluste betragen bei 100 bar etwa 9 % und bei 200 bar etwa 10 %.
Berechnen Sie den Gesamtwirkungsgrad der Pumpe bei 100 bar und bei 200 bar.

ST-87 In einer Hydraulikanlage, die längere Zeit in Betrieb war, treten Leistungsverluste auf. Bevor man die Pumpe austauscht, soll die Anlage messtechnisch überprüft werden, weil man nicht weiß, welches Bauteil defekt ist. Beschreiben Sie, wie man vorgehen kann.

ST-88 Vergleichen Sie die messtechnischen Möglichkeiten der Untersuchung von hydraulischen Systemen mit den entsprechenden Untersuchungsmöglichkeiten in elektrischen Stromkreisen.
Benutzen Sie folgende Begriffe bei der Beschreibung:
Druck, elektrische Leistung, hydraulische Leistung, Spannung, Strom, Volumenstrom.

ST-89 Berechnen Sie die fehlenden Werte für die gegebenen Druckmessgeräte:

	Genauigkeits-klasse	Messbereich in bar	Gerätefehler in bar	Anzeigewert in bar	wirklicher Druck-bereich in bar
a)				350	?
b)	2	0 bis 400	?	200	?
c)				100	?
d)				350	?
e)	1,2	0 bis 400	?	200	?
f)				100	?

ST-90 Ein Druckmessgerät hat den Messbereich von 0 bis 500 bar und die Genauigkeitsklasse 1,6.

a) Berechnen Sie den Gerätefehler in bar.
b) Wie groß ist der tatsächliche Druckbereich in bar bei folgenden Anzeigewerten: 80 bar, 160 bar, 240 bar, 320 bar und 400 bar?
c) Berechnen Sie die prozentuale Abweichung des Messwertes zu dem angezeigten Druck.
d) Tragen Sie die Ergebnisse in ein Diagramm ein (senkrechte Achse: prozentuale Abweichung zum angezeigten Druck, waagerechte Achse: Anzeigewert des Druckes in bar).

ST-91 Überprüfen Sie in Ihrem Betrieb eine Hydraulikanlage nach folgenden Gesichtspunkten:

a) An welchen Stellen in der Anlage sind Druckmessgeräte fest eingebaut?
b) Welche Genauigkeitsklasse und welchen Messbereich weist das jeweilige Messgerät auf?
c) An welchen Stellen in der Anlage finden Sie Messanschlüsse zur Druckmessung?

ST-92 In einem Zahnraddurchflussmesser wird je Zahnlücke ein Volumen von 1,2 cm^3 gefördert. Der angeschlossene Frequenzmesser zeigt 2 800 Impulse je Minute an. Dabei verursacht jeder Zahn einen Impuls.

a) Berechnen Sie den Volumenstrom in l/min.
b) Bestimmen Sie die Leistung der Pumpe, wenn der maximale Druck 300 bar beträgt und ein Wirkungsgrad von 0,75 angesetzt wird.

ST-93 Im Schaltplan der im Lehrbuch dargestellten Schaltung für eine Einpressvorrichtung sind Messstellen für die Messung von Druck und Volumenstrom eingezeichnet. Benutzen Sie diesen Schaltplan, um die folgenden Aufgaben zu lösen.

1. Die Pumpe fördert einen Volumenstrom von 10 l/min. Dieser Wert wird an der Messstelle q_{v1} gemessen. Wie verändert sich der Wert an der Messstelle q_{v2} bei den verschiedenen Schaltstellungen des 4/3-Wegeventiles, wird er kleiner oder größer, ist er gleichbleibend?

a) Bei Schaltstellung 0 des 4/3-Wegeventiles?

b) Bei Schaltstellung a des 4/3-Wegeventiles und Ausfahren des Zylinders?

c) Bei Schaltstellung b des 4/3-Wegeventiles und Einfahren des Zylinders?

2. Beschreiben Sie, wie man vorgehen muss, um das fest installierte Druckmessgerät p_1 am Druckbegrenzungsventil zu überprüfen.

3. Welcher Druck muss am Druckminderventil sekundärseitig (p_6) eingestellt werden, wenn die Einpresskraft an der Kolbenstange 10 KN betragen soll und der Zylinder einen Kolbendurchmesser von 40 mm hat? (Widerstände im System bei der Rechnung vernachlässigen)

ST-94 Für eine Pumpe liegt die Kennlinie vor (q_v-p-Diagramm).
Ermitteln Sie für einen Druck von 300 bar die theoretische Leistung, die Nutzleistung, die Verlustleistung und den Wirkungsgrad.

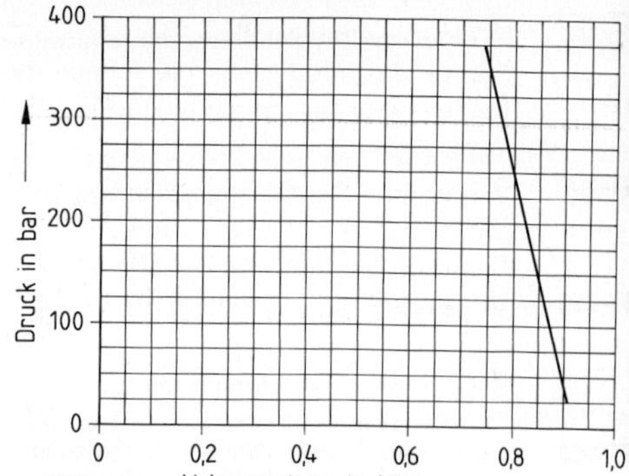

q_v-p-Diagramm

ST-95 Die Pumpenkennlinie entsprechend des Diagrammes nach Aufgabe ST-94 ist vom Pumpenhersteller angegeben. In einer Kontrollmessung stellte man nebenstehende Messwerte fest.

Nr. der Messung	Druck in bar	Volumenstrom in l/min
1	25	0,88
2	75	0,85
3	150	0,80
4	225	0,75
5	300	0,70
6	350	0,65
7	375	0,60

a) Zeichnen Sie das Diagramm nach Aufgabe ST-94 vergrößert ab und tragen Sie zusätzlich die Kontrollmesswerte ein. Zeichnen Sie die neue Pumpenkennlinie.

b) Wie groß ist der Wirkungsgrad der Pumpe bei 300 bar?

c) Erklären Sie die Abweichung der beiden Kennlinien.

ST-96 Welche Vorteile hat der Einsatz eines 4/3-Wegeventiles als Stellglied in einer Hydraulikanlage gegenüber einem 4/2-Wegeventil?

ST-97 In einer Hydraulikanlage, die unter Druck steht, platzt ein Schlauch.

a) Wie ist die Druckverteilung in der Anlage kurz nach dem Störfall?

b) Welche Unfallgefahren können auftreten?

c) Welche Unfallgefahren würden beim Platzen eines Druckschlauches in einer Pneumatikanlage auftreten?

ST-98 Für welche unterschiedlichen Aufgaben müssen in hydraulischen Anlagen Leitungen verlegt werden?

ST-99 Vergleichen Sie den Aufbau von Hydraulikanlagen und Pneumatikanlagen. Benutzen Sie dazu folgende Begriffe: Druckbegrenzungsventil, Filter, geschlossenes System, offenes System, Wartungseinheit.

ST-100 Warum treten bei Konstantpumpen – außer in Arbeitspausen – mehr Verluste als bei Verstellpumpen auf? (Beide Pumpen sollen ohne Umdrehungsfrequenzregelung arbeiten.)

ST-101 Bei der Leistungsbereitstellung in hydraulischen Anlagen sollen Pumpen in „Arbeitspausen" mit möglichst geringer Leistungsaufnahme betrieben werden.
Beschreiben Sie, wie diese Forderung bei Konstantpumpen bzw. bei Verstellpumpen erfüllt wird.

ST-102 Das Rohr auf der Saugseite einer Pumpe hat einen größeren Durchmesser als das Rohr auf der Druckseite. Begründen Sie diesen Unterschied.

ST-103 Bei einer Zahnradpumpe wird bei ansteigendem Druck der Volumenstrom geringer. Erklären Sie diese Abhängigkeit.

ST-104 Eine hydraulische Pumpe soll messtechnisch überprüft werden.

a) Planen Sie die messtechnische Durchführung, indem Sie den Schaltplan mit Messstellen entwickeln.
b) Führen Sie gegebenenfalls eine entsprechende Messung im Betrieb oder im Messlabor durch.

ST-105 Wie wird in einer Flügelzellenpumpe der Volumenstrom erzeugt?

ST-106 Wodurch erreicht man bei verstellbaren Flügelzellenpumpen die Veränderung des Volumenstromes?

ST-107 **a)** Um welches Bauteil dreht sich die Trommel einer Axialkolbenpumpe?
b) Durch welches Bauteil wird die Trommel angetrieben?

ST-108 **a)** Begründen Sie, warum das Druckbegrenzungsventil in der Nähe der Pumpe eingebaut werden muss.
b) Bei Druckbegrenzungsventilen spricht man vom „Offenhaltedruck". Erklären Sie diesen Begriff.

ST-109 Begründen Sie mithilfe der Druckbegrenzungsventil-Kennlinie, warum das Druckbegrenzungsventil zwingend bei dem maximal auftretenden Volumenstrom in der Hydraulikanlage eingestellt werden muss.

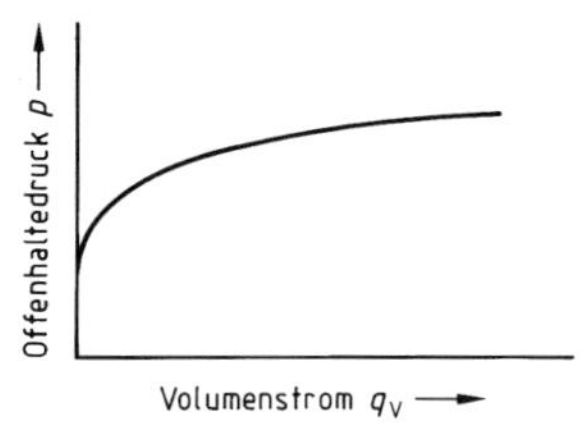

Druckbegrenzungsventil – Kennlinie

ST-110 **a)** Beschreiben Sie die Aufgaben eines Druckflüssigkeitsbehälters.
b) Wie sind Druckflüssigkeitsbehälter konstruiert, damit sie diese Aufgaben erfüllen?

ST-111 Hydraulikpumpen werden heute zunehmend seitlich an den Druckflüssigkeitsbehälter angebaut. Begründen Sie diese Entwicklung.

ST-112 Die Qualitätssicherung in einem Unternehmen stellt fest, dass zu bestimmten Zeiten in einer Fertigungsstraße die Toleranzen häufig nicht eingehalten werden. Die Fertigungsstraße besteht im Wesentlichen aus hydraulisch betriebenen Präzisionswerkzeugmaschinen. Darüber hinaus ist die Fertigungshalle klimatisiert.
Untersuchen Sie dieses Problem und stellen Sie eine Rangfolge von möglichen Fehlerursachen auf.

ST-113 Woran erkennt man in einer Hydraulikanlage, wann der Filter gewechselt werden muss?

ST-114 Welche Aufgabe hat der „Bypass" in einem Rücklauffilter?

ST-115 Worin besteht der wesentliche konstruktive Unterschied zwischen dem Speicher in einer Hydraulikanlage und dem Speicher in einer Pneumatikanlage?

ST-116 Vergleichen Sie die Aufgaben, die ein Speicher in einer pneumatischen Anlage hat mit den Aufgaben, für die ein Speicher in einer hydraulischen Anlage vorgesehen ist.

ST-117 Welches Fügeverfahren darf angewendet werden, um an einem hydraulischen Speicher ein Schild zu befestigen?

ST-118 Der Hubtisch einer hydraulisch betätigten Hebebühne soll über einige Stunden in ausgefahrener Stellung unter Last in seiner Position bleiben.
Wie löst man dieses Problem?

ST-119 Bei der Verlegung von Hydraulikrohren muss besondere Sorgfalt eingehalten werden. Fertigen Sie eine Checkliste an, mit der Sie nach der Montage die Anlage überprüfen.

ST-120 Bewegliche Arbeitsglieder werden mit Hydraulikschläuchen verbunden. Dabei sind bestimmte Montageregeln einzuhalten.
Die Beispiele zeigen den falschen Einbau von Schläuchen. Schlagen Sie jeweils den richtigen Einbau vor.

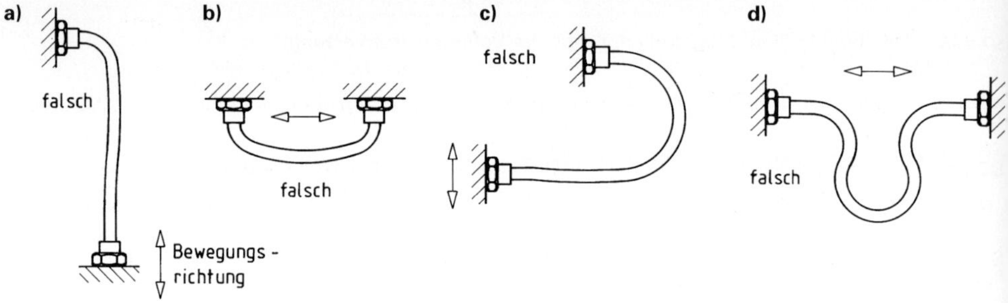

ST-121 Beschreiben Sie die Vorteile von Anschlussplatten und Steuerblöcken.

ST-122 Welche baulichen Besonderheiten haben Hydraulikventile im Vergleich zu Pneumatikventilen?

ST-123 **a)** In der Zeichnung ist ein vorgesteuertes Wegeventil dargestellt. Beschreiben Sie, welche Bauteile nacheinander in dem Ventil bewegt werden, wenn am Anschluss B Drucköl vorliegen soll.
Gehen Sie bei Ihrer Beschreibung von der Null-Stellung aus.
b) Bei dem angesprochenen Ventil ist im Vorsteuerventil die Feder gebrochen.
Was könnte geschehen, wenn die Leitung P unter Druck steht?

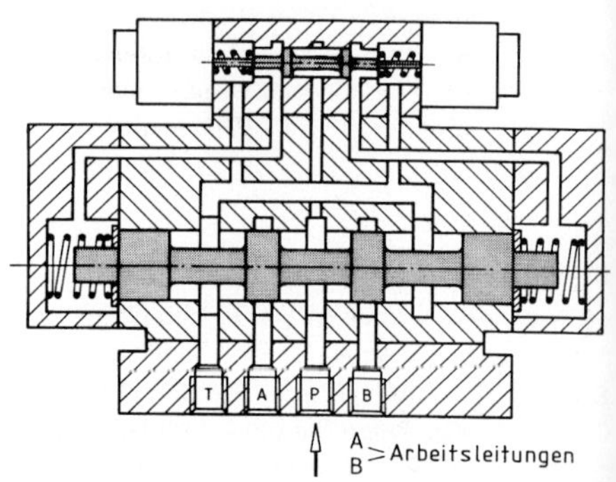

ST-124 Das Druckmessgerät vor einem Wegeventil zeigt einen höheren Druck an als das Druckmessgerät nach dem Ventil.
Sind die Druckmessgeräte defekt, ist das Ventil nicht in Ordnung oder entspricht das Messergebnis der Funktionsweise des Ventiles?

ST-125 Warum wird in jeder Hydraulikanlage zwischen Speicher und Pumpe ein Sperrventil eingebaut?

ST-126 Verfolgen Sie den Rohrleitungsverlauf an einer ausgeführten Hydraulikanlage in Ihrem Ausbildungsbetrieb. Suchen Sie dabei ein Rückschlagventil und notieren Sie, wie die Durchflussrichtung gekennzeichnet ist.

ST-127 Erklären Sie die Funktion und die Aufgabe eines entsperrbaren Rückschlagventiles.

ST-128 In einem Druckminderventil ist die Feder gebrochen. Wie wirkt sich dieser Defekt auf die Funktionsweise des Ventiles aus?

ST-129 Die Wirkungsweise eines hydraulischen Systems mit einem Drosselventil ist nur gegeben, wenn parallel ein Druckbegrenzungsventil geschaltet ist. Erklären Sie diesen Zusammenhang.

ST-130 Mit einem Drosselventil soll die Geschwindigkeit eines Hubzylinders beeinflusst werden. Welche Bedingungen müssen gegeben sein, damit die Drossel wirksam wird?

ST-131 Vergleichen Sie den Aufbau und die Wirkungsweise eines Drosselventiles in der Pneumatik und in der Hydraulik.

ST-132 Hydraulische Ventile können nach ihren Aufgaben unterteilt werden. Übernehmen Sie das folgende Schema und ergänzen Sie die fehlenden Begriffe.

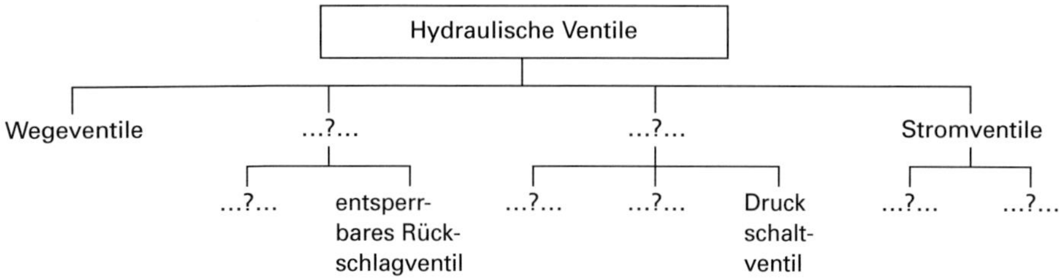

ST-133 An einer Fräsmaschine erfolgt der Vorschub durch einen Hydraulikantrieb. Begründen Sie, warum in der Druckleitung zum Zylinder ein Stromregelventil eingesetzt wird.

ST-134 Welche Kräfte halten sich bei einer „Druckwaage" in einem Stromregelventil das Gleichgewicht?

ST-135 Warum ist es vorteilhafter, die Kolbenstangen von Hydraulikzylindern zu honen, statt zu schleifen?

ST-136 Ein Hydraulikzylinder mit den angegebenen Maßen soll eine Last von 30 kN in 20 Sekunden um 1,5 m heben.

a) Berechnen Sie die notwendige Leistung.
b) Bestimmen Sie den Volumenstrom.
c) Mit welchem Druck muss der Zylinder beaufschlagt werden, wenn der Wirkungsgrad des Zylinders 0,95 beträgt?

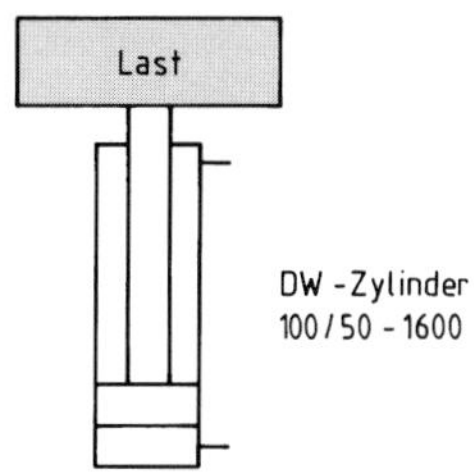

ST-137 Hydropneumatische Vorschubeinheiten verwendet man in der Pneumatik, um gleichförmige Vorschubbewegungen bei unterschiedlichen Belastungen ausführen zu können.
Beschreiben Sie anhand der Skizze die Wirkungsweise der Vorschubeinheit.

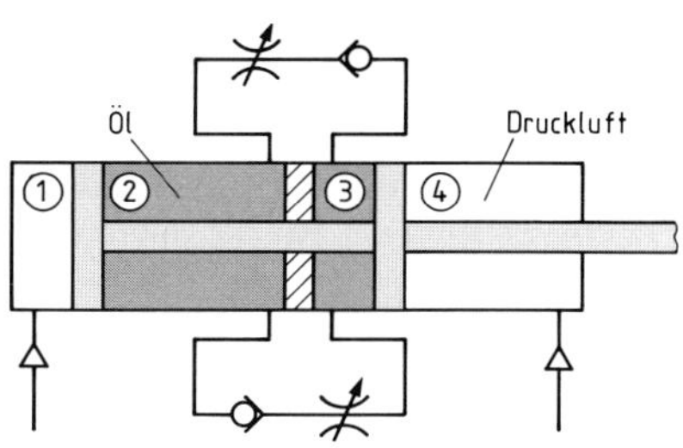

ST-138 Hydraulikzylinder müssen sorgfältig entlüftet werden. Nennen Sie Gründe für diese Maßnahme.

ST-139 Beschreiben Sie den Bewegungsablauf eines Kolbens in einem Axialkolbenmotor bei einer vollen Umdrehung des Motors. Benutzen Sie in Ihrer Beschreibung folgende Fachbegriffe:

– Axialkolben,
– Drucköl von der Pumpe,
– feststehende Steuerscheibe,
– Rücklaufzone,
– Schrägscheibe,
– Zylindergehäuse.

ST-140 Nennen Sie die Einsatzbereiche von Hydraulikmotoren (Rotationsmotoren).

ST-141 Zählen Sie die Geräte auf, die grundsätzlich zum Teilsystem der Leistungswandlung und Leistungsbereitstellung gehören.

ST-142 Welchen Nachteil hat ein 4/2-Wegeventil bei der Ansteuerung von doppelt wirkenden Zylindern?

ST-143 Ein Hydraulikmotor soll über ein 4/3-Wegeventil (elektrisch betätigt, Mittelstellung über Federn) in zwei Drehrichtungen gesteuert werden können.
Skizzieren Sie den Schaltplan von der Energieversorgung bis zum Antriebsglied.

ST-144 Beschreiben Sie, unter welchen Bedingungen die Geschwindigkeitssteuerung für einen Hydraulikzylinder im Zulauf wirksam wird.

ST-145 In einem Katalog über hydraulische Spannvorrichtungen für den Einbau von Werkzeugen in Spritzgießmaschinen ist der folgende Schaltplan abgebildet.

Hinweise:
- Die Keilspannelemente sind doppeltwirkende Zylinder.
- Aus Sicherheitsgründen wird der Druck in jedem Spannkreis über zwei elektrische Druckschalter abgefragt.

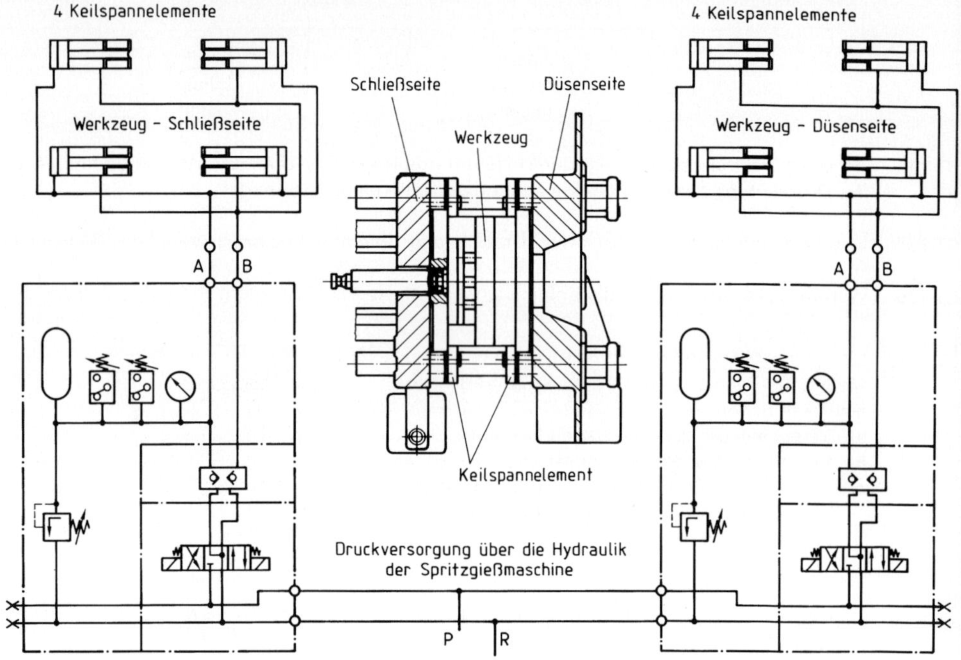

a) Beschreiben Sie den Spannvorgang.
b) Erklären Sie, wie der Spannvorgang aufrechterhalten wird.
c) Beschreiben Sie das Ausspannen des Werkzeuges.

ST-146 Zeichnen Sie zu dem Schaltplan der „Eilgang-Vorschub-Steuerung" aus dem Lehrbuch das Weg-Zeit-Diagramm für den Zylinder. Der Eilgang-Vorlauf beträgt 30 mm und der Vorschub 10 mm. Der Eilgang ist nach einer Sekunde abgeschlossen, der Vorschub nach weiteren zehn Sekunden. Für den Rücklauf benötigt der Kolben zwei Sekunden.

ST-147 Die „Eilgang-Vorschub-Steuerung" aus dem Lehrbuch soll erweitert werden. Das mechanische Spannelement wird durch ein hydraulisches Keilspannelement wie in Aufgabe ST-145 ersetzt.
Erweitern Sie den Schaltplan.

6 Regelungstechnik

ST-148 Erklären Sie den Unterschied zwischen Steuern und Regeln.

ST-149 Beschreiben Sie die Aufgabe folgender Bauteile unter dem Gesichtspunkt der Regelung:
- Druckregelventil in der autogenen Schweißanlage,
- Wartungseinheit in der Pneumatikanlage,
- Stromregelventil in der Hydraulikanlage.

a) Welche Regelgröße wird jeweils beeinflusst?
b) Welche Störgrößen können jeweils auftreten?

ST-150 **a)** Zeichnen Sie die „Schematische Darstellung" der Regelung der Maschinentischposition ab, und tragen Sie die angeführten Begriffe aus der Regelungstechnik ein.

– Regelstrecke, – Regelgröße, – Führungsgröße, – Stellglied

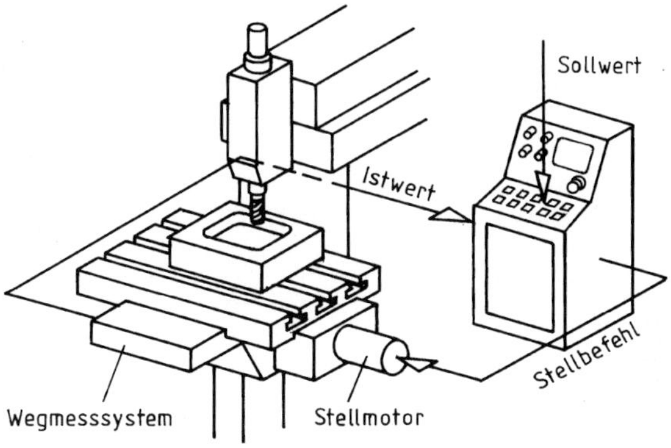

Systemdarstellung

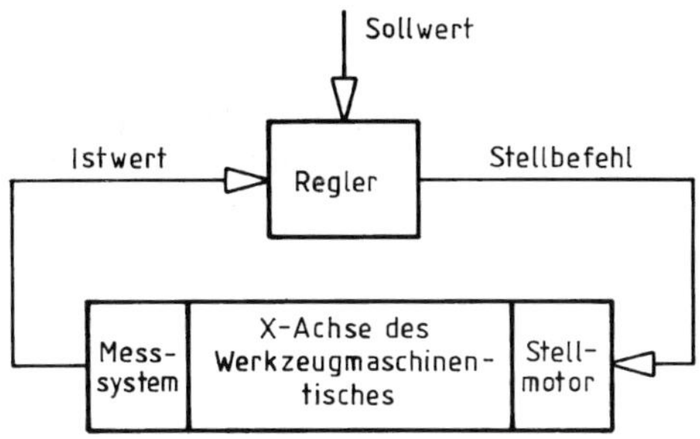

Schematische Darstellung

b) Begründen Sie am obigen Beispiel die Notwendigkeit des dauernden Messens für den Regelvorgang.

ST-151 Erläutern Sie die Regelung eines Kühlschrankes.

ST-152 In den nebenstehenden Diagrammen wird in dem einen Diagramm das zeitliche Verhalten der Regelgröße „Druck in einem Windkessel" und in dem anderen Diagramm das zeitliche Verhalten der Stellgröße „elektrischer Strom" dargestellt.

a) Skizzieren Sie die Diagramme ab, und beschriften Sie jeweils die senkrechten Achsen.
b) Erläutern Sie anhand der Diagramme das Regelverhalten.
c) Welche Störgrößen wirken auf den Regelkreis ein?

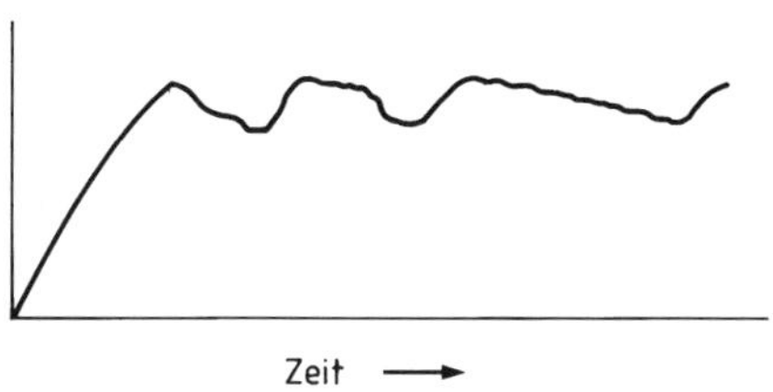

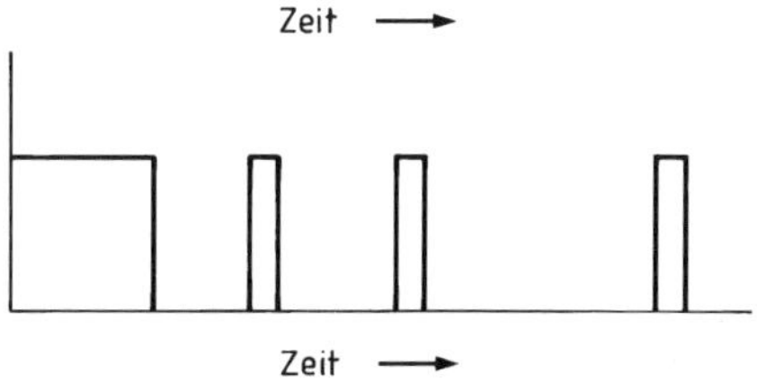

ST-153 Untersuchen Sie, ob Druckregelventile in der Pneumatik als unstetiger oder als stetiger Regler anzusehen sind.

ST-154 Erläutern Sie den Regelvorgang mit einem Stromregelventil in der Hydraulik.

ST-155 Ein Druckregelventil arbeitet wie folgt:

- Über die Einstellschraube wird der Druck eingestellt, indem die Membranfeder vorgespannt wird.
- Die Membranfeder hebt den Stößel vom Dichtsitz. Dadurch kann die Druckluft von der Versorgungsseite zur Verbraucherseite fließen.
- Der Druck von der Verbraucherseite wirkt auf die Membranfläche.
- Druckschwankungen auf der Verbraucherseite werden wie folgt ausgeregelt:
  - Ist der Druck zu hoch, so wölbt sich die Membrane nach unten und der Stößel verringert den Einströmquerschnitt.
  - Ist der Druck zu niedrig, so wölbt sich die Membrane nach oben und der Stößel vergrößert den Einströmquerschnitt.

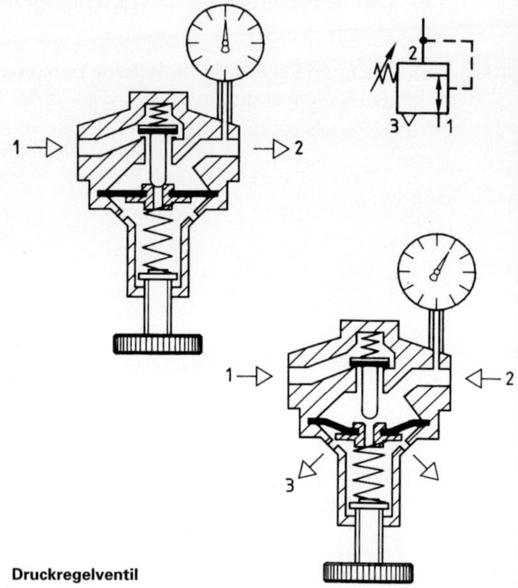

Druckregelventil

a) Bestimmen Sie für diesen Regler die Führungsgröße, die Regelgröße und die Stellgröße.
b) Wie wird die Führungsgröße in die Regelstrecke eingegeben?